山东省高等教育名校建设工程课程改革教材

模拟电子技术

（修订版）

主　编　王金平　谢　建
副主编　杨经伟　肖丰霞
　　　　闫廷光　申加亮
主　审　崔维群

黄河水利出版社
·郑州·

内容提要

本书是山东省高等教育名校建设工程课程改革教材，是本着高职教育的特色，依据中央财政支持专业建设方案和山东省特色名校建设方案要求进行编写的。全书共分八个学习项目，主要内容包括：半导体器件的基本知识、基本放大电路、负反馈放大电路、集成运算放大器及应用、功率放大电路、正弦波振荡电路、直流稳压电源、模拟电子电路读图等。

本书可作为高等职业院校、高等专科学校的电气自动化技术、电子信息工程技术、通信技术、应用电子技术等专业的教材，也可供相关专业的工程技术人员学习参考。

图书在版编目(CIP)数据

模拟电子技术/王金平，谢建主编. —郑州：黄河水利出版社，2015. 8 （2023. 1 修订版重印）
山东省高等教育名校建设工程课程改革教材
ISBN 978-7-5509-1204-5

Ⅰ. ①模… Ⅱ. ①王… ②谢… Ⅲ. ①模拟电路-电子技术-高等学校-教材 Ⅳ. ①TN710

中国版本图书馆 CIP 数据核字(2015)第 205168 号

组稿编辑：王路平 电话：0371-66022212 E-mail：hhslwlp@163. com

出 版 社：黄河水利出版社 网址：www. yrcp. com
地址：河南省郑州市顺河路黄委会综合楼 14 层 邮政编码：450003
发行单位：黄河水利出版社
发行部电话：0371-66026940、66020550、66028024、66022620(传真)
E-mail：hhslcbs@126. com
承印单位：河南承创印务有限公司
开本：787 mm×1 092 mm 1/16
印张：17. 75
字数：410 千字 印数：2 001—2 600
版次：2015 年 8 月第 1 版 印次：2023 年 1 月第 3 次印刷
2023 年 1 月修订版

定价：42. 00 元

前　言

本书是依据中央财政支持提升社会服务能力重点建设专业和山东省高等教育名校建设工程重点建设专业人才培养方案和课程建设目标要求，并按照国家及行业有关电气自动化应用技术的新规范、新法规、新标准编写完成的。在吸收有关教材和技术文献资料精华的基础上，充实了新思想、新理论、新方法和新技术；以“工学结合”为主线，以培养学生的实践动手能力为目标，不过分苛求学科的系统性和完整性，注重学生职业能力训练和综合素质培养，体现了高等职业教育的特点，突出了适用性、实践性、创新性的教材特色。

为了不断提高教材内容质量，编者于 2023 年 1 月，根据近年来国家及行业颁布的最新规范、标准，以及在教学实践中发现的问题和错误，对全书进行了系统的修订完善。

本书充分贯彻国家及行业最新的标准、规范，保证了知识的实效性。每个学习项目按教学任务组织编排教学内容，每个教学任务包括基础知识和实训与技能操作训练两部分。基础知识以讲解概念、基本技能为主；实训与技能操作训练以实际工作任务编排实训项目，重点培养学生的实践动手能力。通过教学任务将理论知识和实践技能有机结合，便于“教、学、练”一体化教学模式的实施；每个项目配备了类型丰富多样的基础知识训练题，便于教师教学和学生学习，体现了加强实际应用、服务专业教学的宗旨。

本书由山东水利职业学院主持编写工作，编写人员及编写分工如下：王金平编写项目一、项目二及附录，肖丰霞编写项目三，杨经伟编写项目四、项目五，闫廷光编写项目六，申加亮编写项目七，日照比特电子有限公司谢建编写项目八。本书由王金平、谢建担任主编，王金平负责全书统稿；由杨经伟、肖丰霞、闫廷光、申加亮担任副主编；由崔维群担任主审。

本书在编写过程中，参考了其他院校和专家的一些著作和教材，得到了日照比特电子有限公司、日照市东港区江诺电子软件有限公司及黄河水利出版社等单位的大力支持，在此一并表示感谢！

由于编者水平有限，编写时间仓促，书中难免存在不足之处，恳请读者批评指正，提出宝贵意见。

编　者

2023 年 1 月

前言

[illegible]

目 录

项目一　半导体器件的基本知识

任务一　半导体基础知识的概念认知

一、半导体及其特性

硅、锗、氧化亚铜、砷化镓等物质,它们的导电能力介于导体与绝缘体之间,因而称这类物质为半导体。由于半导体的存在,导体和绝缘体之间没有明显的界线。用半导体制成的一些电子元件有着极其广泛的应用,从日常生活到现代通信设备、电子计算机、空间技术等都离不开它。半导体之所以有如此重要的作用,在于它有着自己特殊的导电性质。

金属导体是以内部的自由电子来导电的,液体导体是由溶液中正、负离子相向运动来导电的;而半导体是由物质内部的自由电子和空穴来导电的。现以半导体硅为例来说明:硅是4价元素,硅原子最外层有4个价电子。在硅的单晶体中,硅原子的排列是很有规律的,每个原子都以4个价电子与相邻的4个原子联系着。这样,相邻的两个原子就有一对共有电子形成共价键。处于共价键中的电子是一种束缚电子,很难自由移动。但是,由于外界的各类作用(如光照或加热等),其中少数电子就有可能获得足够的能量,挣脱束缚成为自由电子。如果此时存在有外加电压,这些自由电子就会在外电压的作用下,逆着人们规定的电流方向做定向移动形成电流。这就是半导体的电子导电。

当共价键中一个束缚电子挣脱束缚成为自由电子时,在原来共价键中就留下了一个空位,这个空位人们叫它为空穴。我们知道,原子是电中性的,空穴是失去了带负电的电子而形成的,因而可以看作是带正电的。这个空穴很容易由附近共价键中的束缚电子来填补,于是又出现了一个新的空穴,新出现的空穴再由相邻的束缚电子填补上……这样不断地继续下去,束缚电子的填补运动出现了。一个个束缚电子的填补运动,从效果上来看,相当于带正电的空穴向着相反方向移动。为了跟自由电子的移动相区别,人们把束缚电子填补空穴的这种运动叫作空穴运动。在外电压的作用下,空穴顺着人们规定的电流方向做定向移动形成电流,这叫作半导体的空穴导电。

可见,半导体导电与金属导体导电的情形不同。金属导体只有电子导电,而半导体既有电子导电又有空穴导电。金属导体虽然只有电子导电,但它的自由电子数量很多,所以导电性能好;纯净的半导体虽然有电子导电和空穴导电,但它的自白电子和空穴的数量很少,因而导电性能差。

(一)半导体的光敏特性和热敏特性

金属导体虽然比纯净半导体的导电性能好,可是当温度升高或掺入杂质时,金属导体的导电性能却变坏,即电阻率增大。而纯净的半导体若掺入微量杂质后,它的导电性能会大大地增强。例如，在纯净半导体硅中掺入三价元素（如铟），就成为P型半导体，它的内部空穴的数量就增多，此时，P型半导体以空穴导电为主，电子导电为辅；如果在纯净半导体硅中掺入五价元素（如磷），就成为N型半导体，它以自由电子导电为主，空穴导电为辅。

半导体的温度升高或受到光的照射时，半导体内部共价键中更多的电子就会挣脱束缚，产生更多的自由电子和空穴，使半导体的导电性能增强，这就是半导体的热敏特性和光敏特性。人们利用半导体的热敏特性和光敏特性制成了热敏电阻和光敏电阻，应用于测量温度和自动控制的技术上。

（二）半导体的掺杂特性

相对而言，本征半导体中载流子数目极少，导电能力较差。为了提高其导电能力，可掺入某种微量元素（杂质），掺杂后生成的杂质半导体的导电能力可增加几十万甚至几百万倍。我们将这种掺入少量杂质，导电能力大大加强的特性称为掺杂特性。

二、本征半导体及杂质半导体

纯净的具有单晶结构的半导体称为本征半导体。用于制造半导体器件的材料硅和锗都是四价元素，其最外层的价电子为如图1-1所示的共价键结构。在热力学温度 $T=0$ K 和没有外界影响的条件下，它的价电子均被束缚在共价键中，没有自由运动的电子。但当温度升高或受到光线照射时，某些价电子由于获得了足够的能量，能挣脱共价键的束缚而成为自由电子，同时，在共价键中产生了相同数量的空穴，如图1-1所示，这种现象称为本征激发。本征激发产生的自由电子和空穴是成对的，称为电子空穴对。

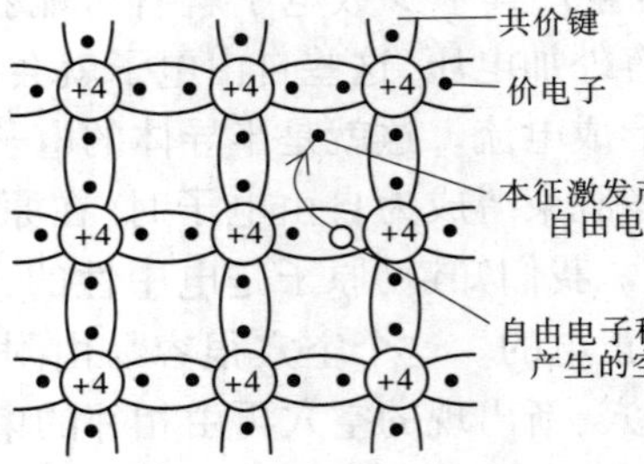

图1-1 共价键结构及本征激发示意图

当共价键中产生了空穴后，相应的原子就带有一个电子电荷量的正电荷。邻近共价键中的价电子填补空穴的运动，就相当于空穴在晶格中产生了运动。由于带负电荷的价电子填补空穴的运动与带正电荷的粒子作反方向运动的效果相同，因此可以把空穴看作是带正电荷的载流子。由此可见，半导体中借以导电的载流子有带负电荷的自由电子和带正电荷的空穴两种。

自由电子和空穴在运动中相遇时会重新结合而成对消失，这种现象称为复合。当温度或光照一定时，自由电子和空穴对的产生与复合将达到动态的平衡，这时自由电子和空穴对浓度一定。

半导体中的自由电子和空穴两种载流子在电场的作用下，会产生定向的运动，这种运动称为漂移运动,形成的电流叫作漂移电流。另外,这两种载流子在浓度差的作用下,会产生定向的扩散运动,形成的电流叫作扩散电流。在常温下,本征半导体载流子浓度很低,导电能力很差。

本征半导体导电能力较差,为了提高其导电能力,可掺入某种微量元素(杂质),掺杂后生成的杂质半导体的导电能力可增加几十万甚至几百万倍。

按掺入的杂质不同,杂质半导体分为N型和P型两种。若掺入五价元素的杂质(磷、锑或砷等),则可使本征半导体中自由电子的浓度大大增加,成为多数载流子(简称多子)。由于自由电子的增加,原先由于本征激发所产生的空穴,被自由电子填补复合的机会增多,而进一步减少成为少数载流子(简称少子)。这种杂质半导体被称为N型或电子型半导体,N型半导体结构如图1-2(a)所示。若掺入三价元素的杂质(硼、镓、铟或铝等),则可使本征半导体中空穴(多子)的浓度大大增加。由于空穴的增加,原先由于本征激发所产生的自由电子被空穴吸引复合的机会增多,而进一步减少成为少子。这种杂质半导体被称为P型半导体或空穴型半导体,P型半导体结构如图1-2(b)所示。

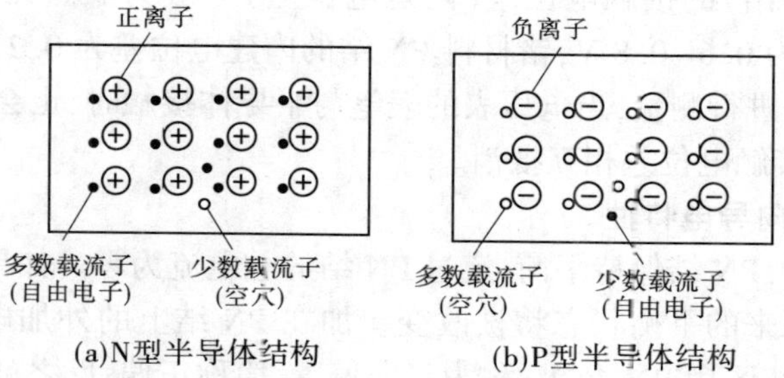

图1-2 杂质半导体结构示意图

注意:不论是N型半导体还是P型半导体,虽然都有一种载流子占多数,但整个晶体仍然是不带电的。

三、PN结及其单向导电特性

(一)PN结的形成

在同一块本征半导体的基片(如硅片)上采用不同的掺杂工艺,可使其一边成为P型(P区)半导体,另一边成为N型(N区)半导体。开始时,由于P区和N区多子浓度的差异会产生多子的扩散运动。P区的多子(空穴)扩散到N区,与N区的自由电子复合而消失;N区的多子(自由电子)扩散到P区,与P区的空穴复合而消失,如图1-3(a)所示。结果使P区与N区交界面附近载流子的浓度骤减,形成了由不能移动的带电离子构成的空间电荷区,建立了由N区指向P区的内建电场(简称内电场)。这个由不能移动的正、负离子形成的空间电荷区就是所谓的PN结,如图1-3(b)所示。该区域又称为耗尽层,这是因为该区域的多子已扩散并复合掉了,或者说被耗尽了。空间电荷区的电阻率很高,故又称为高电阻区。

空间电荷区建立的内电场将阻止多子的扩散运动,因此空间电荷区又称为阻挡层;同时内电场会促进少子的漂移运动。

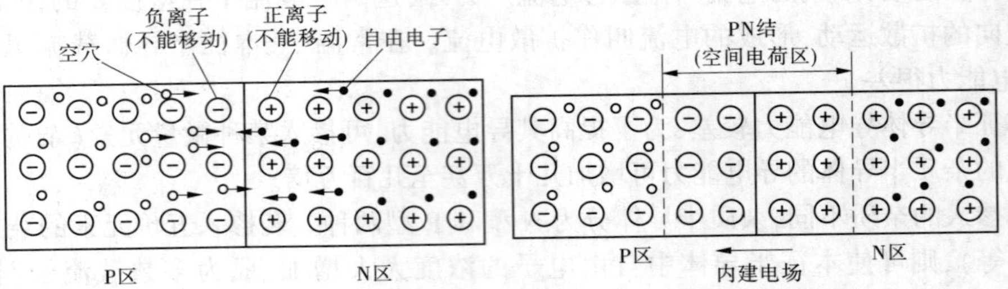

(a)多数载流子的扩散 (b)PN结的形成

图1-3 PN结

开始时,内电场较小,扩散运动较强,漂移运动较弱。随着扩散运动的进行,空间电荷区逐渐增宽,内电场逐渐增大,扩散运动逐渐困难,漂移运动逐渐加强。当扩散运动和漂移运动相抵,达到动态平衡时,空间电荷区的宽度和内电场的强度就确定了。

空间电荷区(PN结)的接触电位差(内建电位差)一般为零点几伏,常温下,硅材料PN结的内建电位差为0.6~0.8 V,锗材料PN结的内建电位差为0.2~0.3 V。这个接触电位差不能用电压表进行测量,当电压表的表笔与半导体接触时,也会产生新的接触电位差,并将与PN结的接触电位差相互抵消。

(二)PN结的单向导电特性

没有外加电压时,PN结保持平衡,流过PN结的总电流为零。如果在PN结的两端外加电压作用,PN结原来的平衡状态将被改变。加在PN结上的外加电压称为偏置电压,若P区接电源正极,N区接电源负极,称为正向偏置,简称正偏;反之,则称为反向偏置,简称反偏。

1. PN结正向偏置

如图1-4(a)所示,由于外加电源产生的外电场的方向与PN结产生的内电场的方向相反,内电场被削弱,空间电荷区变窄,多子的扩散运动加强,并通过外加电源回路形成正向电流。当外加电压增加至一定数值后,正向电流将显著增加,此时,PN结呈现的电阻很小,称为正向导通状态。为了防止正向电流过大而损坏PN结,正偏时应在回路中串接适当大小的限流电阻。

2. PN结反向偏置

如图1-4(b)所示,由于外加电源产生的外电场的方向与PN结产生的内电场的方向相同,内电场被加强,空间电荷区变宽,多子的扩散运动受阻,少子的漂移运动得到加强,并在外电场的作用下,通过外加电源回路形成反向电流。由于少子的浓度很低,所以反向电流很小,一般为微安级。反向电流几乎不随外加电压而变化,故又称为反向饱和电流。此时,PN结呈现的电阻很大,称为反向截止状态。由于少数载流子是本征激发产生的,本征激发与温度有关,所以反向电流的大小与温度相关。

综上所述,PN结在外加电场的作用下,正偏导通,反偏截止,具有单向导电的特性。

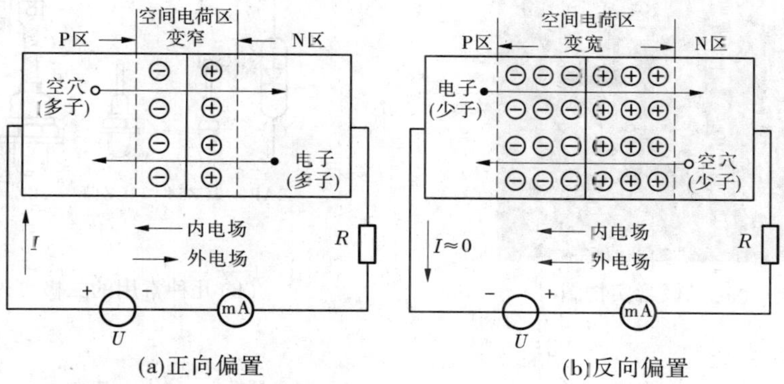

图 1-4　PN 结外加偏置

课堂活动

课堂提问和讨论

T1.1-1　PN 结是什么？

T1.1-2　PN 结有什么重要特性？

T1.1-3　PN 结的正偏说的是什么？PN 结的反偏说的是什么？

任务二　半导体二极管的认识与检测

一、二极管的结构及符号

把按一定工艺要求制作形成的 PN 结的 P 区和 N 区分别用电极引线引出，并以外壳封装，就制成了半导体二极管（或称晶体二极管，以下简称二极管），其实物图如图 1-5(a)所示；几种常用的二极管的外形如图 1-5(b)所示；二极管的内部结构如图 1-5(c)所示；二极管的电路符号如图 1-5(d)所示，文字符号用 VD 表示。从 P 区接出的引线称为二极管的阳极或正极(+)，从 N 区接出的引线称为二极管的阴极或负极(-)。二极管电路符号中的三角箭头表示二极管正向导通时正向电流的流通方向。

二极管的种类很多，常用的半导体二极管按制造材料分，有硅二极管和锗二极管；按用途分，有整流二极管、稳压二极管、变容二极管、发光二极管等；按结构分，有点接触型二极管和面接触型二极管等。点接触型二极管的结构如图 1-6(a)所示。点接触型二极管的 PN 结结面积较小，不能通过较大的电流，也不能承受较高的反向电压，但由于它的 PN 结极间电容较小，对高频信号的旁路作用较小，所以适用于高频电路工作，常用于高频电路的检波、混频等，也可用来做小电流的整流。如 2AP9 点接触型锗二极管，PN 结电容小于 1 pF，最大工作电流 8 mA，最高反向工作电压 15 V，工作频率 100 MHz。

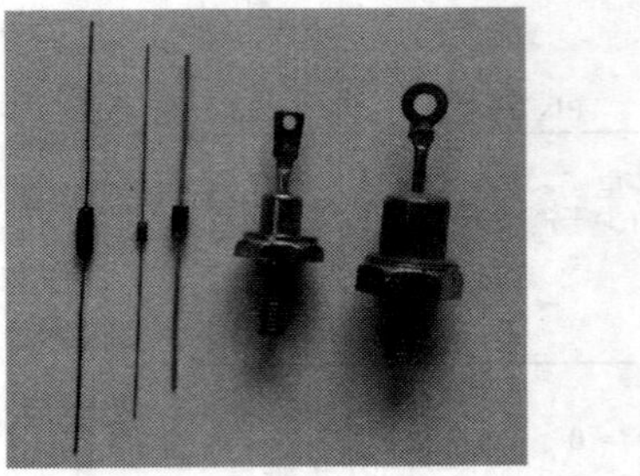
(a)二极管实物图

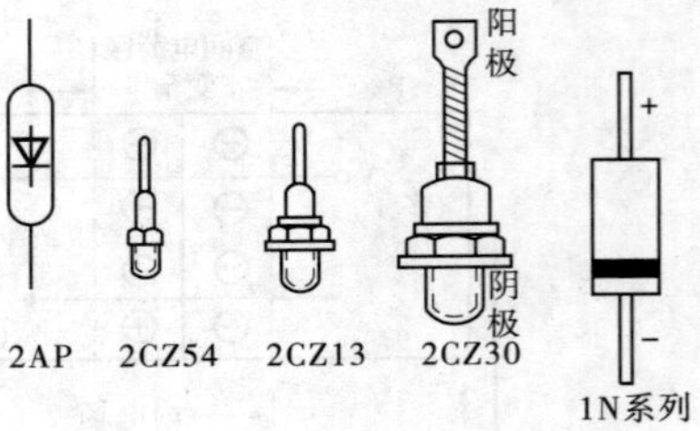

(b)几种常用的二极管外形图

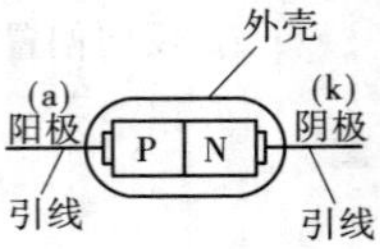

(c)内部结构示意图

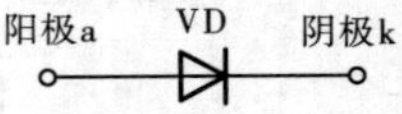

(d)电路符号

图 1-5　半导体二极管的外形结构和符号

面接触型二极管的结构如图 1-6(b)所示。面接触型二极管 PN 结结面积较大,可承受较大的电流,但极间电容也较大,适用于较低的工作频率,不宜用于高频电路中,常用于低频整流电路中。如 2CP1 面接触型硅二极管,最大整流电流为 500 mA,最高反向工作电压为 100 V,最高工作频率只有 3 kHz。

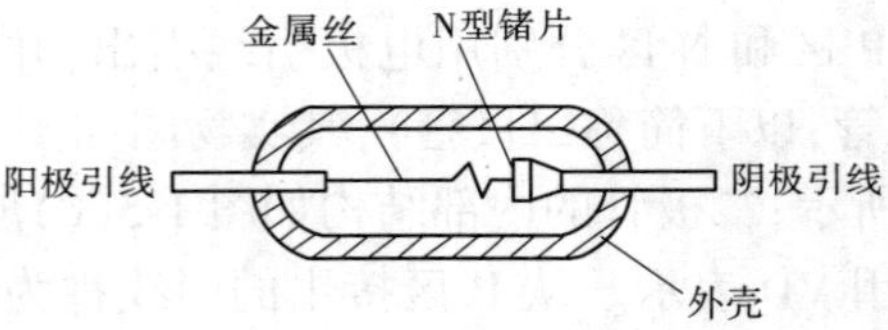

(a)点接触型二极管

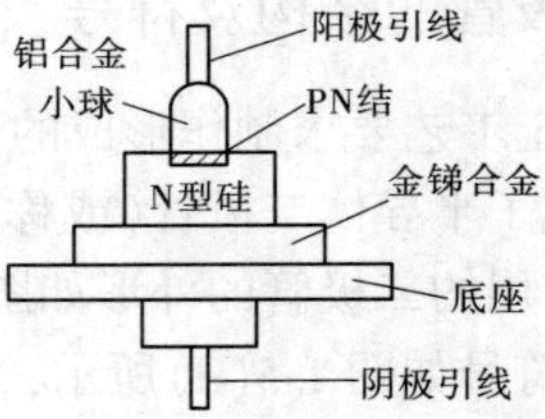

(b)面接触型二极管

图 1-6　二极管结构示意图

二、二极管的伏安特性

(一)二极管的伏安特性曲线

一个 PN 结封装就是一个二极管,理论证明,由理想指数模型构成的 PN 结,其伏安特性可表示为

$$i_D = I_S(e^{u_D/U_T} - 1) \tag{1-1}$$

式中　i_D——通过 PN 结的电流,方向从阳极指向阴极;

u_D——PN 结两端的外加电压,方向从阳极指向阴极;

U_T——温度的电压当量,$U_T = kT/q$,k 为波尔兹曼常数(1.38×10^{-23} J/K),T 为热力

学温度，0 ℃=273.16 K，q 为电子电荷（1.6×10^{-19} C），室温即 T=300 K 时，$U_T\approx26$ mV；

e——自然对数的底，e≈2.718；

I_S——反向饱和电流，分立器件典型值为 $10^{-8}\sim10^{-14}$ A。

实际二极管的分析模型，由于要考虑较多的因素而变得较为复杂，所以实际二极管的伏安特性曲线一般都是通过实测得到的，如图 1-7 所示。它与由式（1-1）描绘的特性基本上是相同的。因此，测量精度越高，伏安特性曲线越逼近实际器件的特性。下面对二极管的伏安特性曲线分三部分加以说明。

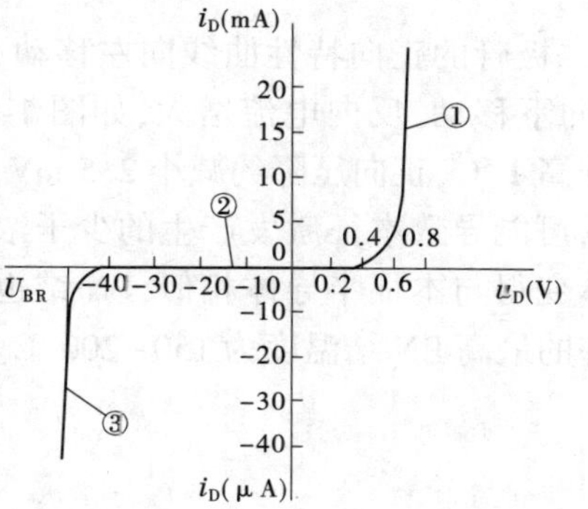

(a)硅二极管2CZ52的特性曲线

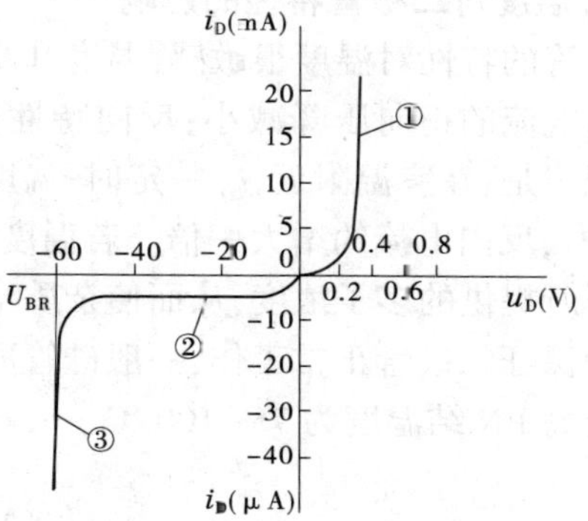

(b)锗二极管2AP15的特性曲线

图 1-7　半导体二极管的伏安特性曲线

1. 正向特性

对应于图 1-7 的第①段为正向特性。当二极管两端所加的正向电压 u_D（方向从阳极指向阴极）较小时，外电场不足以克服内电场对多数载流子扩散运动所产生的阻力，此时的正向电流几乎为零，二极管呈现的电阻较大，这个区域通常称为死区。当二极管两端的正向电压 u_D 超过一定数值 $U_{D(th)}$ 时，内电场很快被削弱，流过二极管的电流 i_D 将随外加电压的微小增加迅速增长，二极管正向导通。$U_{D(th)}$ 叫作门坎电压或阈值电压，在室温下，小功率硅管约为 0.5 V，小功率锗管约为 0.1 V。正常使用时，在二极管所能承受的电流范围内，二极管的正向导通压降 U_F 很小，硅管为 0.6~0.8 V，锗管为 0.2~0.3 V，且几乎维持恒定不变，工程上一般取硅管为 0.7 V，锗管为 0.2 V，并用符号 $U_{D(on)}$ 表示，称为正向导通压降。

2. 反向特性

对应于图 1-7 的第②段为反向特性。二极管在反向电压作用下，少数载流子的漂移运动形成很小的反向饱和电流。由于少数载流子的数量很少、有限，所以反向电流很小，且基本与反向电压的大小无关。一般硅管的反向电流比锗管小得多，小功率硅管的反向饱和电流在 nA 数量级，小功率锗管在 μA 数量级。温度升高时，半导体受热激发，少数载流子数量增加，反向饱和电流也随之增加。

由正向及反向特性可直观地看出：

(1)二极管是非线性器件。

(2)二极管具有单向导电特性,二极管两端的外加电压大于阈值电压时导通,小于阈值电压时截止。

3. 反向击穿特性

增加二极管两端的反向电压,开始由于少数载流子数量有限,反向电流没有多大变化,所以反向特性曲线基本上没有什么变化。当反向电压增加到一定数值 U_{BR} 时,反向电流剧增,二极管呈现反向击穿状态,这实际上就是二极管中的 PN 结被反向击穿了,如图 1-7 的第③段所示。由于 PN 结已被击穿,故此段不适用于式(1-1)。

(二)温度对二极管特性的影响

二极管的特性对温度很敏感,温度升高时,二极管的正向特性曲线向左移动,相对于同一正向电流的正向压降减小;反向特性曲线向下移动,反向电流增大,如图 1-8 所示。变化的规律是:在室温附近,i_D 一定时,温度每升高 1 ℃,正向压降约减小 2.5 mV;温度每升高 10 ℃,反向电流约增大一倍。若温度过高,可能导致本征激发产生的少子浓度大于杂质原子所提供的多子浓度,从而使杂质半导体变得与本征半导体相似,PN 结也就不存在了。为保证二极管正常工作,一般硅管所允许的最高 PN 结温度为 150~200 ℃,锗管所允许的最高 PN 结温度为 75~100 ℃。

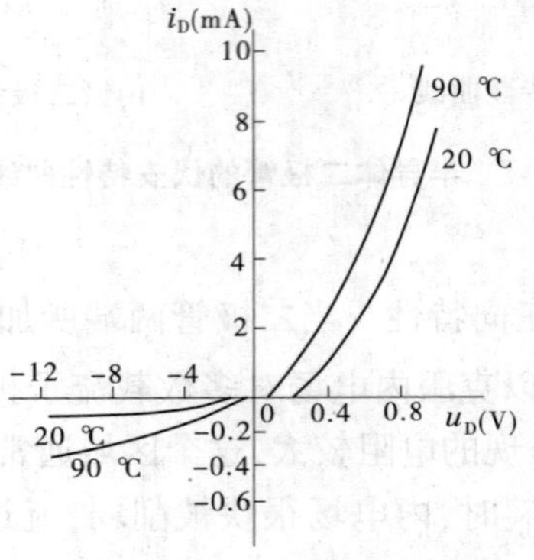

图 1-8　温度对二极管(2AP22)特性曲线的影响

三、二极管的主要参数

器件的参数是对器件特性的定量描述,是合理选择和正确使用器件的依据。二极管有以下一些主要参数。

(一)最大整流电流 I_F

I_F 是指在规定的使用条件下,在电阻性负荷的正弦半波整流电路中,允许连续通过二极管的最大工作电流的平均值。在二极管连续工作时,工作电流不应超过 I_F,否则可能使管子因过热而损坏。一般锗管的 I_F 为数十毫安以下,而大功率硅管可达数百安。

(二)最高反向工作电压 U_{RM}

U_{RM} 指二极管工作时所允许施加在二极管两端的最高反向电压,若超过此值二极管就有可能被反向击穿。它一般为反向峰值击穿电压 V_{BR} 的 1/2 或 2/3。一般锗管的 U_{RM} 为数十伏以下，而硅管可达数百伏。

(三) 反向电流 I_R

I_R 指在室温下加上规定的反向电压(如 10、25、50、75 V 或 100 V)时的反向电流。I_R 越小，二极管的品质越好。一般锗管的 I_R 为数百微安，硅管在 1 微安至数十微安。

(四) 反向峰值击穿电压 U_{BR}

U_{BR} 是二极管能承受的最高反向电压，超过后将导致二极管被击穿。

(五) 结电容 C_j

结电容 C_j 是反映二极管中 PN 结电容效应的参数。在高频或开关状态运用时，必须考虑二极管结电容的影响。PN 结的高频等效电路如图 1-9 所示，其中 r_d 表示 PN 结的结电阻，C_j 表示结电容。

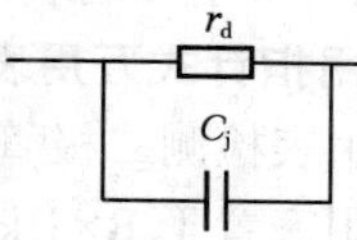

图 1-9　PN 结的高频等效电路

(六) 最高工作频率 f_M

f_M 主要由 PN 结电容的大小决定。当使用的频率过高时，二极管的性能将变差，工作频率超过此值时，结电容的容抗将变得很小，使二极管反偏时的等效阻抗变得很小，从而可能使二极管失去单向导电性。f_M 是二极管能够正常使用的最高工作频率。二极管的结电容(极间电容)越小，f_M 越高。

点接触型二极管结电容较小，f_M 可达数百兆赫兹，而面接触型的硅整流二极管结电容较大，f_M 只有 3 kHz。

二极管的主要参数可以从器件手册上查到，特别要注意的是，二极管工作时其电路参数不要超过最大整流电流和最高反向工作电压，否则二极管容易损坏。另外，手册上所给参数是在一定的测试条件下测得的，使用时要注意这些条件。若条件改变，相应的参数值也会发生变化。另外，由于制造工艺的限制，即使是同一型号的器件，参数的离散性也很大，手册上常给出参数的范围。

表 1-1 列出了几种二极管的典型参数，以供参考。

表 1-1　几种二极管的典型参数

型号	I_F (mA)	U_{RM} (V)	I_R (μA)	f_M	C_j (pF)	备注
2AP1	16	20	≤250	150 MHz	≤1	点接触型锗二极管
2AP9	8	10	≤200	100 MHz		
2CZ52A	100	25	≤100	3 kHz		面接触型硅整流二极管
2CZ52D	100	200				
2CZ55C	1 000	100	≤500	3 kHz		面接触型硅整流二极管
2CZ56E	3 000	300	≤1 000			
1N4001	1 000	50	<5			国外型号硅整流二极管
1N4002	1 000	100	<5			
1N5403	3 000	200	<10			

四、二极管的测试

如何识别二极管引脚的极性？如何判别二极管的好坏？

通常在二极管的管壳上都印有识别的标记，有的为二极管的电路符号，依此电路符号的方向可直接识别二极管的阳极和阴极；有的为色环，塑封用白色环，玻璃封装为黑色（或其他色）环，则标有色环的一端引脚为二极管的阴极；对于直立型一端出脚的二极管，两根引脚中较长的一根为阳极。

工程上，常用万用表来简易测试、判别二极管的引脚极性和好坏。

（一）用指针式万用表检测普通小功率二极管

用万用表检测二极管，就是检测二极管的单向导电性。

将万用表置于 R×1 kΩ 挡或 R×100 Ω 挡（不要用 R×1 Ω 挡或 R×10 kΩ 挡，因为 R×1 Ω 挡测量电流太大，容易烧坏二极管，而 R×10 kΩ 挡测量电压太高，可能击穿二极管），调零后用表笔分别正、反接于二极管的两端引脚，如图 1-10 所示。一般硅材料的普通小功率二极管正向电阻为几千欧，锗材料的为几百欧；反向电阻，硅管在几百千欧以上，锗管在几十千欧以上。正向电阻越小，反向电阻越大的二极管质量越好。如果正、反两次测得的电阻都很小，说明二极管内部短路；若正、反两次测得的电阻都很大，则说明二极管内部断路；若两次测得的电阻相差不大，则说明二极管性能很差，不能使用。大功率二极管的正、反向电阻数值比小功率二极管的都要小得多，但有一点是相同的，对于一只二极管而言，反向电阻与正向电阻的比值越大，性能越好。

测得正向电阻时，黑表笔连接的是二极管的阳极，红表笔连接的是二极管的阴极，因为指针式万用表置于欧姆挡位时，黑表笔连接表内电池的正极，红表笔连接表内电池的负极。

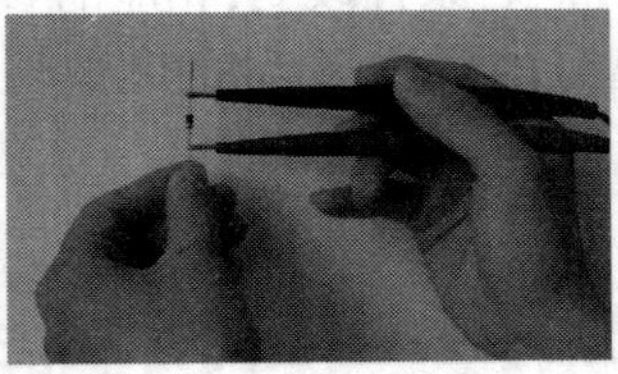

（a）检测方式

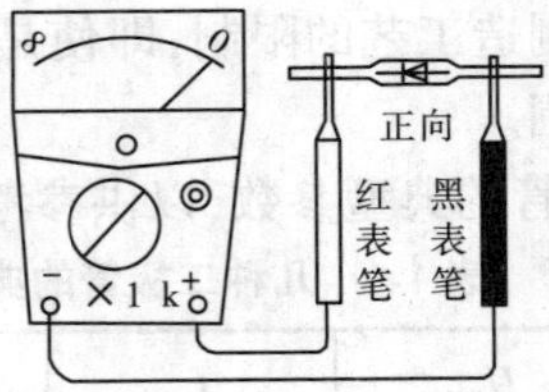

（b）测量正向电阻

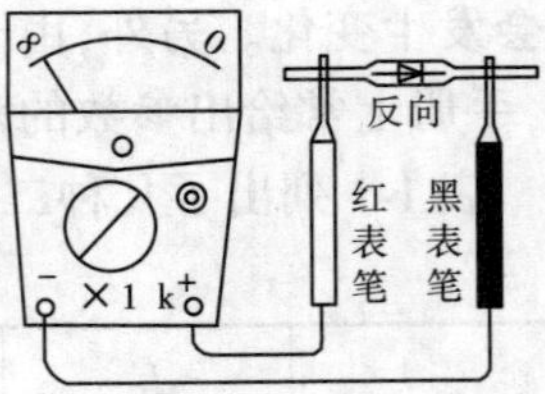

（c）测量反向电阻

图 1-10　二极管的简易测试

（二）用数字式万用表检测普通小功率二极管

与指针式万用表相比，数字式万用表有许多优点，使用越来越普遍，下面以常见的 VC890C+型数字式万用表为例介绍其检测的方法。

VC890C+型数字式万用表在电阻测量挡内，设置了“二极管”挡位，将红表笔插入“V · Ω”插孔，黑表笔插入“COM”插孔，接通电源，即可进行测量。与指针式万用表不同的是数字式万用表红表笔连接表内电池的正极，黑表笔连接表内电池的负极。测量时，红表笔连接二极管的阳极，黑表笔连接二极管的阴极，两表笔的开路电压为 2.6 V（典型值)，测试电流为(1±0.5) mA。测量结果应显示三位数字。在正向接入时，锗管应显示0.150~0.300 V 的正向压降数值，硅管应显示 0.500~0.700 V 的正向压降数值；若显示高位的超量程符号“1”，则表示二极管内部断路或二极管极性接反；若显示全零，则表示二极管内部短路；若两次测量显示数值相近，则特性差，不能使用。

五、特殊二极管

二极管及由其组合构成的器件种类很多，用途广泛，除前面讨论的普通二极管外，常用的特殊二极管还有很多，如稳压二极管、变容二极管、发光二极管、LED 七段数码显示器、LED 点阵显示器、光电二极管和激光二极管，现简单介绍如下。

(一) 稳压二极管

1. 稳压二极管及其稳压作用

稳压二极管是一种特殊的面接触型硅二极管，它的器件图片、电路符号和伏安特性曲线如图 1-11 所示。

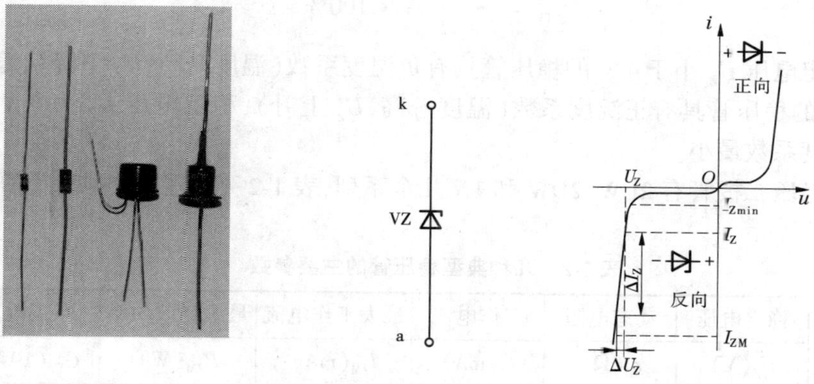

(a) 器件图片　(b) 电路符号　(c) 伏安特性曲线

图 1-11　稳压二极管的电路符号和伏安特性曲线

由图 1-11(c) 可见，稳压管正向特性曲线与普通二极管相似，而其反向击穿特性曲线比较陡峭。用作稳压器件时，稳压二极管正是工作于反向击穿区域。反向击穿后，当反向电压增大到某一数值后，尽管反向电流急剧增大，但是稳压管两端的电压降几乎维持不变，或者说变化很小。利用稳压二极管的这种特性，可在电路中产生稳定的电压。稳压管工作在反向击穿状态，只要流过它的电流不超过规定的数值，就能保证稳压管不致因为过热而烧坏。所以，在稳压电路中，稳压管必须要串接一个适当的限流电阻。

2. 稳压管的主要参数

(1) 稳定电压 U_Z：指在规定电流 I_Z 下呈现的反向击穿电压。由于半导体器件参数的离散性，即使同一型号的稳压管，U_Z 值也有差别。例如，2CW11 型稳压管 U_Z 为 3.2~4.5 V(I_Z=10 mA)。

(2) 工作电流 I_Z：稳压管正常工作时的参考电流值。实际工作电流低于此值时，稳压效果将变差；高于此值时，只要不超过稳压管的额定功耗，即可正常工作，而且电流越大，稳压效果越好。

(3)动态电阻 r_Z:指稳压管工作在稳压状态时,稳压管两端的电压变化量与相应的电流变化量之比,即

$$r_Z = \frac{\Delta U_Z}{\Delta I_Z} \tag{1-2}$$

r_Z 越小,反向击穿特性曲线越陡峭,稳压性能越好。r_Z 的数值通常在几欧至几十欧之间。

(4)最大工作电流 I_{ZM} 和最大耗散功率 P_{ZM}:

最大工作电流 I_{ZM} 指稳压管允许通过的最大反向击穿电流。

最大耗散功率 P_{ZM} 等于最大工作电流 I_{ZM} 和与它对应的稳定电压 U_Z 的乘积,即 $P_{ZM} = I_{ZM}U_Z$。I_{ZM} 和 P_{ZM} 是保证稳压管不发生热击穿而规定的极限参数,当稳压管实际工作时的参数超过此数值时,有可能因温度升高而损坏。

(5)稳定电压的温度系数 C_{TV}:C_{TV} 表示温度每变化 1 ℃,稳压值的相对变化量,即

$$C_{TV} = \frac{\Delta U_Z / U_Z}{\Delta t} \times 100\% \tag{1-3}$$

一般稳定电压 U_Z 小于 4 V 的稳压管具有负温度系数(温度升高,U_Z 下降),稳定电压 U_Z 大于 7 V 的稳压管具有正温度系数(温度升高,U_Z 上升),稳定电压 U_Z 为 6 V 左右的稳压管的温度系数最小。

常用的稳压二极管有 2CW、2DW 和 1N 几个系列,表 1-2 列出了几种典型稳压管的主要参数。

表 1-2　几种典型稳压管的主要参数

型号	稳定电压	动态电阻	工作电流	最大工作电流	最大耗散功率	温度系数
	U_Z(V)	r_Z(Ω)	I_Z(mA)	I_{ZM}(mA)	P_{ZM}(W)	C_{TV}(10^{-4} ℃$^{-1}$)
2CW52	3.2~4.5	<70	10	55	0.25	≥-8
2CW60	11.5~12.5	<40	5	19	0.25	≤9
2DW232* (2DW7C)	6.0~6.5	≤10	10	30	0.2	≤10.051
1N757 (国外型号)	8.9~9.3	≤20	20		0.5	

注:* 2DW 系列稳压管内部装有两个温度系数相反并反接的二极管,有三个引脚,具有温度补偿作用。

(二)变容二极管

变容二极管是利用 PN 结反偏时,结电容大小随外加电压的变化而变化的特性制成的半导体器件。变容二极管工作在反偏状态,在电路中可当作可变电容器使用。

从 PN 结的形成机理上看,二极管的结电容可等效为平行板电容。当二极管外加反向电压增大时,则 PN 结的耗尽层变宽,相当于平行板电容两极板间的距离变大,电容量变小;当外加反向电压减小时,则耗尽层变窄,相当于平行板电容两极板间的距离变小,电容量变大。

变容二极管的电路符号如图 1-12(a)所示,压控特性曲线如图 1-12(b)所示。变容二极管的电容量一般较小,在 5~300 pF,目前变容比可达 20 以上。变容二极管是应用十分广泛的一种半导体器件,例如谐振回路的电调谐、压控振荡器、频率调制等。图 1-12(c)所示是变容二极管在电视机电子调谐器(俗称高频头)中的基本应用电路。其中,C 是耦合电容,0~30 V 的调谐电压经 R 加到变容二极管 VD 的两端,使变容二极管的电容量 C_j 随之发生变化,从而改变 LC 回路的谐振频率,以达到电动调台的目的。

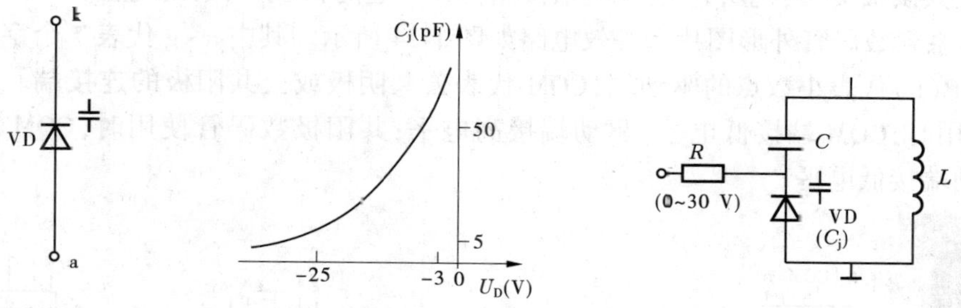

(a)电路符号　　(b)压控特性曲线　　(c)应用电路

图 1-12　变容二极管电路符号、压控特性曲线及应用电路

(三)发光二极管(LED)

发光二极管(LED)是一种将电能转换成光能的特殊二极管。通常用化学元素周期表中Ⅲ、Ⅴ族元素的化合物,如砷化镓、磷化镓等制成。当发光二极管正偏导通,有正向导通电流流过时,由于电子和空穴复合时释放出的能量而发光。发光二极管的发光颜色主要取决于制造发光二极管的材料。

发光二极管工作于正偏导通状态,它的伏安特性曲线与普通二极管类似,但正向导通压降 U_F 较大,一般为 1~3 V。发光二极管的发光强度在规定的范围内与流过它的正向工作电流 I_F 成正比。发光二极管的反向击穿电压 U_{BR} 较低,一般为 7 V 左右,工程上为安全起见常取为 5 V。

LED 具有体积小,工作电压低(1~3 V),工作电流小(几到几十毫安),功耗小,驱动电路简单,发光稳定且亮度较高,响应速度较快,寿命较长,可靠性较高等特点,被广泛地用作显示器件。除单个使用外,也可按需要组合做成双色、三色、七段式或矩阵式显示器件。

发光二极管(LED)的外形如图 1-13(a)所示,电路符号如图 1-13(b)所示。

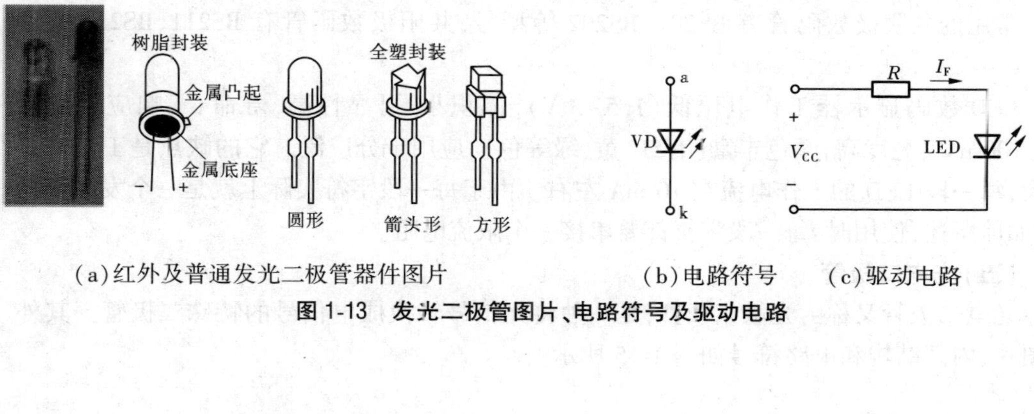

(a)红外及普通发光二极管器件图片　　(b)电路符号　　(c)驱动电路

图 1-13　发光二极管图片、电路符号及驱动电路

（四）LED 七段数码显示器

为了能直观地显示十进制数字字符，把发光二极管（LED）制成条段状，按一定的方式连接，组成字符“8”，就构成了 LED 七段数码显示器（简称数码管）。使用时，按需要让某些字符段的 LED 点亮发光，即可组成 0~9 十个字符。在 BS 系列某一些数码管中还在右下角处增设了一个小数点（DP），形成了所谓八段数码管。为了增加使用的灵活性，同一规格的数码管都有共阴极和共阳极两种类型可供选用。把所有 LED 的阴极制作在一起的，属于共阴极类型；把所有 LED 的阳极制作在一起的，属于共阳极类型。

BS 系列数码管外形图片和等效电路如图 1-14 所示。其中 a~g 代表 7 个字符段的驱动端，DP（h）代表小数点的驱动端，COM 代表公共阴极或公共阳极的连接端。共阴极数码管使用时，COM 端接低电平，驱动端接高电平；共阳极数码管使用时，COM 端接高电平，驱动端接低电平。

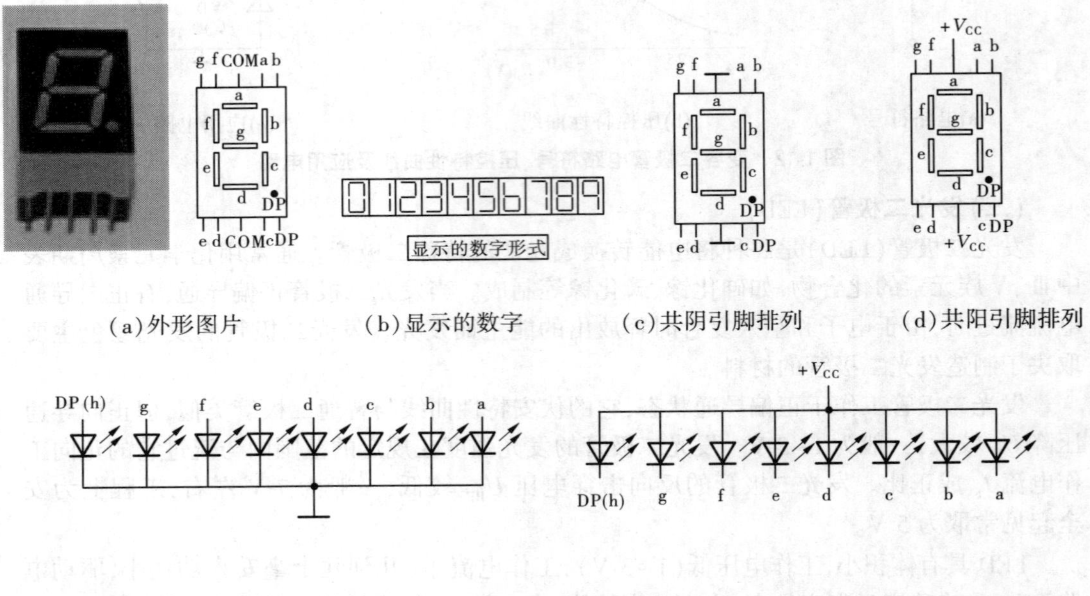

图 1-14 BS 系列数码管外形图片及等效电路

常用的共阴极数码管有 BS201、BS202 等型号，共阳极数码管有 BS211、BS212 等型号。

LED 数码显示器工作电压低（1.5~3 V），体积小，可靠性高，寿命长，响应速度快（1~100 ns），亮度高，颜色丰富（有红、黄、绿等色），应用十分广泛。它的缺点是工作电流较大，每一段 LED 的工作电流在 10 mA 左右。由于每一段字符实际上就是一个发光二极管，如前所述，使用时，每一段字符都要串接一个限流电阻。

（五）光电二极管

光电二极管又称为光敏二极管，是一种将光信号转换成电信号的特殊二极管。其外形图片、内部结构和电路符号如图 1-15 所示。

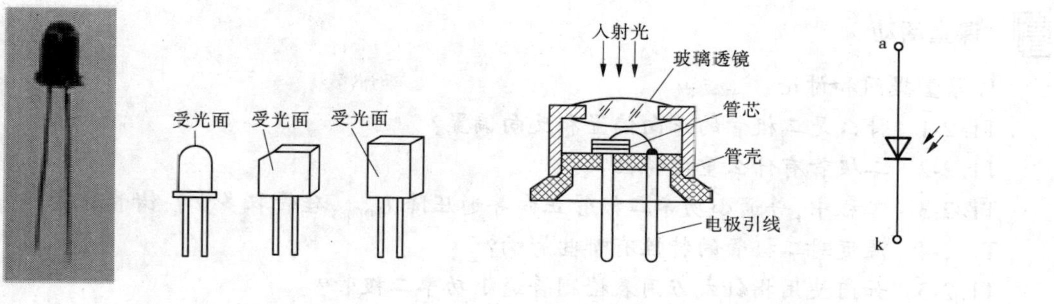

(a)外形图片　(b)内部结构　(c)电路符号

图 1-15　光电二极管外形图片、内部结构和电路符号

光电二极管的管壳上有一个玻璃窗口，以接收外部的光照。光电二极管的主要特点是，它的反向电流随光照强度的增加而上升，即它的反向电流与光照度成正比，灵敏度的典型值为 0.1 μA/lx（lx（勒［克斯］）为照度（E）的单位）数量级。

光电二极管工作在反偏状态。光电二极管的等效电路和伏安特性曲线如图 1-16 所示。在无光照时，光电二极管与普通二极管一样，具有单向导电性。

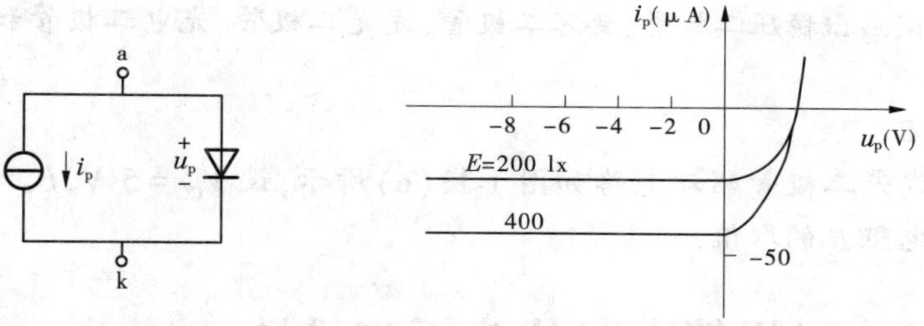

(a)等效电路　(b)伏安特性曲线

图 1-16　光电二极管的等效电路和伏安特性曲线

反向电流很小（称为暗电流，一般小于 0.1 μA），反向电阻高达几十兆欧；当有光照时，反向电流明显增大（与光照度成正比，称为光电流），特性曲线下移，反向电阻下降至几至几十千欧。

光电二极管可用来测量光，是将光信号转换为电信号的常用器件。若制成大面积的光电二极管，则能将光能直流转换成电能，可当作一种能源器件，即光电池。

如果将发光二极管和光电二极管结合起来，可以制成光电耦合器。光电耦合器也称为光电隔离器或光耦合器，有时简称光耦。这是一种以光为耦合媒介，通过光信号的传递来实现输入与输出间电隔离的器件，可在电路或系统之间传输电信号，同时确保这些电路或系统彼此间的电绝缘。光电耦合器广泛应用于计算机及其外设接口、电信、仪器仪表、数据总线、高速数字系统、数字 I/O 口、模/数转换、数据发送、单片机接口、电平转换、信号及级间隔离、脉冲放大等领域，甚至在电源技术的线性隔离、电量反馈、电流传感、电量变换等各个场合都有成功的应用，市场需求量持续增长，发展极其迅速。

课堂活动

1. 课堂提问和讨论

T1.2-1　什么是二极管的正向偏置和反向偏置?

T1.2-2　二极管有什么重要特性?

T1.2-3　工程中,普通小功率二极管正向导通压降 $U_{D(on)}$ 硅管取多少? 锗管取多少?

T1.2-4　温度对二极管的特性有哪些影响?

T1.2-5　如何使用指针式万用表检测普通小功率二极管?

T1.2-6　稳压二极管工作在什么状态? 变容二极管工作在什么状态? 发光二极管工作在什么状态? 光电二极管工作在什么状态?

T1.2-7　如果要用七段数码管显示字符"3",应是哪几条字符段被点亮?

2. 学生演讲和演板

Y1.2-1　如何使用指针式万用表检测普通小功率二极管(检测的实质、注意的事项、检测的方法)。

Y1.2-2　画出硅普通小功率二极管伏安特性曲线的示意图,并标出阈值电压和正向导通压降的数值。

Y1.2-3　试画出稳压二极管、变容二极管、发光二极管、光电二极管和光电隔离器的电路符号。

3. 课堂练习

L1.2-1　发光二极管驱动电路如图 1-13(c)所示,设 $V_{CC}=5\ V$, $U_F=1.5\ V$, $I_F=10$ mA,试求限流电阻 R 的取值。

任务三　二极管电路的分析与设计

一、二极管的电路模型

二极管是一种非线性器件,在工程分析计算中,通常是根据电路的不同工作条件和要求,在分析计算精度允许的条件下,把非线性的二极管转化为不同的线性电路模型来描述,从而使分析计算变得简单明了。

(一)理想模型

当二极管的正向压降和正向电阻与外接电路的等效电压和等效电阻相比均可忽略时,可用图 1-17(a)所示与坐标轴重合的实线来代替用虚线描述的二极管的伏安特性。这样的二极管可视为是理想的,图 1-17(b)是它的电路符号。它在电路中相当于一个理想的开关,正向偏置时,二极管导通,其管压降为 0;反向偏置时,二极管截止,流过它的电流为 0,视其反向电阻为无穷大。其工作情况分别如图 1-17(c)和图 1-17(d)所示。

(二)恒压降模型

当二极管的正向压降与外加电压相比,相差不是很大且二极管的正向电阻与外接电阻相比可以忽略时,若用理想二极管模型来分析计算将导致比较大的误差,这时可以用

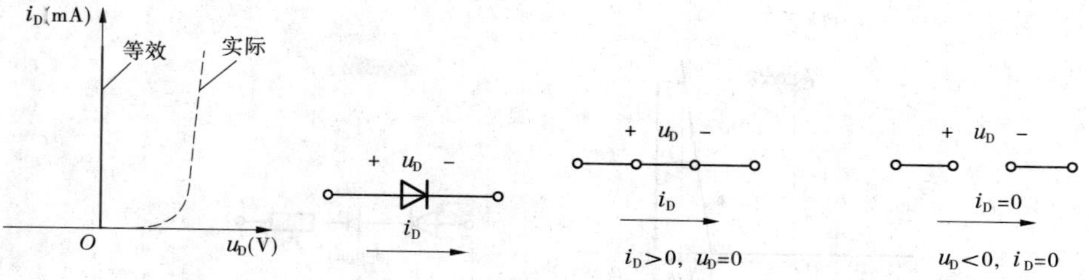

(a)伏安特性曲线 (b)电路符号 (c)正偏时的电路模型 (d)反偏时的电路模型

图 1-17 理想模型

图 1-18 所示的二极管恒压降模型来近似表示实际的二极管。恒压降模型将二极管的阈值电压 $U_{D(th)}$ 和正向压降 U_F 视为同一个恒定值 $U_{D(on)}$（通常工程上取小功率普通硅二极管为 0.7 V，锗二极管为 0.2 V），用一个电压恒定的恒压源与一理想二极管（相当于一个理想的开关）串联表示，如图 1-18(b) 所示。不过，只有当二极管的工作电流 $i_D \geqslant 1$ mA 时，才能用恒压降模型来代替实际的二极管。

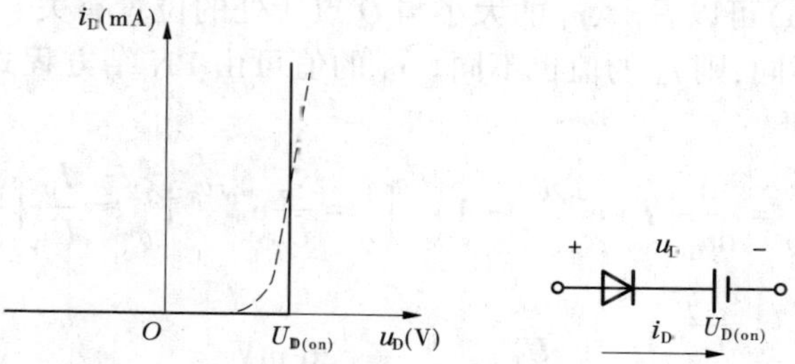

(a)伏安特性曲线 (b)电路模型符号

图 1-18 恒压降模型

(三) 折线模型

实际二极管的正向压降 U_F 是一个变量，并不等于阈值电压 $U_{D(th)}$，它随二极管电流 i_D 的增加而增加。为了更真实地反映二极管正向导通时的特性，用两段折线来近似地表示二极管伏安特性曲线的正向特性，并设定转折点的电压为 $U_{D(on)}$，如图 1-19 所示。当二极管两端电压 u_D 小于 $U_{D(on)}$ 时，$i_D=0$；当 u_D 大于 $U_{D(on)}$ 后，随着 u_D 的增加，i_D 沿折线迅速增加，折线的斜率为 $\Delta i_D/\Delta u_D$。斜率的倒数为二极管的导通电阻 r_D，它表示在大信号作用下，二极管导通后呈现的电阻。由于二极管特性的分散性，r_D 的值不是固定不变的，其阻值较小，约为几十欧。

(四) 交流小信号模型

在二极管电路中，既含有直流电源，又含有交流信号电源，这种情况是电子电路通常的工作模式。分析计算这种交、直流共存的电子电路，常用的方法是对直流状态和交流状态分别进行分析计算，称为静态分析和动态分析，然后再进行综合。若交流信号是幅值较小的低频信号（称为交流小信号），则二极管两端的电压及通过它的电流将在其特性曲线

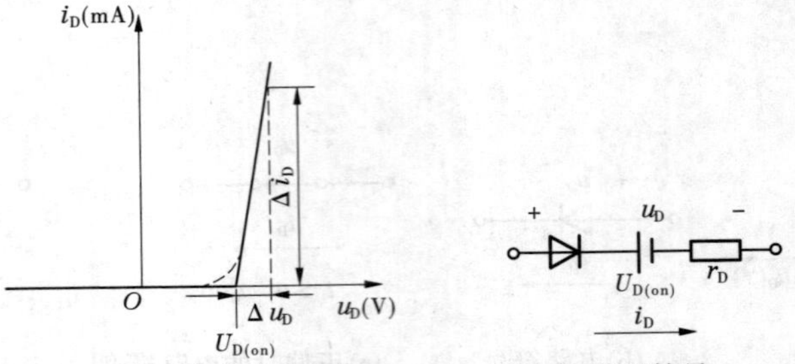

(a)伏安特性曲线　　(b)电路模型符号

图 1-19　折线模型

上某一固定点 Q(直流工作点)附近作微小的变化。如果只研究这一固定点 Q 附近电压微变量与电流微变量之间的关系,可以用特性曲线在 Q 点的切线来替代这一小段特性曲线,即将曲线作线性化处理,如图 1-20(a)所示。该切线斜率的倒数 $\Delta u_D/\Delta i_D$,就是二极管在 Q 点处的动态(微变)电阻,即为所要求的二极管交流小信号模型的微变电阻,用 r_d 表示,如图 1-20(b)所示。也就是说,对低频交流小信号而言,二极管可以近似地等效为一个电阻 r_d。由图 1-20(a)可以看出,r_d 的大小与 Q 点所处的位置有关。Q 点位置不同,所对应的电压与电流值不同,则 r_d 的值也不同。r_d 的值可由 PN 结方程式(1-1)求得,取 i_D 对 u_D 在 Q 点的微分,即

$$\frac{1}{r_d}=\frac{di_D}{du_D}\bigg|_Q=\frac{d}{du_D}\left[I_S(e^{u_D/U_T}-1)\right]\bigg|_Q=\frac{I_S}{U_T}e^{u_D/U_T}\bigg|_Q\approx\frac{I_D}{U_T}\bigg|_Q=\frac{I_Q}{U_T}\tag{1-4}$$

由此得出

$$r_d\approx\frac{U_T}{I_Q}\bigg|_{T=300\text{ K}}=\frac{26\text{ mV}}{I_Q}\tag{1-5}$$

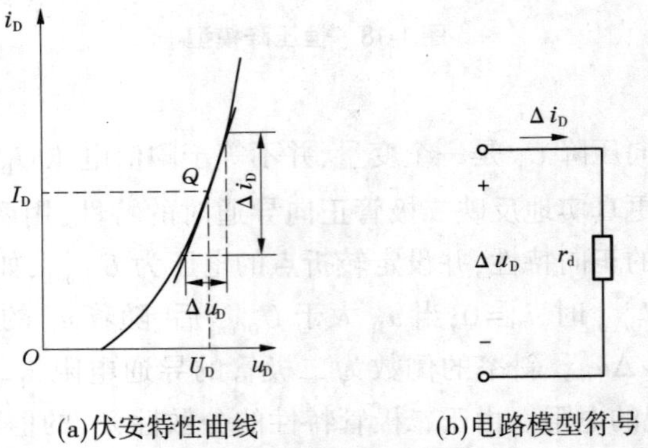

(a)伏安特性曲线　　(b)电路模型符号

图 1-20　交流小信号模型

值得注意的是,交流小信号模型只适用于二极管处于正向导通且信号变化幅度较小的低频情况。

【例 1.3-1】 二极管电路如图 1-21 所示,试分别用二极管的理想模型、恒压降模型、折线模型分析计算回路电流 I_D 和输出电压 U_O。设二极管 VD 为小功率硅管,$U_{D(on)}=0.7$ V,$r_D=20\ \Omega$。

解:(1)如图 1-21 所示。由图 1-21(b)所示理想模型可知,二极管 VD 开始工作前的外加电压 $U'_D=(-12)-(-18)=6(V)>0$,二极管 VD 正偏导通,导通后,$U_D=0$ V,则

$$I_D=\frac{U_R}{R}=\frac{-12-(-18)}{2}=3(mA),U_O=-U_{S1}=-12\ V$$

(2)由图 1-21(c)所示恒压降模型可知,二极管 VD 开始工作前的外加电压 $U'_D=6\ V>0$,二极管 VD 正偏导通,导通后,$U_D=0.7$ V,则

$$I_D=\frac{U_R}{R}=\frac{-0.7-12-(-18)}{2}=2.65(mA)$$

$$U_O=-U_{D(on)}-U_{S1}=-0.7-12=-12.7(V)$$

(3)由图 1-21(d)所示折线模型可知,二极管 VD 开始工作前的外加电压 $U'_D=(-12)-0.7-(-18)=5.3(V)>0$,二极管 VD 正偏导通,则

$$I_D=\frac{U_R+U_{r_D}}{R+r_D}=\frac{-0.7-12-(-18)}{2+0.02}\approx 2.62(mA)$$

$$U_O=I_DR-U_{S2}=2.62\times 2-18=-12.76(V)$$

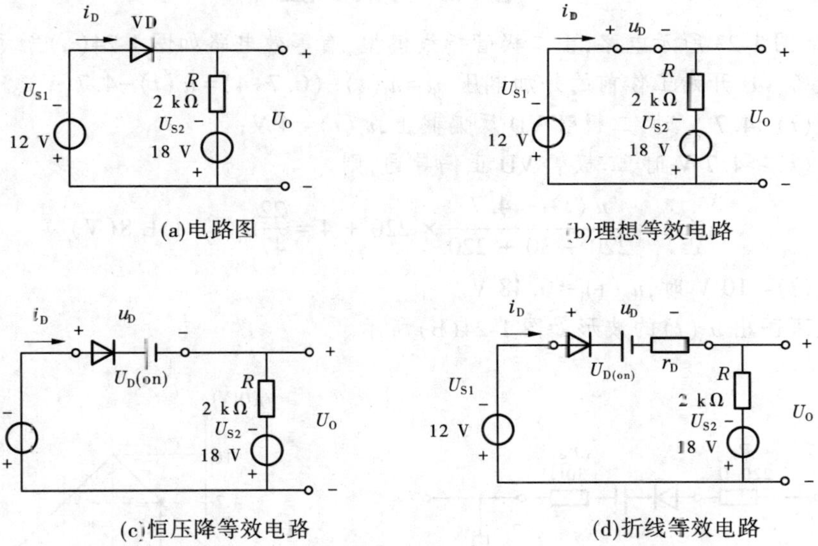

(a)电路图　(b)理想等效电路

(c)恒压降等效电路　(d)折线等效电路

图 1-21　例 1.3-1 电路

【例 1.3-2】　如图 1-22 所示二极管电路,设 VD_1、VD_2 的正向导通压降都是 0.7 V,试求输出电压 U_O。

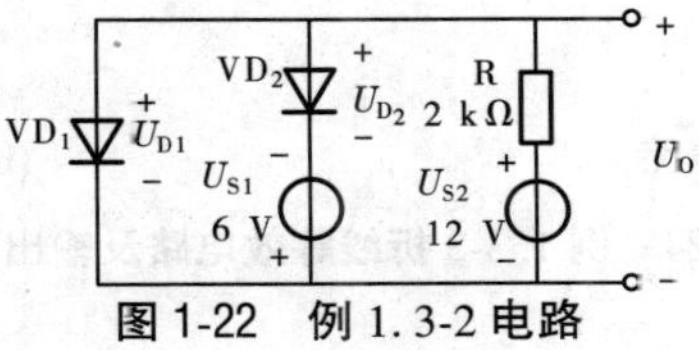

图 1-22　例 1.3-2 电路

解：由图 1-22 可知，VD_1、VD_2 开始工作前的外加电压 $U'_{D1}=12\ V$，$U'_{D2}=12-(-6)=18\ V$，虽然 U'_{D1}、U'_{D2} 均大于 0.7 V，但 $U'_{D2}>U'_{D1}$，VD_2 优先导通，VD_2 导通后，$U_{D1}=0.7-6=-5.3(V)$，VD_1 反偏截止，所以 $U_O=0.7-6=-5.3(V)$。

【例 1.3-3】 二极管电路如图 1-23(a) 所示，输入信号 $u_i(t)$ 的波形如图 1-23(b) 所示。设二极管 VD 的正向导通压降 $U_{D(on)}=0.7\ V$，导通电阻 $r_D=30\ \Omega$，试画出输出电压 $u_o(t)$ 的波形，并标出各个转折点的纵坐标数值。

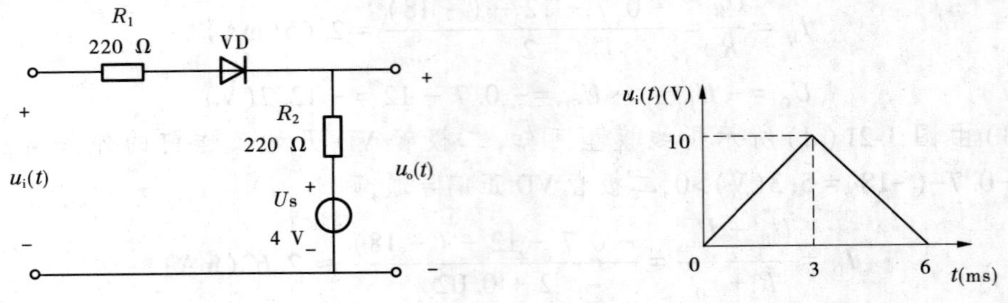

(a)二极管电路　　(b)输入信号波形

图 1-23　例 1.3-3 电路

解：如图 1-23 所示电路，由二极管折线模型，有等效电路如图 1-24(a) 所示。

二极管 VD 开始工作前的外加电压 $u'_D=u_i(t)-(0.7+4)=u_i(t)-4.7(V)$。

当 $u_i(t)<4.7\ V$ 时，二极管 VD 反偏截止，$v_o(t)=4\ V$；

当 $u_i(t)\geqslant 4.7\ V$ 时，二极管 VD 正偏导通，则

$$u_o(t)=\frac{u_i(t)-4.7}{220+30+220}\times 220+4=\frac{22}{47}u_i(t)+1.8(V)$$

当 $u_i(t)=10\ V$ 时，$u_o(t)\approx 6.48\ V$。

由此可画出 $u_o(t)$ 的波形如图 1-24(b) 所示。

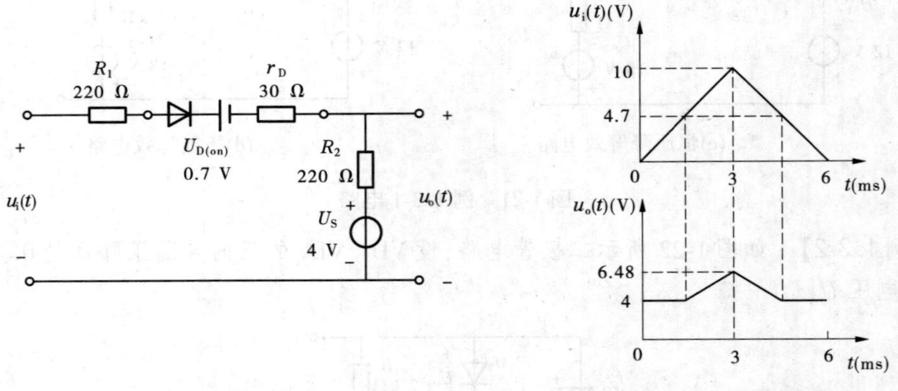

(a)折线等效电路　　(b)$u_i(t)$、$u_o(t)$输出波形图

图 1-24　例 1.3-3 折线等效电路及输出波形

二、微变等效电路分析法

二极管的电路模型不同，采用的分析方法也不相同。

微变等效电路分析法是电子线路中常用的一种分析计算方法，常用于既有直流信号又有交流小信号的电子线路的综合分析。

【例 1.3-4】　设图 1-25(a)所示电路中，$u_i = 3\sqrt{2}\sin(2\,000\pi t)$ mV，$V_{DD} = 5$ V，$R = 1$ kΩ，$C = 20$ μF，VD 为小功率硅管，$U_{D(on)} = 0.7$ V，试求 i_D 和 u_o。

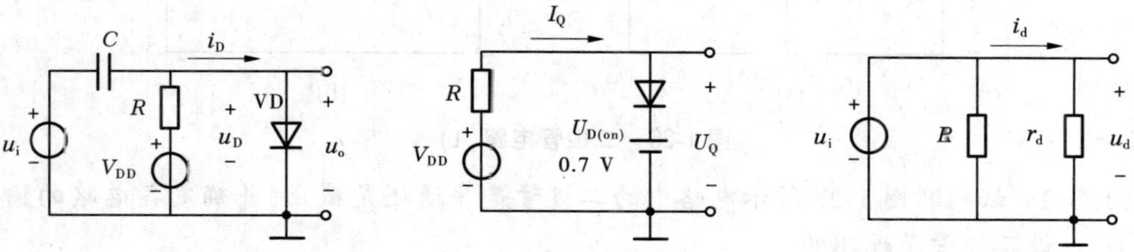

(a)二极管电路　　(b)直流等效电路　　(c)交流小信号等效电路

图 1-25　交、直流信号共同作用的二极管电路

解：如图 1-25 所示，用恒压降模型和交流小信号模型作等效变换，依叠加定理有：

$$U_Q = U_{D(on)} = 0.7\ \text{V}$$

$$I_Q = \frac{V_{DD} - U_{D(on)}}{R} = \frac{5 - 0.7}{1} = 4.3(\text{mA})$$

$$u_d = u_i = 3\sqrt{2}(\sin 2\,000\pi t)\ \text{mV}$$

$$r_d = \frac{26\ \text{mV}}{I_Q} = \frac{26\ \text{mV}}{4.3\ \text{mA}} \approx 6\ \Omega$$

$$I_d = \frac{U_i}{r_d} = \frac{3}{6} = 0.5(\text{mA})$$

$$i_d = 0.5\sqrt{2}\sin(2\,000\pi t)\ \text{mA}$$

$$u_o = U_Q + u_d = 0.7 + 3\times10^{-3}\sqrt{2}\sin(2\,000\pi t)\quad(\text{V})$$

$$i_D = I_Q + i_d = 4.3 + 0.5\sqrt{2}\sin(2\,000\pi t)\quad(\text{mA})$$

课堂活动

1. 课堂提问和讨论

T1.3-1　为什么要设计二极管的电路模型？

T1.3-2　二极管有几种常用的电路模型？它们各适用于什么情况？

T1.3-3　试说明用指针式万用表电阻挡检测二极管时，对于同一只二极管，量程不同，所测得的数据不同的原因。

2. 学生演讲和演板

Y1.3-1　画出常用的硅小功率二极管电路模型符号，并标出相关参数。

3. 课堂练习

L1. 3-1　试判断图 1-26 所示电路中的二极管是导通还是截止，并确定流过二极管的电流 I_D。设二极管的正向导通压降为 0.7 V，反向电流为 0。

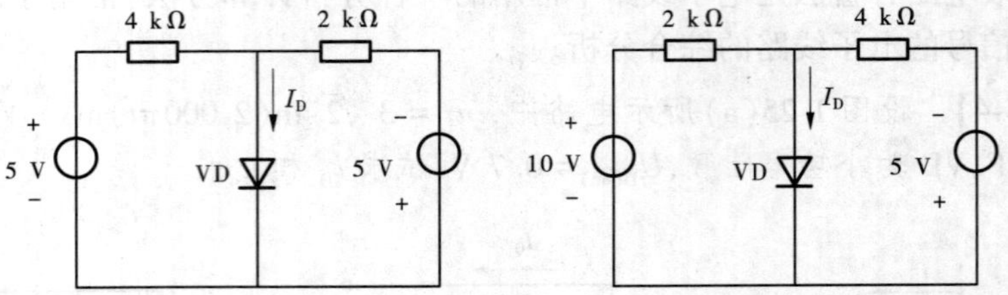

(a)　　(b)

图 1-26　二极管电路(1)

L1. 3-2　试判断图 1-27 所示电路中的二极管是导通还是截止，并确定各电路的输出电压 U_O。设二极管是理想的。

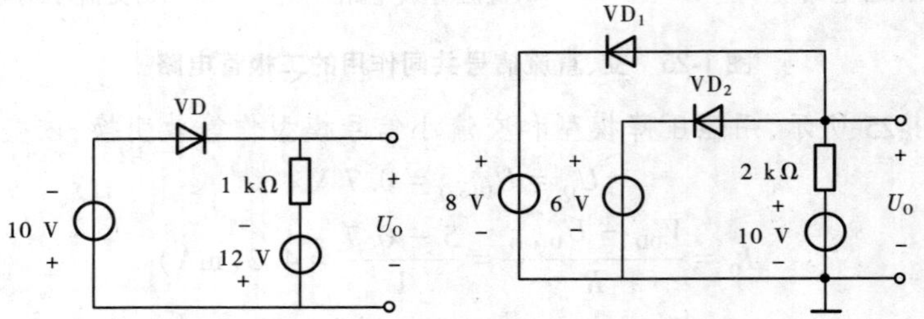

(a)　　(b)

图 1-27　二极管电路(2)

L1. 3-3　如图 1-28 所示电路中，设 $u_i = 5\sin\omega t$ mV，C 对交流信号的容抗近似为 0，二极管的 $U_{D(on)} = 0.7$ V，试画出流过二极管的电流 i_D 的波形。

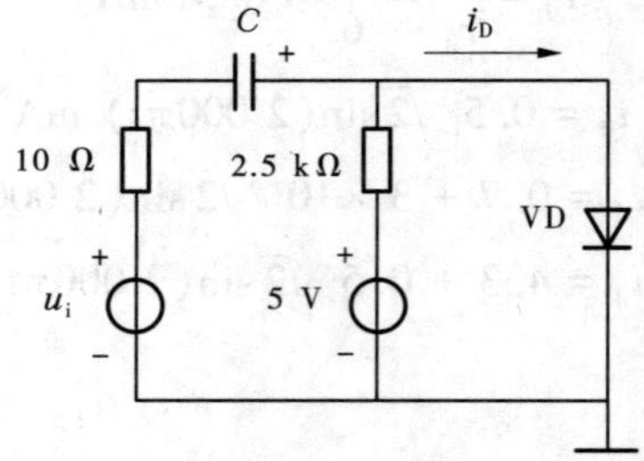

图 1-28　二极管电路(3)

任务四　双极型三极管的认识与检测

半导体三极管是现代电子电路的核心器件，它的重要特性是具有电流放大作用。

双极型三极管是半导体三极管的一种类型，由于它有空穴和电子两种载流子参与导电，因而称为双极型三极管(Bipolar Junction Transistor，缩写为 BJT)，简称为晶体管或三极管等。三极管的种类很多,按制造材料分,有硅管和锗管;按功率大小分,有大、中、小功率管;按工作频率分,有高频管和低频管;按结构分,有 NPN 型管和 PNP 型管等。常见的三极管外形图片如图 1-29 所示。

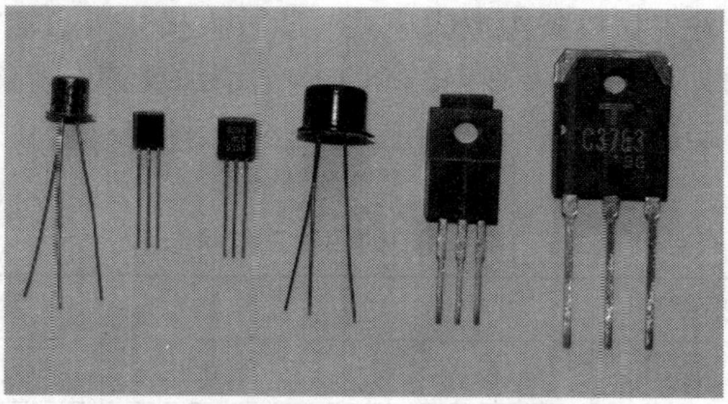

图 1-29 常见的三极管外形图片

一、双极型三极管的结构和电路符号

BJT 是通过一定的工艺,将两个 PN 结结合在一起的器件,其结构示意图和电路符号如图 1-30 所示。其中,图 1-30(a)所示的是 NPN 型管,图 1-30(b)所示的是 PNP 型管。由图可见,BJT 是由两个 PN 结的三层半导体制成的,它有三个区,两边分别是发射区和集电区,中间是一块很薄的基区。由三个区各引出的一根引线就是 BJT 的三个电极,分别称为发射极 e、基极 b 和集电极 c;发射区和基区交界处的 PN 结称为发射结,集电区和基区交界处的 PN 结称为集电结;发射结和集电结通过很薄的基区联系在一起。BJT 的制造工艺和结构特点是:发射区的掺杂浓度最高,是基区掺杂浓度的几十到几百倍;基区很薄(微米数量级),掺杂浓度最低;集电区的掺杂浓度比发射区低,但集电结的面积比发射结大。这些特点是三极管具有电流放大作用的内部条件。

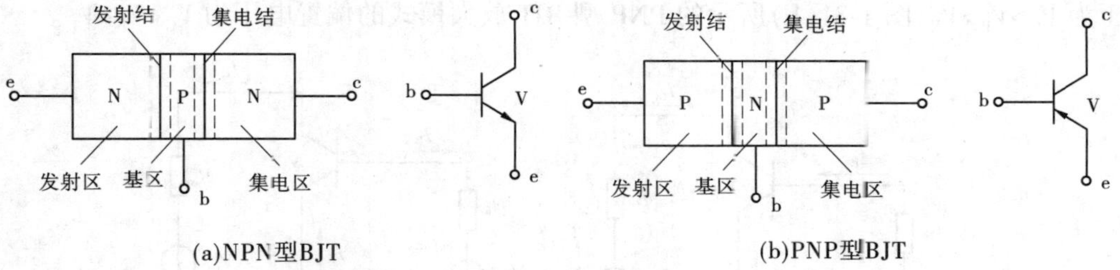

图 1-30 BJT 结构示意图和电路符号

电路符号中箭头的方向表示发射结正偏时发射极电流的实际方向。NPN 型和 PNP 型 BJT 具有几乎等同的特性,只不过两者各电极端的电压极性和电流的流向相反而已。

二、双极型三极管的电流放大原理

BJT 和晶体二极管一样都是非线性器件,但是它们的主要特性截然不同。晶体二极管的主要特性是单向导电性,而 BJT 的主要特性与其工作模式有关。根据发射结和集电结设置的偏置电压,BJT 有四种工作模式(状态):放大、饱和、截止和倒置,如表 1-3 所示。

当 BJT 的发射结加正偏电压、集电结加反偏电压,工作在放大模式时,它呈现的主要特性是电流控制的电流放大的正向受控特性。这种特性是指三极管的集电极电流只受发射结电压(对应基极电流)的控制,而几乎不受反偏集电结电压的控制。这种特性是 BJT 实现放大的基础,因此称这种工作模式为放大模式。除放大模式外,BJT 还可工作在发射结和集电结均加正偏电压的饱和模式及发射结和集电结均加反偏电压的截止模式。这两种模式呈现受控开关特性,是设计开关电路的基础。当发射结反偏、集电结正偏时,BJT 工作在倒置模式(状态)。

表 1-3　BJT 的四种工作状态

工作状态	发射结	集电结	工作状态	发射结	集电结
放大	正偏	反偏	截止	反偏	反偏
饱和	正偏	正偏	倒置	反偏	正偏

本部分主要讨论 NPN 型 BJT,但讨论的结果同样适用于 PNP 型 BJT,所不同的仅是 PNP 型 BJT 中发射结、集电结的偏置电压的极性和产生的集电极电流、发射极电流的方向与前者相反。

(一) BJT 实现电流放大的外部条件

当 BJT 用作放大器件时,要使其能起到电流放大的作用,工作在放大模式,不论是 NPN 型,还是 PNP 型都必须给 BJT 的三个电极设置正确的偏置电压:发射结加正向偏置电压,集电结加反向偏置电压,如图 1-31 所示。图中,V_{BB} 为基极电源电压,用于提供发射结的偏置电压,R_b 为限流电阻;V_{CC} 为集电极电源电压,用以提供集电结的偏置电压,它通过 R_c、集电结、发射结形成回路,且 $V_{CC}>V_{BB}$、电阻 R_b 和 R_c 取值合适。由于发射结为正向偏置,其正向导通压降很小(硅管约为 0.7 V),所以 V_{CC} 主要降落在电阻 R_c 和集电结两端,使集电结获得反向偏置电压。显然,图 1-31(a)所示的 NPN 型 BJT 放大模式的偏置电压为 $V_C>V_B>V_E$,图 1-31(b)所示的 PNP 型 BJT 放大模式的偏置电压为 $V_C<V_B<V_E$。

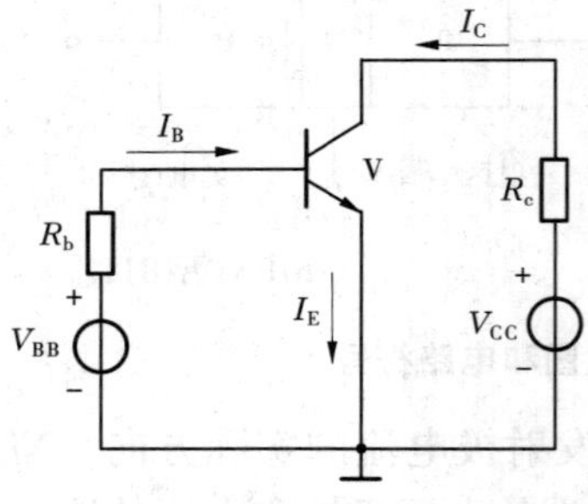

(a)NPN型BJT偏置

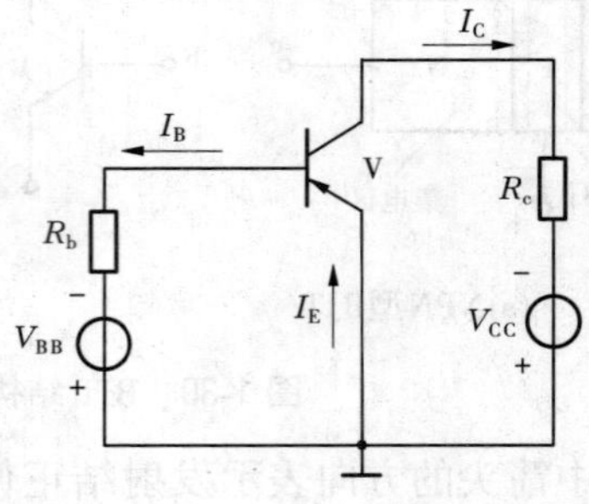

(b)PNP型BJT偏置

图 1-31　BJT 放大模式的偏置电压

(二) BJT 内部载流子的传输过程

图 1-32 所示为工作在放大模式时 NPN 型 BJT 内部载流子运动的示意图。

1. 发射区向基区发射自由电子

由于发射结正偏，在正向电压 V_{BB} 和集电极电源电压 V_{CC} 的作用下，发射区的自由电子（多子）不断向基区扩散，形成电子扩散电流 I_{EN}，基区的空穴（多子）不断向发射区扩散，形成与 I_{EN} 方向相同的空穴扩散电流 I_{EP}。这两种多子的扩散运动形成的扩散电流即为发射极电流 I_E。因为发射区的掺杂浓度远远大于基区，基区的掺杂浓度很低，所以基区空穴（多子）的扩散电流可以忽略不计，因而 I_E 主要以外电源 V_{CC} 和 V_{BB} 经过发射极向发射区补充的电子电流为主形成。

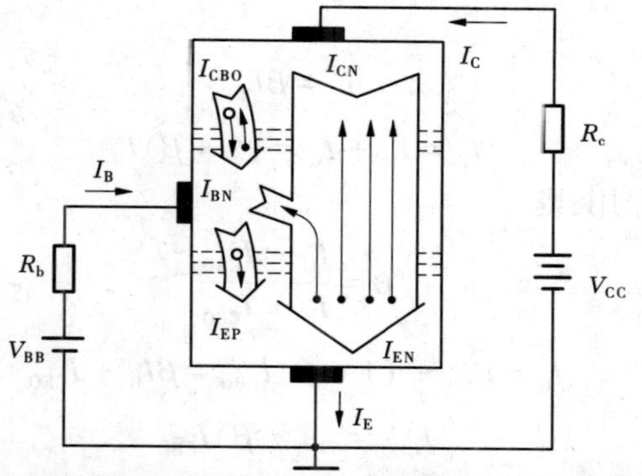

图 1-32 工作在放大模式时 NPN 型 BJT 中载流子运动和各极电流示意图

2. 自由电子向基区的扩散和复合

发射区的自由电子注入基区后，靠近发射结附近的浓度很高，靠近集电结附近的浓度较低，由于形成的浓度差，自由电子要向集电结方向继续扩散。由于基区很薄，掺杂浓度很低，自由电子在扩散过程中只有很少一部分与基区的空穴复合。电源 V_{BB} 不断地供给基区被复合的空穴（拉走电子），即形成了很小的基极电流 I_{BN}。

3. 自由电子被集电区收集

由于集电结反偏，耗尽层加宽，内电场加强，从而有利于少子的漂移运动。从发射区注入基区后没有被复合的大量的自由电子便成为了基区的少子，它们扩散到集电结的边缘后，在集电结强电场的作用下，很容易越过集电结到达集电区，被集电极收集，形成集电极电流 I_{CN}。

与此同时，由于集电结反向偏置，基区本身的少子（自由电子）与集电区的少子（空穴）也将在 PN 结电场的作用下形成漂移电流，即反向饱和电流 I_{CBO}。I_{CBO} 的数值很小，一般工程上忽略不计，但它受温度的影响很大，容易使 BJT 工作不稳定。I_{CBO} 越小，BJT 的稳定性越好。

由图 1-32 和以上分析可知 BJT 三个电极的电流 I_B、I_C、I_E 分别为

$$I_B = I_{BN} - I_{CBO} \tag{1-6}$$

$$I_C = I_{CN} + I_{CBO} \tag{1-7}$$

$$I_E = I_{CN} + I_{BN} = (I_{CN} + I_{CBO}) + (I_{BN} - I_{CBO}) = I_C + I_B \tag{1-8}$$

（三）BJT 的电流放大作用

在忽略 I_{CBO} 的情况下，从前面的分析可知，从发射区注入基区的自由电子只有很少一

部分在基区复合形成基极电流 I_B，大部分漂移到集电区形成集电极电流 I_C。换言之，$I_C \gg I_B$。当一个 BJT 制成以后，复合和漂移所占的比例就确定了，也就是说 I_C 与 I_B 的比值也就确定了，这个比值称为共发射极直流电流放大系数 $\bar{\beta}$，即

$$\bar{\beta} = \frac{I_C}{I_B} \tag{1-9}$$

由于 I_B 远小于 I_C，因此 $\bar{\beta} \gg 1$，一般小功率 BJT 的 $\bar{\beta}$ 为几十倍至几百倍，它表示了小的基极电流对大的集电极电流的控制能力。根据式(1-6)、式(1-7)、式(1-8)，在忽略 I_{CBO} 的情况下，有

$$I_C = \bar{\beta} I_B \tag{1-10}$$

$$I_E = I_B + I_C = (1 + \bar{\beta}) I_B \tag{1-11}$$

若考虑到 I_{CBO} 的作用，则

$$\bar{\beta} = \frac{I_C - I_{CBO}}{I_C + I_{CBO}} \tag{1-12}$$

$$I_C = \bar{\beta} I_B + (1 + \bar{\beta}) I_{CBO} = \bar{\beta} I_B + I_{CEO} \tag{1-13}$$

$$I_{CEO} = (1 + \bar{\beta}) I_{CBO} \tag{1-14}$$

式中，I_{CEO} 常称为穿透电流。

【案例分析 1.4-1】 实用电路中，BJT 主要用于放大动态信号，如图 1-33 所示。试分析其工作原理。

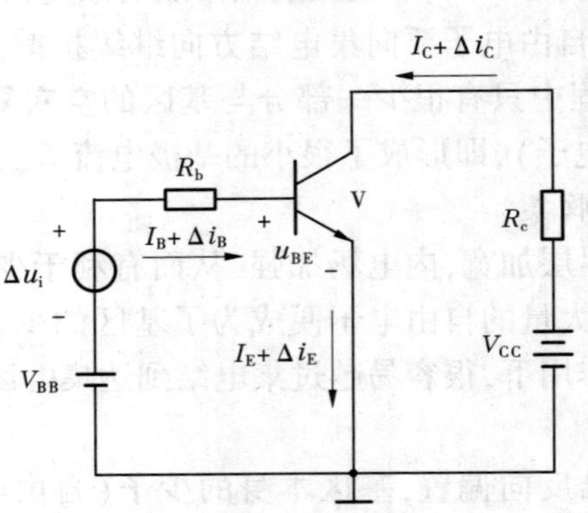

图 1-33 简单共发射极放大电路

分析求解：图 1-33 中，i_B 所在的回路称为输入回路，i_C 所在的回路称为输出回路，发射极为两个回路的公共端，称为共发射极放大电路，V_{CC}、V_{BB}、R_b、R_c 的设置使 BJT 工作在放大模式。当输入回路中加入一待放大的动态信号 Δu_i 以后，将引起发射结偏置电压 u_{BE} 随 Δu_i 而变化。从 PN 结的正向导通特性可知，PN 结导通后的正向偏置电压对电流的控制作用是很灵敏的，因此 Δu_i 的微小变化就可以引起 i_E（对应于 i_B，$i_E = (1+\beta) i_B$）很大的变化量，相应 i_C 产生很大的变化量 Δi_C，从而实现了电流放大。

集电极电流的变化量与基极电流变化量的比值称为共发射极交流电流放大系数 β，

即

$$\beta = \frac{\Delta i_C}{\Delta i_B} \tag{1-15}$$

在小信号放大电路中，由于 β 和 $\bar{\beta}$ 的差别很小，因此工程上在分析、估算放大电路时认为 $\beta=\bar{\beta}$，而在实际应用中不再加以区分。

（四）BJT 的共发射极、共集电极、共基极接法

BJT 有三个电极，在放大电路中，一个电极用作输入信号端，一个电极用作输出信号端，另一个电极用作输入、输出信号的公共端，可有三种连接方式：共发射极（共射）、共集电极（共集）、共基极（共基），分别如图 1-34（a）、（b）、（c）所示。

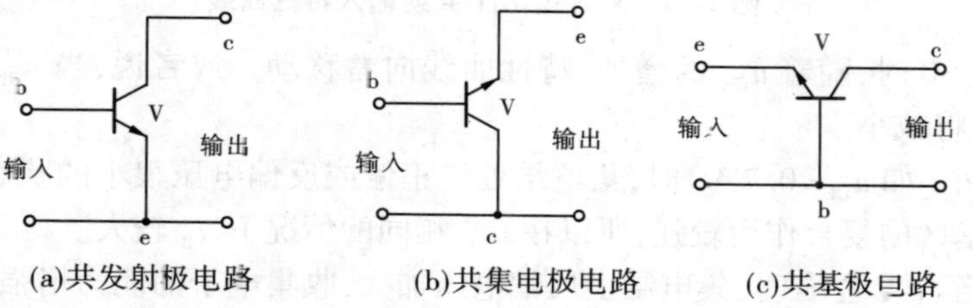

图 1-34 BJT 的三种连接方式

需要说明的是，无论是哪种连接方式，要使 BJT 具有放大作用，都必须使发射结正偏，集电结反偏，而其内部载流子的传输过程相同，且 β 保持不变时，输出电流 i_C（或 i_E）正比于输入电流 i_B（或 i_E）。如果能控制输入电流，就能控制输出电流，所以常称 BJT 为电流控制器件。实质上由前述分析可知，i_B 是受正向发射结电压 u_{BE} 控制的，因此 i_C 和 i_E 也是受正向发射结电压 u_{BE} 控制的。这体现了 BJT 的正向受控特性。利用这一特性，可以把微弱的电信号加以放大。

三、双极型三极管的共射特性曲线

BJT 的共射特性曲线是指 BJT 在共射接法下各电极电压与电流之间的关系曲线。工程上常用的是 BJT 的输入特性和输出特性曲线，一般采用实验方法逐点描绘出来或用专用的 BJT V–I 特性图示仪直接显示出来。

（一）输入特性曲线

BJT 的共射输入特性曲线是指 u_{CE} 为某一定值时输入电流 i_B 与加在发射结上的输入电压 u_{BE} 之间的关系曲线，其函数式为

$$i_B = f(u_{BE})\big|_{u_{CE}=\text{常数}} \tag{1-16}$$

图 1-35 中给出了 u_{CE} 分别为 0 V、1 V、10 V 三种不同取值情况下的某一 NPN 型硅 BJT 共射输入特性曲线。因为发射结正偏，所以 BJT 的输入特性曲线与半导体二极管的正向特性曲线相似，不过，它与 u_{CE} 有关，具体有如下几个特点：

（1）当 $u_{CE}=0$ 时，BJT 相当于一个发射结和集电结并联起来的二极管，此时的输入特性曲线就相当于二极管的正向特性曲线。

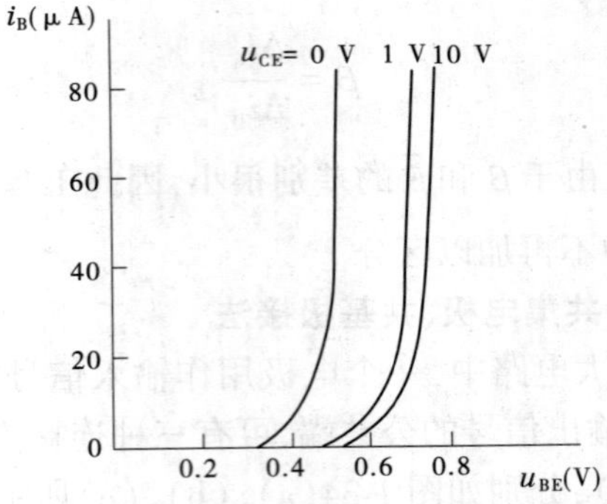

图 1-35　NPN 型 BJT 共射输入特性曲线

(2) 当 $u_{CE}>0$ 时，随着 u_{CE} 的增加，特性曲线向右移动。或者说，当 u_{BE} 一定时，随着 u_{CE} 的增加，i_B 将减小。

当 u_{CE} 较小（如 $u_{CE}<0.7$ V）时，集电结处于正偏或反偏电压很小的状态，收集电子的能力很弱，而基区的复合作用较强，所以在 u_{BE} 相同的情况下，i_B 较大。

当 u_{CE} 增至 1 V 左右时，集电结上反偏电压加大，收集电子的能力增强，同时，由于反偏，集电结的空间电荷区也在变宽，从而使基区的有效宽度减小，载流子在基区的复合机会减小，结果使 i_B 减小。

(3) 当 $u_{CE}>1$ V 以后，特性曲线右移很少。这是因为只要保持 u_{BE} 不变，则从发射区扩散到基区的电子数目不变，而 u_{CE} 增大到 1 V 以后，集电结的电场已足够强，已能把由发射区发射到基区电子中的绝大部分收集到集电区，以至于 u_{CE} 再增加，i_B 也不再明显减小，因而可以近似地认为 BJT 在 $u_{CE}>1$ V 后的所有输入特性曲线基本上是重合的，或者说，可以忽略 u_{CE} 变化对 i_B 的影响。

BJT 工作在放大模式时，u_{CE} 总是大于 1 V 的，所以工程上常用 $u_{CE}\geqslant 1$ V 时的任何一条曲线来表示 $u_{CE}>1$ 时的所有曲线。

(4) 当 u_{BE} 大于正向导通压降后，i_B 随 u_{BE} 的增大而迅速增大。与二极管正向特性曲线相似，BJT 也有一段死区，只有当 u_{BE} 大于导通阈值电压后，i_B 才大于 0。随后，i_B 随 u_{BE} 的增加而迅速增大，并为一一对应的关系。当 BJT 完全导通后，u_{BE} 具有恒压特性，小功率硅管为 0.6~0.8 V，小功率锗管为 0.2~0.3 V（绝对值），工程上一般取小功率硅管为 0.7 V，小功率锗管为 0.2 V，称之为导通压降 $U_{BE(on)}$。这一数据是工程上用以判断 BJT 是否工作在放大模式的重要依据之一。

（二）输出特性曲线

BJT 的共射输出特性曲线是指 i_B 一定时，输出电流 i_C 与电压 u_{CE} 间的关系曲线，其函数式为

$$i_C = f(u_{CE})\big|_{i_B=\text{常数}} \tag{1-17}$$

图 1-36 是某一 NPN 型硅 BJT 共射连接时的输出曲线。对于每一个 i_B，都有一条不同的曲线与之对应，输出特性是一簇曲线。从图中可以看到，BJT 的输出特性曲线分为三个区域：截止区、放大区和饱和区，分别对应于 BJT 的截止、放大和饱和三种工作状态。

1. 截止区

当发射结反向偏置或正偏电压小于正向导通阈值电压，并且集电结反偏时，$i_B=0$，$i_C \leqslant I_{CEO}(\approx 0)$，BJT 处于截止状态，没有放大作用。通常把 $i_B=0$ 的那条输出特性曲线以下的区域称为截止区。对于硅管，$i_B=0$ 的曲线基本与横轴重合(图 1-36 夸大了此区域)。

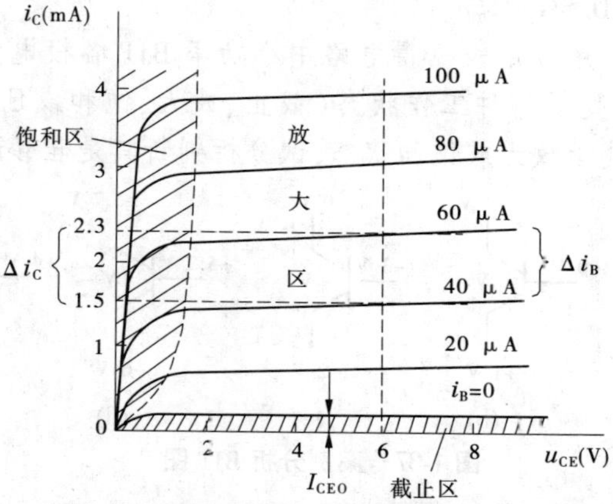

图 1-36　NPN 型硅 BJT 共射输出特性曲线

2. 放大区

当发射结正向偏置且大于正向导通阈值电压(工程上为正向导通压降 $U_{BE(on)}$)、集电结反向偏置时，BJT 工作的区域为放大区。此时，$u_{CE} \geqslant u_{BE}$，即 $u_C \geqslant u_B$，i_C 主要受 i_B 控制，表现出恒流特性，几乎与 u_{CE} 无关。输出特性曲线是一簇几乎与横坐标轴平行的等距离直线，各曲线间隔大小可体现 β 值的大小。但随着 u_{CE} 的增加，各条曲线略向上倾斜。在放大区中 Δi_C 与 Δi_B 之间有一种受控关系，即 $\Delta i_C=\beta\Delta i_B$，表现出 BJT 的电流放大作用。

3. 饱和区

当发射结和集电结均处于正向偏置，且 u_{BE} 大于正向导通阈值电压(工程上为正向导通压降 $U_{BE(on)}$)时，BJT 工作在饱和区。此时，u_{CE} 很小，$u_{CE}<u_{BE}$，即 $u_C<u_B$，i_C 从 0 开始随着 u_{CE} 的增大而迅速地增大，但 i_C 不受 i_B 的控制，$i_C<\beta i_B$。图中饱和区与放大区的分界线，称为临界饱和线，对于小功率管，此时 $u_{CE}=u_{BE}$。饱和状态下 BJT c、e 间的电压称为饱和压降，用 U_{CES} 表示，对于小功率管，工程上常取硅管为 0.3 V，锗管为 0.1 V。

(三) 温度对 BJT 特性的影响

由于杂质半导体中，少数载流子的浓度随温度的增加而增加，因而温度的变化对 BJT 的性能会造成很大的影响，输入、输出特性曲线簇都将随温度变化而变化。在实际应用中，不能忽视 BJT 温度稳定性的问题。

1. 温度对 u_{BE} 的影响

BJT 的 u_{BE} 随温度变化的规律与二极管正向导通时的伏安特性类似，温度升高时，BJT 的输入特性曲线也向左移动，相对于同一 i_B 的 u_{BE} 将减小。温度每升高 1 ℃，u_{BE} 减小 2~2.5 mV。

2. 温度对 I_{CBO} 的影响

I_{CBO} 是发射极开路时，集电极与基极间的反向饱和电流。温度每升高 10 ℃，I_{CBO} 约增加一倍。而且，穿透电流 I_{CEO} 也会随温度升高而增加。因此，输出特性曲线会随温度升高而向上移动。

3. 温度对 β 的影响

BJT 的电流放大系数 β 会随温度上升而增大，使输出特性各条曲线的距离加大。温度每升高 1 ℃，β 值增大 0.5%～1%。

【案例分析 1.4-2】 用万用表测得电路中小功率 BJT 各极电位如图 1-37 中标注所示，试分析判断 BJT 分别处于何种工作状态（截止、放大、饱和或已损坏）；是 NPN 型管，还是 PNP 型管；若 BJT 处于放大或饱和状态，试分析判断其是硅管还是锗管。

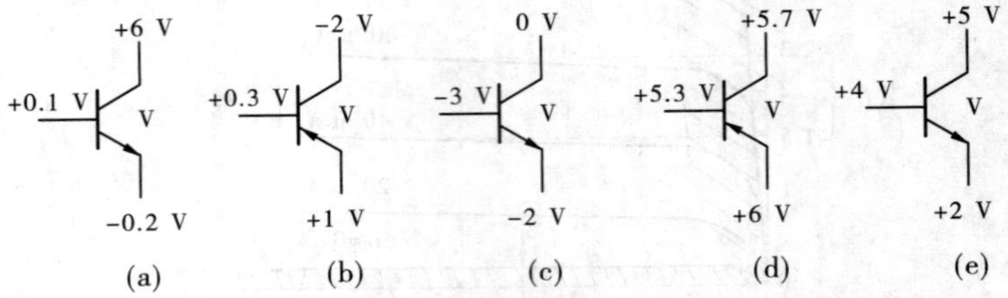

图 1-37　案例分析 BJT 图

分析求解： 分析判断 BJT 的工作状态，主要是分析其两个 PN 结的偏置状态；分析判断 BJT 是 NPN 型还是 PNP 型管，所依据的是 BJT 各极电位的极性和大小；而分析判断 BJT 是硅管还是锗管，主要是看其发射结的正向导通压降的大小。

(1) $V_C>V_B>V_E$，发射结正偏，集电结反偏，NPN 型结构；$U_{BE}=[0.1-(-0.2)]\text{ V}=0.3\text{ V}$，放大状态，锗管。故该管为 NPN 型锗管，工作在放大状态。

(2) $V_C<V_B<V_E$，发射结正偏，集电结反偏，PNP 型结构；$U_{BE}=(0.3-1)\text{ V}=-0.7\text{ V}$，放大状态，硅管。故该管为 PNP 型硅管，工作在放大状态。

(3) NPN 型管，$U_{BE}=[(-3)-(-2)]\text{ V}=-1\text{ V}$，$U_{CB}=[0-(-3)]\text{ V}=3\text{ V}$，发射结、集电结均反偏，故该管工作在截止状态。

(4) PNP 型管，$U_{BE}=(5.3-6)\text{ V}=-0.7\text{ V}$，发射结正偏，硅管；$U_{CB}=(5.7-5.3)\text{ V}=0.4\text{ V}$，集电结正偏，饱和状态；发射结、集电结均正偏，故该管为硅管，工作在饱和状态。

(5) $V_C>V_B>V_E$，发射结正偏，集电结反偏，NPN 型结构；$U_{BE}=(4-2)\text{ V}=2\text{ V}$，BJT 发射结正偏正向导通后，$U_{BE}$ 具有恒压特性，小功率硅管约为 0.7 V，小功率锗管约为 0.2 V，故该管已损坏，发射结开路。

【例 1.4-1】 BJT 电路如图 1-38 所示，已知 V 为 NPN 型小功率硅管，$U_{BE(on)}=0.7\text{ V}$，$U_{CES}=0.3\text{ V}$，$\beta=50$。试分别分析计算：当 (1) $u_i=0\text{ V}$，(2) $u_i=1\text{ V}$ 和 (3) $u_i=5\text{ V}$ 时，V 的工作状态和集电极电位 V_C 的大小。

解： (1) 当 $u_i=0\text{ V}$ 时，$u_{BE}=0\text{ V}<U_{BE(on)}$，V 工作在截止状态，$i_B=i_C=0$，$U_{Rc}=0\text{ V}$，$V_C=V_{CC}=12\text{ V}$。

(2) 当 $u_i=1\text{ V}$ 时，V 开始工作前三个电极的电位为：$V_C>V_B>V_E$，发射结正偏，集电结反偏，V 有可能工作在放大状态；V 导通后

$$U_{BE(on)}=0.7\text{ V},U_{Rb}=u_i-U_{BE(on)}=(1-0.7)\text{ V}=0.3\text{ V}$$

$$i_B=\frac{U_{Rb}}{R_b}=\frac{0.3\text{ V}}{20\text{ k}\Omega}=15\ \mu\text{A}$$

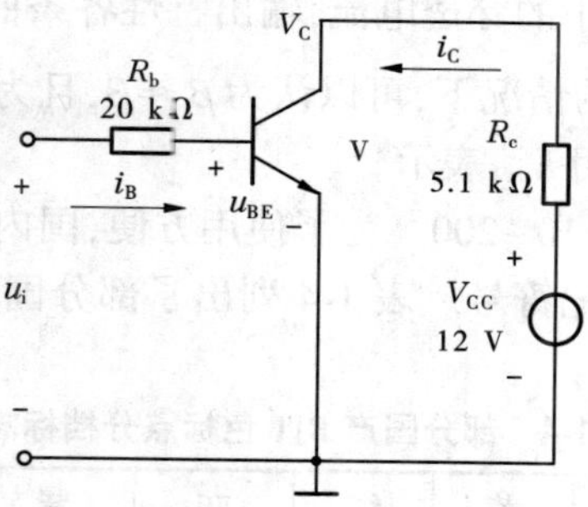

图 1-38　例 1.4-1 电路

$$\beta i_B = 50 \times 15\ \mu A = 0.75\ mA$$

若 V 饱和,则

$$i_{CS} = \frac{V_{CC} - U_{CES}}{R_c} = \frac{12 - 0.3}{5.1}\ mA \approx 2.3\ mA$$

$i_{CS} > \beta i_B$,故 V 工作在放大状态(饱和时,$i_{CS} < \beta i_B$,或 $i_B > i_{BS}$,$i_{BS} = i_{CS}/\beta$),此时

$$i_C = \beta i_B = 0.75\ mA$$

$$V_C = V_{CC} - i_C R_c = (12 - 0.75 \times 5.1)\ V \approx 8.2\ V$$

(3) 当 $u_i = 5$ V 时,V 开始工作前三个电极的电位为:$V_C > V_B > V_E$,V 有可能工作在放大状态;V 导通后

$$i_{BS} = \frac{V_{CC} - U_{CES}}{\beta R_c} = \frac{12 - 0.3}{50 \times 5.1} \approx 0.046(mA)$$

$$i_B = \frac{u_i - U_{BE(on)}}{R_b} = \frac{5 - 0.7}{20} = 0.215(mA)$$

$i_B > i_{BS}$,故 V 工作在饱和状态,$V_C = U_{CES} = 0.3$ V。

四、双极型三极管的主要参数

BJT 的参数用来表征器件性能的优劣和适应范围,以作为工程上合理选择和正确使用 BJT 的依据。BJT 的主要参数有电流放大系数、极间反向电流、共射截止频率、特征频率和极限参数等。

(一) 电流放大系数

1. 共射直流电流放大系数 $\bar{\beta}$

$$\bar{\beta} = (I_C - I_{CEO})/I_B \tag{1-18}$$

当 $I_C \gg I_{CEO}$ 时

$$\bar{\beta} \approx I_C/I_B \tag{1-19}$$

2. 共射交流电流放大系数 β

$$\beta = \frac{\Delta i_C}{\Delta i_B}\bigg|_{u_{CE}=\text{常数}} \tag{1-20}$$

由于 BJT 特性曲线的非线性,各点的 $\bar{\beta}$、β 值是不相同的。但由于目前生产的小功率

BJT 具有良好的恒流特性和很小的穿透电流，输出特性各条曲线间距基本相等。因此，在工程上，在工作电流不十分大的情况下，可以认为 $\overline{\beta} \approx \beta$，且为常数，两者可以通用，常用 β 表示。在器件手册中，一般 β 用 h_{FE} 表示。

小功率 BJT 的 β 值通常在 10~200。为了使用方便，国内生产厂家常在管壳上标明色标点，作为 β 值大致分档的标记符号。表 1-4 列出了部分国产 BJT 生产厂家的色标点表示的 β 值大致范围。

表 1-4　部分国产 BJT 色标点分档标志

色标点颜色	棕	红	橙	黄	绿	蓝	紫	灰	白	黑(或无色)
β 值范围	5~15	15~25	25~40	40~55	55~80	80~120	120~180	180~270	270~400	400 以上

3. 共基电流放大系数 $\overline{\alpha}$ 和 α

$$\overline{\alpha} = (I_C - I_{CBO})/I_E \tag{1-21}$$

当 $I_C \gg I_{CBO}$ 时

$$\overline{\alpha} \approx I_C/I_E \tag{1-22}$$

$$\alpha = \frac{\Delta i_C}{\Delta i_E}\Big|_{u_{CB}=\text{常数}} \tag{1-23}$$

当 BJT 作共基连接时，发射极是输入端，集电极是输出端。由于在 BJT 中，$I_C < I_E$，因此 α 小于 1 而又近似等于 1。

同样，可以认为 $\overline{\alpha} \approx \alpha$，且为常数，二者可以通用，常用 α 表示。

(二) 极间反向电流

1. I_{CBO}

I_{CBO} 为发射极开路时，集电极与基极间的反向饱和电流。室温下，小功率硅管的 I_{CBO} 小于 1 μA，锗管约为 10 μA。

2. I_{CEO}

I_{CEO} 为基极开路时，由集电区穿过基区流向发射区的反向饱和电流，所以又叫穿透电流，$I_{CEO} = (1+\beta) I_{CBO}$。小功率硅管的 I_{CEO} 约在几微安以下，而小功率锗管的 I_{CEO} 约在几十微安以上，因此在可能情况下应尽量选用硅管。

I_{CBO}、I_{CEO} 是衡量 BJT 质量的重要参数。为减小温度的影响，应尽量选用反向饱和电流小的 BJT。

(三) 共射截止频率 f_β 与特征频率 f_T

由于 BJT 两个 PN 结极间电容的影响，BJT 的共射电流放大系数 β 与工作频率有关，低频时 $\beta = \beta_0$，随着频率的增加，β 值将减小，当 β 减小至 β_0 的 0.707 倍时所对应的频率称为共射截止频率 f_β，当 β 下降到 1 时所对应的频率称为特征频率 f_T。一般近似地认为 $f_T \approx \beta_0 f_\beta$。

(四) 极限参数

1. 集电极最大允许电流 I_{CM}

当集电极电流 i_C 超过一定数值后，β 将明显下降，I_{CM} 是指 β 明显下降，且 BJT 有可能损坏时所对应的最大允许集电极电流，如图 1-39 中所示。

2. 集电极最大允许功率损耗 P_{CM}

通常，BJT 的功率损耗大部分消耗在反向偏置的集电结上，并表现为结温的升高，P_{CM} 是在 BJT 温升允许的条件下集电极所消耗的最大功率。超过此值，BJT 将被烧毁。$P_{CM}=i_C u_{CE}$，可在 BJT 共射输出特性曲线上画出最大允许功率损耗线，如图 1-39 中所示。

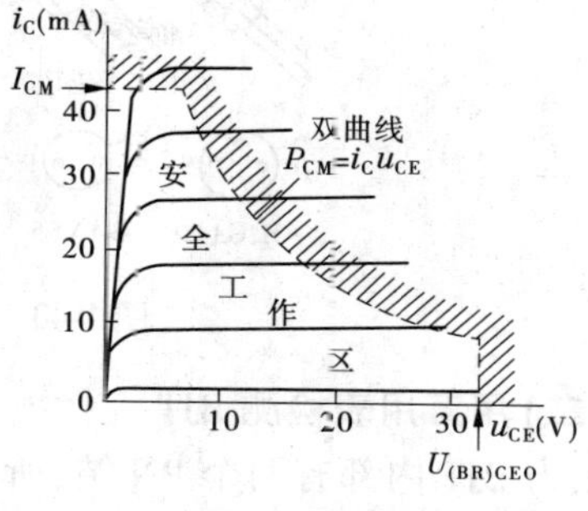

图 1-39　BJT 的安全工作区

一般常用的小功率 BJT 的 P_{CM}<1 W。

3. 反向击穿电压 $U_{(BR)EBO}$、$U_{(BR)CBO}$、$U_{(BR)CEO}$

$U_{(BR)EBO}$ 是指集电极开路时，发射结所允许施加的最高反向电压。小功率 BJT 的 $U_{(BR)EBO}$ 一般只有几伏。

$U_{(BR)CBO}$ 是指发射极开路时，集电结所允许施加的最高反向电压，其数值较高，通常为几十伏。

$U_{(BR)CEO}$ 是指基极开路时，集电结不致击穿，所允许施加在集电极、发射极之间的最高电压。

一般，$U_{(BR)CBO}>U_{(BR)CEO}>U_{(BR)EBO}$。

根据三个极限参数 I_{CM}、P_{CM} 和 $U_{(BR)CEO}$ 可以确定 BJT 的安全工作区，如图 1-39 中所示。设计电路时，必须使 BJT 工作在安全区内，并留有一定的余量。

表 1-5 列出了几种典型小功率 BJT 的主要参数，以供参考。

表 1-5　几种典型小功率 BJT 的主要参数

类别	型号	P_{CM} (mW)	I_{CM} (mA)	$U_{(BR)CEO}$ (V)	h_{FE}	I_{CBO} (μA)	I_{CEO} (μA)	f_T (MHz)
低频小功率锗管	3AX31A	125	125	≥12	40~180	≤20	≤1 000	
高频小功率硅管	3DG100C (3DG6C)	100	20	≥20	20~200	≤0.01		≥250
塑封 PNP 型硅管	9012	625	500	≥20	64~200	≤0.1	≤0.1	500
塑封 NPN 型硅管	9013	625	500	≥20	64~200	≤0.1	≤0.1	100

五、BJT 的简易测试和判别

（一）常见的 BJT 外形和引脚的排列

常用的 BJT 有金属外壳、塑料、金属散热板加塑料等多种封装形式。常见的 BJT 外形及引脚排列如图 1-40 所示。

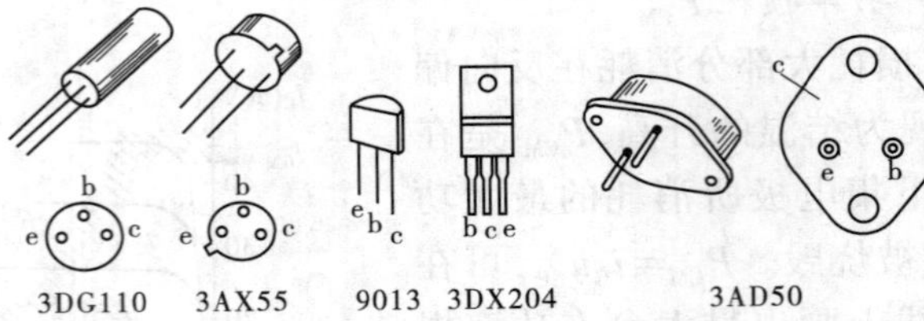

图 1-40　常见的 BJT 外形及引脚排列

(二) 用万用表检测 BJT

因为 BJT 内部有两个 PN 结,所以可以用万用表的欧姆挡测量两个 PN 结的正、反向电阻来确定 BJT 的管脚、极型及大致判断其性能的好坏。

1. 判别基极、极型、好坏

判别依据:NPN 型 BJT 的基极到发射极和集电极均为 PN 结的正向,而 PNP 型 BJT 的基极到发射极和集电极均为 PN 结的反向。

检测方法:对于中、小功率的 BJT,可用万用表的 R×1 k 或 R×100 挡检测;对于大功率的 BJT,可用万用表的 R×10 或 R×1 挡检测,如图 1-41 所示。

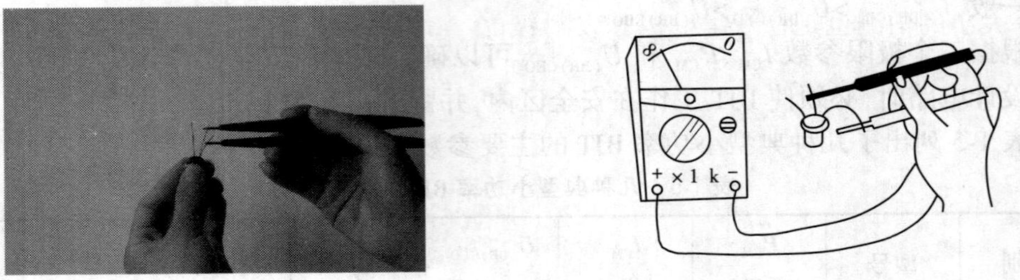

图 1-41　用万用表判别 BJT 的基极

用黑表笔搭接 BJT 的某一管脚,红表笔分别搭接 BJT 的另外两个管脚,如果表头读数都很小;交换表笔,重复上述检测,如果表头读数都很大,则可确定,第一次黑表笔(第二次红表笔)所搭接的那一管脚是基极,此管的极型是 NPN 型,管子大体上是好的。若所有检测结果均与上述情况相反,则所检测 BJT 的极型应是 PNP 型。

硅管、锗管的判别方法同二极管,即小功率硅管 PN 结的正向电阻约为几千欧,小功率锗管 PN 结的正向电阻约为几百欧;小功率硅管 PN 结的反向电阻约在几百千欧以上,小功率锗管 PN 结的反向电阻约在几十千欧以上。

2. 判别集电极和发射极

以 NPN 型 BJT 为例,确定基极后,假定其余的两个管脚中的一个是集电极,将黑表笔搭接到此管脚上,红表笔则搭接到另一个假定的发射极上。用手指把假定的集电极和已确定的基极捏起来(但不要相碰,通过手指形成回路)。看好表针指示,并记下此测量读数。然后,再作相反的假设,即把原来假定为集电极的管脚假定为发射极,重复上述动作,作同样的测量并记下表针的读数。比较两次测量的结果,读数小的那一次测量所假定的管脚,即是正确的判别。如图 1-42 所示。

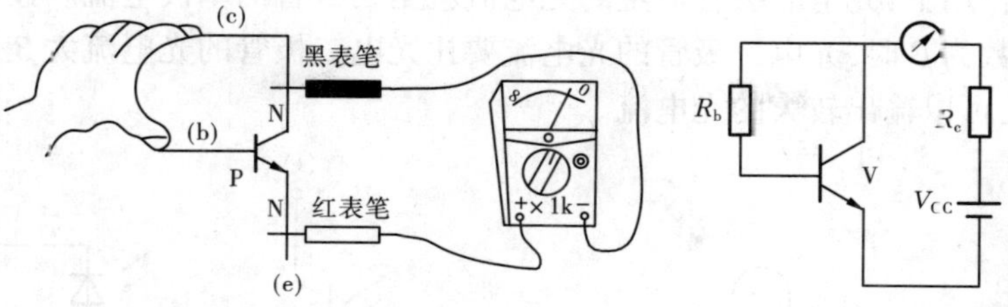

(a)判别示意图　　　　(b)等效电路

图 1-42　用万用表判别 BJT 的 c、e 极

若要判别的 BJT 是 PNP 型，仍采用上述方法，但必须把表笔的极性对调。

3. 用万用表估测 I_{CEO} 的大小

I_{CEO} 大小的估测是在对集电极和发射极的判别过程中完成的。当万用表的黑、红表笔分别正确地搭接在 BJT 的集电极、发射极上（NPN 型，黑表笔搭接集电极、红表笔搭接发射极；PNP 型，红表笔搭接集电极、黑表笔搭接发射极）时，万用表的读数越大，表明 BJT 的 I_{CEO} 越小。

4. 用万用表估测 β 的大小

β 大小的估测也是在对集电极和发射极的判别过程中完成的。当万用表的黑、红表笔分别正确地搭接在 BJT 的集电极、发射极上，用手指捏接基极和集电极形成回路时，如图 1-42 所示，万用表表针的读数减小得越明显，则表明 BJT 的 β 越大。

5. BJT 质量的估判

普通小功率 BJT 常见的故障一般是过流开路、击穿短路和温度特性较差等。

如果 BJT 的两个 PN 结的正向电阻均较小，反向电阻均很大，则 BJT 正常，且正、反向电阻相差越大，质量可能越好。若某 PN 结的正、反向电阻均为零，则表明该 PN 结已击穿短路。若某 PN 结的正、反向电阻均为无穷大，则表明该 PN 结内部断路。若基极开路时，c、e 极间的电阻不是几百千欧以上（锗管为几十千欧以上），则表明该 BJT 穿透电流 I_{CEO} 较大。若 c、e 极间的电阻为零，则表明该 BJT 的 c、e 极间已击穿短路。

6. BJT 的在路电位测量

BJT 作为放大器件，通常是焊接在电路板上，对连接在电路中的器件进行测量，称为在路测量，通电后的电位测量称为在路电位测量。通电后，用万用表的直流电压挡，黑表笔接电路中的公共地线（工作地），用红表笔分别测量 BJT 三个电极的电位，即 V_C、V_B 和 V_E，并记录下来。NPN 型 BJT 作为放大器件正常工作时，应有 $V_C>V_B>V_E$；PNP 型 BJT 作为放大器件正常工作时，应有 $V_C<V_E<V_E$。BJT 处于放大或饱和状态时，u_{BE} 的大小，硅管为 0.6~0.8 V，锗管为 0.2~0.3 V。

六、特殊 BJT

（一）光电三极管

光电三极管又称光敏三极管，其外形图片与电路符号分别如图 1-43（a）、（b）所示。它可以看作集电结上并联了一个光电二极管的普通三极管，其等效电路如图 1-43（c）所示。在光照的作用下，光电二极管产生的光电流就是三极管的基极电流。显然，当三极管的电流放大系数为β时，光电三极管的光电流要比光电二极管的光电流大β倍，即有较高的光电灵敏度，可以输出较大的光电流。

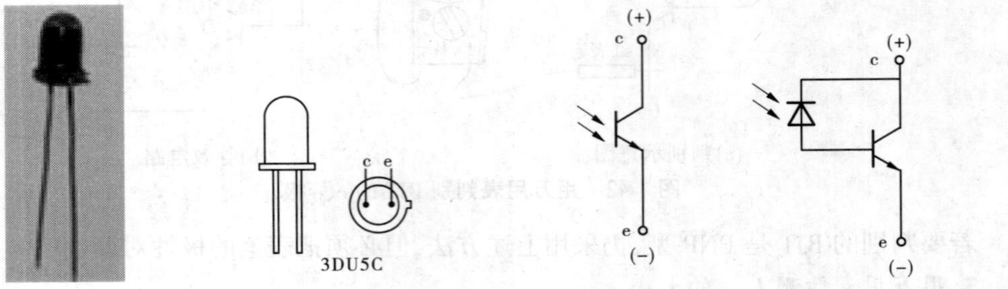

(a)外形图片　　(b)电路符号　　(c)等效电路

图1-43　光电三极管

光电三极管与普通三极管不同，一般仅引出集电极与发射极。光电三极管与光电二极管一样有塑封、金属封装(顶部为玻璃镜窗口)、陶瓷、树脂等多种封装结构。

(二)光电耦合器

与用发光二极管和光电二极管构成的光电耦合器组成、工作原理一样，把发光二极管和光电三极管结合在一起就构成了有放大作用的光电耦合器，如图1-44所示。

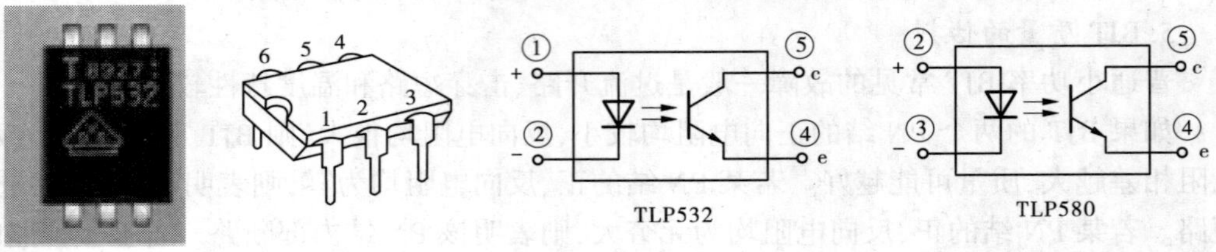

(a)　　(b)　　(c)　　(d)

图1-44　光电耦合器外形和等效电路

课堂活动

1. 课堂提问和讨论

T1.4-1　NPN型BJT和PNP型BJT有什么不同？

T1.4-2　BJT有几种工作状态？偏置情况如何？

T1.4-3　BJT处于放大状态，工程上认为三个电极电流之间的关系如何？小功率BJT各电极电流的数量级大约是多少？

T1.4-4　BJT的输出特性曲线可以分成几个区？BJT工作在这几个区各有什么特点？

T1.4-5　温度对BJT的特性有哪些影响？

2. 学生演讲和演板

Y1.4-1 画出 NPN 型、PNP 型 BJT 的电路符号,并标出 i_C、i_B、i_E 的实际流向。

Y1.4-2 如何用指针式万用表检测和判别小功率三极管?

3. 课堂练习

L1.4-1 在某放大电路中,测得 BJT 三个电极电流,$I_1=-1.2$ mA,$I_2=-0.03$ mA,$I_3=1.23$ mA,如图 1-45 所示,试分析、判断:

(1) BJT 各引脚电极。

(2) BJT β 的大小。

(3) BJT 的极型。

L1.4-2 BJT 共射放大电路如图 1-46 所示,已知 $U_{BE(on)}=0.7$ V,$U_{CES}=0.3$ V,$\beta=100$,试分析、估算:

(1) 正常工作时,V_B、I_B、I_C、V_C 的大小。

(2) 发射结过流开路时,V_B、I_B、I_C、V_C 的大小。

(3) 发射结击穿短路时,V_B、I_B、I_C、V_C 的大小。

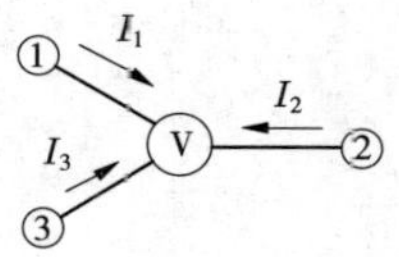

图 1-45 BJT 电流示意

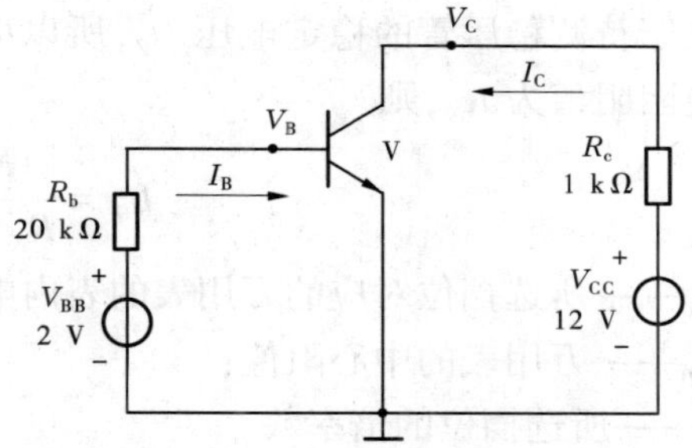

图 1-46 BJT 共射放大电路

实训与技能操作训练

S1.1 用万用表检测半导体二极管

1. 实训目的

(1) 熟悉半导体二极管。

(2) 掌握用万用表判别二极管引脚极性及好坏的技能。

2. 实训设备与器材

指针式万用表一块、数字式万用表一块。

点接触型二极管、面接触型二极管、中功率整流二极管、稳压二极管、发光二极管、LED 七段数码管、变容二极管、光电二极管等硅管、锗管若干。

3. 实训内容

(1) 仔细观察,熟悉不同类型半导体二极管的外形特点、标识符号的含义,熟悉二极管引脚极性的标识符号。

（2）按任务二讲述的方法，分别用指针式万用表和数字式万用表检测、判别待测二极管引脚的极性和二极管的好坏。

用指针式万用表检测时，对于小功率普通二极管，由于其工作电流较小，应选用检测电流较小的 R×1 kΩ 挡位或 R×100 Ω 挡位进行检测；对于中功率整流二极管和发光二极管，由于其正向导通压降较大，可选择检测电压较高的 R×10 kΩ 挡位进行检测。

检测时注意观察：

被测二极管正向电阻和反向电阻的大小。

同类型二极管正向电阻和反向电阻大小的数量级。

同一二极管检测挡位不同时，测量数据大小的差异。

硅管和锗管的区别。

被测二极管的引脚极性、符号或外形特点的对应关系。

光电二极管反向电阻数值的大小在有、无光照情况下明显的变化情况。

（3）用指针式万用表检测稳压二极管的稳定电压 V_Z。

要测量稳压管稳定电压 U_Z，必须使稳压二极管进入反向击穿状态，万用表的内部电压必须大于待测稳压管的稳定电压 U_Z，所以应选择 R×10 kΩ 挡位进行测量。若实测得其反向电阻阻值为 R_X，则

$$U_Z = \frac{E_0 R_X}{R_X + nR_0} \tag{1-24}$$

式中　E_0——所选挡位对应的万用表的表内电池的电压值；

R_0——万用表的中心阻值；

n——所选挡位的倍率数。

例如，用 MF50 型万用表检测一只 2CW14 型稳压二极管，选用 R×10 kΩ 挡位进行测量，实测得其反向电阻 $R_X = 75$ kΩ。

查得万用表的中心阻值 $R_0 = 10$ Ω，万用表 R×10 kΩ 挡位使用的是 15 V 层叠电池，$E_0 = 15$ V，依式（1-24）则有

$$U_Z = \frac{15 \times 75 \times 10^3}{75 \times 10^3 + 1 \times 10^4 \times 10} = 6.4(\text{V})$$

4. 思考题

（1）用万用表检测二极管时，双手应取什么姿势？能否用左、右手各执表笔捏住管脚进行检测？这会发生什么问题？

（2）为何不能用 R×1 Ω 或 R×10 kΩ 挡位检测普通小功率二极管？

（3）为什么对于同一二极管用不同的挡位进行检测时，测得的数据会有差异？

S1.2　发光二极管伏安特性检测

1. 实训目的

（1）培养学生识图、照图施工的实际动手能力。

（2）验证二极管的伏安特性曲线。

2. 实训设备与器材

电子技术综合实验台一台,发光二极管一只,270 Ω、1 kΩ 电位器各一只,连接导线若干。

3. 实训内容

(1)按图 1-47,在实验台工作区,搭建、连接实验电路。

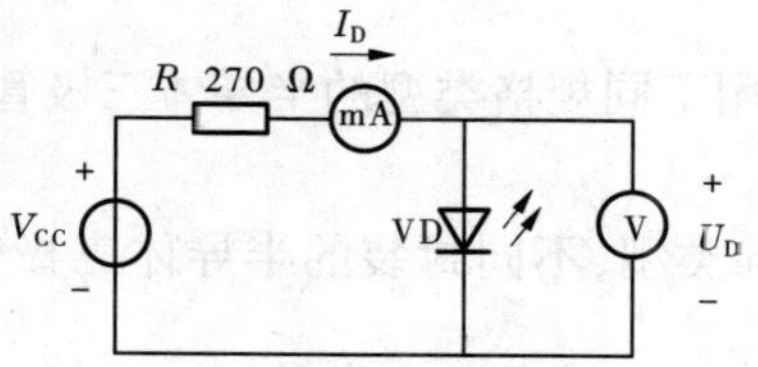

图 1-47

按表 1-6 所列内容,逐级调试驱动电源 V_{CC} 的数值,进行实验,检测发光二极管的正向特性。

表 1-6　正向特性

V_{CC}(V)	0.4	0.8	1.2	1.4	1.6	1.8	2	3	4	5
U_D(V)										
I_D(mA)										
$R_D = U_D/I_D$ (Ω)										

(2)按图 1-48,在实验台工作区,搭建、连接实验电路。

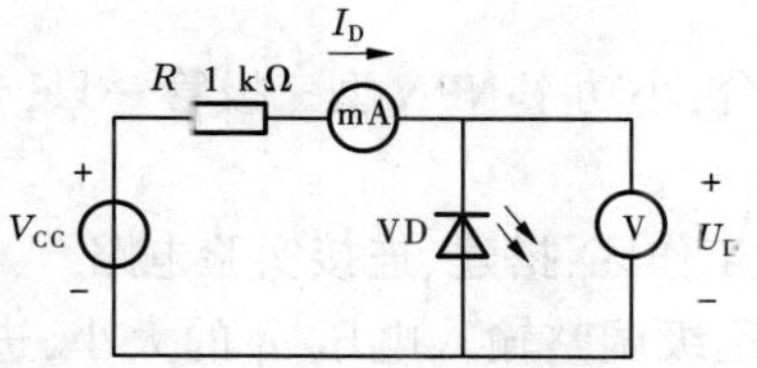

图 1-48

按表 1-7 所列内容,逐级调试驱动电源 V_{CC} 的数值,进行实验,检测发光二极管的反向特性。

表 1-7　反向特性

$-V_{CC}$(V)	1	2	3	4	5	6	7	8	9	10
$-U_D$(V)										
$-I_D$(mA)										
$R_D = U_D/I_D$ (Ω)										

S1.3 用万用表检测半导体三极管

1. 实训目的

(1)熟悉半导体三极管的外形及引脚的识别方法。

(2)掌握用万用表判别半导体三极管引脚及估测性能好坏的方法。

2. 实训设备与器材

指针式万用表一块,常用不同规格类型的半导体三极管若干。

3. 实训内容

(1)仔细观察,熟悉不同类型、不同封装的半导体三极管的外形特点、引脚的识别标志。

(2)按教材讲述的方法,用指针式万用表检测、判别半导体三极管的引脚,估测半导体三极管的性能。

检测时注意观察:

被测 BJT 发射结、集电结正、反向电阻的大小。

c、e 间电阻的大小。

估测 β 值时对应电阻的大小。

S1.4 小功率 BJT 伏安特性检测

1. 实训目的

(1)培养学生识图、照图施工的实际动手能力。

(2)掌握 BJT 伏安特性的测试方法,加深对 BJT 放大特性、三种工作状态及三种工作状态对应的偏置条件的理解。

2. 实训设备与器件

电子技术综合实验台一台,小功率 NPN 型三极管一只,电位器、电阻器若干。

3. 实训内容

(1)按图 1-49,在实验台工作区,搭建、连接实验电路。

(2)按表 1-8 所列内容,逐级调整输入电压 u_i 的大小,进行实验,检测该 BJT 的电压传输特性,并将测量数据记入表 1-8 中。

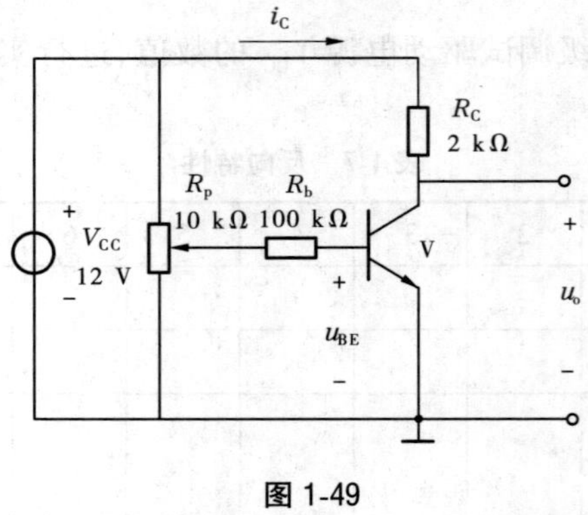

图 1-49

表 1-8

u_i(V)	0	1	2	2.5	3	3.5	4	5	6	7	8
u_{BE}(V)											
u_o(V)											
i_C(mA)											

(3)在坐标纸上作出该 BJT 的电压传输特性 $u_o=f(u_i)$ 曲线和转移特性 $i_C=f(u_{BE})$ 曲线。

项目小结

1. 半导体中参与导电的有两种载流子:电子和空穴。载流子有两种运动方式:扩散运动和漂移运动。掺入不同的杂质可分别制成 P 型和 N 型半导体,以改善本征半导体的导电性。

2. PN 结中的 P 型半导体与 N 型半导体的交界处有一个空间电荷区(或耗尽层)。当 PN 结外加正向偏置电压(P 接正,N 接负)时,耗尽层变窄,有电流流过(正偏导通);当 PN 结外加反向偏置电压(P 接负,N 接正)时,耗尽层变宽,没有电流流过或电流极小(反偏截止)。这就是半导体二极管的单向导电性。

3. 二极管是非线性器件,所以常用伏安特性曲线表示它的性能。为分析计算电路的方便,工程上常将二极管的非线性伏安特性曲线进行分段线性化处理,从而得到几种简化电路的模型,如理想模型、恒压降模型、折线模型和交流小信号模型。实际应用中,应根据工作条件、精度要求选择适当的电路模型。

4. 工程上常取普通小功率硅二极管的正向导通压降为 0.7 V,锗二极管的正向导通压降为 0.2 V。硅管的反向电流比锗管小的多,小功率硅管的反向饱和电流在纳安数量级,小功率锗管在微安数量级。

5. 温度对二极管的特性影响较大,温度每升高 10 ℃,反向电流约增大一倍;温度每升高 1 ℃,正向导通压降约减小 2.5 mV。

6. 稳压二极管工作在反向击穿状态,变容二极管、光电二极管工作在反偏状态,发光二极管工作在正向导通状态。

7. 二极管的参数是合理选择和正确使用的依据。使用时,相关参数不能超过它的极限参数。

8. 三极管是具有放大作用的半导体器件,根据结构及工作原理的不同可分为双极型(BJT)和单极型(FET)两种。BJT 工作时有电子和空穴两种载流子参与导电,而 FET 工作时只有一种载流子参与导电。BJT 有 NPN 型和 PNP 型之分;FET 有耗尽型 MOSFET、增强型 MOSFET 和结型(JFET)三种类型,每种类型中又有 N 沟道和 P 沟道之分。类型不同,外加偏置电压的极性和引脚电流的方向各不相同。

9. BJT 通过基极电流控制集电极电流(发射极电流),以实现电流放大,是电流控制器件。FET通过栅源电压控制漏极电流，以实现电流放大，是电压控制器件。BJT用作放大器件时，必须设置发射结为正向偏置、集电结为反向偏置。BJT在放大区内，$i_C=\beta i_B$。

10. BJT和FET都是非线性器件，FET的s、g、d可以和BJT的e、b、c相对应；BJT有共射、共集、共基三种接法，FET有共源、共漏、共栅三种接法；BJT的正向输入特性有正向导通压降$U_{BE(on)}$，FET的转移特性有夹断电压$U_{GS(off)}$或开启电压$U_{GS(th)}$；BJT的输出特性可分为截止区、放大区和饱和区，FET的输出特性可分为截止区、放大区和可变电阻区。通过设置不同的偏置方式可分别使BJT或FET工作在不同的区域，从而具有不同的外在特性。BJT受温度影响较大，FET受温度影响较小。

11. 工程上一般认为硅小功率BJT的$U_{BE(on)}=0.7$ V，$U_{CES}=0.3$ V；正常工作时，i_B为微安数量级，i_C为毫安数量级。

12. 使用三极管时应特别注意管子的极限参数，以防损坏三极管。

应当特别指出，本项目学习的重点是BJT和FET的外特性、对应的工作条件及其主要参数，讲述器件内部载流子的运动只是为了更好地理解它们。

思考与习题

1-1　试确定图1-50(a)、(b)所示电路中二极管VD是处于正偏还是反偏状态，并计算A、B、C、D各点的电位。设二极管的正向导通压降$U_{D(on)}=0.7$ V。

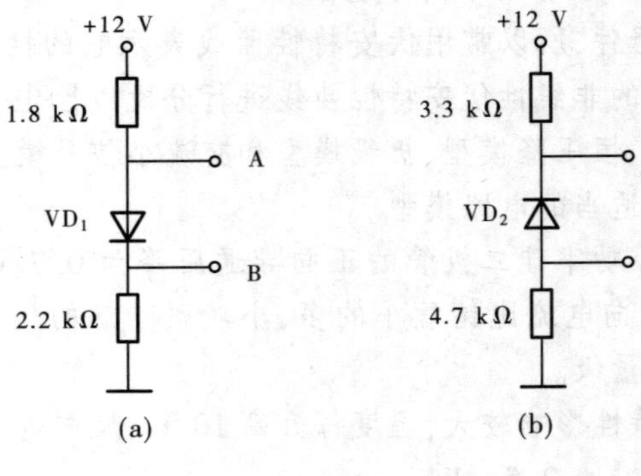

图1-50

1-2　二极管电路如图1-51所示，设二极管的正向导通压降$U_{D(on)}=0.7$ V，试确定各电路中二极管VD的工作状态，并计算电路的输出电压U_O。

1-3　二极管电路如图1-52所示，设二极管是理想的，输入信号$u_i=10\sin\omega t$ V，试画出输出信号u_o的波形。

1-4　二极管电路如图1-53(a)所示，输入信号$u_i(t)$的波形如图1-53(b)所示。

(1)设二极管是理想的，试画出$u_o(t)$的波形。

(2)设二极管用恒压降模型等效($U_{D(on)}=0.7$ V)，试画出$u_o(t)$的波形。

(3)设二极管用折线模型等效($U_{D(on)}=0.7$ V，$r_D=20\ \Omega$)，试画出$u_o(t)$的波形。

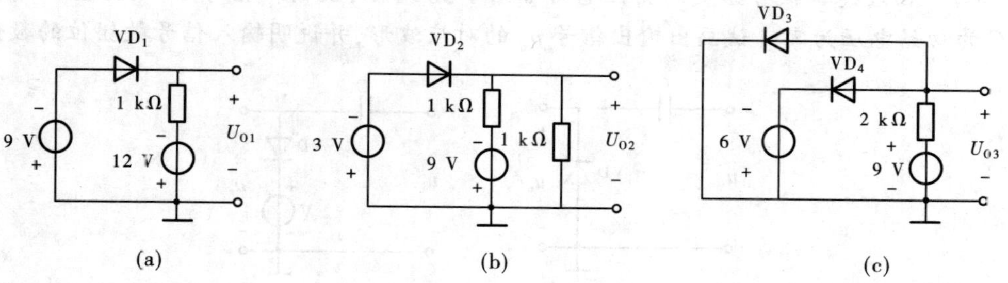

图 1-51

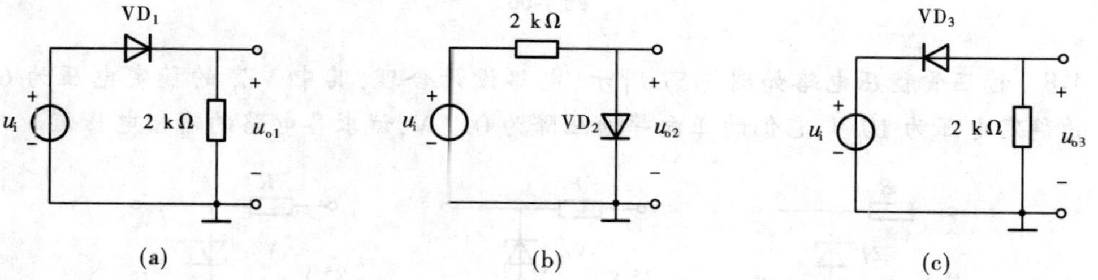

图 1-52

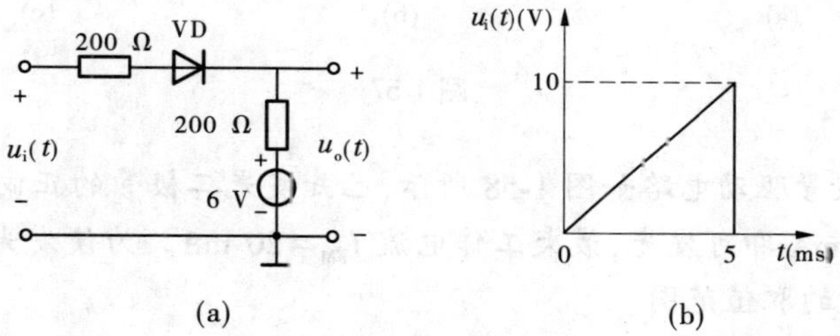

图 1-53

1-5 由理想二极管组成的电路如图 1-54 所示，设 $u_i = 10\sin\omega t$ V，试画出输出信号 u_o 的波形。

1-6 在图 1-55 所示的二极管限幅电路中，已知输入信号为 $u_i = 10\sin\omega t$ V，二极管的正向导通压降 $U_{D(on)} = 0.7$ V，试画出输出信号 u_o 的波形。

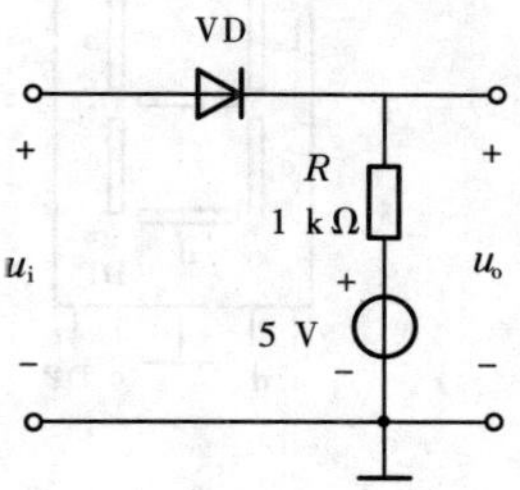

图 1-54

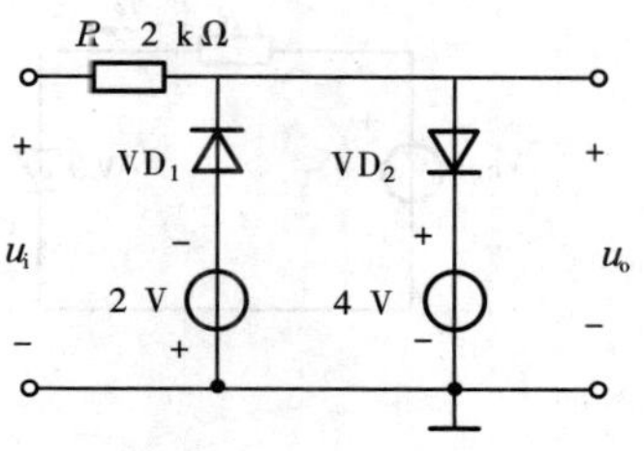

图 1-55

1-7　由理想二极管组成的钳位电路如图 1-56 所示,设输入信号 $u_i = 10\sin\omega t$ V,电容器 C 的初始电压为零。试画出输出信号 u_o 的对应波形,并说明输入信号被钳位的数值。

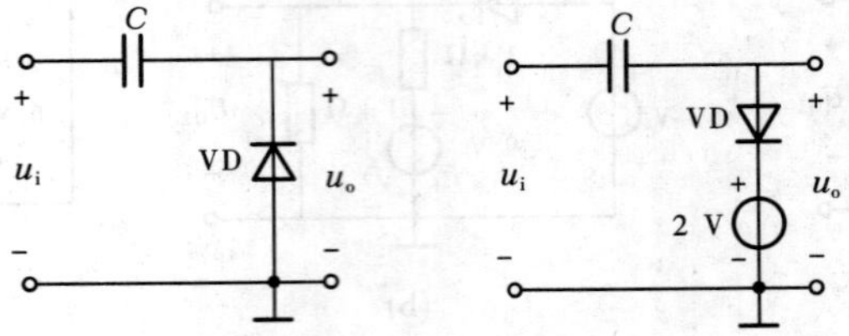

(a)　　(b)

图 1-56

1-8　稳压管稳压电路如图 1-57 所示,电路设计合理,其中 VZ_1 的稳定电压为 6 V,VZ_2 的稳定电压为 10 V,它们的正向导通压降为 0.7 V,试求各电路的输出电压值。

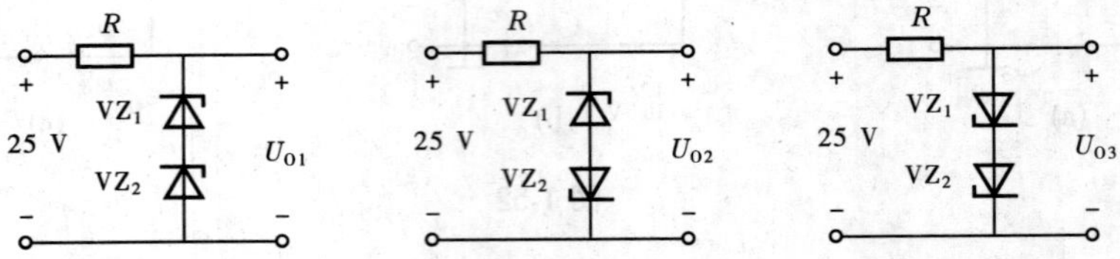

(a)　　(b)　　(c)

图 1-57

1-9　发光二极管驱动电路如图 1-58 所示,已知发光二极管的正向导通压降 $U_F = 1.6$ V,工作电流 $I_F \geqslant 5$ mA 即可发光,最大工作电流 $I_{FM} = 20$ mA。为使发光二极管正常工作,试确定限流电阻 R 的取值范围。

1-10　共阴极 LED 七段数码管 BS201 的示意图如图 1-59 所示,它每一字符段的正向导通压降为 1.8 V,工作电流 I_F 为 5~10 mA。设电路的驱动电压 V_{DD} 约为 5 V,试求每一字符段串接限流电阻 R 的取值范围;若要显示字符 6,应点亮哪几个字符段?

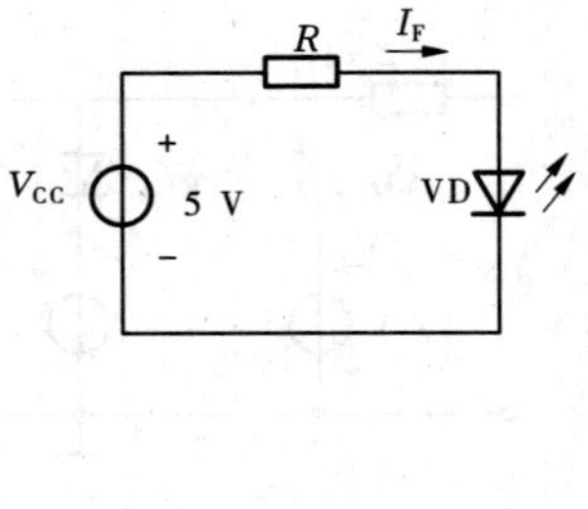

图 1-58

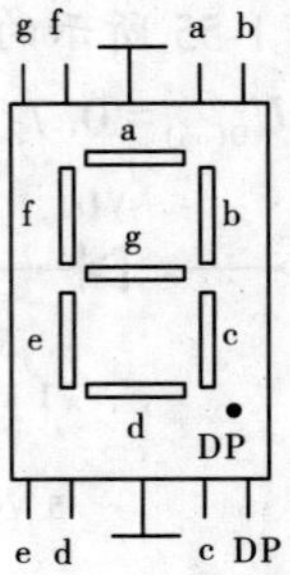

图 1-59

1-11　在路测量,测得小功率硅 BJT 各引脚的电位如图 1-60 所示,试判断其工作状态，并判断有哪几只已损坏。

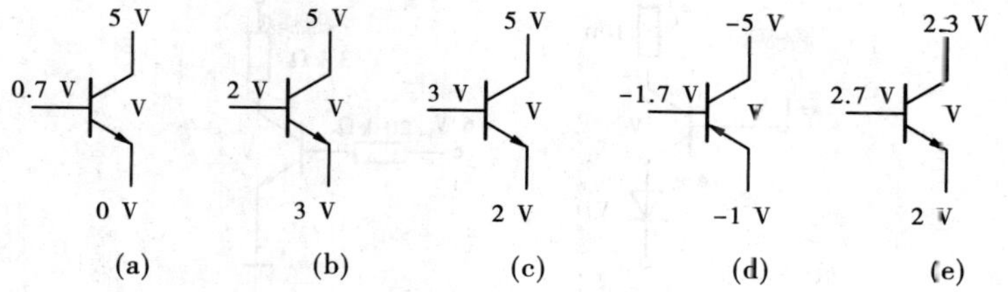

图 1-60

1-12　在路测量，测得放大电路中的四个 BJT 各引脚的电位如图 1-61 所示，试判断这四个 BJT 的引脚(e、b、c)，它们是 NPN 型还是 PNP 型，是硅管还是锗管？

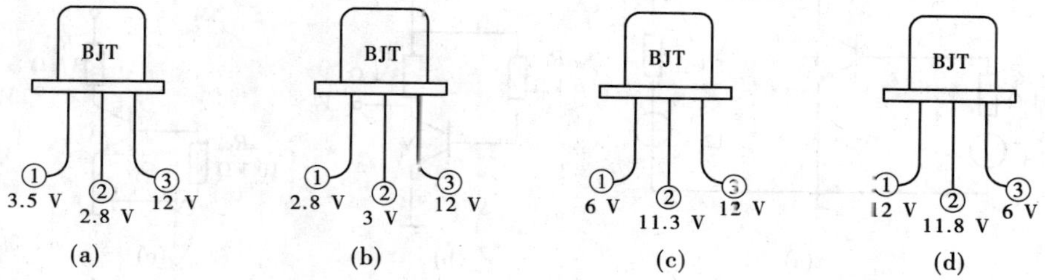

图 1-61

1-13　测得放大电路中的 BJT 各引脚的电流如图 1-62 所示，试判断 BJT 的引脚(e、b、c)，它们是 NPN 型还是 PNP 型，电流放大系数 β 为多少？

1-14　BJT 电路如图 1-63 所示，设 V 的 $U_{BE(on)}=0.7\ V$，$U_{CES}=0.3\ V$，试分析采用哪些方法可判断 V 是否正常并处于何种工作状态。

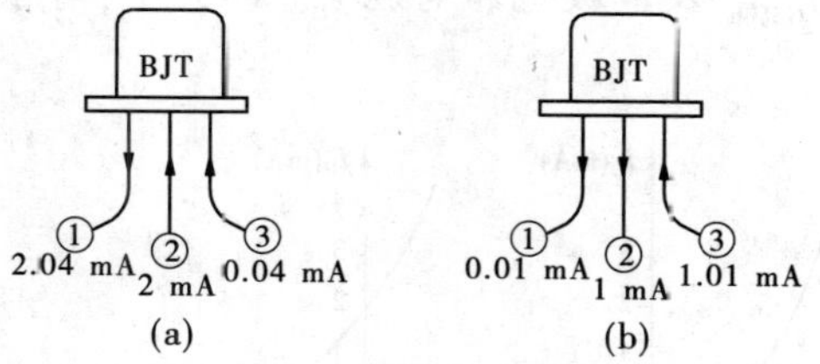

图 1-62

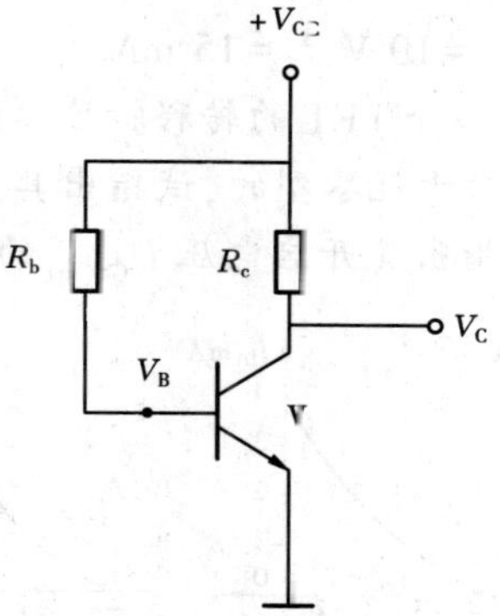

图 1-63

1-15　BJT 电路如图 1-64 所示，设 V 的 $U_{BE(on)}=0.7\ V$，$U_{CES}=0.3\ V$，$\beta=50$，VD 的 $U_{D(on)}=0.7\ V$，试分析、判断 BJT 的工作区域。

1-16　BJT 电路如图 1-65 所示，设 V 的 $U_{BE(on)}=0.7\ V$，$U_{CES}=0.3\ V$，$\beta=100$，试求出各电路的 I_B、I_C、U_{CE}，并分析、判断 V 的工作状态。

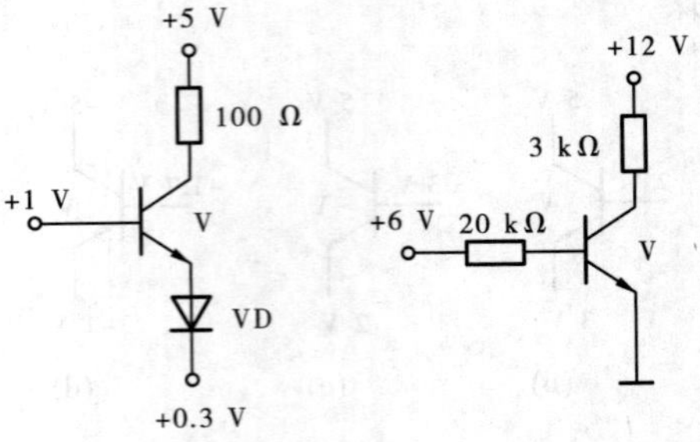

(a)　(b)

图 1-64

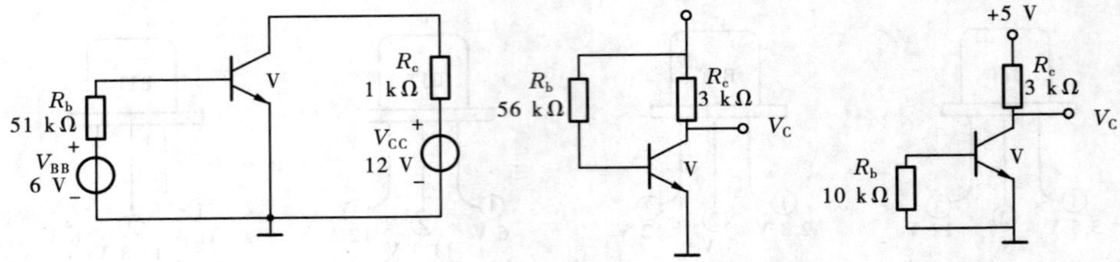

(a)　(b)　(c)

图 1-65

1-17　某一 BJT 的 $P_{CM}=100$ mW，$I_{CM}=20$ mA，$U_{(BR)CEO}=15$ V，试问若其在下列几种情况下，哪种设置是正确的，哪种是不正确的，为什么？

(1) $U_{CE}=3$ V，$I_C=100$ mA；

(2) $U_{CE}=2$ V，$I_C=40$ mA；

(3) $U_{CE}=6$ V，$I_C=20$ mA；

(4) $U_{CE}=10$ V，$I_C=15$ mA。

1-18　四个 FET 的转移特性曲线如图 1-66 所示，试分析、判断它们分别属于哪种类型的 FET；对于耗尽型的，试指出其夹断电压 $U_{GS(off)}$ 及漏极饱和电流 I_{DSS} 的大小；对于增强型的，试指出其开启电压 $U_{GS(th)}$ 的大小。

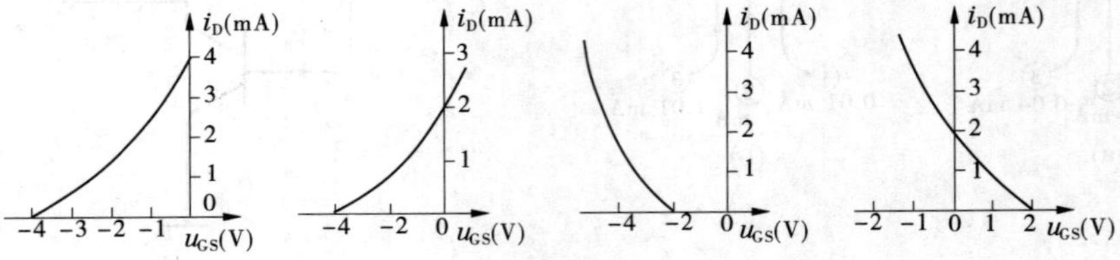

(a)　(b)　(c)　(d)

图 1-66

1-19　FET 的输出特性曲线如图 1-67 所示（图中漏极电流的参考方向与实际方向一致），试指出 FET 的类型；对于耗尽型的，试求出 $U_{GS(off)}$ 和 I_{DSS}；对于增强型的，试求出 $U_{GS(th)}$。

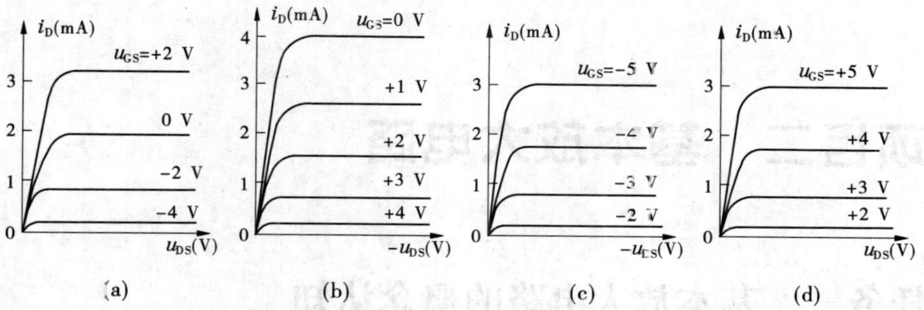

i_D(mA)
u_{GS}=+2 V
0 V
−2 V
−4 V
u_{DS}(V)
(a)
i_D(mA)
u_{GS}=0 V
+1 V
+2 V
+3 V
+4 V
$-u_{DS}$(V)
(b)
i_D(mA)
u_{GS}=−5 V
−4 V
−3 V
−2 V
$-u_{DS}$(V)
(c)
i_D(mA)
u_{GS}=+5 V
+4 V
+3 V
+2 V
u_{DS}(V)
(d)

图 1-67

项目二　基本放大电路

任务一　基本放大电路的概念认知

放大是对模拟信号最基本的处理，在大多数电子系统中都含有各种各样的放大电路，其作用是将微弱的模拟信号放大到所需的数值。放大电路是构成其他模拟电路的基本单元和基础，其基本分析方法是模拟电子技术课程研究的主要内容。

一、基本放大电路的组成

（一）有关电子电路放大作用的几个概念

（1）放大作用是小信号对大信号能量的控制和转换。由于接收到的信号能量较微弱，不足以推动负载，因此需要在放大电路中另外提供一个直流能源，通过信号源控制，使放大电路将直流能量转换为较大的交流输出能量，去推动负载。这种小信号对大信号能量的控制和转换作用就是放大。能够实现能量的控制和转换的电路称为有源电路，有源电路中的受控元件称为有源器件。

（2）放大的对象是信号的变化量。放大电路的基本特征是功率放大。当接收到的电信号（电压信号或电流信号）有一个微小的变化量时，要求负载从直流能源中获得比信号源提供的大得多的变化量（电压信号或电流信号或二者兼而有之）。放大电路的放大倍数指的是输出信号与输入信号的变化量之比。

（3）放大的前提是不失真，即每一瞬间的变化，输出信号都与输入信号成线性关系。也就是说，放大电路输出信号中包含的信息与输入信号完全相同，既不减少任何原有信息，也不增加任何新的信息，只是改变输入信号幅度或功率的大小，输出信号除幅值增大外，应是输入信号的重现，输出信号的任何变形都被认为是产生了失真。因此，放大电路中的有源器件（BJT、FET 或集成运算放大器）必须工作在线性区，根据有源器件的工作状态，可以判断放大电路是否会产生失真，当电路产生失真时，放大也就失去了意义。

（二）放大电路的组成

放大电路组成框图如图 2-1 所示。图中信号源是所需放大的电信号，它可以是把非电信号物理量变换为电信号的传感器，也可以是前一级电子电路的输出信号，它们都可以等效为图 2-1(b)所示的电压源或电流源电路，其中 R_s 为它们的源内阻，$\dot{U}_S$、$\dot{I}_S$ 分别为理想的电压源和电流源，且 $\dot{U}_S = \dot{I}_S R_S$。

由于任何模拟信号都可以分解成若干频率的正弦信号之和，所以信号源常以正弦波信号等效。

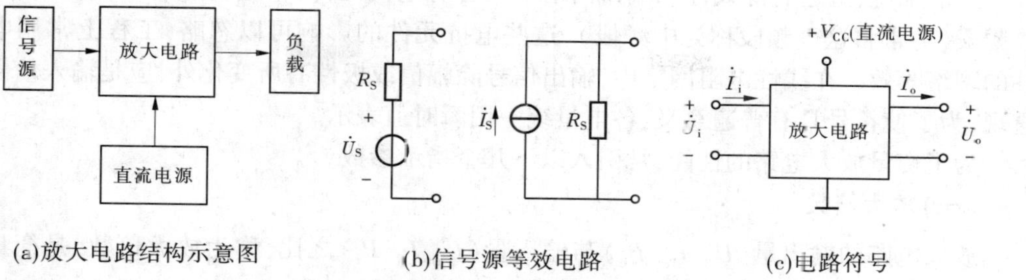

(a)放大电路结构示意图 (b)信号源等效电路 (c)电路符号

图 2-1 放大电路组成框图

负载是放大电路的驱动对象,它可以是下一级的电子电路,也可以是电信号转换为非电信号的换能器件。它们可能是纯电阻性的,也可能是电容性的或电感性的阻抗,为了分析问题方便起见,或者说为了突出主题,一般都把负载用一纯电阻 R_L 来等效。

直流电源用以供给放大电路工作时所需要的能量,其中一部分能量转换为输出信号输出,还有一部分能量消耗在放大电路中的耗能元件上。

信号源、负载和直流电源不是放大电路的本体,但在分析放大电路的性能时,它们的参数对放大电路的性能会产生影响,它们与放大电路之间的耦合方式也会影响放大电路的工作,因此在分析放大电路性能时也将它们作为放大电路的一个组成部分来考虑。

基本放大电路是由 BJT(或 FET 或集成运算放大器)、电阻器及电容器等元器件构成的二端口网络,其输入端口接信号源,输出端口接负载,如图 2-1(c)所示。图中各电压、电流的正方向是按照二端口网络的习惯规定标出的。在放大电路输入端口和输出端口之间有一个公共端"0",用来作为零电位参考点,称作放大电路的"地",用符号"⊥"表示。

二、放大电路的主要性能指标

任何放大电路都可以看成为一个二端口的网络,如图 2-2 所示。图中,$\dot{U}_S$ 为正弦信号源,R_S 是其内阻,$\dot{U}_i$ 为放大电路的输入电压,$\dot{I}_i$ 为输入电流;R_i 表示将放大电路看作信号源负载时的等效电阻,称为放大电路的输入电阻;R_L 为负载电阻,$\dot{U}_o$ 为输出电压,$\dot{I}_o$ 为输出电流;$\dot{U}_o'$和 R_o 是将放大电路看作信号源时的等效源电压和源内阻,这个等效源电压为负载 R_L 开路(空载)时输出电压,$\dot{U}_o'=\dot{A}_{uo}\dot{U}_i$,$\dot{A}_{uo}$ 称为放大电路的开路电压倍数,这个等效源电阻就是放大电路的输出电阻 R_o。

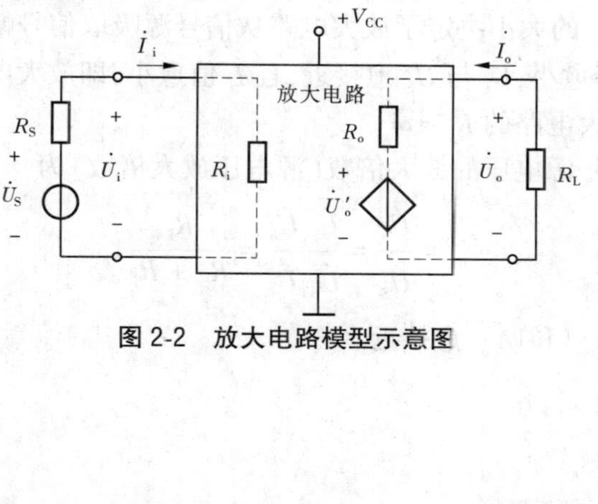

图 2-2 放大电路模型示意图

一般来说,上述有源线性二端口网络中均含有电抗元件,不过,在放大电路的实际工作频段(通常将这个频段称为中频段),这些电抗元件的影响可以忽略,工程上常用电阻性的网络等效。在线性电阻网络中,输出信号除幅值或极性有所变化外,应是输入信号的重现,为了使符号具有普遍意义,各电量统一用瞬时值表示。

为了衡量放大电路的性能,常引入以下几个指示参数。

(一)放大倍数

放大电路的输出量($\dot{U}_o$、$\dot{I}_o$、P_o)与输入量($\dot{U}_i$、$\dot{I}_i$、P_i)之比,称为放大倍数,是衡量放大电路放大能力的重要指标。根据输出与输入所取的物理量不同,放大倍数可以是

电压放大倍数 $$\dot{A}_u=\dot{U}_o/\dot{U}_i \tag{2-1}$$

电流放大倍数 $$\dot{A}_i=\dot{I}_o/\dot{I}_i \tag{2-2}$$

功率放大倍数 $$A_P=P_o/P_i \tag{2-3}$$

工程上常用分贝(dB)来表示放大倍数,称为增益,定义为

电压增益 $$\dot{A}_u(\text{dB})=20\lg|\dot{A}_u| \tag{2-4}$$

电流增益 $$\dot{A}_i(\text{dB})=20\lg|\dot{A}_i| \tag{2-5}$$

功率增益 $$A_P(\text{dB})=10\lg|A_P| \tag{2-6}$$

应用最多的是电压放大倍数,一方面因为很多放大电路都是电压放大电路,即要求电路把微弱的电压信号放大,使负载上获得较大的电压信号;另一方面工程上在放大电路的动态测试中,一般均采用测量动态电位的方法求出放大倍数,因而无论要实现哪种放大,都注重电压放大倍数。

应当指出,上述定义式中的电压和电流也可用变化量表示,例如电压放大倍数可表示为$\dot{A}_u=\Delta\dot{U}_o/\Delta\dot{U}_i$。

(二)输入电阻

如图 2-2 所示,从放大电路输入端口看进去的等效电阻,称为输入电阻 R_i,定义为输入电压 U_i 与输入电流 I_i 之比,即

$$R_i=U_i/I_i \tag{2-7}$$

对于信号源来说,R_i 就是它的等效负载。

$$U_i=\frac{R_i}{R_S+R_i}U_S \tag{2-8}$$

可见,输入电阻 R_i 的大小决定了放大电路从信号源吸取信号幅值的大小,R_i 愈大,信号源内阻 R_S 上的压降愈小,U_i 与 U_S 愈接近,且 I_i 值愈小,即放大电路从信号源吸取的电流愈小。理想电压放大电路的 $R_i\approx\infty$。

放大电路对于信号源电压的放大倍数(源电压放大倍数)为

$$\dot{A}_{us}=\frac{\dot{U}_o}{\dot{U}_S}=\frac{\dot{U}_i}{\dot{U}_S}\frac{\dot{U}_o}{\dot{U}_i}=\frac{R_i}{R_S+R_i}\dot{A}_u \tag{2-9}$$

因此,R_i 愈大,$|\dot{A}_{us}|$和$|\dot{A}_u|$愈接近。

(三)输出电阻

任何放大电路的输出回路均可等效成一个有内阻的电压源,从放大电路输出端口看进去的等效内阻就是输出电阻 R_o,如图 2-2 所示。图中 $\dot{U}'_o$为等效信号源电压,它等于负载 R_L 开路时,放大电路输出端口的开路电压。R_o 是在信号源短路($\dot{U}_S=0$,但保留 R_S)和负载开路($R_L=\infty$)的条件下,由输出端口看进去的等效电阻。当定量分析放大电路的输出电阻 R_o 时,如图 2-3 所示,可在放大电路的输出端口接入一测试信号源电压 $\dot{U}_t$,相应地产生一测试电流 $\dot{I}_t$,于是可得放大电路的输出电阻为

$$R_o=\frac{U_t}{I_t}\bigg|_{U_s=0,R_L=\infty} \tag{2-10}$$

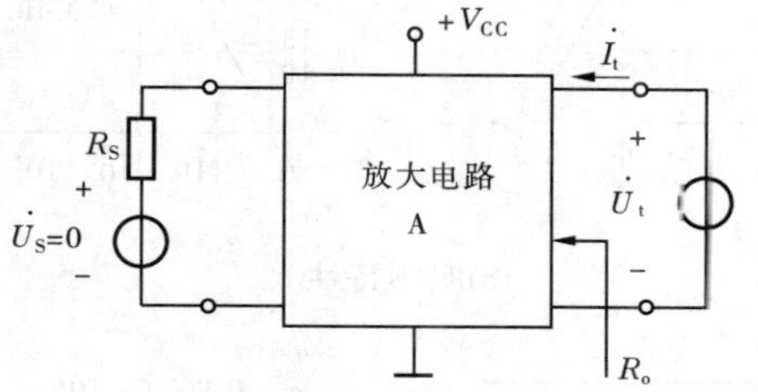

图 2-3 求取放大电路的输出电阻

另外,也可以用实验的方法获得 R_o 的数值。具体方法是分别在放大电路的输出端口测得开路电压 $\dot{U}'_o$和带负载时的输出电压 $\dot{U}_o$,则

$$R_o=(U'_o/U_o-1)R_L \tag{2-11}$$

由式(2-11)可得放大电路实际输出电压的关系式为

$$U_o=U'_o\frac{R_L}{R_L+R_o} \tag{2-12}$$

可见,放大电路输出电阻 R_o 的大小决定了它带负载的能力。所谓带负载的能力,是指放大电路输出量随负载变化的程度。显然,R_o 愈小,输出电压 $\dot{U}_o$ 受负载 R_L 的影响愈小,$\dot{U}_o$ 愈接近 $\dot{U}'_o$,电路带负载的能力愈强。

必须注意,以上所讨论的放大电路的输入电阻和输出电阻不是直流电阻,而是在线性应用情况下的交流动态电阻,用符号 R 和小写字母下标 i 和 o 来表示。一般情况下,R_i 和 R_o 不仅与放大电路的参数有关,R_i 还与 R_L 有关,R_o 还与 R_S 有关。

(四)通频带

在放大电路中,总是存在一些电抗性元器件,如电容、电感、有源器件的极间电容以及接线电容和接线电感等,它们的阻抗值与信号的频率相关,对不同频率的信号呈现不同的阻抗值。这就使放大电路对于不同频率的输入信号有着不同的放大能力,输出信号的相位也会发生变化,在信号频率比较低或比较高时,不但放大倍数下降,还产生相移。当信号频率趋近于零或无穷大时,放大倍数的数值将趋近于零。可见,放大电路的放大倍数是频率的函数。因此,放大电路的电压放大倍数应该用复数表示,即

$$\dot{A}_u=A_u(f)\angle\varphi(f) \tag{2-13}$$

放大电路对不同频率正弦信号的稳态响应称为频率响应,或频率特性。$A_u(f)$ 表示电

压放大倍数的幅值与频率 f 的关系，称为幅频特性；$\varphi(f)$ 表示放大电路输出电压与输入电压之间的相位差 φ 与频率 f 的关系，称为相频特性。

图 2-4 为单级 RC 耦合交流放大电路的典型电压放大频率特性曲线，图中 $\dot{A}_{us}$ 表示源电压放大倍数。由图 2-4(a) 可见，在曲线中间一个较宽的频率范围内曲线是平坦的，即电压放大倍数的幅值不随信号的频率变化。

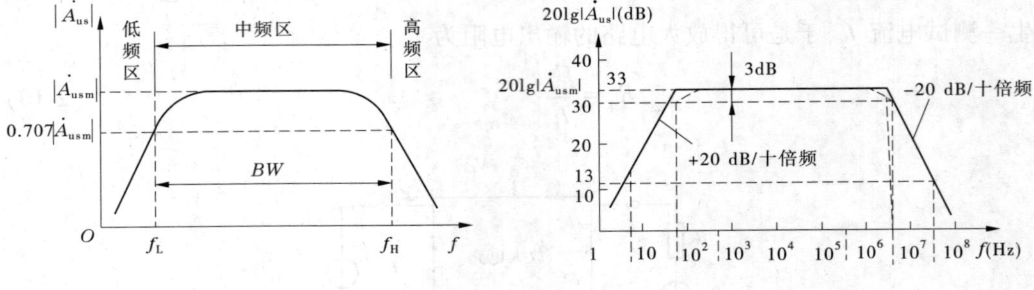

(a) 幅频特性

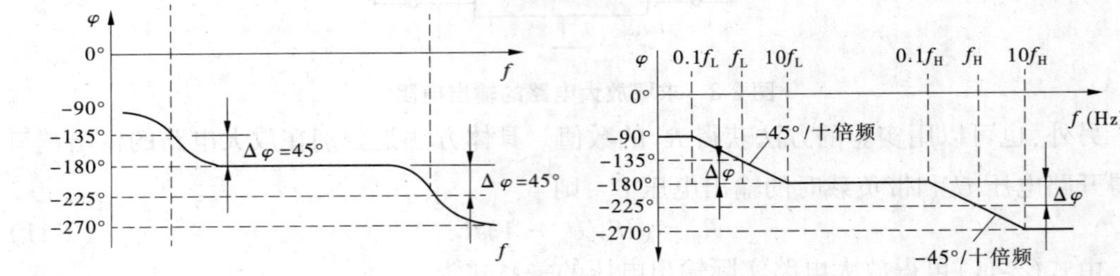

(b) 相频特性

图 2-4　单级 RC 耦合放大电路的频率特性曲线

这个频率范围称为中频区，对应的电压放大倍数称为中频区电压放大倍数，用 $\dot{A}_{usm}$ 表示。在中频区以外，随着信号频率的升高或降低，电压放大倍数都将下降。当信号频率升高，使电压放大倍数下降为中频区电压放大倍数 $|\dot{A}_{usm}|$ 的 $1/\sqrt{2}$ 约 0.707 倍时，对应的信号频率称为上限频率，用 f_H 表示；当信号频率下降，使电压放大倍数下降为 $|\dot{A}_{usm}|$ 的 0.707 倍时的低频信号频率称为下限频率，用 f_L 表示。f_H 与 f_L 之间的频率范围（中频区）称为放大电路的通频带，用 BW 表示，即

$$BW = f_H - f_L \tag{2-14}$$

通频带越宽，表明放大电路对信号频率的适应能力越强。为了不失真地放大，要求放大电路的通频带应大于要放大信号的频带宽度。实际上放大电路的输入信号一般不会是单一频率的正弦信号，而是比较复杂的，是许多不同频率、不同大小的正弦波的组合，并且相频响应也不能保持为常数。若放大电路的通频带不够宽，则其对复杂信号中的各种频率成分的放大倍数和附加相移就会不一样，从而造成输出信号波形的失真，称为频率失真。其中，因放大倍数 A_u 随频率变化而产生的失真称为幅频失真，因相位差 φ 随频率变化而产生的失真称为相频失真。例如，图 2-5(a) 中输入信号由基波和二次谐波组成，如果受放大电路带宽所限制，放大电路对基波的放大倍数比对二次谐波的放大倍数要大，增

加了一个 Δu,于是输出电压波形产生了失真,这就是幅频失真,如图 2-5(b)所示;同样,如果受放大电路带宽的影响,放大电路使二次谐波滞后了一相角 $\Delta\varphi$,输出电压波形也会产生失真,如图 2-5(c)所示,这就是相频失真。

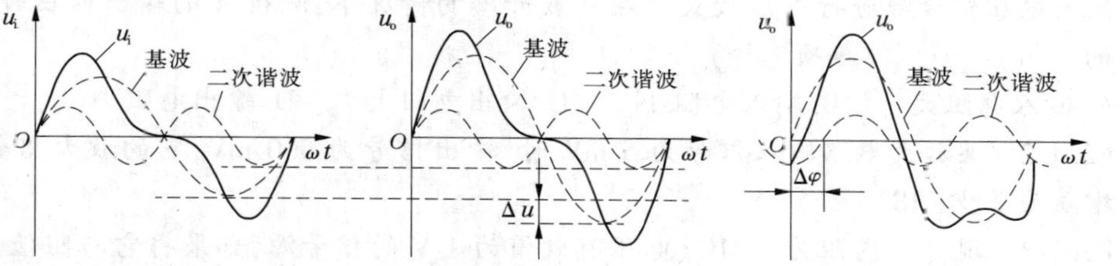

(a)输入信号波形 (b)幅频失真 (c)相频失真

图 2-5 放大电路的频率失真

应当指出,幅频失真和相频失真几乎是同时发生的,在图 2-5 中分开讨论这两种失真,只是为了便于读者理解。无论频谱函数(输入信号往往是频谱函数)的幅度还是相位发生变化,相应的时间函数波形都会由此而产生失真,即频率失真。这种幅度和相位的失真,都是由电路中的线性电抗元件所引起的,在输出信号中并不产生新的频率成分,所以又称为线性失真,以区别于非线性元件产生的非线性失真。

对放大电路通频带的要求,要视放大电路的用途、信号的特点及允许失真的程度来确定。为使信号的频率失真限制在允许的程度内,要求放大电路的有效带宽与信号的带宽相匹配。例如,对于收录机、扩音机等音响系统的放大电路来说,通频带一般定在 20 Hz~20 kHz,这与人类听觉的生理功能相匹配。而在有些情况下,则希望通频带较窄,以减小干扰和噪声。

放大电路除上述四种主要性能指标外,针对不同的用途,还常会提出一些其他的指标,诸如最大输出功率、非线性失真、效率、抗电压波动能力、抗干扰能力等。要想全面达到实际应用中所要求的性能指标,除合理设计、选用电路外,还要靠选择高质量的元器件和采用合理的、高水平的电子工艺来保证。

课堂活动

1. 课堂提问和讨论

T2. 1-1 要组成一个放大电路,应包括哪几部分?

T2. 1-2 放大的实质是什么?

T2. 1-3 为了衡量放大电路的性能,常用的性能指标参数有哪几个?意义如何?

2. 学生演讲和演板

Y2. 1-1 试介绍一种你所了解的电子系统中的放大电路,画出它的方框图。

Y2. 1-2 试说明对放大电路的基本要求。

Y2. 1-3 当接上 1 kΩ 的负载电阻时,电压放大器的输出电压减少为空载输出电压的 50%,试求出该放大器的输出电阻 R_o。

Y2. 1-4 已知一个电压信号源内阻 $R_S = 100\ \Omega$,电压源开路电压 $U_S = 20$ mV,测得信号源与放大电路输入端口连接处的输入电压 $U_i = 16$ mV,试问该放大电路的输入电阻 R_i

等于多大?

3. 课堂练习

L2. 1-1　有两个放大倍数相同、输入和输出电阻不同的放大电路 A 和 B,对同一个具有内阻的电压信号源进行电压放大。在负载开路的情况下,测得 A 的输出电压较小,说明 A 的__________。(单项选择)

A. 输入电阻大　　B. 输入电阻小　　C. 输出电阻大　　D. 输出电阻小

L2. 1-2　某放大电路输入信号为 5 mV 时,输出信号为 500 mV,它的放大倍数是多少?增益为多少(dB)?

L2. 1-3　现有一内阻为 1 MΩ、电压有效值为 1 V 的信号源,如果将它与阻值为 8 Ω 的扬声器连接,如图 2-6(a)所示,试求扬声器上的电压和功率。如果在信号源与扬声器中间接入一开路电压放大倍数为 1 倍、输入电阻为 1 MΩ、输出电阻为 8 Ω 的电压放大器,如图 2-6(b)所示,试问此时扬声器上的电压和功率又是多少?

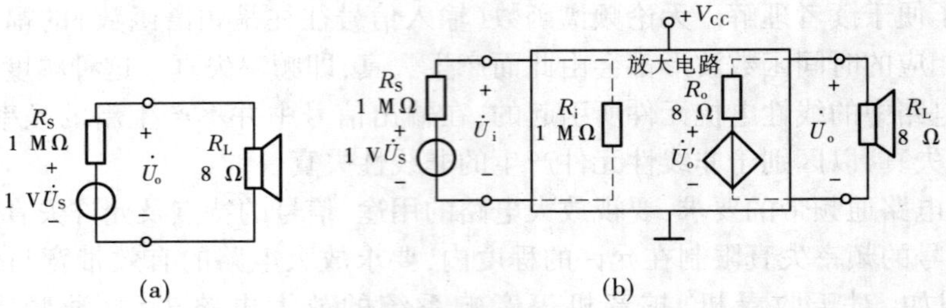

图 2-6　扬声器电路

L2. 1-4　试求图 2-7 所示放大电路的电压放大倍数、输入电阻 R_i 和输出电阻 R_o。

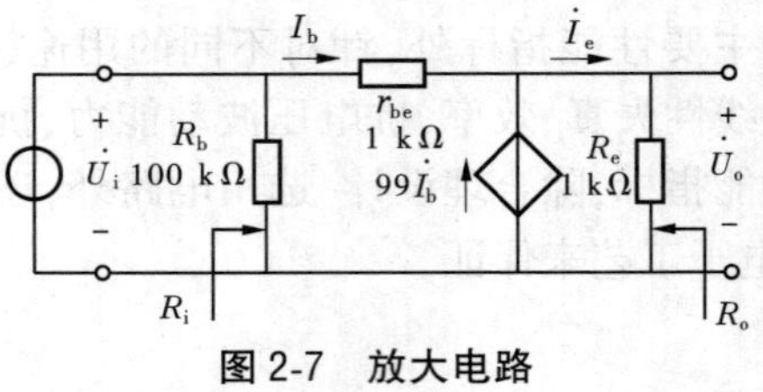

图 2-7　放大电路

任务二　共发射极放大电路的认识与分析

项目一中讲到 BJT 的共发射极、共集电极和共基极放大的三种连接方式。按照 BJT 的上述连接方式,可以构成共射、共集和共基三种不同组态的放大电路。

本任务将以基本共射放大电路为例,介绍放大电路的组成、工作原理、性能指标和基本分析方法等。这些电路输入信号的大小为几毫伏至几十毫伏,频率为 20 Hz~200 kHz。

一、基本共射放大电路的组成及工作原理

图 2-8(b)所示电路,是以 NPN 型 BJT(图中用符号 V 表示)为核心器件构成的基本

共射放大电路。直流电源 V_{CC} 通过基极偏置电阻 R_b 使 V 的发射结处于正向偏置，并产生基极直流电流 I_B；通过集电极负载电阻 R_c 使 T 的集电结处于反向偏置，以保证 BJT 工作在放大状态。一般，V_{CC} 为几伏至几十伏，R_b 为几十千欧至几百千欧，R_c 为几千欧至几十千欧。另外，R_c 可以将集电极电流的变化转换为电压的变化，送到放大电路的输出端。电容 C_1 和 C_2 是耦合电容，其作用是隔离直流，传送交流。放大电路设计时，要求 C_1 和 C_2 相对于待放大的交流信号的容抗要小到可以忽略不计，即可视为短路；对于直流信号，C_1 和 C_2 相当于开路，具有隔断直流信号的作用，一般为几微法至几十微法。C_1、C_2 若采用电解电容，电路连接时，应注意极性，如图 2-8(b)所示。

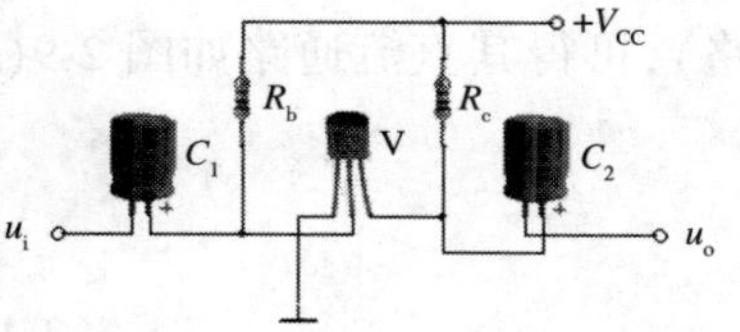

(a)基本共射放大电路 3D 图片

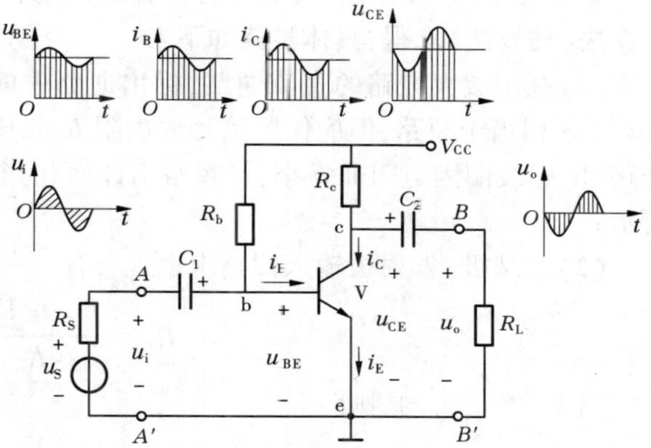

(b)电路图

图 2-8　基本共射放大电路

u_S 为正弦波信号源，R_S 为信号源内阻。u_i 是在 u_S 作用下放大电路获得的待放大的交流输入信号，经电容 C_1 耦合到基极与发射极间的输入回路中，并引起基极电流 i_B 的变化，因 $i_C=\beta i_B$，i_C 也将随之变化。由 $u_{CE}=V_{CC}-i_C R_c$ 的关系，R_c 将 i_C 的变化转换成 u_{CE} 的变化。因此，放大后且与输入信号 u_i 相位相反的交变信号 u_{CE} 经电容 C_2 耦合传输到输出端，即输出信号 u_o 从集电极与发射极间输出。显然，发射极是输入回路与输出回路的公共端（称为“地”，用“⊥”表示），所以称为共发射极（简称共射）放大电路。

二、放大电路的两种工作状态

从图 2-8 所示基本共射放大电路的工作原理分析中可知，当交流输入信号 u_i 经 C_1 耦合输入放大电路时，交流量即叠加在电路的直流量上，电路中的电量（电压或电流）中既包含有直流量，又包含有交流量，为直流量与交流量共存的状态。其中，直流量是放大电路工作在直流状态（静态）时，电路直流电源 V_{CC} 作用的结果，交流量是放大电路工作在交流状态（动态）时，交流输入信号 u_i 作用的结果。在分析和设计放大电路时，常将直流分析（静态分析）和交流分析（动态分析）分开进行，即直流分析时，将交流信号源置零，交流分析时，将直流电源置零，并且在符号上加以区别，用 I_B、I_C、U_{BE}、U_{CE} 表示直流量，用 i_b、i_c、u_{be}、u_{ce} 表示交流量，用 i_B、i_C、u_{BE}、u_{CE} 表示瞬时值总量，即直流量与交流量的叠加。

(一)静态(直流工作状态)

当输入信号 $u_i=0$ 时,放大电路处于静态或直流工作状态。此时,电路中的电压、电流都是直流量。放大电路中 BJT 的 I_B、I_C、U_{BE} 和 U_{CE} 可以在其特性曲线上确定一个点,该点称为静态工作点 Q。为便于说明此时的电压和电流值与 Q 点的对应关系,常将上述四个电量写成 I_{BQ}、I_{CQ}、U_{BEQ} 和 U_{CEQ},并称为静态工作点参数,简称静态工作点。工程上,U_{BEQ} 可以近似地取为常量,小功率硅管约为 0.7 V,小功率锗管约为 0.2 V。放大电路设置静态工作点的目的,是使放大电路中的 BJT 在对输入信号进行放大的过程中始终工作在放大区域。因此,设置合适的静态工作点是放大电路进行不失真放大的必备条件。

静态工作点可以由放大电路的直流通路(直流电源作用所形成的电流通路)用近似计算法(估算法)求得,具体步骤如下:

(1)画出放大电路的直流通路,标出通路中的直流量。在图 2-8(b)所示电路中,令 $u_i=0$(u_i 相当于短路,但应保留信号源内阻 R_S),电容因对直流量呈无穷大电抗而相当于开路(电感线圈因电阻非常小,可忽略不计而相当于短路),可得其直流通路如图 2-9(a)所示。

(2)由基极-发射极输入回路求取 I_{BQ},有

$$I_{BQ}=\frac{V_{CC}-U_{BEQ}}{R_b} \tag{2-15}$$

当 $V_{CC}\gg U_{BEQ}$ 时,则

$$I_{BQ}\approx\frac{V_{CC}}{R_b} \tag{2-16}$$

由于 V_{CC} 和 R_b 选定后,I_{BQ}(偏流)即为固定值,所以图 2-8(b)所示电路又称为固定偏流放大电路,调节 R_b 的大小(固定 V_{CC}),即可改变静态工作点 Q 的参数。

(3)BJT 工作在放大状态,则

$$I_{CQ}=\beta I_{BQ} \tag{2-17}$$

(4)由集电极-发射极输出回路可得

$$U_{CEQ}=V_{CC}-I_{CQ}R_c \tag{2-18}$$

静态时,耦合电容 C_1、C_2 处于开路状态,因信号源(电压源)内阻 R_s 较小,所以 C_1 和 C_2 两端的电压分别为 U_{BEQ} 和 U_{CEQ}。

所求解的静态工作点 Q 如图 2-9(b)所示。

【案例分析 2.2-1】 小信号共射电压放大电路如图 2-8(b)所示,BJT 的 $\beta=80$,$U_{BEQ}=0.7$ V,$U_{CES}=0.3$ V,$V_{CC}=12$ V,$R_c=2.4$ kΩ。试分析在下列两种情况下,电路的静态工作点,并说明 BJT 的工作状态。

(1)$R_b=270$ kΩ;

(2)$R_b=120$ kΩ。

分析求解:(1)$R_b=270$ kΩ 时

$$I_{BQ}=\frac{V_{CC}-U_{BEQ}}{R_b}=\frac{12\ \text{V}-0.7\ \text{V}}{270\ \text{k}\Omega}\approx 0.042\ \text{mA}=42\ \mu\text{A}$$

$$I_{CQ}=\beta I_{BQ}=80\times 0.042\ \text{mA}=3.36\ \text{mA}$$

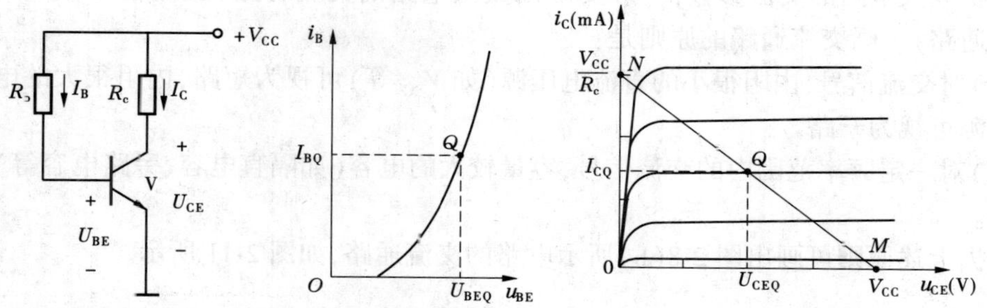

(a)直流通路　　(b)输入回路静态工作点　　(c)输出回路静态工作点

图 2-9　共射放大电路的静态分析

$$U_{CEQ}=V_{CC}-I_{CQ}R_c=(12-3.36\times2.4)\text{ V}\approx3.94\text{ V}$$

因为 $U_{BEQ}=0.7\text{ V}$，$U_{CEQ}=3.94\text{ V}$，$V_C>V_B>V_E$，BJT 的发射结正偏、集电结反偏，故 BJT 工作在放大状态。

(2) $R_b=120\text{ k}\Omega$ 时

$$I_{BQ}=\frac{V_{CC}-U_{BEQ}}{R_b}=\frac{12\text{ V}-0.7\text{ V}}{120\text{ k}\Omega}\approx0.094\text{ mA}=94\ \mu\text{A}$$

$$I_{CQ}=\beta I_{BQ}=80\times0.094\text{ mA}=7.52\text{ mA}$$

$$U_{CEQ}=V_{CC}-I_{CQ}R_c=(12-7.52\times2.4)\text{ V}\approx-6.05\text{ V}$$

U_{CEQ} 为负值，显然这不符合实际情况，有可能是 BJT 工作在饱和状态，仍引用式(2-17) $I_{CQ}=\beta I_{BQ}$ 所致。由 U_{CEQ} 为负值，可以求得集电结的偏置电压 $U_{BCQ}=U_{BEQ}-U_{CEQ}=0.7\text{ V}-(-6.05)\text{ V}=6.75\text{ V}$，这说明此时 BJT 的集电结也是正偏，BJT 不可能工作在放大状态，而是工作在饱和状态。如前所述，求取 I_{BS}，予以验证。

$$I_{BS}=\frac{V_{CC}-U_{CES}}{\beta R_c}=\frac{12\text{ V}-0.3\text{ V}}{80\times2.4\text{ k}\Omega}\approx0.061\text{ mA}=61\ \mu\text{A}$$

$I_{BQ}>I_{BS}$，故 BJT 实际上是工作在饱和状态。

(二)动态(交流工作状态)

当图 2-8(b)所示电路中输入正弦信号 u_S 后，电路将处在动态或交流工作状态，此时，输入信号 u_i 使 BJT 各极电流及电压都在静态值的基础上叠加了一个交流量，即 $u_{BE}=U_{BEQ}+u_{be}$；$i_B=I_{BQ}+i_b$；$i_C=I_{CQ}+i_c=I_{CQ}+\beta i_b$；$u_{CE}=U_{CEQ}+u_{ce}$。$u_{BE}$、$i_B$、$i_C$、$u_{CE}$ 都将随输入信号 u_i 作相应的变化。在 u_i 的正半周，u_{BE}、i_B、i_C 都将在静态值的基础上增加，集电极电阻 R_c 上的电压降也将随之增加，由于 $u_{CE}=U_{CC}-i_CR_c$，因此 u_{CE} 在静态 U_{CEQ} 的基础上将减小。在 u_i 的负半周，情况正好相反，所以 u_{CE} 与 u_i 是反相的。耦合电容 C_2 将 u_{CE} 中的直流分量滤除，于是在放大器的输出端就得到了幅值比输入电压大得多，但相位相反的输出电压 u_o，从而实现了电压放大作用，如图 2-10 所示。

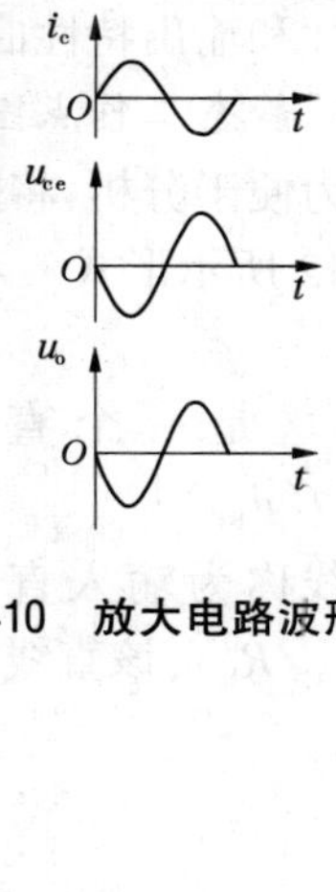

图 2-10　放大电路波形图

分析放大电路的交流参数，一般要画出放大电路的交流通路（交流信号作用所形成的电流通路）。画交流通路的原则是：

(1)对交流信号，内阻很小的直流电压源（如 V_{CC} 等）可视为短路，内阻很大的电流源或恒流源可视为开路。

(2)对一定频率范围内的交流信号，容量较大的电容（如隔直电容、旁路电容等）可视为短路。

根据上述原则可画出图 2-8(b)所示电路的交流通路，如图 2-11 所示。

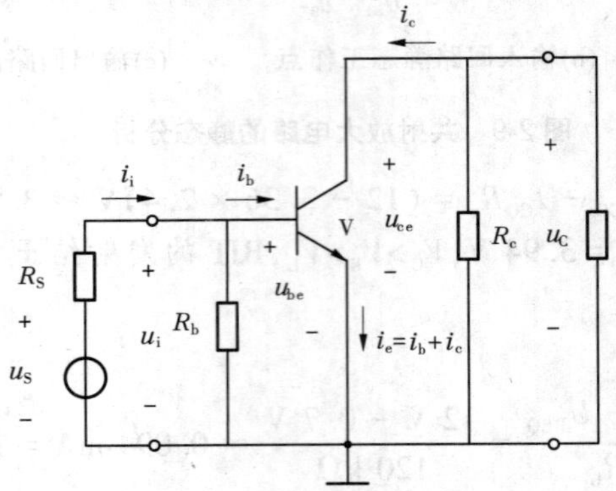

图 2-11　电路的交流通路

由以上分析可知，只要设置好合适的静态工作点，并在输入回路中加入信号，利用发射结正向电压对 BJT 各极电流的控制作用，就能将直流电源 V_{CC} 提供的能量，按输入信号 u_i 的变化规律转换为较大的信号供给负载，从而实现交流放大作用。

三、放大电路的基本分析方法

放大电路工作状态的分析就是求解其静态工作点参数（静态分析）和各项动态性能指标参数（动态分析）的过程。通常遵循"先静态，后动态"的原则，因为只有静态工作点合适，电路没有产生失真，动态分析才有意义。所采用的基本分析方法有图解分析法和小信号微变等效电路模型（简称微变等效电路）分析法。

（一）图解分析法

用作图的方法分析放大电路称为图解分析法，就是在实测出的放大电路中 BJT 的输入特性和输出特性曲线上，通过作图对放大电路的静态和动态进行分析。

1. 静态工作点图解分析

为便于分析，将图 2-8(b)所示基本共射放大电路的直流通路（见图 2-9(a)）变换成图 2-12 所示形式。从图 2-12 所示电路的输入回路可列出方程

$$u_{BE}=V_{CC}-i_BR_b \tag{2-19}$$

这是一个直线方程。在图 2-13(a)所示实测出的 BJT 输入特性曲线（$i_B=f(u_{BE})\big|_{u_{CE}>1\,V}$）的坐标系中，可作出一条由式(2-19)所描述的斜率为 $-1/R_b$ 的直线，该直线称为输入直流负载线，与横坐标轴的交点为（V_{CC}，0），与纵坐标轴的交点为（0，V_{CC}/R_b），该直线与 BJT 输入特性曲线的交点就是要求的静态工作点 Q，Q 点的坐标值

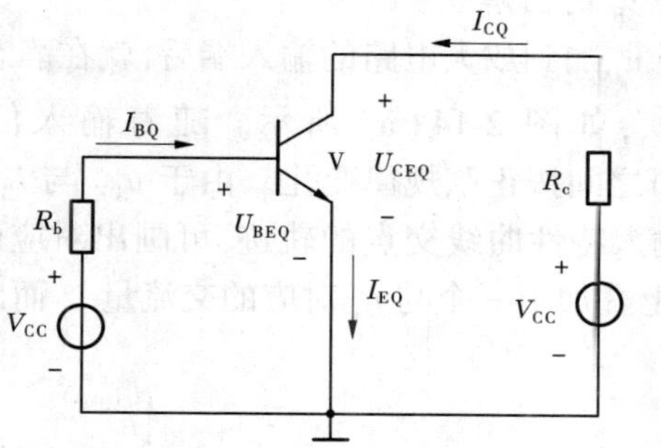

图 2-12 基本共射放大电路的直流通路

就是静态工作点中的 U_{BEQ} 和 I_{BQ},如图 2-13(a)所示。

同理,从图 2-12 所示电路的输出回路可列方程

$$u_{CE} = V_{CC} - i_C R_c \tag{2-20}$$

在图 2-13(b)所示实测出的 BJT 输出特性曲线($i_C = f(u_{CE}) |_{i_B = I_{BQ}}$)的坐标系中,可作出一条由式(2-20)所决定的斜率为$-1/R_c$ 的直线,该直线称为输出直流负载线(简称直流负载线),与横坐标轴和纵坐标轴的交点分别为(V_{CC},0)和(0,V_{CC}/R_c),与 BJT 输出特性曲线的交点就是要求的静态工作点 Q,Q 点的坐标值就是静态工作点中的 V_{CEQ} 和 I_{CQ},如图 2-13(b)所示。

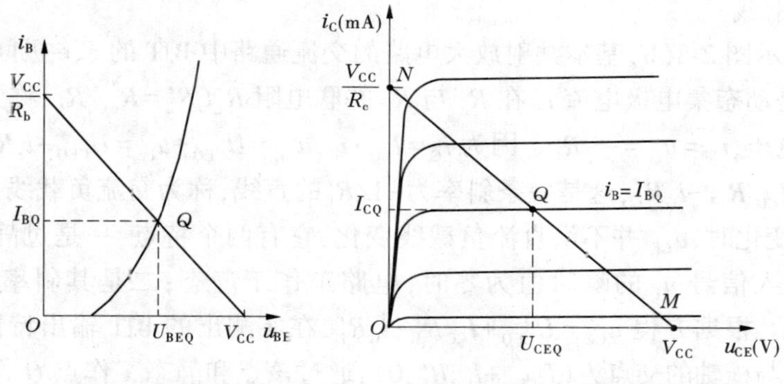

图 2-13 静态工作点图解分析

从以上分析可知,无论是 BJT 的输入回路,还是 BJT 的输出回路,BJT 各极的电流和极间电压,不但取决于 BJT 自身的特性,还取决于回路方程的参数,BJT 自身特性的输入、输出特性曲线和由回路方程决定的输入、输出直流负载线的交点就是静态工作点 Q。

2. 动态工作情况的图解分析

动态工作情况的图解分析是在静态工作点图解分析的基础上展开的。为便于分析,将图 2-8(b)所示基本共射放大电路的交流通路重画,如图 2-11 所示。在加入输入信号后,利用图解分析方法,在实测出的放大电路中 BJT 的输入和输出特性曲线上作出放大电路各电压及电流的波形,从而可以很直观地了解电路的动态工作情况。

1) 输入回路中 u_{BE} 和 i_B 的图解分析

设 $u_i=U_{im}\sin\omega t$ V，当 u_i 加到放大电路的输入端后，就在静态值 U_{BEQ} 上叠加了一个交流量 u_i，使 $u_{BE}=U_{BEQ}+u_i$，如图 2-14(a) 所示。随着输入信号 u_i 的变化，u_{BE} 将在 $(U_{BEQ}+U_{im})$ 到 $(U_{BEQ}-U_{im})$ 之间按正弦规律变化。由于 u_{BE} 与 i_B 之间是一一对应的关系，依据 u_{BE} 的变化与 BJT 输入特性曲线交点的轨迹，可画出对应的 i_B 波形。由图 2-14(a) 可见，i_B 是在静态值 I_{BQ} 上叠加了一个与 u_i 对应的交流量 i_b 而成。

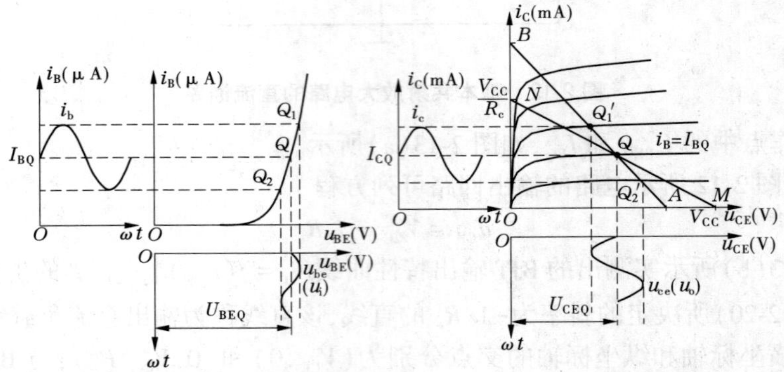

(a)输入回路中u_{BE}和 i_B的图解分析　(b)输出回路的图解分析

图 2-14　动态工作情况的图解分析

2) 交流负载线

图 2-11 所示图 2-8(b) 基本共射放大电路的交流通路中 BJT 的 c、e 极间动态电压，即输出电压 u_o，是动态集电极电流 i_c 在 R_c 与 R_L 并联电阻 R_L'($R_L'=R_c/\!/R_L$，称为等效交流负载电阻) 上的电压，$u_o=u_{ce}=-i_cR_L'$。因为 $i_C=I_{CQ}+i_c$，$u_{CE}=U_{CEQ}+u_{ce}=U_{CEQ}-i_cR_L'=U_{CEQ}-(i_C-I_{CQ})R_L'=U_{CEQ}+I_{CQ}R'_L-i_CR_L'$，这是一条斜率为$-1/R_L'$的直线，称为交流负载线。当动态电流 i_c 按正弦规律变化时，u_{CE} 并不沿直流负载线变化，它有两个特点，一是过静态工作点 Q，因为当正弦输入信号 u_i 的瞬时值为零时，电路工作于静态；二是其斜率为$-1/R_L'$。如图 2-14(b) 所示，根据方程 $u_{CE}=U_{CEQ}+I_{CQ}R_L'-i_CR_L'$，在实测出的 BJT 输出特性曲线坐标系中，交流负载线与横轴的交点为 $(U_{CEQ}+I_{CQ}R_L',0)$，通过该点和静态工作点 Q 作连线并延长，便可作出交流负载线。由于 $R_L'<R_c$，故交流负载线较直流负载线稍陡一些。

3) 输出回路中 i_C 和 u_{CE} 的图解分析

如前所述，设 $u_i=U_{im}\sin\omega t$ V，当 BJT 工作在放大区域内时，因为 $i_C=\beta i_B$，在静态工作点 Q 图解分析的基础上，由 i_B 的变化规律和交流负载线，就可以确定 i_C 和 u_{CE} 的变化规律，即动态时放大电路的工作点将沿着交流负载线在 Q_1'和 Q_2'之间变化，由此便可以画出 i_C 和 u_{CE} 的波形。

4) 求解电压放大倍数 A_u

从图 2-14(b) 所示动态工作情况的图解分析可知，i_B 和 i_C 与 u_i 的变化方向相同，而 u_{CE} 与 u_i 的变化方向相反。因为当 u_i 增加时，i_C 随之增加，使 R_L'上的压降增加，导致 u_{CE} 减小，从而在 U_{CEQ} 的基础上产生动态电压 u_{ce}，即输出电压 u_o。测量 u_o 的峰-峰值(或峰值)，与 u_i 的峰-峰值(或峰值)，其比值即为放大电路的电压放大倍数 A_u。

$$A_u = -\frac{U_{opp}}{U_{ipp}} = -\frac{U_{op}}{U_{ip}} = -\frac{U_o}{U_i} \tag{2-21}$$

式中的负号表示 u_o 与 u_i 反相。

应当指出，只有当 u_i 取值较小时，i_b 才为正弦波，BJT 非线性的影响才比较小，用图解法求解的 A_u 才较为准确。而 u_i 取值较小时，作图难以准确，且步骤烦琐，故工程上一般不用图解法求解 A_u，但通过了解图解法求解 A_u 的过程可以更直观、更深刻地理解放大电路的工作原理。

3. *电路非线性失真的图解分析*

如前所述，电路中 BJT 有三种工作状态：当 BJT 的发射结正偏、集电结反偏时，BJT 工作在放大区；当 BJT 的发射结、集电结均反偏时，BJT 工作在截止区；当 BJT 的发射结、集电结均正偏时，BJT 工作在饱和区。一般认为，在放大区内 BJT 的特性是线性的，有式 $i_C=\beta i_B$，输出信号与输入信号成线性关系，不会产生失真，放大区亦称为线性区。而在截止区或饱和区内 BJT 的特性是非线性的，$i_C \neq \beta i_B$，也就是说输出信号与输入信号成非线性的关系，会产生失真。根据 BJT 所处的工作区域可以判断放大电路是否会产生失真，BJT 工作在截止区时的失真称为截止失真，BJT 工作在饱和区时产生的失真称为饱和失真。

图 2-8(b)所示基本共射放大电路输入正弦信号时，输出信号不失真的动态范围如图 2-15 所示。图中 u_{CE} 变化量的大小取决于输入信号 u_i 的大小，但要使放大电路工作在放大区，不产生非线性失真，u_{CE} 的变化量最大不能超过($U_{CEQ}-U_{CES}$)与 $I_{CQ}\ R'_L$，否则输出信号就会产生饱和失真(输出信号波形底部被削波)或截止失真(输出信号波形顶部被削波)。

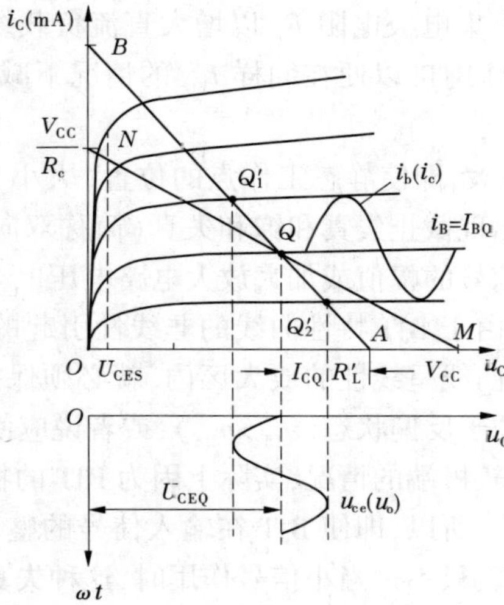

图 2-15　基本共射放大电路输入正弦信号时的工作情况

为了使问题简单明了，使图 2-8(b)所示基本共射放大电路的 $R_L=\infty$，令放大电路工作在空载状态。此时，交流负载线与直流负载线合二为一，如图 2-16 所示。

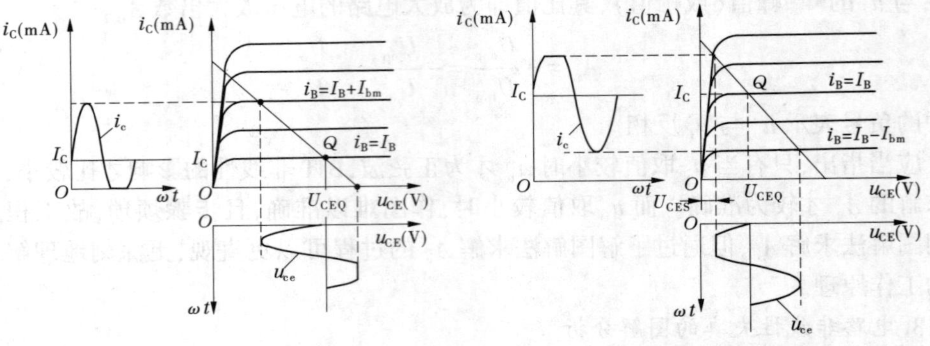

(a)截止失真图解分析　　(b)饱和失真图解分析

图 2-16　基本共射放大电路的非线性失真的图解分析

当静态工作点低时，在输入信号 u_i 的负半周靠近峰值的某段时间内，u_{BE} 将小于 BJT 的开启电压 $U_{BE(on)}$，BJT 将工作在截止状态，因而 i_b 底部失真，与之对应的 i_c 和集电极电阻 R_c 上的电压随之产生同样的失真，所以输出电压 u_o(u_{ce})也将产生失真。由于输出电压 u_o 与输入电压 u_i 反相，故由于 BJT 进入截止区而产生的截止失真将导致输出电压顶部产生失真，如图 2-16(a)所示。消除截止失真的方法是减小基极电阻 R_b，增大基极静态电流 I_{BQ}，以适当地提高静态工作点。

当静态工作点过高、U_{CEQ} 偏小时，虽然在 u_i 作用下 i_b 为不失真的正弦波，但在输入信号 u_i 的正半周靠近峰值的某段时间内，由于 BJT 进入了饱和区，集电极电流 i_c 将产生顶部失真，$U_{CEQ}<U_{cem}$，从而导致输出电压底部失真，如图 2-16(b)所示。由 $U_{CEQ}=V_{CC}-I_{CQ}R_c$ 可知，消除饱和失真，可以增大基极电阻 R_b，减小基极电流 I_{BQ}，从而减小 I_{CQ}，增大 U_{CEQ}，使静态工作点下移；也可以减小集电极电阻 R_c 以增大直流负载线的斜率($-1/R_c$)，从而增大 U_{CEQ}；或者换一只 β 较小的 BJT，以便在同样 I_{BQ} 的情况下减小 I_{CQ}($I_{CQ}=\beta I_{BQ}$)，从而增大 U_{CEQ}。

如果输入信号 u_i 的幅值过大，即使静态工作点的位置(大小)设置合理，电路也会产生失真，这时输出信号会同时出现截止失真和饱和失真(简称双向失真)。为消除这种失真，可采取的措施是减小输入信号的幅值或加大放大电路电压 V_{CC} 的数值。

截止失真和饱和失真都是由于 BJT 特性曲线的非线性引起的，为使 BJT 在输入信号的整个周期内始终工作在特性曲线呈线性的放大区内，就必须保持发射结电压始终大于开启电压 $U_{BE(on)}$、集电结始终处于反偏状态($u_{CE}>u_{BE}$)，或者说应使 $I_{BQ}>I_{bm}$、$U_{CEQ}>U_{cem}$。

截止失真和饱和失真是比较极端的情况，实际上因为 BJT 的特性曲线非线性，即使是在放大区内也是近似为线性的。所以，即使 BJT 在输入信号的整个周期内都是工作在放大区内，输出信号也会产生失真，只不过当小信号作用时，这种失真非常小，可以忽略不计而已。

当放大电路带上负载之后，交流负载线比直流负载线稍陡一些，因此在 u_i 不变的情况下，有可能使原来不严重的饱和失真消除。而截止失真是输入回路的基极电流产生的失真，所以改变输出回路的参数和带负载的情况不可能消除截止失真。

为了减小和避免非线性失真，必须合理地设置静态工作点，当输入信号 $u_S(u_i)$ 较大时，工程上一般把静态工作点设置在交流负载线的中点，以获得输出电压 u_o 的最大动态范围（忽略 V_{CES} 和 I_{CEO} 的影响）；当 $u_S(u_i)$ 较小时，为了减小 BJT 的功率损耗和由 BJT 引起的热噪声，在不产生截止失真和保证一定电压增益的前提下，可适当降低静态工作点的位置。

4. 图解分析法的适用范围

图解分析法直观、形象地反映了电路的工作情况，适用于选择电路参数、合理设置静态工作点的位置、失真问题的定性分析、确定输出电压的最大动态范围等，特别是输入信号幅值较大的电路工作情况的分析。但由于 BJT 的输入和输出特性曲线需实测得出，且作图难以准确，过程烦琐，所以工程上使用并不广泛，一般只作定性分析使用。

另外，图解分析法中没有考虑耦合电容、BJT 极间电容的影响，所以图解分析法只适合于信号频率较低的放大电路的中频段。

【例 2.2-1】　基本共射放大电路如图 2-8(b) 所示，已知 BJT 的输出特性曲线如图 2-17 所示，设 $V_{CC}=12\ V$，$R_L=\infty$，$U_{BEQ}=0.7\ V$，$U_{CES}=0.3\ V$，试用图解分析法求解下列不同条件下的静态工作点，读取 I_{CQ} 和 U_{CEQ} 的数值、电路输出电压的动态范围，并分别说明当输入信号幅值逐渐增加时，电路输出电压首先出现什么失真。

(1) 当 $R_b=300\ k\Omega$，$R_c=6\ k\Omega$ 时；

(2) 当 $R_b=300\ k\Omega$，$R_c=3\ k\Omega$ 时；

(3) 当 $R_b=200\ k\Omega$，$R_c=3\ k\Omega$ 时；

(4) 当 $R_b=200\ k\Omega$，$R_c=3\ k\Omega$，V_{CC} 改为 6 V 时；

(5) 当 $R_b=200\ k\Omega$，$R_c=3\ k\Omega$，$R_L=3\ k\Omega$ 时。

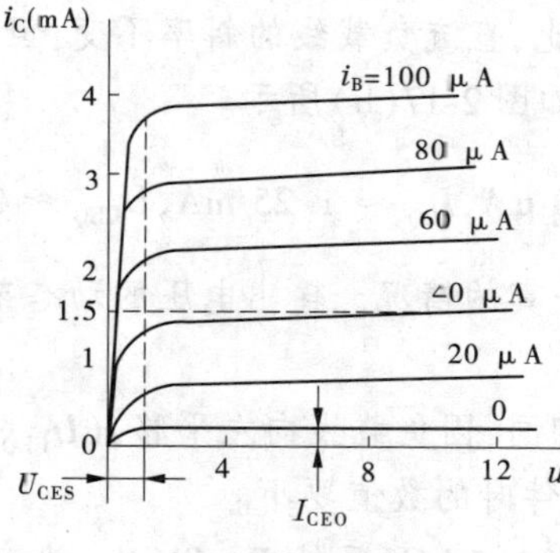

(a)输出特性曲线

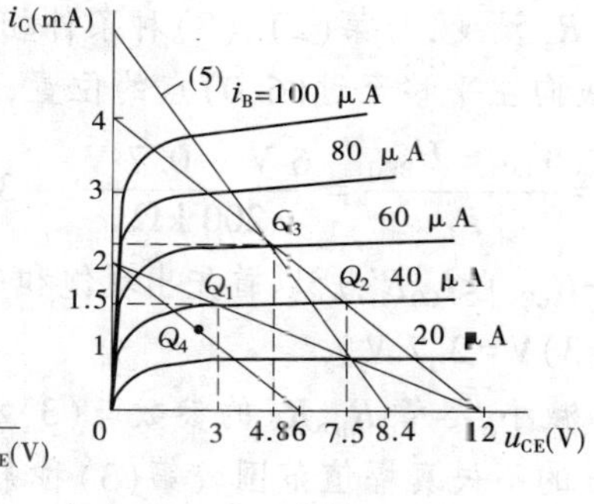

(b)图解分析

图 2-17　例 2.2-1 图

解：为求解 I_{CQ} 和 U_{CEQ}，应首先求取 I_{BQ}，然后在 BJT 输出特性曲线坐标系中连接点 $(V_{CC},0)$ 和 $(0,V_{CC}/R_c)$ 作直流负载线，$i_B=I_{BQ}$ 的输出特性曲线与直流负载线的交点就是要求解的静态工作点 Q。在交流负载线的坐标下（若 $R_L=\infty$，电路空载，则交流负载线与直流负载线合二为一），比较 $(U_{CEQ}-U_{CES})$ 与 $I_{CQ}R'_L$（$R'_L=R_c/\!/R_L$，空载时 $R'_L=R_c$，即 $I_{CQ}R'_L=V_{CC}-U_{CEQ}$）的大小，就可以知道当输入信号幅值逐渐增加时，电路输出电压首先出现什么失真和电路的动态范围。当 $(U_{CEQ}-U_{CES})$ 大于 $I_{CQ}R'_L$ 时，电路首先出现截止失真，电路的动

态范围为 $I_{CQ}R'_L$；当 $I_{CQ}R'_L$ 大于 $(U_{CEQ}-U_{CES})$ 时，电路首先出现饱和失真，电路的动态范围为 $(U_{CEQ}-U_{CES})$；当 $(U_{CEQ}-U_{CES})$ 等于 $I_{CQ}R'_L$ 时，电路将出现饱和、截止双向失真。

(1) $I_{BQ}=\dfrac{V_{CC}-U_{BEQ}}{R_b}=\dfrac{12\ \text{V}-0.7\ \text{V}}{300\ \text{k}\Omega}\approx 40\ \mu\text{A}$。

BJT 输出特性曲线坐标系中直流负载线的两点坐标为(12,0)和(0,2)。直流负载线与静态工作点 Q_1 如图 2-17(b)所示，$I_{CQ}=1.5$ mA，$U_{CEQ}=3$ V。

因为 $R'_L=R_c$，$(U_{CEQ}-U_{CES})<I_{CQ}R'_L$，所以首先出现饱和失真。不失真输出电压最大幅值约为 $U_{CEQ}-U_{CES}=(3-0.3)\text{V}=2.7$ V。

(2) 由于 V_{CC} 和 R_b 的参数与第(1)种条件时相同，所以 $I_{BQ}\approx 40\ \mu$A。直流负载线的两点坐标为(12,0)和(0,4)。直流负载线与静态工作点 Q_2 如图 2-17(b)所示，$I_{CQ}\approx 1.5$ mA，$U_{CEQ}\approx 7.5$ V。

由于 R_c 较(1)减小，负载线斜率较(1)增大而更为陡峭一些，因 R_b 与(1)相同，工作点右移，从而消除了第(1)种条件下首先出现饱和失真的情况。因 $R'_L=R_c$，$(U_{CEQ}-U_{CES})>I_{CQ}R'_L$，所以首先出现截止失真。输出电压的动态范围为 $I_{CQ}R'_L=(1.5\times 3)\text{V}=4.5$ V。

(3) $I_{BQ}=\dfrac{V_{CC}-U_{BEQ}}{R_b}=\dfrac{12\ \text{V}-0.7\ \text{V}}{200\ \text{k}\Omega}\approx 60\ \mu\text{A}$。

由于 V_{CC}、R_c 的参数与(2)相同，所以直流负载线与第(2)种条件时相同，但由于 R_b 减小，I_{BQ} 增加，静态工作点沿负载线上移，Q_3 的位置较 Q_2 抬高，$I_{CQ}R'_L$ 数值增大，如图 2-17(b)所示，$I_{CQ}\approx 2.4$ mA，$U_{CEQ}\approx 4.8$ V。

因 $(U_{CEQ}-U_{CES})<I_{CQ}R'_L$，消除了第(2)种条件下首先出现截止失真的情况，而首先出现饱和失真。输出电压的动态范围为 $U_{CEQ}-U_{CES}=(4.8-0.3)\text{V}=4.5$ V。

(4) 由于 R_c 没变，与第(2)、(3)种条件相比，直流负载线的斜率不变，但由于 V_{CC} 为 6 V，所以负载线向左平移至过(6,0)点的位置，如图 2-17(b)所示。

$$I_{BQ}=\frac{V_{CC}-U_{BEQ}}{R_b}=\frac{6\ \text{V}-0.7\ \text{V}}{200\ \text{k}\Omega}\approx 30\ \mu\text{A},I_{CQ}\approx 1.25\ \text{mA},U_{CEQ}\approx 3\ \text{V}$$

因 $(U_{CEQ}-U_{CES})<I_{CQ}R'_L$，所以首先出现饱和失真的情况。输出电压的动态范围为 $(U_{CEQ}-U_{CES})=(3-0.3)\text{V}=2.7$ V。

由于 V_{CC} 减小，尽管 R_b、R_c 的参数与(3)相同，因负载线向左平移，$(U_{CEQ}-U_{CES})$ 减小，所以输出电压的不失真幅值范围较第(3)种条件时的数值要小。

(5) 由于 $R_c=3\ \text{k}\Omega$，$R_L=3\ \text{k}\Omega$，$R'_L=R_c/\!/R_L=1.5\ \text{k}\Omega$，虽然 R_b、R_c、V_{CC} 没变，与第(3)种条件时相比，静态工作点(Q_3)、直流负载线相同，但电路不再空载，交流负载线的斜率较直流负载线的斜率大，交流负载线更陡峭，且与直流负载线不再合二为一，交流负载线过静态工作点 Q_3，斜率为 $-1/R'_L$，如图 2-17(b)中(5)线所示。

因 $(U_{CEQ}-U_{CES})>I_{CQ}R'_L$，改变了(3)首先出现饱和失真的情况，而首先出现截止失真。输出电压的动态范围为 $I_{CQ}R'_L=(2.4\times 1.5)\text{V}=3.6$ V，较第(3)种条件时的动态范围要小。

从以上分析可知电路参数 V_{CC}、R_b、R_c 对静态工作点的设置、电路非线性失真影响的作用。输出电压不失真的动态幅值范围应根据 $(U_{CEQ}-U_{CES})$ 与 $I_{CQ}R'_L$ 的大小来判断。

(二)微变等效电路分析法

由于 BJT 是一种非线性器件,所以在 BJT 放大电路中不能简单地直接采用线性电路的分析计算方法来分析计算。为使分析计算简单明了,在工程上,常根据一定的工作条件和要求,在分析计算精度允许的条件下,把非线性的 BJT 等效为一个线性的电路模型。这样,就可以像处理线性电路一样来分析计算 BJT 放大电路了。

1. BJT 的直流微变等效电路

依 BJT 的输入特性曲线可知,当 u_{CE} 增大到一定的数值(≥1 V)后,输入特性近似与 u_{CE} 无关,在直流状态下 BJT 的输入特性将和二极管的正向特性类似。基于这样的一个认识,可以把 BJT 的发射结视为一个二极管,工程上常取为恒压降模型。

当 BJT 工作在放大区内时,有 $I_C=\beta I_B+I_{CEO}$。作为近似计算,I_{CEO} 可以忽略,而对于小信号放大区内的 β 可以认为是一个常量,不受工作点位置的影响,故工程上常取为 $I_C=\beta I_B$,即是说,I_C 仅受控于 I_B,而与输出回路的电路参数无关。这样,BJT 在输出回路中的作用可以用一个受控于 I_B 的电流源来等效。

由此,有 BJT 在放大状态时的直流等效电路模型,如图 2-18 所示。

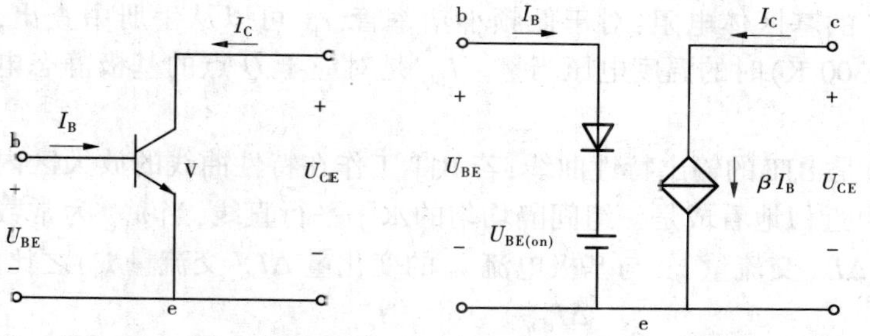

(a)工作在放大状态下的BJT　　(b)BJT的直流等效电路

图 2-18　放大状态下 BJT 的直流等效电路

2. BJT 的交流微变等效电路

如图 2-19 所示,在输入交流信号电压幅值足够小的条件下,可以把 BJT 在静态工作点附近小范围内的特性曲线近似地用直线代替,这样 BJT 就可以用小信号线性模型来替代,从而使电子电路的分析计算就和线性电路的分析计算完全一样了,这就是微变等效电路法。由于忽略了 BJT 结电容的影响,微变等效电路分析计算方法只适用于微变的低频小信号放大电路。

1) BJT 的简化微变等效电路

图 2-19(a)是 BJT 的输入特性曲线,是非线性的。但当输入信号很小时,在静态工作点 Q 附近的一小段可以认为是直线,即是线性的。当 U_{CE} 为常数时,ΔU_{BE}(交流量 u_{be})与 ΔI_B(交流量 i_b)之比是一个常数,是一个线性的动态电阻,用符号 r_{be} 表示,如图 2-20(a)所示。

$$r_{be}=\frac{\Delta U_{BE}}{\Delta I_B}\bigg|_{U_{CE}=\text{常数}}=\frac{U_{be}}{I_b}\bigg|_{U_{CE}=\text{常数}} \tag{2-22}$$

r_{be} 称为 BJT 输出端交流短路时的输入电阻,是对交流信号而言的一个动态电阻,其

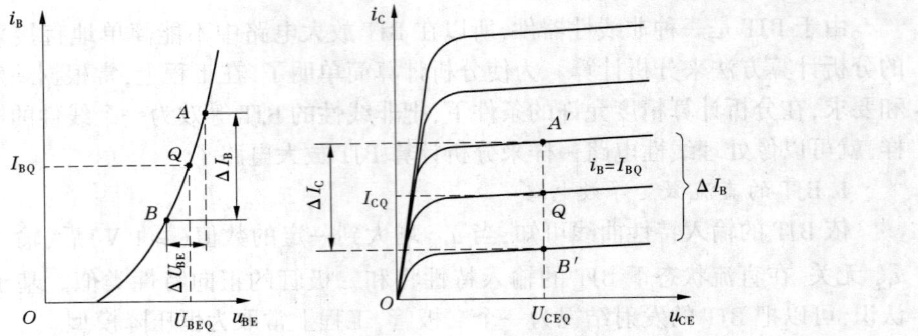

(a)r_{be}的求取　　(b) β 的求取

图 2-19　从 BJT 的特性曲线求 r_{be} 和 β

数值与 BJT 的静态工作点 Q 有关。由 PN 结的电流方程,可以导出工程上常用的计算式

$$r_{be}=r_{bb'}+r_{b'e}=r_{bb'}+\frac{U_T}{I_{BQ}}=r_{bb'}+\frac{26\ \text{mV}}{I_{BQ}(\text{mA})}\ (\Omega) \tag{2-23}$$

式中,$r_{bb'}$ 为 BJT 的基区体电阻,对于低频小功率管,$r_{bb'}$ 可以从手册中查出,约为 200 Ω。26 mV 是常温(300 K)时的温度电压当量。I_{BQ} 是对应于 Q 点的基极静态电流,I_{BQ} 愈大,r_{be} 愈小。

图 2-19(b)是 BJT 的输出特性曲线,若 BJT 工作在特性曲线的放大区内,由于放大区内的特性曲线可近似地看成是一组间隔均匀的水平平行直线,当 u_{CE} 为常数时,集电极电流 i_C 的变化量 ΔI_C(交流量 i_c)与基极电流 i_B 的变化量 ΔI_B(交流量 i_b)之比为常数,即

$$\beta=\frac{\Delta I_C}{\Delta I_B}\bigg|_{U_{CE}=常数}=\frac{I_c}{I_b}\bigg|_{U_{CE}=常数} \tag{2-24}$$

β 是 BJT 输出端交流短路时的电流放大系数。这说明在小信号的条件下,当 BJT 工作在放大状态时,其 c、e 间可用一受控电流源 $i_c=\beta i_b$ 等效,以表示 BJT 的电流控制作用。

综上所述,BJT 工作在小信号放大状态时,我们可以用图 2-20 所示的简化的线性化电路模型来等效非线性的三极管。

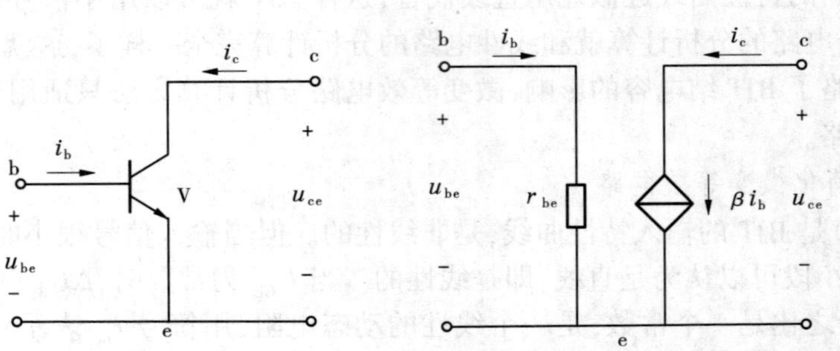

(a)BJT　　(b)简化小信号线性等效模型

图 2-20　BJT 小信号线性化等效电路模型

2）放大电路的微变等效电路

将小信号放大电路交流通路中的 BJT 用小信号微变等效电路模型来取代，即可得出小信号放大电路的微变等效电路。依照画放大电路交流通路的原则，图 2-8(b)所示的小信号共射放大电路的微变等效电路，如图 2-21(b)所示。由于分析和测试时常采用正弦电压作为输入信号，所以电路中的电压和电流都用相量表示，标出的方向是参考方向。

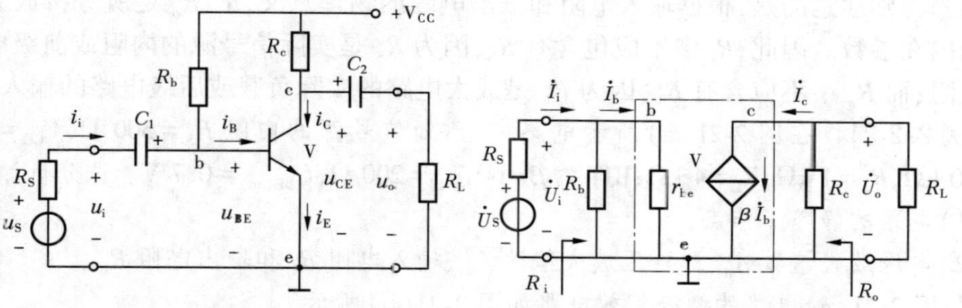

(a)图2-8(b)放大电路　(b)图2-8(b)电路的微变等效电路

图 2-21　小信号共射放大电路的微变等效电路

3. 用微变等效电路法分析小信号共射放大电路

如前所述，在静态（直流通路）分析的基础上，将 BJT 用小信号微变等效电路模型代替，放大电路的动态分析可用微变等效电路法按线性电路的规则来分析计算。现以图 2-21 所示电路为例说明如下。

1）确定 β 和 r_{be}

在小信号模型中，β 是常数，工程上可以通过测量相关数据后依式(2-24)估算出，也可以从器件手册中查到，但通常是已知的，由题目给出。

r_{be} 的数值，是在静态分析的基础上，先求取出 I_{BQ}（或 I_{EQ}，或 I_{CQ}）后依式(2-23)估算求得。

2）计算电压放大倍数 $\dot{A}_u$

由图 2-21(b)可知

$$\dot{U}_i = \dot{I}_b r_{be}$$

$$\dot{U}_o = -\dot{I}_c R'_L = -\beta \dot{I}_b R'_L$$

根据电压放大倍数的定义式(2-1)，则

$$\dot{A}_u = \frac{\dot{U}_o}{\dot{U}_i} = \frac{-\beta \dot{I}_b R'_L}{\dot{I}_b r_{be}} = \frac{-\beta R'_L}{r_{be}} \tag{2-25}$$

$$\dot{A}_{us} = \dot{A}_u \frac{R_i}{R_S + R_i} \tag{2-26}$$

式中，负号表示共射放大电路的输出电压与输入电压的相位相反。

3）计算输入电阻 R_i

由图 2-21(b)和式(2-7)可知

$$R_i = \frac{U_i}{I_i} = \frac{U_i}{U_i(\frac{1}{R_b} + \frac{1}{r_{be}})} = R_b // r_{be} \quad (2\text{-}27)$$

4) 计算输出电阻 R_o

由图 2-21(b)和式(2-10)可知

$$R_o = R_c \quad (2\text{-}28)$$

应当特别注意的是,根据输入电阻和输出电阻的物理意义,R_i、R_o 是所分析放大电路自身的内在参数。因此,R_i 中不应包含有 R_S,因为 R_S 是实际信号源的内阻或前级电路的输出电阻;而 R_o 中不应含有 R_L,因为 R_L 是放大电路的实际负载或后级电路的输入电阻。

【例 2.2-2】 在图 2-21(a)所示电路中,已知信号源的内阻 $R_S = 500\ \Omega$,$V_{CC} = 12$ V,$R_b = 510$ kΩ,$R_c = 4$ kΩ,$R_L = 4$ kΩ;BJT 的 $\beta = 60$,$r_{bb'} = 200\ \Omega$,$U_{BE(on)} = 0.7$ V。试分析计算:

(1) 电路的静态工作点;

(2) 电压放大倍数 A_u、源电压放大倍数 A_{us}、输入电阻 R_i 和输出电阻 R_o。

解: 图 2-21(a)电路的微变等效电路如图 2-21(b)所示。

(1) 利用估算法,依式(2-15)、式(2-17)、式(2-18)求静态工作点 Q。

取 $U_{BEQ} = U_{BE(on)} = 0.7$ V,在图 2-21(a)电路的直流通路中

$$I_{BQ} = \frac{V_{CC} - U_{BEQ}}{R_b} = \frac{(12 - 0.7)\text{V}}{510\ \text{k}\Omega} \approx 22.2\ \mu\text{A}$$

$$I_{CQ} = \beta I_{BQ} = 60 \times 22.2\ \mu\text{A} \approx 1.3\ \text{mA} \approx I_{EQ}$$

$$U_{CEQ} = V_{CC} - I_{CQ} R_c = (12 - 1.3 \times 4)\text{V} = 6.8\ \text{V}$$

$U_{CEQ} > U_{BEQ}$,或者说 $V_C > V_B > V_E$,说明 BJT 工作在放大区。

(2) 首先依式(2-23)计算 r_{be},然后依次计算 A_u、R_i、R_o 和 A_{us}。

$$r_{be} = r_{bb'} + \frac{26\ \text{mV}}{I_{BQ}(\text{mA})} = (200 + \frac{26\ \text{mV}}{0.0222\ \text{mA}})\Omega \approx 1.37\ \text{k}\Omega$$

$$A_u = -\frac{\beta R'_L}{r_{be}} = -\frac{60 \times (4//4)\text{k}\Omega}{1.37\ \text{k}\Omega} \approx -88$$

$$R_i = R_b // r_{be} = \frac{510 \times 1.37}{510 + 1.37}\ \text{k}\Omega \approx 1.37\ \text{k}\Omega$$

$$R_o = R_c = 4\ \text{k}\Omega$$

$$A_{us} = A_u \frac{R_i}{R_i + R_S} = -88 \times \frac{1.37\ \text{k}\Omega}{(1.37 + 0.5)\ \text{k}\Omega} \approx -65$$

4. 微变等效电路法的适用范围

BJT 的微变等效电路是其工作在小信号、放大状态(线性区)时的等效电路,故只有当 BJT 工作在放大状态、静态工作点合适的情况下,用微变等效电路法分析计算才有意义。

在微变等效电路中,电压、电流均是交流量,因此不能用于分析计算直流工作情况,而仅适用于 BJT 放大电路动态性能指标的分析计算,即电压增益 $\dot{A}_u$、输入电阻 R_i 和输出电阻 R_o 等。

当输入信号电压幅度较小,BJT 工作在线性区域时,用微变等效电路法分析计算,简

单明了,非常方便。但当输入信号电压幅度较大,且 BJT 工作在非线性区域时,需要采用图解分析法。

课堂活动

1. 课堂提问和讨论

T2.2-1　用估算法分析计算放大电路静态工作点 Q 的思路是什么?为什么要设置静态工作点?

T2.2-2　放大电路的直流负载线和交流负载线的概念有何不同?什么情况下这两条负载线是重合的?

T2.2-3　如果环境温度发生变化,图 2-8(b)所示电路的 Q 点能否稳定不变?

T2.2-4　当图 2-8(b)所示电路中的 BJT 改用 PNP 型管时,有哪些元器件的连接需要改变?如作此变动后,在输入正弦波交流信号 u_S 的正半周,输出信号 u_o 产生了失真,试问此失真为何种类型的失真?

T2.2-5　如何理解在画放大电路的小信号微变等效电路时,将电路中的直流电源对地短路,即把直流电源 V_{CC} 的正端(直流正电位)看成是交流的地电位?

2. 课堂练习

L2.2-1　小信号共射放大电路如图 2-22(a)所示,BJT 的输出特性曲线和交、直流负载线如图 2-22(b)所示,设 BJT 的 $U_{BEQ}=0.7$ V,试确定电阻 R_b、R_c 和 R_L 的阻值。

L2.2-2　图 2-22(a)所示的放大电路,当电路参数分别发生下列变化时,试分析直流负载线和 Q 点会发生什么变化,并在图 2-22(b)所示 BJT 输出特性曲线上画出示意图。

(1) R_b 减小;

(2) R_c 减小;

(3) V_{CC} 减小。

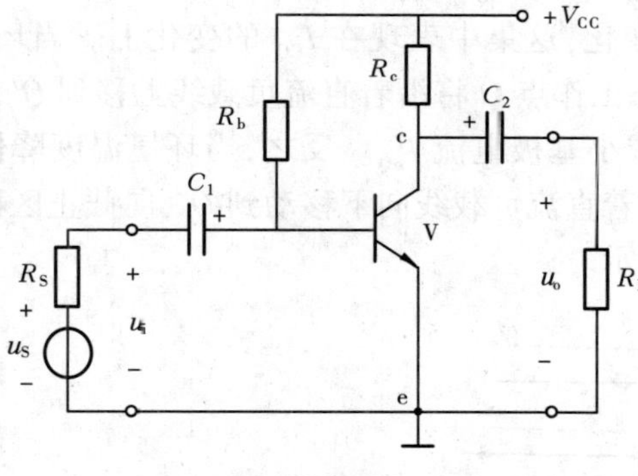

(a)电路原理图

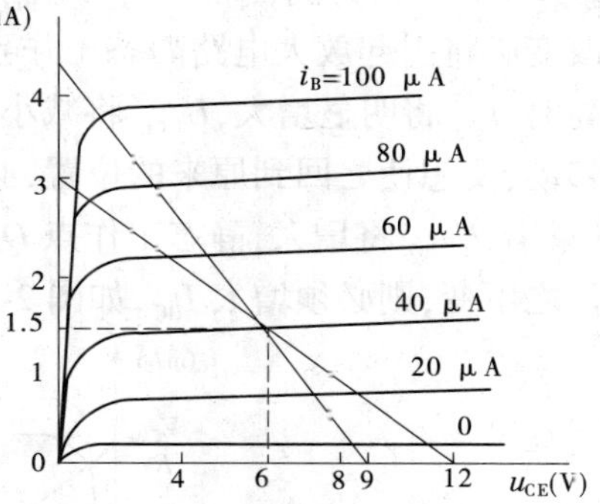

(b) BJT输出特性曲线

图 2-22　小信号共射放大电路

L2.2-3　在图 2-22(a)所示电路中,若已知:$V_{CC}=15$ V,$R_b=750$ kΩ,$R_c=R_L=5.1$ kΩ,C_1 与 C_2 对交流信号 u_S 可视为短路,$R_S=1$ kΩ;BJT 的 $\beta=80$,$r_{bb'}=200$ Ω。试求解:

(1) 静态工作点 Q;

(2)电压放大倍数 A_u、输入电阻 R_i、输出电阻 R_o 和源电压的放大倍数 A_{us}。

3. 小组活动和小实验

H2. 2-1　分小组在电子实验台上安装一小信号共射放大电路的模板，在输入端加入一 1 kHz 的正弦波信号，输出端接上一个喇叭。用示波器分别观测输入、输出电压波形，检验电路反相放大的作用。

任务三　放大电路工作点的检测

从前面的分析可知，静态工作点不但关系到放大电路是否会产生非线性失真，而且还影响到电压放大倍数、输入电阻等动态参数。实际上，电源电压的波动、元器件参数的变化及因温度变化而引起的 BJT 参数变化，都会引起静态工作点的不稳定，从而引起放大电路动态性能的不稳定，以致放大电路不能正常工作。在这诸多因素中，温度对 BJT 参数的影响是最为主要的。

一、温度对静态工作点的影响

如前所述，BJT 是一种对温度十分敏感的元件。温度变化对 BJT 参数的影响主要表现在以下三个方面：

(1)当温度升高时，BJT 的发射结正向压降 U_{BE} 会减小，温度每升高 1 ℃，U_{BE} 约减小 2.5 mV。换句话说，当温度升高时，为得到同样的 I_B 所需的 U_{BE} 值将减小。

(2)当温度升高时，BJT 的电流放大系数 β 会增大，温度每升高 1 ℃，β 增大 0.5%~1%。

(3)当温度升高时，BJT 的反向饱和电流 I_{CBO} 将明显增加，温度每升高 10 ℃，I_{CBO} 约增大一倍。由于穿透电流 $I_{CEO}=(1+\beta)I_{CBO}$，故 I_{CEO} 增加的更加显著。

综上所述，温度变化对 BJT 参数的影响，最终将导致集电极电流 I_C 的变化。以图 2-8 (b)所示放大电路为例，$I_{BQ}=(V_{CC}-U_{BEQ})/R_b$，$I_{CQ}=\beta I_{BQ}+I_{CEO}$，显然，当温度变化时，BJT 参数的改变必将引起放大电路静态工作点的变化，这集中表现在 I_{CQ} 的变化上。当环境温度升高时，I_{CQ} 将明显增大，U_{CEQ} 将减小，静态工作点 Q 将沿着直流负载线上移到 Q'，向饱和区移动，要想使之回到原来的位置，必须减小基极电流 I_{BQ}。反之，当环境温度降低时，I_{CQ} 将减小，U_{CEQ} 将增大，静态工作点 Q 将沿着直流负载线向下移动到 Q''，向截止区移动，要想使之不变，则必须增大 I_{BQ}，如图 2-23 所示。

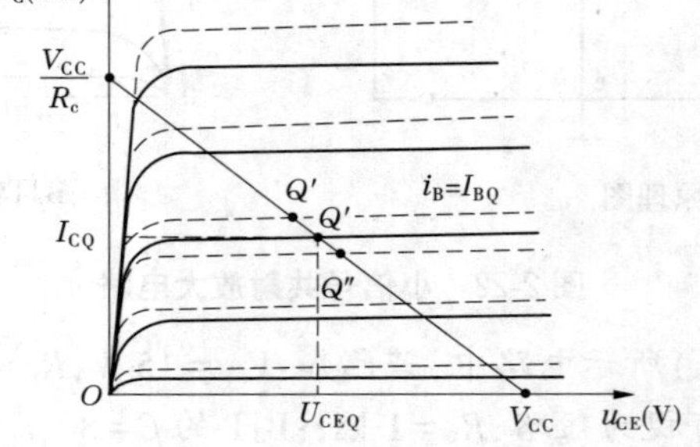

图 2-23　温度对静态工作点的影响

由此可见，所谓静态工作点稳定，通常是指当环境温度变化时，放大电路的 I_{CQ} 和 U_{CEQ} 基本不变，即 Q 点在图 2-23 所示 BJT 输出特性坐标平面中的位置基本不变，而且必须依靠 I_{BQ} 的变化来抵消 I_{CQ} 和 U_{CEQ} 的变化。通常稳定静态工作点的方法是引入直流负反馈❶或温度补偿，使 I_{BQ} 在温度变化时产生与 I_{CQ} 相反的变化。

二、基极分压式静态工作点稳定的共射放大电路

图 2-24 所示电路为典型的采用直流负反馈的基极分压式静态工作点稳定的共射放大电路。

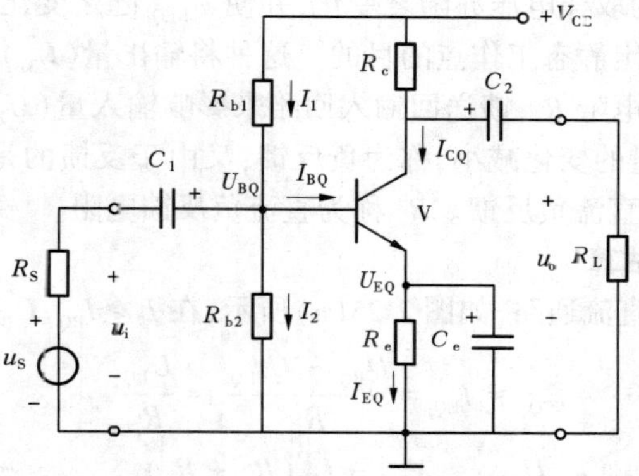

图 2-24　基极分压式静态工作点稳定的共射放大电路

(一) 电路组成和静态工作点稳定的工作原理

由图 2-24 不难看出，此电路与前面介绍的基本共射放大电路的差别，在于发射极接有对 I_{CQ} 具有自动调节作用的直流反馈电阻 R_e 和交流旁路电容 C_e。另外，直流电源 V_{CC} 经由电阻 R_{b1}、R_{b2} 分压后接到 BJT 的基极，所以通常称为基极分压式静态工作点稳定的共射放大电路。

由图 2-24 所示电路的直流通路，可知 $I_1=I_2+I_{BQ}$。为了保证 U_{BQ} 基本稳定，要求 $I_2 \gg I_{BQ}$。为此要求 R_{b1}、R_{b2} 的取值应小一些，但若 R_{b1}、R_{b2} 太小，则电阻上消耗的功率将增大，而且放大电路的输入电阻将降低；R_e 取值应大一些，但若 R_e 取值过大，则 V_{CC} 实际加到 BJT 上的压降 U_{CEQ} 就会减小，R_e 太大会使 BJT 进入饱和区，电路将不能正常工作。为了增加稳定静态工作点的效果，同时兼顾其他电路指标，工程上一般取

$$I_2=(5\sim10)I_{BQ} \tag{2-29}$$

且使 $U_{BQ} \gg U_{BEQ}$，即 $U_{BQ}=(5\sim10)U_{BEQ}$，一般取

$$U_{BQ}=3\sim5\ \text{V} \tag{2-30}$$

由此，$I_2 \approx I_1$，可得

$$U_{BQ} \approx \frac{R_{b2}}{R_{b1}+R_{b2}}V_{CC} \tag{2-31}$$

---

❶　负反馈的概念详见项目五。

式(2-31)表明基极电位仅取决于 R_{b1} 与 R_{b2} 对 V_{CC} 的分压，而与环境温度几乎无关，即当温度变化时 U_{BQ} 基本不变。在此条件下，当温度升高引起静态电流 $I_{CQ}(\approx I_{EQ})$ 增加时，发射极电位 $U_{EQ}(=I_{EQ}R_e)$ 也随之增加；因为 U_{BQ} 基本不变，而 $U_{BEQ}(=U_{BQ}-U_{EQ})$ 将自动减小，从而导致 I_{BQ} 减小，I_{CQ}、I_{EQ} 随之相应减小。结果，I_{CQ} 随温度升高而增大的部分几乎被由于 I_{BQ} 减小而减小的部分相抵消，I_{CQ} 将基本不变，U_{CEQ} 也将基本不变，从而达到了自动稳定静态工作点的目的。当温度降低时，各电量向相反的方向变化，I_{CQ} 和 U_{CEQ} 也将基本不变。

从以上的分析不难看出，在静态工作点稳定的过程中，R_e 起着重要的作用，当 I_{CQ} 随温度变化时，电阻 R_e 上的取样电压亦随之变化，并使 U_{BEQ} 随之变化，从而使 I_{BQ} 向相反的方向变化，最后达到了稳定静态工作点的目的。这种将输出量(I_{CQ})通过既处于输出回路中，又处于输入回路中的电阻 R_e，馈送回输入回路来影响输入量(U_{BEQ})的方法称为反馈。由于反馈的结果使输入量的变化减小，称为负反馈；又由于反馈的是直流量(交流量由旁路电容 C_e 旁路)，故称为直流负反馈。R_e 称为直流负反馈电阻。

(二)静态工作点的估算

图 2-24 所示电路的直流通路，如图 2-25(a)所示，在 $I_2 \gg I_{BQ}$、$U_{BQ} \gg U_{BEQ}$ 的条件下，有

$$I_{CQ} \approx I_{EQ} = \frac{U_{BQ} - U_{BEQ}}{R_e} \approx \frac{U_{BQ}}{R_e} \tag{2-32}$$

$$U_{CEQ} \approx V_{CC} - I_{CQ}(R_c + R_e) \tag{2-33}$$

$$I_{BQ} = \frac{I_{EQ}}{1+\beta} \tag{2-34}$$

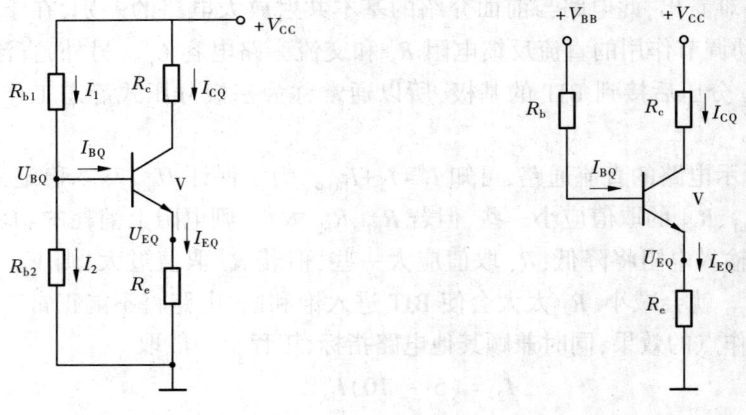

(a)直流通路　　(b)等效电路

图 2-25　电路的直流通路及其等效电路

应当指出，不管电路是否满足 $I_2 \gg I_{BQ}$，R_e 的负反馈作用都存在。利用戴维南定理，图 2-25(a)所示电路可等效变成图 2-25(b)所示的电路，其中

$$V_{BB} \approx \frac{R_{b2}}{R_{b1} + R_{b2}} V_{CC}$$

$$R_b = R_{b1}//R_{b2}$$

列输入回路方程

$$V_{BB} = I_{BQ}R_b + U_{BEQ} + I_{EQ}R_e$$

解得

$$I_{EQ} = \frac{V_{BB} - U_{BEQ}}{\dfrac{R_b}{1+\beta} + R_e}$$

当 $R_e \gg \frac{R_b}{1+\beta}$，即 $(1+\beta)R_e \gg R_b$ 时，I_{EQ} 的表达式与式(2-32)相同。因此，可用 $(1+\beta)R_e$ 与 $R_{b1}//R_{b2}$ 的大小关系判断式(2-32)是否成立，亦即判断电路静态工作点是否稳定。工程上常取 $(1+\beta)R_e \approx 10R_b$。

(三)动态参数的估算

画出图 2-24 所示电路的交流小信号微变等效电路如图 2-26(a)所示，电容 C_e 为旁路电容，容量较大，对交流信号可视为短路。若将 $R_{b1}//R_{b2}$ 看成是一个电阻 R_b，则图 2-26(a)所示电路与基本共射放大电路的交流小信号微变等效电路(见图 2-22)完全相同，因此

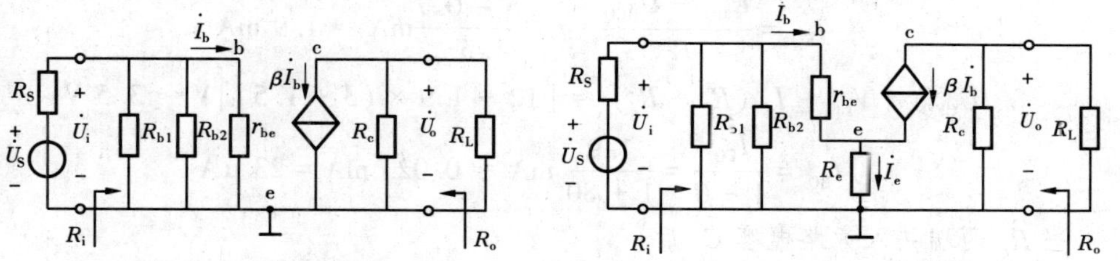

(a)有旁路电容时的交流等效电路　　(b)无旁路电容时的交流等效电路

图 2-26　图 2-24 所示电路的交流小信号微变等效电路

$$A_u = -\beta\frac{R'_L}{r_{be}} \quad (R'_L = R_c//R_L) \tag{2-35}$$

$$R_i = R_b//r_{be} = R_{b1}//R_{b2}//r_{be} \tag{2-36}$$

$$R_o = R_c \tag{2-37}$$

若没有旁路电容 C_e，则图 2-24 所示电路的交流小信号微变等效电路如图 2-26(b)所示。由图可知

$$U_i = I_b r_{be} + I_e R_e = I_b[r_{be} + (1+\beta)R_e]$$

$$U_o = -\beta I_b R'_L \quad (R'_L = R_c//R_L)$$

$$I_i = I_b + I_{R_b} = \frac{U_i}{r_{be} + (1+\beta)R_e} + \frac{U_i}{R_{b1}} + \frac{U_i}{R_{b2}}$$

所以

$$A_u = \frac{U_o}{U_i} = -\frac{\beta R'_L}{r_{be} + (1+\beta)R_e} \quad (R'_L = R_c//R_L) \tag{2-38}$$

$$R_i = \frac{U_i}{I_i} = R_{b1}//R_{b2}//[r_{be} + (1+\beta)R_e] \tag{2-39}$$

$$R_o = R_c \tag{2-40}$$

【案例分析 2.3-1】 在图 2-24 所示电路中，已知 $V_{CC}=12\ \text{V}$，$R_{b1}=1.5\ \text{k}\Omega$，$R_{b2}=6.2\ \text{k}\Omega$，$R_e=1.5\ \text{k}\Omega$，$R_c=3\ \text{k}\Omega$，$R_L=3\ \text{k}\Omega$，BJT 的 $\beta=80$，$r_{be}=1.5\ \text{k}\Omega$，$U_{BEQ}=0.7\ \text{V}$。设 C_{b1}、C_{b2}、C_e 为容量较大的电容，对交流信号可视为短路。

(1)分别估算有、无 C_e 两种情况下的静态工作点 Q；

(2)分别分析、计算有、无 C_e 两种情况下的 A_u 和 R_i；

(3)若 R_{b2} 因虚焊而开路，则电路会产生什么现象？

分析求解：

(1)求解静态工作点 Q。

当 R_e 两端没有并入旁路电容 C_e 时：

因为 $r_{be}+(1+\beta)R_e \gg R_{b1}//R_{b2}$，即 $1.5+81\times1.5\ \text{k}\Omega=123\ \text{k}\Omega \gg \dfrac{15\times6.2}{15+6.2}\ \text{k}\Omega \approx 4.39\ \text{k}\Omega$，

所以

$$U_{BQ} \approx \frac{R_{b2}}{R_{b1}+R_{b2}}V_{CC} = (\frac{6.2}{15+6.2}\times 12)\text{V} \approx 3.5\ \text{V}$$

$$I_{EQ} = \frac{U_{BQ}-U_{BEQ}}{R_e} \approx \frac{3.5-0.7}{1.5}\text{mA} \approx 1.9\ \text{mA}$$

$$U_{CEQ} \approx V_{CC} - I_{EQ}(R_c+R_e) \approx [12-1.9\times(3+1.5)]\text{V} \approx 3.5\ \text{V}$$

$$I_{BQ} = \frac{I_{EQ}}{1+\beta} = \frac{1.9}{1+80}\ \text{mA} \approx 0.023\ \text{mA} = 23\ \mu\text{A}$$

当 R_e 两端并入旁路电容 C_e 后：

因为电容有隔离直流、传送交流信号的作用，且已知 C_e 对交流信号可视为短路，所以在 R_e 两端并入旁路电容 C_e 后，对静态工作点 Q 对应的数值没有影响。

(2)求解 A_u 和 R_i。

当 R_e 两端没有并入旁路电容 C_e 时，其交流小信号微变等效电路如图 2-26(b)所示，由图可见，电阻 R_e 不仅对直流信号有负反馈作用，而且对交流信号也有负反馈作用，依式(2-38)、式(2-39)有

$$A_u = -\frac{\beta R'_L}{r_{be}+(1+\beta)R_e} = -\frac{80\times(3//3)}{1.5+(1+80)\times1.5} \approx -1$$

$$R_i = R_{b1}//R_{b2}//[r_{be}+(1+\beta)R_e] = \{15//6.2//[1.5+(1+80)\times1.5]\}\text{k}\Omega \approx 4.2\ \text{k}\Omega$$

当 R_e 两端并入旁路电容 C_e 后，C_e 对电阻 R_e 上的交流信号电压有旁路作用，这种情况下的交流小信号微变等效电路如图 2-26(a)所示，依式(2-35)、式(2-36)有

$$A_u = -\beta\frac{R'_L}{r_{be}} = -80\times\frac{3//3}{1.5} = -80$$

$$R_i = R_{b1}//R_{b2}//r_{be} = (15//6.2//1.5)\text{k}\Omega \approx 1.1\ \text{k}\Omega$$

由以上分析计算可见，在 R_e 两端并联了容量较大的电容 C_e 后，较好地解决了基极分压式静态工作点稳定电路中稳定静态工作点与提高电压放大倍数的矛盾。

(3)若 R_{b2} 开路，则电路变成如图 2-27 所示和基本共射放大电路相同的形式，设电路

仍工作在放大状态,则

$$I_{BQ}=\frac{V_{CC}-U_{BEQ}}{R_{b1}+(1+\beta)R_e}=\frac{12-0.7}{15+(1+80)\times 1.5}\text{mA}\approx 0.083\ \text{mA}=83\ \mu\text{A}$$

$$I_{CQ}=\beta I_{BQ}\approx 80\times 0.083\ \text{mA}\approx 6.6\ \text{mA}$$

$$U_{CEQ}\approx V_{CC}-I_{CQ}(R_c+R_e)=[12-6.6\times(3+1.5)]\text{V}=-17.7\ \text{V}$$

该电路 $V_{CC}=12$ V,$U_{CEQ}=-17.7$ V,显然不符合实际情况,这说明原设定 BJT 仍工作在放大状态的假设不成立,BJT 已进入了饱和区。工作在饱和状态,动态分析已无意义。

若设定 BJT 的饱和管压降 $U_{CES}=0.3$ V,则有

$$U_{EQ}=\frac{V_{CC}-U_{CES}}{R_c+R_e}R_e=\left(\frac{12-0.3}{3+1.5}\times 1.5\right)\text{V}\approx 3.9\ \text{V}$$

$$U_{CQ}=U_{EQ}+U_{CES}\approx(3.9+0.3)\text{V}=4.2\ \text{V}$$

$$U_{BQ}=U_{EQ}+U_{BEQ}\approx(3.9+0.7)\text{V}=4.6\ \text{V}$$

BJT 的发射结、集电结均为正向偏置。

以上分析计算也可先假设 BJT 工作在饱和状态,然后通过分析计算来判定假设的正确性。

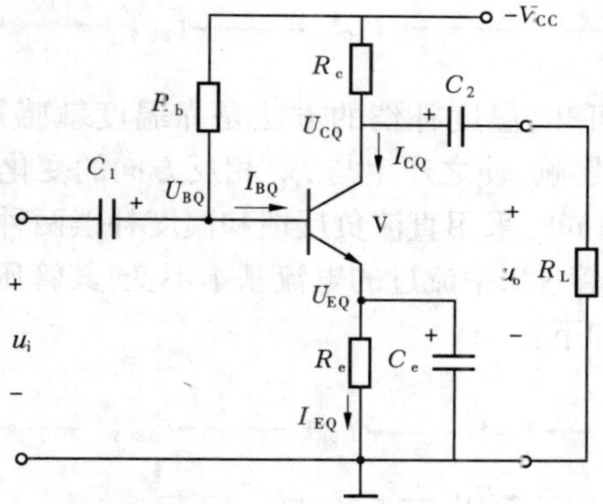

图 2-27 变换后的电路图

三、稳定静态工作点的措施

除采用负反馈来稳定静态工作点的措施外,还常采用温度补偿的方法。使用温度补偿的方法稳定静态工作点时,必须在温度调控电路中使用对温度敏感的热敏元件,如晶体二极管、三极管、热敏电阻等。图 2-28(a)和图 2-28(b)所示电路为使用晶体二极管为温度调控元件的静态工作点稳定的共射放大电路。

在图 2-28(a)所示电路中,设 $V_{CC}\gg U_{BEQ}$,则

$$I_{Rb}=\frac{V_{CC}-U_{BEQ}}{R_b}\approx\frac{V_{CC}}{R_b}$$

$$I_{Rb}=I_{DR}+I_{BQ}$$

其中,I_{Rb} 为 R_b 中的静态电流,I_{DR} 为二极管 VD 的反向电流,I_{BQ} 为 BJT 的基极静态电

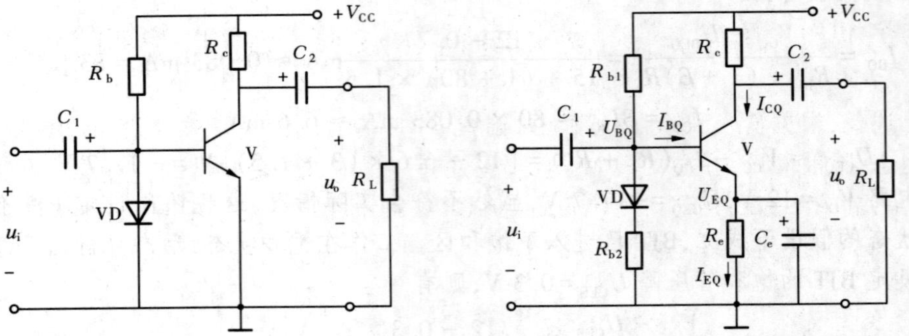

(a)二极管温度补偿调控电路　　(b)二极管温度补偿、直流负反馈调控电路

图 2-28　稳定静态工作点的措施

流。当温度升高时，一方面 BJT 的 I_{CQ} 增大，另一方面因温度升高与 I_{CQ} 同时增大的 I_{DR} 将导致 I_{BQ} 减小，当参数合适时，I_{CQ} 可基本维持不变。其调控过程可简述如下：

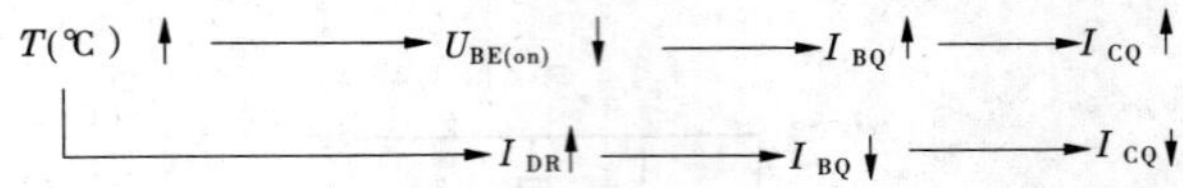

从这个过程的分析可知，温度补偿的方法是靠温度敏感器件（晶体二极管）直接对 BJT 的基极电流 I_{BQ} 产生影响，使之产生与 I_{CQ} 相反方向的变化。

图 2-28(b)所示电路同时采用直流负反馈和温度补偿两种方法来稳定静态工作点。

当温度升高时，二极管 VD 中流过的电流基本不变，其管压降 U_D 必然减小，其稳定静态工作点的过程可简述如下：

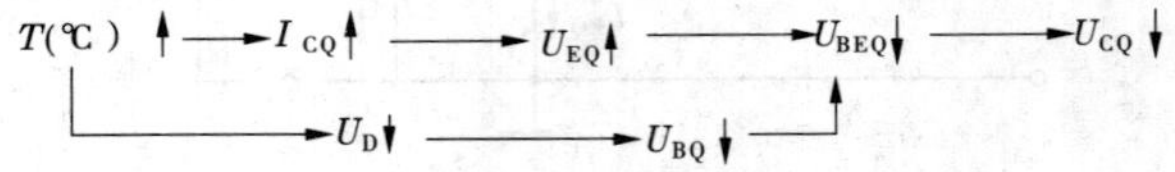

当温度降低时，各电量向相反的方向变化，电路的静态工作点基本稳定。

课堂活动

课堂提问和讨论

T2. 3-1　引起放大电路静态工作点不稳定的主要因素是什么？

T2. 3-2　在基极分压式静态工作点稳定的共射放大电路中，既然 R_e 的阻值越大，负反馈越强，静态工作点越稳定，那么 R_e 有上限值吗？

T2. 3-3　在图 2-24 所示电路中，为了增强静态工作点的稳定性，若 R_{b1}、R_{b2} 均采用热敏电阻，则分别说明它们应具有正温度系数还是负温度系数，为什么？

任务四　共集电极放大电路和共基极放大电路分析

前已述及，根据输入和输出回路公共端的不同，基本放大电路有共射、共集和共基三种基本组态，除前面讨论的共射放大电路外，还有以集电极为公共端的共集放大电路和以基极为公共端的共基放大电路。它们的组成原则和分析方法完全相同，但动态参数具有不同特点，使用时应根据实际需求合理选用。

一、共集电极放大电路

图 2-29(a)所示为基本共集放大电路的原理图，图 2-29(b)和图 2-29(c)分别是它的直流通路和交流通路。从交流通路可知，输入电压 u_i 加在基极和地（集电极）之间，负载电阻 R_e 接在 BJT 的发射极上，输出电压 u_o 从发射极和集电极之间取出，集电极是输入、输出回路的公共端，故称为共集放大电路。因为输出电压 u_o 是从发射极输出的，故又称为射极输出器。

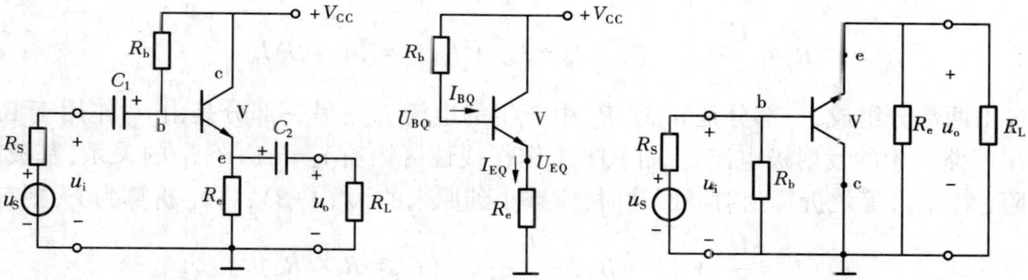

(a)原理图　(b)直流通路　(c)交流通路

图 2-29　基本共集放大电路

(一)静态分析

由图 2-29(b)所示直流通路，可列出输入回路的方程

$$I_{BQ} = \frac{V_{CC} - U_{BEQ}}{R_b + (1+\beta)R_e} \tag{2-41}$$

$$I_{CQ} \approx I_{EQ} = (1+\beta)I_{BQ} \tag{2-42}$$

$$U_{CEQ} = V_{CC} - I_{EQ}R_e \tag{2-43}$$

(二)动态分析

用 BJT 的小信号微变模型取代图 2-29(c)中的 BJT，即可得到图 2-29(a)所示基本共集放大电路的交流小信号微变等效电路，如图 2-30(a)所示；求取输出电阻的交流小信号微变等效电路如图 2-30(b)所示。

根据电压放大倍数 A_u 的定义，利用 i_b 对 i_c 的控制关系、输入电阻 R_i 的定义，由图 2-30(a)可分别得到 A_u、R_i 的表达式；根据输出电阻的定义，令输入信号为零、负载电阻开路，在输出端加正弦电压 u_o，由图 2-30(b)列节点电流方程，求出电流 i_o，可得出输出电阻 R_o 的表达式。

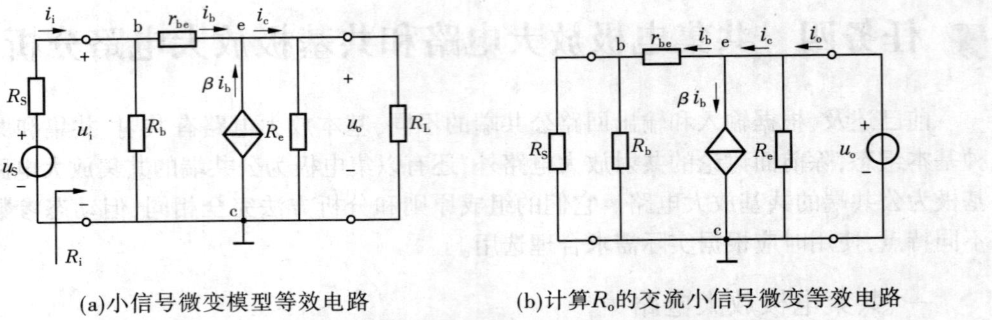

图 2-30　基本共集放大电路的交流小信号微变等效电路

$$A_u=\frac{U_o}{U_i}=\frac{(1+\beta)I_bR'_L}{I_b[r_{be}+(1+\beta)R'_L]}=\frac{(1+\beta)R'_L}{r_{be}+(1+\beta)R'_L}\quad(R'_L=R_e//R_L)\tag{2-44}$$

$$R_i=\frac{U_i}{I_i}=\frac{U_i}{\dfrac{U_i}{R_b}+\dfrac{U_i}{r_{be}+(1+\beta)R'_L}}=R_b//[r_{be}+(1+\beta)R'_L]\tag{2-45}$$

$$R_o=\frac{U_o}{I_o}\Big|_{U_s=0,R_L=\infty},I_o=I_{Re}+I_e,I_e=(1+\beta)I_b$$

i_o 由两部分组成，一部分是 u_o 在 R_e 中产生的电流 i_{Re}，另一部分是由 u_o 作用于 BJT 的输出回路产生的发射极电流 i_e，而 BJT 工作在线性区内有 $i_e=(1+\beta)i_b$ 的关系，基极回路电阻(R'_S+r_{be})等效折算到射极回路时，应减小到原来的 $1/(1+\beta)$，将 i_b 折算为 i_e，则有

$$I_o=\frac{U_o}{R_e}+(1+\beta)\frac{U_o}{r_{be}+R'_S}\quad(R'_S=R_b//R_S)$$

由此可得输出电阻

$$R_o=\frac{U_o}{I_o}=\frac{U_o}{\dfrac{U_o}{R_e}+(1+\beta)\dfrac{U_o}{r_{be}+R'_S}}=R_e//\frac{r_{be}+R'_S}{1+\beta}\tag{2-46}$$

(三)电路特点和应用

(1)由式(2-44)可以看出，共集放大电路是一个同相放大电路，即输出电压 u_o 与输入电压 u_i 同相。

(2)电压放大倍数 $A_u\approx1$。由式(2-44)可以看出，$0<A_u<1$，共集放大电路没有电压放大作用。当$(1+\beta)R'_L\gg r_{be}$ 时，$A_u\approx1$，u_o 与 u_i 大小近似相等，故此共集放大电路又称为射极电压跟随器。

由于对输入信号有电流放大作用，所以对输入信号仍有功率放大作用。

(3)输入电阻 R_i 大。由式(2-45)可以看出，输出回路电阻 R'_L($R'_L=R_e//R_L$)等效到基极回路(输入回路)时，将增大到$(1+\beta)$倍，因此共集放大电路的输入电阻比共射放大电路的输入电阻大得多，并且负载电阻 R_L 也将影响输入电阻的大小。由于 R_b 一般取值较大，R_i 可达几十千欧到几百千欧。

(4)输出电阻 R_o 小。由于通常情况下信号源内阻 R_S 很小，且 $R'_S<R_S$，r_{be} 一般在几百

欧至几千欧，而β较大，由式(2-46)可以看出，共集放大电路的输出电阻很小，一般在几十欧至几百欧范围内。为降低输出电阻，可选用β值较大的BJT。并且，输出电阻的大小与信号源的内阻R_S有关。

由于上述特点，共集放大电路在电子电路中得到了广泛的应用。由于输入电阻大，从信号源吸取的电流小，输入到放大电路上的信号电压基本等于信号源电压，因此常用于多级放大电路的输入级；由于输出电阻小，放大电路相当于一个理想的电压源，带负载的能力强，所以常用于多级放大电路的输出级；因为输入电阻大、输出电阻小，可起到阻抗变换的效果，所以常用于多级放大电路的中间级，以隔离前后级之间的相互影响，起缓冲的作用，这时称其为缓冲级。

【例2.4-1】 在图2-29(a)所示电路中，已知$V_{CC}=12\ V$，$R_S=1\ k\Omega$，$R_b=200\ k\Omega$，$R_e=R_L=2\ k\Omega$，BJT的$\beta=80$，$U_{BEQ}=0.7\ V$，$r_{bb'}=200\ \Omega$，电路设计合理、工作在小信号放大状态，试求该电路的静态工作点Q、A_u、R_i和R_o。

解：根据式(2-41)、式(2-42)、式(2-43)，有

$$I_{BQ}=\frac{V_{CC}-U_{BEQ}}{R_b+(1+\beta)R_e}=\frac{12-0.7}{200+(1+80)\times 2}\text{mA}\approx 0.031\ \text{mA}=31\ \mu\text{A}$$

$$I_{CQ}\approx I_{EQ}=(1+\beta)I_{BQ}\approx[(1+80)\times 0.031]\ \text{mA}\approx 2.51\ \text{mA}$$

$$U_{CEQ}=V_{CC}-I_{EQ}R_e\approx(12-2.51\times 2)\text{V}=6.98\ \text{V}$$

$$r_{be}=r_{bb'}+\frac{U_T}{I_{BQ}}\approx\left(200+\frac{26}{0.031}\right)\Omega\approx 1\ 038.71\ \Omega\approx 1\ \text{k}\Omega$$

根据式(2-44)、式(2-45)、式(2-46)

$$A_u=\frac{(1+\beta)R'_L}{r_{be}+(1+\beta)R'_L}=\frac{(1+80)\times(2//2)}{1+(1+80)\times(2//2)}\approx 0.99$$

$$R_i=R_b//[r_{be}+(1+\beta)R'_L]\approx[200//(1+81\times 1)]\text{k}\Omega\approx 58\ \text{k}\Omega$$

$$R_o=R_e//\frac{r_{be}+R'_S}{1+\beta}\approx\left[2//\frac{1+(1//200)}{1+80}\right]\text{k}\Omega\approx 0.025\ \text{k}\Omega\approx 25\ \Omega$$

二、共基极放大电路

图2-31(a)所示为基本共基放大电路，图2-31(b)是其工作在放大状态时的交流小信号微变等效电路。

由图2-31(a)所示电路的交流通路可以看出，输入信号u_i加在发射极和基极之间，输出信号u_o由集电极和基极之间输出，基极是输入、输出回路的公共端，所以该电路是共基放大电路。

(一)静态分析

由图2-31(a)所示电路的直流通路可以看出，它与基极分压式工作点稳定的共射放大电路的直流通路是一样的，因而静态工作点Q的求取方法相同，用式(2-32)、式(2-33)、式(2-34)求解即可。

(二)动态分析

由图2-31(b)所示交流小信号微变等效电路可以看出

$$U_i = -I_b r_{be}$$

$$U_o = -\beta I_b R'_L \quad (R'_L = R_c // R_L)$$

$$A_u = \frac{U_o}{U_i} = \frac{-\beta I_b R'_L}{-I_b r_{be}} = \beta \frac{R'_L}{r_{be}} \tag{2-47}$$

$$r_{eb} = \frac{U_i}{-I_e} = \frac{-I_b r_{be}}{-(1+\beta) I_b} = \frac{r_{be}}{1+\beta}$$

$$R_i = R_e // r_{eb} = R_e // \frac{r_{be}}{1+\beta} \tag{2-48}$$

$$R_o \approx R_c \tag{2-49}$$

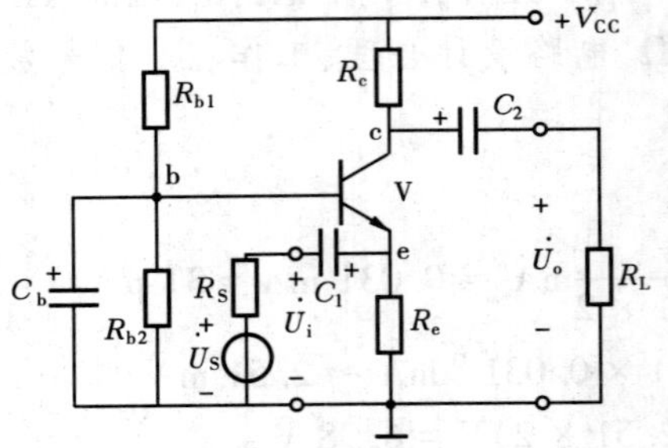

(a)基本共基放大电路

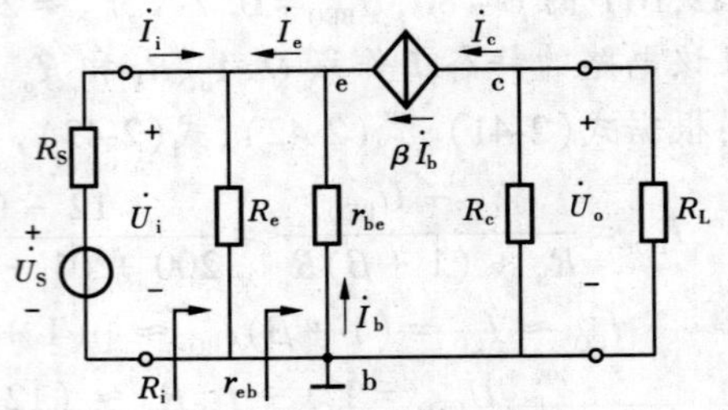

(b)交流小信号微变等效电路

图 2-31　基本共基放大电路及交流小信号微变等效电路

(三)电路特点

(1)由式(2-47)可以看出,共基放大电路具有与共射放大电路相同数值的电压放大倍数,而且输出电压和输入电压同相位,即具有同相放大的特点。

(2)输入电阻很小。由式(2-48)可以看出,共基放大电路的输入电阻远小于共射放大电路的输入电阻,一般在几欧姆至几十欧姆。

(3)电流放大倍数小于 1。由图 2-31(a)所示电路可知,输入信号电流是 i_e,输出信号电流是 i_c,由于 i_c 略小于 i_e,故共基放大电路的电流放大倍数小于 1,近似等于 1。所以,将共基放大电路称为电流跟随器。

(4)共基放大电路最大的优点是工作频率高,频带宽。由于 BJT 存在对高频信号不能忽视的 PN 结的结电容 C_j,在共射放大电路中,BJT 集电结的结电容将使输出信号反馈至输入回路,从而使放大电路不稳定,因而工作频率不高。在共基放大电路中,由于基极交流接地,BJT 集电结的结电容仅对输出信号起旁路作用,因而频带更宽,高频特性更好。因此,共基放大电路常用于工作频率较高的电子电路中。

三、共射、共集、共基三种基本组态放大电路的性能比较

根据前面的分析,现对共射、共集和共基三种基本组态的性能特点进行比较,并列于表 2-1 中。

上述三种接法的主要特点和应用,可以大致归纳如下:

(1)共射电路同时具有较大的电压放大倍数和电流放大倍数,输入电阻和输出电阻值比较适中,所以一般只要对输入电阻、输出电阻和频率响应没有特殊要求的地方,均常采用。因此,共射电路被广泛地用作低频电压放大电路的输入级、中间级和输出级。

(2)共集电路的特点是电玉跟随,也就是电压放大倍数接近于1而小于1,而且输入电阻很高、输出电阻很低。由于具有这些特点,常被用作多级放大电路的输入级、输出级或作为隔离用的中间级。

首先,可以利用它作为量测放大器的输入级,以减小对被测电路的影响,提高量测的精度。

其次,如果放大电路输出端是一个变化的负载,那么为了在负载变化时保证放大电路的输出电压比较稳定,要求放大电路具有很低的输出电阻。此时,可用射极输出器作为放大电路的输出级。

(3)共基电路的突出特点在于它具有很低的输入电阻,使晶体管结电容的影响不显著,因而频率响应得到很大改善,所以这种接法常常用于宽频带放大器中。另外,由于输出电阻高,共基电路还可以作为恒流源。

表 2-1　放大电路三种基本组态的性能比较

性能	共射组态	共集组态	共基组态
电路	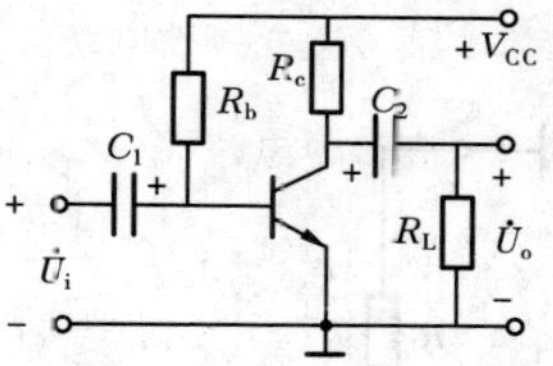	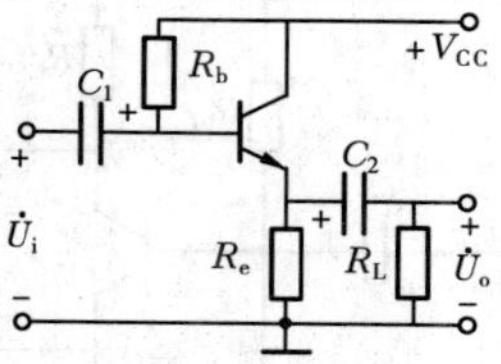	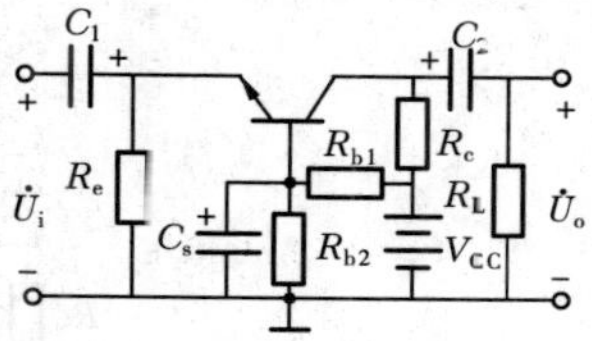
A_i	大 (几十至一百以上) β	大 (几十至一百以上) $-(1+\beta)$	小 (小于,近于1)
A_u	大 (十几至几百) $-\frac{\beta R'_L}{r_{be}}$	小 (小于,近于1) $\frac{(1+\beta)R'_L}{r_{be}+(1+\beta)R'_L}$	大 $\frac{\beta R'_L}{r_{be}}$ (数值同共射电路,但同相)
R_i	中 (几百欧至几千欧) $R_b//r_{be}$	大 (几十千欧以上) $R_b//[r_{be}+(1+\beta)R'_L]$	小 (几欧至几十欧) $R_e//\frac{r_{be}}{1+\beta}$
R_o	中 (几十千欧至几百千欧) R_c	小 (几欧至几十欧) $R_e//\frac{r_{be}+R'_S}{1+\beta}$	大 (几百千欧至几兆欧) R_c
频率响应	差	较好	好

课堂活动

1. 课堂提问和讨论

T2. 4-1　BJT 放大电路有哪几种组态？如何判断？

T2. 4-2　三种基本组态的放大电路各有什么特点？

T2. 4-3　为什么可以称共集放大电路为射极输出器和电压跟随器？

2. 课堂练习

L2. 4-1　单级双极型三极管放大电路中，输出电压与输入电压反相的为共______极电路，输出电压与输入电压同相的有共______极电路、共______极电路。

L2. 4-2　三种基本组态双极型三极管放大电路中，若希望源电压放大倍数大，宜选用共______极电路；若希望带负载能力强，宜选用共______极电路；若希望从信号源索取的电流小，宜选用共______极电路；若希望用作高频电压放大器，宜选用共______极电路。

L2. 4-3　(1)图 2-32 所示电路中，出现下列哪种故障必使三极管截止(　　)。

A. R_{b1} 开路　　B. R_{b2} 开路　　C. R_c 短路　　D. C_e 短路

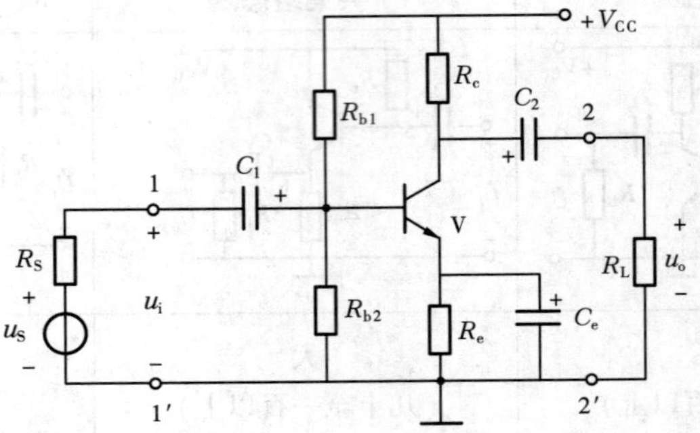

图 2-32　基本共基放大电路

(2)图 2-32 电路中，欲增大 U_{CEQ}，可以(　　)。

A. 增大 R_c　　B. 增大 R_L　　C. 增大 R_{b1}　　D. 增大 β

(3)图 2-32 电路中，欲提高放大电路的电压放大倍数，可以(　　)。

A. 减小 R_c　　B. 减小 R_L　　C. 增大 R_e　　D. 增大 R_{b2}

L2. 4-4　放大电路如图 2-33 所示，已知电容量足够大，$V_{CC}=18\ \text{V}$，$R_{b1}=75\ \text{k}\Omega$，$R_{b2}=20\ \text{k}\Omega$，$R_{e2}=1.8\ \text{k}\Omega$，$R_{e1}=200\ \Omega$，$R_c=8.2\ \text{k}\Omega$，$R_L=6.2\ \text{k}\Omega$，$R_S=600\ \Omega$，三极管的 $\beta=100$，$r_{bb'}=200\ \Omega$，$U_{BEQ}=0.7\ \text{V}$。试：

(1)计算静态工作点(I_{BQ}、I_{CQ}、U_{CEQ})；

(2)画出放大电路的小信号等效电路；

(3)计算电压放大倍数 A_u、输入电阻 R_i 和输出电阻 R_o；

(4)若 $u_S=15\sin\omega t$ mV，求 u_o 的表达式。

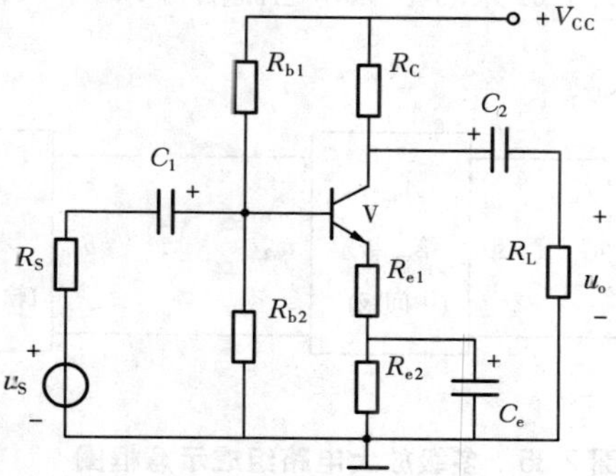

图 2-33　带负反馈的基本放大电路

L2.4-5　三极管放大电路如图 2-34 所示，已知电容量足够大，$V_{CC}=12$ V，三极管的 $U_{BEQ}=0.6$ V，$\beta=50$，$r_{bb'}=200\ \Omega$，试分析：

(1) 为使静态参数 $I_{CQ}=2$ mA，$U_{CEQ}=6$ V，R_c、R_b 阻值应取多少？

(2) 若 R_c 值不变，欲获得 40 dB 的电压增益，则 R_b 阻值应改为多少？

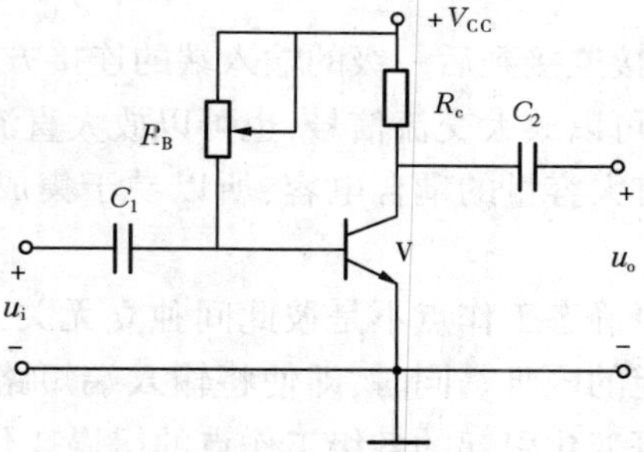

图 2-34　基本放大电路

任务五　多级放大电路的认识与分析

一、多级放大电路的组成及耦合方式

(一) 多级放大电路的组成

在电子电路的实际应用中，常需要放大非常微弱的信号，前面介绍的单级放大电路的电压放大倍数一般只有几十倍，远不能满足实际需求。此外，实际应用中对放大电路的要求往往是多方面的。例如，要求一个放大电路的输入电阻大于 2 MΩ，电压放大倍数大于 1 000，输出电阻小于 100 Ω 等，显然，仅靠前面介绍的任何一种单级放大电路都不可能同时满足上述要求。这时，就要选择多个单级放大电路合理连接起来，组成所谓多级放大电路，如图 2-35 所示。通常把与信号源相连的第一级放大电路，称为输入级，与负载相连的末级放大电路称为输出级，输出级与输入级之间的放大电路称为中间级。相对于末级而言，输入级与中间级又可称为前置级，前置级一般处于小信号的工作状态，主要进行电压放大。输出级需要向负载提供足够大的电压和电流信号,属于大信号放大,常采用功率放大电路。

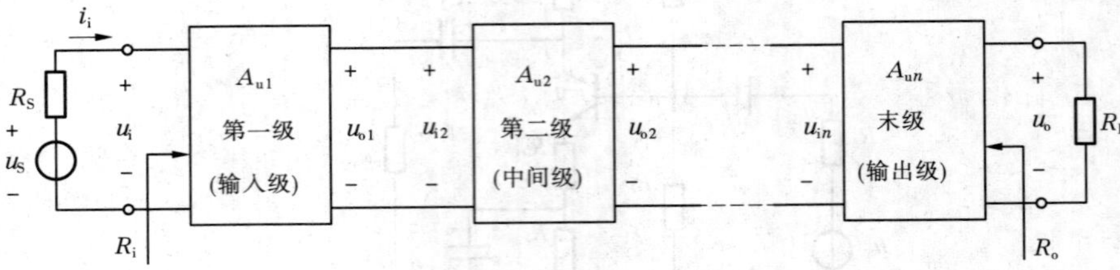

图 2-35　多级放大电路组成示意框图

(二) 多级放大电路的级间耦合方式

组成多级放大电路的每一个单级放大电路称为一级,级与级之间的连接称为级间耦合。不论采用何种耦合方式,都必须遵循两条原则:一是要把前级的输出信号有效地传输到后一级输入端,二是要求耦合后各级放大电路都有合适的静态工作点。常用的级间耦合方式有直接耦合、阻容耦合、变压器耦合、光电耦合。

1. 直接耦合方式

将前一级的输出端直接连接到后一级的输入端的连接方式称为直接耦合。

直接耦合放大电路既可以放大交流信号,也可以放大直流或变化缓慢的信号,低频特性好,而且由于电路中没有大容量的耦合电容,所以易于集成,构成集成电路。集成电路中多采用这种耦合方式。

由于是直接耦合,各级静态工作点不是彼此间独立无关,而是相互牵制,这给电路的设计、调试和分析带来一定的困难。同时,即使将输入端短路或接固定的直流电压信号,由于温度、电源电压波动等变化引起的各级工作点的缓慢变化,会通过它后面的各级得到放大,使末级输出电压随时间变化偏离零点或某一额定的直流电压而上下漂移,有一定的输出量。这种现象称为零点漂移,简称零漂。造成零点漂移的主要原因是放大电路的静态工作点受环境温度影响而上下波动。这种因温度变化而产生的零点漂移又称为温漂。

零点漂移会造成有用信号的失真,使人无法判明输出信号是漂移信号电压还是有用信号电压,严重时有用信号会被零点漂移信号"淹没",甚至使后级放大电路进入饱和或截止状态,使放大电路无法正常工作。

为抑制零漂而采用的差分放大电路等措施,将在后面讲述。

2. 阻容耦合方式

将放大电路的前级输出端用电容接到后级输入端,通过电容、电阻(指后级的输入电阻)把前后级耦合起来的方式称为阻容耦合。

由于电容对直流量的电抗为无穷大,因而阻容耦合放大电路的各级静态工作点彼此隔离,相互独立,在设计、调试和分析电路时,各级工作点可按单级放大电路处理,简单、方便。而且,只要输入信号频率较高,耦合电容容量足够大(一般为几微法到几十微法),前级的输出信号就可以几乎没有衰减地传送到后级输入端。因此,在分立元件电路中阻容耦合方式得到了广泛的应用。

由于电容对低频信号呈现很大的容抗，所以阻容耦合放大电路的低频特性较差，不能放大变化缓慢的信号或直流信号。此外，由于在集成电路的制造工艺中，制造大电容十分困难，所以阻容耦合放大电路不便于制造集成电路。

3. 变压器耦合方式

将放大电路前级输出信号通过变压器接到后级输入端或负载电阻上的连接方式称为变压器耦合。

由于变压器耦合放大电路的前后级靠磁路耦合，所以它的各级放大电路静态工作点相互独立，便于设计、调试和分析。变压器耦合的最大优点是在传送交流信号的同时，还可以进行电压、电流和阻抗的变换，因此在分立元件功率放大电路中得到广泛的应用。

由于变压器对直流量无变换作用，因此具有很好的隔直作用和隔离温度漂移的作用。但反过来，它也不能满足自动控制系统中放大直流信号和变化缓慢信号的要求。此外，变压器体积大且笨重，不便于集成。

4. 光电耦合方式

光电耦合是依靠光电耦合器以光信号为媒介实现前后级电信号传送的一种耦合方式。

光电耦合放大电路的前后级之间由于使用光电耦合器件，从而可以实现电气隔离。因此，若前后级电路分别采用独立电源且分别接不同的"地"，则即使是远距离信号传输，也可以避免受到各种电干扰。

二、多级放大电路的动态分析

多级放大电路动态分析的性能指标与单级放大电路相同，主要为电压放大倍数、输入电阻和输出电阻。

一个 N 级放大电路的交流等效示意框图如图 2-35 所示。

(一) 电压放大倍数

在多级放大电路中，由于信号是逐级传送的，前一级的输出电压就是后一级的输入电压，所以整个多级放大电路的总的电压放大倍数为

$$\dot{A}_{u}=\frac{\dot{U}_{o}}{\dot{U}_{i}}=\frac{\dot{U}_{o1}}{\dot{U}_{i1}}\frac{\dot{U}_{o2}}{\dot{U}_{i2}}\cdots\frac{\dot{U}_{on}}{\dot{U}_{in}}=\dot{A}_{u1}\dot{A}_{u2}\cdots\dot{A}_{un}$$

即

$$\dot{A}_{u}=\prod_{j=1}^{n}\dot{A}_{uj} \tag{2-50}$$

式(2-50)表明，多级放大电路的总的电压放大倍数等于组成它的各级放大电路电压放大倍数的乘积。对于从第一级到第($N-1$)级，每一级的电压放大倍数均应是以后级输入电阻作为负载时的放大倍数。若用分贝表示，则多级放大电路的电压增益等于各级电压增益之和，即

$$\dot{A}_{u}(\mathrm{dB})=\dot{A}_{u1}(\mathrm{dB})+\dot{A}_{u2}(\mathrm{dB})+\cdots+\dot{A}_{un}(\mathrm{dB}) \tag{2-51}$$

(二) 输入电阻

根据放大电路输入电阻的定义，多级放大电路的输入电阻 R_i 就是第一级放大电路的输入电阻，即

$$R_i = R_{i1} \tag{2-52}$$

(三) 输出电阻

根据放大电路输出电阻的定义，多级放大电路的输出电阻 R_o 就是最后一级放大电路的输出电阻，即

$$R_o = R_{on} \tag{2-53}$$

也因此，多级放大电路的最后一级又称为输出级。

工程上，在考虑输入级和输出级的电路形式和主要参数时，通常主要考虑实际工作对输入电阻和输出电阻的要求，而把电压放大倍数放在次要的位置。至于对电压放大倍数的要求，则主要由中间放大级来实现。

应当注意的是，当共集放大电路作为输入级时，它的输入电阻与其负载，即第二级的输入电阻有关；而当共集放大电路作为输出级时，它的输出电阻与其信号源内阻，即倒数第二级的输出电阻有关。

当多级放大电路的输出波形产生失真时，应从输入级开始逐级向后排查，首先确定是在哪一级先出现失真，然后再判断是产生了饱和失真，还是截止失真。

三、多级 RC 耦合放大电路的分析举例

【案例分析 2.5-1】 为了提高放大电路带负载的能力，多级放大电路的输出级常采用共集放大电路，小信号共射-共集两级阻容耦合放大电路如图 2-36 所示。已知 V_1、V_2 的 $\beta_1=\beta_2=50$，$U_{BE(on)}=0.7\ V$，$r_{bb'}=200\ \Omega$，电路元件参数如图 2-36(b) 所示。试求：

(1) 各级放大电路的静态工作点；

(2) 放大电路的 R_i、R_o；

(3) 当 R_L 接在第一级放大电路输出端（C_2 之后），并断开第二级放大电路后，第一级放大电路的电压放大倍数；

(4) 当 R_L 按图 2-36 所示连接在第二级放大电路输出端时，放大电路总的电压放大倍数。

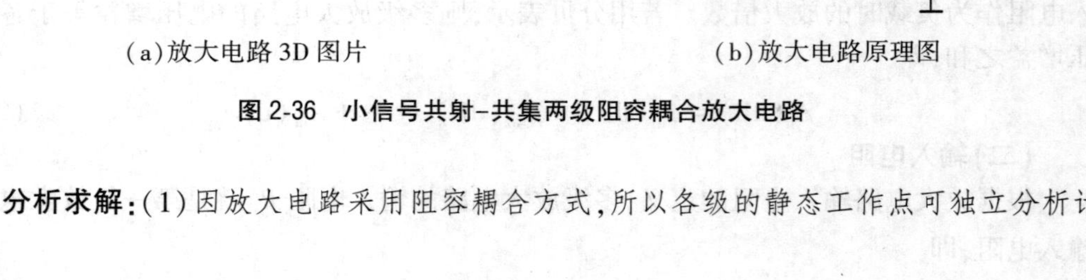

(a) 放大电路 3D 图片　　(b) 放大电路原理图

图 2-36　小信号共射-共集两级阻容耦合放大电路

分析求解： (1) 因放大电路采用阻容耦合方式，所以各级的静态工作点可独立分析计算。

求解第一级静态工作点

$$U_{BQ1}=\frac{V_{CC}R_{b12}}{R_{b11}+R_{b12}}=\frac{12\times 11}{51+11}\ V\approx 2\ V$$

$$I_{EQ1}=\frac{U_{BQ1}-U_{BEQ1}}{R_{e11}+R_{e12}}\approx\frac{2-0.7}{0.051+1}\ mA\approx 1.24\ mA$$

$$I_{BQ1}=\frac{I_{EQ1}}{\beta_1}\approx\frac{1.24}{50}mA\approx 25\ \mu A$$

$$U_{CEQ1}\approx V_{CC}-I_{EQ1}(R_{c1}+R_{e11}+R_{e12})\approx[12-1.24\times(5.1+0.051-1)]V\approx 4.37\ V$$

$$r_{be1}=r'_{bb1}+(1+\beta_1)\frac{26\ mV}{I_{EQ1}(mA)}\approx\left[200+(1+50)\times\frac{26}{1.24}\right]\Omega\approx 1.27\ k\Omega$$

求解第二级静态工作点

$$I_{BQ2}=\frac{V_{CC}-U_{BEQ2}}{R_{b2}+(1+\beta_2)R_{e2}}=\frac{12-0.7}{150+(1+50)\times 3.3}mA\approx 0.036\ mA$$

$$I_{CQ2}\approx I_{EQ2}\approx\beta I_{BQ2}\approx(50\times 0.036)mA=1.8\ mA$$

$$U_{CEQ2}\approx V_{CC}-I_{EQ2}R_{e2}\approx(12-1.8\times 3.3)V=6.06\ V$$

$$r_{be2}=r'_{bb2}+(1+\beta_2)\frac{26}{I_{CQ2}}\approx\left(200+51\times\frac{26}{1.8}\right)\Omega\approx 0.94\ k\Omega$$

(2)画出图 2-36 所示电路的交流小信号微变等效电路,如图 2-37 所示。

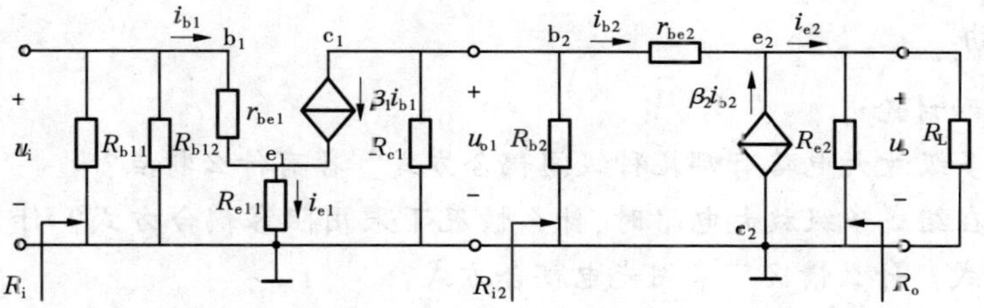

图 2-37 电路的交流小信号微变等效电路

由图 2-37 所示电路可以看出,从放大电路的输入端看进去的等效电阻,即放大电路的输入电阻,就是第一级共射放大电路的输入电阻,即

$$R_i=R_{i1}=R_{b11}//R_{b12}//[r_{be1}+(1+\beta_1)R_{e11}]$$
$$=[51//11//(1.27+51\times 0.051)]\ k\Omega\approx 2.71k\Omega$$

而从图 2-37 所示电路的输出端看进去的等效电阻,即放大电路的输出电阻,就是第二级共集放大电路的输出电阻,考虑到第一级放大电路的输出电阻是后一放大电路的信号源内阻, $R_{o1}=R_{c1}$,故有

$$R_o=R_{e2}//\frac{r_{be2}+R_{b2}//R_{c1}}{1+\beta_2}=\left(3.3//\frac{0.94+150//5.1}{1+50}\right)k\Omega\approx 0.11(k\Omega)$$

(3)当负载电阻 R_L 连接在第一级共射放大电路的输出端(C_2 之后),依式(2-38)有

$$A'_{u1}=\frac{-\beta_1(R_{c1}//R_L)}{r_{be1}+(1+\beta_1)R_{e11}}\approx\frac{-50\times(5.1//5.1)}{1.27+51\times 0.051}\approx -32.94$$

(4)当如图 2-36 所示，R_L 连接在第二级放大电路的输出端时，由式(2-50)可知，图 2-36 所示电路的电压放大倍数 $A_u=A_{u1}A_{u2}$。为了求出第一级放大电路的电压放大倍数，首先应求出其负载电阻，即第二级放大电路的输入电阻 R_{i2}，由等效电路知：

$$R_{i2}=R_{b2}//[r_{be2}+(1+\beta_2)(R_{e2}//R_L)]$$
$$=[150//(0.94+51\times\frac{3.3\times5.1}{3.3+5.1})]\text{k}\Omega\approx61.1\ \text{k}\Omega$$

所以

$$A_{u1}=\frac{-\beta_1(R_{c1}//R_{i2})}{r_{be1}+(1+\beta_1)R_{e11}}\approx\frac{-50\times(5.1//61.1)}{1.27+51\times0.051}\approx-60.8$$

第二级放大电路为共集放大电路，根据等效电路有

$$A_{u2}=\frac{(1+\beta_2)(R_{e2}//R_L)}{r_{be2}+(1+\beta_2)(R_{e2}//R_L)}\approx\frac{51\times(3.3//5.1)}{0.94+51\times(3.3//5.1)}\approx0.99$$

所以

$$A_u=A_{u1}A_{u2}\approx-60.8\times0.99\approx-60.19$$

由以上案例分析计算可见，尽管第二级共集放大电路的电压放大倍数 $A_{u2}\approx1$，但由于它的输入电阻大，与第一级共射放大电路连接后，将使第一级放大电路的电压放大倍数增加，由 $A'_{u1}\approx-32.94$ 增大到 $A_{u1}\approx-60.8$，从而使得组合后的整个多级放大电路的总的电压放大倍数比单级放大电路的电压放大倍数要大。

课堂活动

课堂提问和讨论

T2.5-1　多级放大电路有哪几种级间耦合方式？各有什么特点？

T2.5-2　在组成多级放大电路时，什么情况下采用阻容耦合方式？什么情况下采用变压器耦合方式？什么情况下采用光电耦合方式？

T2.5-3　已知两级共射放大电路由 NPN 型 BJT 组成，其输出电压波形产生了底部失真，试说明产生失真的所有可能。

任务六　小信号低频放大电路的设计与调试

在前面基本放大电路的讲述中，以基本电路的组成、基本工作原理、基本的分析计算法为线索讲解了放大电路的基本关系和主要的性能指标。工程应用中，常需要选定、设计能满足实际需求的放大电路。为此，下面以一个小信号低频放大电路的实际设计、调试为例，来说明放大电路设计与调试的一般方法和步骤，并强化对前面所讲内容的理解。

一、小信号低频放大电路的设计

(一)小信号阻容耦合基极分压式共射放大电路的基本关系式

工程中常用的小信号阻容耦合基极分压式共射放大电路如图 2-38 所示。如前所述，为稳定静态工作点，当电路设计合理时，应有如下的基本关系式：

$$\begin{cases} I_1 = (5 \sim 10) I_{BQ} & (\text{硅管}) \\ I_1 = (10 \sim 20) I_{BQ} & (\text{锗管}) \end{cases} \tag{2-54}$$

$$\begin{cases} U_{BQ} = (3 \sim 5)\text{V} & (\text{硅管}) \\ U_{BQ} = (1 \sim 3)\text{V} & (\text{锗管}) \end{cases} \tag{2-55}$$

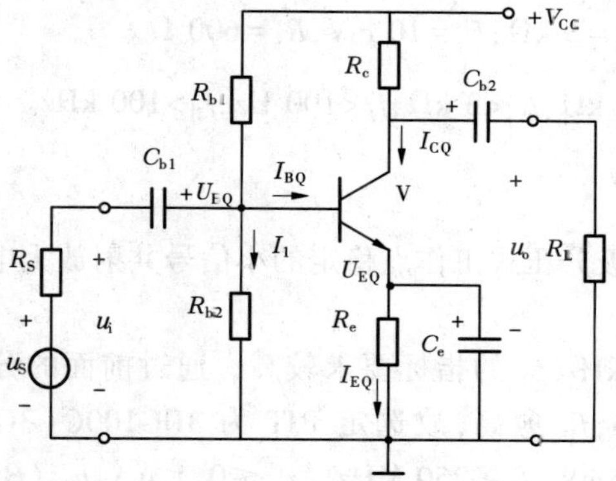

图 2-38　共射放大电路

放大电路的通频带主要受电路中存在的各种电容的影响，f_H 主要受 BJT 结电容及电路中分布电容的限制，f_L 主要受耦合电容 C_{b1}、C_{b2} 及旁路电容 C_e 的影响。

要严格计算 C_{b1}、C_{b2} 及 C_e 同时作用时对 f_L 的影响，计算较为复杂。通过分析可知，C_{b1}、C_{b2}、C_e 愈大，f_L 愈低，因此在工程设计中，为了简化计算，通常采用以 C_{b1} 或 C_{b2} 或 C_e 单独作用时的转折频率作为基本频率，再降低若干倍作为下限频率的方法。电容 C_{b1}、C_{b2}、C_e 单独作用时对应的等效回路分别如图 2-39(a)、(b)、(c)所示。如果设计要求中，f_L 为已知量，则可按下列表达式估算：

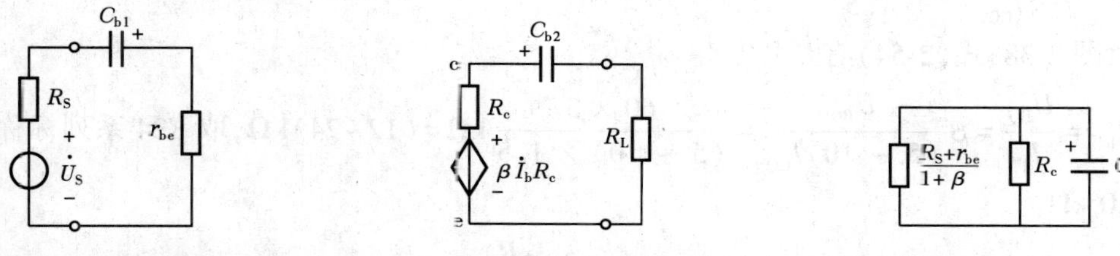

(a) C_{b1}单独作用的等效回路　(b) C_{b2}单独作用的等效回路　(c) C_e单独作用的等效回路

图 2-39　C_{b1}、C_{b2}、C_e 单独作用时对应的等效回路

$$C_{b1} \geqslant (3 \sim 10) \frac{1}{2\pi f_L (R_S + r_{be})} \tag{2-56}$$

$$C_{b2} \geqslant (3 \sim 10) \frac{1}{2\pi f_L (R_c + R_L)} \tag{2-57}$$

$$C_e \geqslant (1 \sim 3)\frac{1}{2\pi f_L\left(R_e // \dfrac{R_S + r_{be}}{1+\beta}\right)} \tag{2-58}$$

一般常取 $C_{b1}=C_{b2}$，可在式(2-56)与式(2-57)中选用回路电阻较小的一式计算。

(二)小信号阻容耦合基极分压式共射放大电路设计举例

已知：$V_{CC}=+12\ \mathrm{V}$，$R_L=3\ \mathrm{k\Omega}$，$U_i=10\ \mathrm{mV}$，$R_S=600\ \Omega$。

要求：$|\dot{A}_u|>40$，$R_i>1\ \mathrm{k\Omega}$，$R_o<3\ \mathrm{k\Omega}$，$f_L<100\ \mathrm{Hz}$，$f_H>100\ \mathrm{kHz}$。

设计步骤如下：

(1)选定电路形式。

选用图2-38所示基极分压式工作点稳定的小信号共射放大电路。

(2)选用BJT。

因设计要求 $f_H>100\ \mathrm{kHz}$，f_H 的指标要求较高。通过前面的分析可知，一般来说，BJT的 f_T 愈大，$C_{b'e}$、$C_{b'c}$ 愈小，f_H 愈高，故选定BJT为3DG100C(3GD6C)，其 $I_{CM}=20\ \mathrm{mA}$，$U_{(BR)CEO}\geqslant 20\ \mathrm{V}$，$P_{CM}=100\ \mathrm{mW}$，$f_T\geqslant 250\ \mathrm{MHz}$，$I_{CBO}\leqslant 0.1\ \mu\mathrm{A}$，$h_{FE}(\beta)$ 为20~200。对于小信号电压放大电路，工程上通常要求 β 的数值应大于 A_u 的数值，故取 $\beta=60$。

(3)设置静态工作点并计算元件参数。

由设计要求 $R_i(R_i\approx r_{be})>1\ \mathrm{k\Omega}$，由式(2-23)，取 $r_{bb'}=200\ \Omega$，有

$$r_{be}\approx r_{bb'}+r_{b'e}=\left[r_{bb'}+\beta\frac{26\ \mathrm{mV}}{I_{CQ}(\mathrm{mA})}\right]\Omega$$

$I_{CQ}(\mathrm{mA})<\beta\dfrac{26\ \mathrm{mV}}{R_i-r_{bb'}}=\left(60\times\dfrac{26}{1\,000-200}\right)\mathrm{mA}=1.95\ \mathrm{mA}$，取 $I_{CQ}=1.5\ \mathrm{mA}$。

取 $U_{BQ}=3\ \mathrm{V}$，$U_{BEQ}=0.6\ \mathrm{V}$，有

$R_e\approx\dfrac{U_{BQ}-U_{BEQ}}{I_{CQ}}=\dfrac{3-0.6}{1.5}\ \mathrm{k\Omega}=1.6\ \mathrm{k\Omega}$，取E24系列(±5%)标称值，$R_e=1.6\ \mathrm{k\Omega}$。

由图2-38、式(2-54)有

$R_{b2}=\dfrac{U_{BQ}}{I_1}=\beta\dfrac{U_{BQ}}{(5\sim10)I_{CQ}}=\dfrac{60\times3}{(5\sim10)\times1.5}\ \mathrm{k\Omega}=(12\sim24)\mathrm{k\Omega}$，取E24系列标称值，$R_{b2}=20\ \mathrm{k\Omega}$。

$$U_{BQ}\approx V_{CC}\frac{R_{b2}}{R_{b1}+R_{b2}}$$

$R_{b1}\approx R_{b2}\dfrac{V_{CC}-U_{BQ}}{U_{BQ}}=\dfrac{20\times(12-3)}{3}\ \mathrm{k\Omega}=60\ \mathrm{k\Omega}$，取E24系列标称值，$R_{b1}=56\ \mathrm{k\Omega}$。

$$r_{be}=r_{bb'}+\beta\frac{26\ \mathrm{mV}}{I_{CQ}(\mathrm{mA})}=\left(200+60\times\frac{26}{1.5}\right)\Omega=1\,240\ \Omega$$

由式(2-25)，$R_L'=R_c//R_L$，有

$$R'_L=\frac{|A_u|\,r_{be}}{\beta}=\frac{40\times1.24}{60}\ \mathrm{k\Omega}\approx0.827\ \mathrm{k\Omega}$$

$$R_c = \frac{R_L R'_L}{R_L - R'_L} \approx \frac{3 \times 0.827}{3 - 0.827}\ \text{k}\Omega \approx 1.14\ \text{k}\Omega$$，取 E24 系列标称值，$R_c = 1.2\ \text{k}\Omega$。

由于$(R_s + r_{be}) < (R_c + R_L)$，故取 $C_{b1} = C_{b2}$，依式(2-56)，有

$$C_{b2} = C_{b1} \geqslant (3 \sim 10)\frac{1}{2\pi f_L (R_S + r_{be})} = \frac{(3 \sim 10) \times 1}{2\pi \times 100 \times (600 + 1\,240)}\ \text{F} \approx (2.6 \sim 8.6)\mu\text{F}$$

取 $C_{b2} = C_{b1} = 10\ \mu\text{F}/25\ \text{V}$。

由式(2-58)，有

$$C_e \geqslant (1 \sim 3)\frac{1}{2\pi f_L\left(R_e // \dfrac{R_S + r_{be}}{1 + \beta}\right)} \approx \frac{(1 \sim 3) \times 1}{2\pi \times 100 \times \left(1\,600 // \dfrac{600 + 1\,240}{1 + 60}\right)}\ \text{F}$$

$$\approx (53 \sim 159)\mu\text{F}$$

取 $C_e = 100\ \mu\text{F}/25\ \text{V}$。

(4)仿真测试、验证。

在 Multisim 实验平台上，按上述设计参数搭建实验电路，依设计要求，验证放大电路的性能指标：A_u、R_i、R_o、f_L 和 f_H。若不符合要求，则可修改实验电路中相应的元件参数，直至符合设计要求。

(5)打印设计报告。

设计报告中应包括设计要求、设计依据、工作原理说明、电路原理图、仿真测试数据、电路元器件清单等文件。

二、小信号低频放大电路的测试与调整

由于电路元器件参数的离散性、电路连线或印制板形成的分布参数、电子装配工艺等方面的原因，工程上，设计完成的电路必须经过实体安装、调整、测试验证后才能投产，形成产品。为此，需将前面设计的放大电路安装后进行测试、调整。

(一)静态工作点的测试与调整

根据设计，组装后的放大电路，通电前应先用万用表的“Ω”挡检测电源间有无短路现象、电路连接是否正确，然后才可接通电源，检测静态工作点。

为调试方便，R_{b1} 可先用 39 kΩ 固定电阻与由 68 kΩ 电位器构成的可变电阻串联后替代，待调试完成后，根据实测阻值，再用相应的固定电阻取代。

测量静态工作点时，应使 $u_s = 0$，即将放大电路的交流输入端(耦合电容 C_{b1} 的左端)对地短路，然后用万用表的直流电压挡分别测量 BJT 的 b、e、c 极对地电压 U_{BQ}、U_{EQ}、U_{CQ}。测量的目的，一是查看静态工作点是否合适，是否能保证在输入动态范围 U_{ipp} 内，BJT 都工作在放大状态；二是通过检测，确认电路设计、安装、元器件质量的好坏等情况。

如果出现 $U_{CQ} \approx V_{CC}$，说明 BJT 工作在截止状态；如果出现 $U_{CEQ} < 0.5\ \text{V}$，说明 BJT 已经饱和。这时，应调整 R_{b1} 的大小，即调整电位器(可变电阻)阻值的大小，同时用万用表监测 U_{BQ}、U_{EQ}、U_{CQ} 的变化。当工作点偏高(靠近饱和区)时，应增加 R_{b1} 的阻值，以减小 I_{BQ}；当工作点偏低(靠近截止区)时，应减小 R_{b1} 的阻值，以增大 I_{BQ}。如果测得 U_{CEQ} 为正几伏，说明 BJT 已工作在放大状态。此时可依据 U_{BQ}、U_{EQ}、U_{CQ} 的数值换算出 I_{CQ}，也可通过

测量已知电阻 R_c 或 R_e 两端的电压降，换算出对应的 I_{CQ} 或 I_{EQ}。一般在检测电路的在线电流时，多用此法，而不采用断开电路串入电流表的测量方法。虽然测得 U_{CEQ} 为正几伏的电压，但并不能说明放大电路的静态工作点已设置在合适的位置，还要进行动态测试，以保证在输入信号 u_i（或 u_S）的全周期内，BJT 都工作在放大状态。

按设计要求，在放大电路的输入端接入 $u_i=10\ \text{mV}$，$f_i=1\ \text{kHz}$ 的正弦波信号，并用双踪示波器分别监测放大电路输入端的输入电压 u_i 的波形和输出端（负载电阻 R_L 两端）的输出电压 u_o 的波形，观测 u_o 正弦波波形是否产生了失真。

如果 u_o 的波形顶部产生了削波，如图 2-40（b）所示，说明放大电路的静态工作点偏低，电路产生了截止失真，应调大基极偏流 I_{BQ}；如果 u_o 的波形底部被削波，如图 2-40（c）所示，说明放大电路的静态工作点偏高，电路产生了饱和失真，应调小基极偏流 I_{BQ}。如果逐渐增大输入信号 u_i 的幅值，输出波形的顶部和底部差不多同时开始产生削波，则说明静态工作点设置得比较合适，这当然是忽略了放大电路静态功耗指标的要求。此时，移去信号源，重新使 $u_i=0$，测量 U_{BQ}、U_{EQ}、U_{CEQ} 和 I_{CQ}，并去除 V_{CC}，断开连线，测量并记录 R_{b1} 的大小，即为所求。也可以在 $u_i=0$ 的情况下，直接调试，即在忽略 BJT 饱和压降 U_{CES} 的情况下，使 $U_{CEQ}\approx 1/2V_{CC}$。

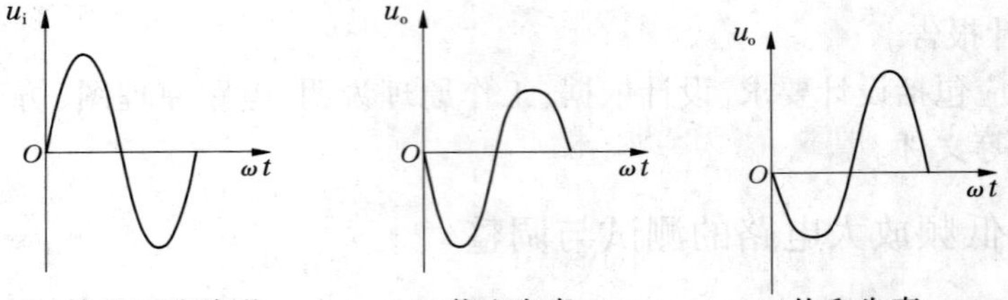

图 2-40　调整静态工作点

(二) 放大电路动态性能指标的检测

1. 电压放大倍数的测量

测量电压放大倍数，实际上是测量放大电路的输入电压 $\dot{U}_i$ 与输出电压 $\dot{U}_o$ 的值。在输入信号的中频段，输出波形不失真的情况下，测得 U_i（有效值）或 U_{ip}（峰值）或 U_{ipp}（峰峰值）与 U_o（有效值）或 U_{op}（峰值）或 U_{opp}（峰峰值），则

$$|\dot{A}_u| = \frac{U_o}{U_i} = \frac{U_{op}}{U_{ip}} = \frac{U_{opp}}{U_{ipp}} \tag{2-59}$$

如果是大致估算，用示波器即可完成测量；如果是精确测量，则应使用电子交流毫伏表，示波器只是用来监测输出波形的失真情况，如果输出波形产生了失真，A_u 的检测是没有意义的。

2. 输入电阻的测量

工程上常采用如图 2-41 所示的串接电阻法来测量放大电路的输入电阻。在信号频率的中频段，给定一正弦波信号，在输出波形不失真的情况下，用电子交流毫伏表或示波

器，分别测得 $\dot{U}_S$ 与 $\dot{U}_i$ 的数值，则

$$R_i = \frac{U_i}{U_S - U_i}R \tag{2-60}$$

为减小测量误差，一般取串接的辅助测量电阻 R 为与 R_i 相近的阻值。

3. 输出电阻的测量

如图 2-42 所示，在输出波形不失真的情况下，测得断开 R_L 时输出电压 $\dot{U}'_o$ 的值和接入 R_L 后输出电压 $\dot{U}_o$ 的值，则

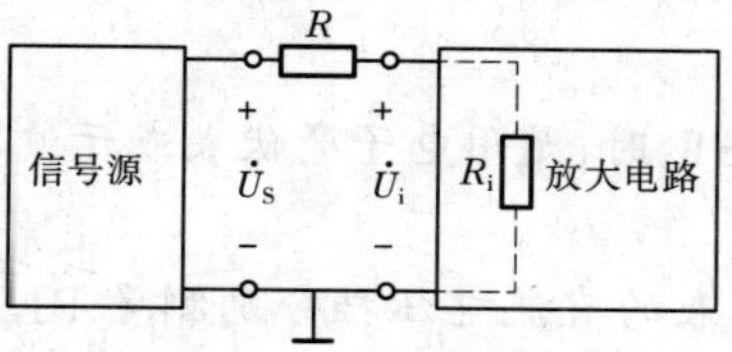

图 2-41 输入电阻的测量图

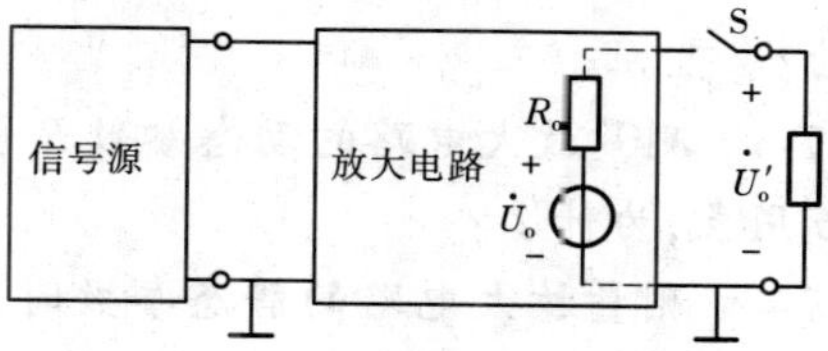

图 2-42 输出电阻的测量

$$R_o = (\frac{U'_o}{U_o} - 1)R_L \tag{2-61}$$

为减小测量误差，一般取 R_L 为与 R_o 相近的阻值，输入信号为一稳定的中频信号。

4. 频率特性的测量

放大电路的频率特性可用波特图示仪测得。

放大电路的幅频特性也可以通过测量不同频率信号作用时的电压放大倍数 A_u 来获得。工程上通常采用"逐点法"来测量放大电路的幅频特性。在维持输入信号幅值不变、输出波形不失真的情况下，每改变一次输入信号的频率，即用电子毫伏表或示波器测得一个输出电压值，计算对应的电压放大倍数，然后将测量数据 f_i、A_u(dB)列表，整理并标于坐标纸上，将逐点测量的结果连接成线，即为所求的幅频特性曲线。

如果只需测量放大电路的通频带 BW，则只需先测出放大电路中频段（如 $f_o = 1$ kHz）的输出电压 U_o，然后分别升高、降低输入信号的频率，直至输出电压降到 $0.707U_o$（过程中，应维持输入信号的幅值不变），此时所对应的输入信号的频率即为 f_H 和 f_L，则

$$BW = f_H - f_L$$

5. 动态性能指标调整

对于一个低频放大电路，当然希望电路的稳定性要好、非线性失真要小、电压放大倍数要大、输入阻抗要高、输出阻抗要低、f_L 要低、f_H 要高。但这些要求往往很难同时满足。例如，对于图 2-38 所示的小信号共射放大电路而言，要提高其电压放大倍数，依 $A_u = -\beta\frac{R_c//R_L}{r_{be}}$，可知有三种途径：$R'_L\uparrow(\rightarrow R_c\uparrow\rightarrow R_o\uparrow)$，$r_{be}\downarrow(\rightarrow R_i\downarrow)$，$\beta\uparrow(\rightarrow r_{be}\uparrow)$。显然，增大 R'_L，即增大 R_c，会使 R_o 增大；减小 r_{be} 会使 R_i 减小。如果 R_o 和 R_i 离设计指标要求还有充分余地，可以通过调整 R_c（负载 R_L 一般为固定值，不容调整）或 I_{CQ} 来提高电压

放大倍数，但改变 R_c 及 I_{CQ} 又会影响放大电路的静态工作点设计；只有提高 BJT 的 β，才是提高放大电路电压放大倍数的有效措施。

同样，在调整放大电路频率特性性能指标时，也应通盘考虑，综合设计。

课堂活动

课堂提问和讨论

T2.7-1　电路如图 2-38 所示，若分别增大或减小电阻 R_{b1}、R_c、R_L、R_e 及电源电压 V_{CC}，对放大电路的静态工作点和性能指标会产生什么影响？为什么？

T2.7-2　增大输入信号的幅值时，输出波形可能会产生哪几种失真？分别是什么原因引起的？

T2.7-3　测量放大电路的动态参数 R_i、R_o、A_u 及 BW 时，是用电子毫伏表或示波器，而不是用万用表，为什么？

T2.7-4　测量放大电路的静态参数时，是用万用表的直流电压挡分别测量 BJT 的各极对地电压，而不是直接测量 U_{CE}、U_{BE} 和 I_{CQ}，为什么？

T2.7-5　影响放大电路 f_L、f_H 的因素有哪些？应采取什么措施降低 f_L、升高 f_H？为什么？

T2.7-6　要提高放大电路的电压放大倍数，可采取什么措施？

T2.7-7　测量 R_i、R_o 时，为什么接入电阻 $R(R_L)$ 的阻值要与 $R_i(R_o)$ 相近？

T2.7-8　调整静态工作点时，R_{b1} 要用一阻值相当的固定电阻与电位器串联，而不能直接用电位器，为什么？

T2.7-9　一般情况下，实验调整后的电路参数会与设计计算的电路参数有差别，为什么？

实训与技能操作训练

S2.1　小信号共射放大电路的安装与测试

1. 实训与技能操作训练目的

(1)熟悉基本放大电路。

(2)熟悉电子电路安装、布线等基本技能。

(3)熟悉放大电路的一般测量方法及常用电子仪器的使用。

2. 仪器设备与元器件材料

(1)电子技术综合实验台 1 台，电子交流毫伏表 1 台，双踪示波器 1 台，万用表 1 只。

(2)9014 BJT 1 只，1/8 W 电阻、电解电容/25 V 若干(见图 2-43)。

3. 操作内容及要求

(1)用万用表检测元器件，确认大致性能。

(2)按图 2-43 所示，在实验台工作区，搭建、连接实验电路。

(3)检查接线无误后，接通实验电路工作电源。

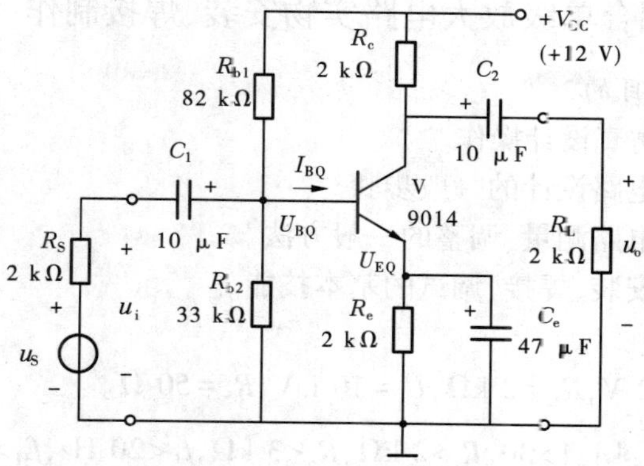

图 2-43　实验电路

(4)用万用表直流电压挡检测 BJT 三个电极的电位 U_{BQ}、U_{CQ}、U_{EQ}，并换算出对应的 U_{BEQ}、I_{CQ}、U_{CEQ}（提示：$I_{CQ}=\dfrac{V_{CC}-U_{CQ}}{R_c}$），并将测量的数据记入表 2-2 中。

表 2-2　静态工作点测量数据

参数	V_{CC}(V)	U_{BQ}(V)	U_{CQ}(V)	U_{EQ}(V)	U_{BEQ}(V)	U_{CEQ}(V)	I_{CQ}(mA)
估算值	12						
测量值	12						

(5)调整综合实验台上的信号源，将 $U_S=10$ mV，$f_S=1$ kHz 的正弦波信号接入实验电路。

(6)用双踪示波器的 A、B 通道分别监测放大电路输入、输出信号；在输出电压 u_o 波形不失真的条件下，用电子交流毫伏表测量放大电路的 U_S、U_i、U_o 和断开负载电阻 R_L 后的输出电压 U_o'，并把测量数据记入表 2-3 中。依式

$$\dot{A}_u=\frac{\dot{U}_o}{\dot{U}_i},R_i=\frac{U_i}{(U_S-U_i)/R_S},R_o=(\frac{U_o'}{U_o}-1)R_L$$

计算 $|\dot{A}_u|$、R_i 和 R_o，并将计算数据填入表 2-3 中。

表 2-3　动态参数测量数据

U_S(mV)	U_i(mV)	U_o(mV)	U_o'(mV)	$\|\dot{A}_u\|$	R_i(kΩ)	R_o(kΩ)
10						

(7)逐渐增大信号源输出信号的幅值，并注意监测放大电路的输出电压波形。当输出电压波形开始出现失真时，输出电压波形的幅值即为放大电路的最大不失真输出电压幅值 U_{om}。然后，继续增大 U_S，注意观测输出电压波形的变化。

(8)整理测量数据，分析测量值与估算值的差异，总结电路连线安装和使用仪器仪表测量的技能操作体会，完成实验报告。

S2.2　小信号阻容耦合单级放大电路实物安装、焊接制作

1. 实训与技能训练目的

(1)熟悉 Multisim 仿真设计操作。

(2)熟悉基本放大电路设计的一般步骤。

(3)熟悉基本放大电路测量、调整的一般方法。

(4)熟悉电子电路安装、焊接、调试的基本技能。

2. 设计要求

已知条件：$V_{CC}=+12\ V$，$R_L=2\ k\Omega$，$U_i=10\ mV$，$R_S=50\ \Omega$。

设计性能指标要求：$|\dot{A}_u|>30$，$R_i>2\ k\Omega$，$R_o<3\ k\Omega$，$f_L<20\ Hz$，$f_H>500\ kHz$，电路稳定性较好。

3. 设计步骤与要求

(1)根据设计要求，确定电路形式，设置静态工作点，计算电路元件参数。

(2)在计算机上用 Multisim 进行仿真。根据设计要求，验证放大电路的性能指标要求，调试电路，以满足设计要求，生成设计报告文件初稿。

(3)按设计电路文件，在万能板上实物安装、焊接放大电路。

(4)对安装、焊接完成后的放大电路，用信号发生器、示波器等仪器、仪表按设计要求进行实体检测。

(5)总结分析，并最后完成设计报告。

项目小结

1. 放大的概念。在电子电路中，放大的对象是变化量。放大的本质是输入信号对能量的控制，使负载从电源中获得的输出信号能量比输入信号向放大电路提供的能量大得多。放大的特征是功率放大，表现为电压放大或电流放大，或二者兼而有之。放大的前提是不失真。

2. 由 BJT 组成的基本单元放大电路有共射、共集和共基三种基本组态。共射放大电路属反相放大电路，其输出电压与输入电压反相；共射放大电路既能放大电压又能放大电流，输入电阻居三种组态电路之中，输出电阻较大，适用于一般的小信号低频放大。共集放大电路属同相放大电路，只放大电流不放大电压，因输入电阻高、输出电阻低而常用作多级放大电路的输入级或输出级或缓冲级，因电压放大倍数接近 1 而用于信号的跟随。共基放大电路属同相放大电路，只放大电压不放大电流，输入电阻小、输出电阻大，高频特性好，适用于高频或宽带放大电路。

3. 放大电路的主要性能指标有放大倍数、输入电阻、输出电阻、下限频率、上限频率、通频带等。放大倍数是放大电路输出量与输入量之比，是衡量放大能力的性能指标。输入电阻是从输入端看进去的等效电阻，是衡量放大电路对信号源影响的性能指标。输出电阻是从输出端看进去的等效输出信号源内阻，是衡量放大电路带负载能力的性能指标。下限频率、上限频率、通频带均为放大电路的频率响应参数，是反映放大电路对不同频率

信号适应能力的性能指标。

4. 组成 BJT 放大电路的基本原则是，外加电源的极性应使 BJT 的发射结正偏，集电结反偏，以保证 BJT 工作在放大区。

5. 放大电路有两种工作状态，静态和动态；有两种分析，静态分析和动态分析；常用的分析方法有两种，图解法和小信号微变等效电路法。静态是指电路仅在直流电源作用下的工作状态，动态是指电路仅在交流信号作用下的工作状态。静态分析就是求解静态工作点，即在交流输入信号为零时，求解 BJT 或 FET 各电极间的电流和电压；动态分析就是求解各动态参数和分析输出波形，即在直流工作电源为零，耦合(旁路)电容短路的情况下，求解电压放大倍数、输入电阻和输出电阻。图解法考虑到 BJT 和 FET 的非线性，常用来求解静态工作点和大信号作用时的电路分析；小信号微变等效电路法则是将 BJT 和 FET 的非线性特性局部线性化，常用来求解动态参数，如电压放大倍数、输入电阻和输出电阻等。

6. 放大电路的分析应遵循“先静态，后动态”的原则。只有静态工作点合适，动态分析才有意义；静态工作点合适，是指在输入信号作用的全部时间段，BJT 都工作在放大区内；静态工作点不但影响放大电路的输出是否失真，而且还与动态参数密切相关，稳定静态工作点非常必要。

7. 温度的变化是影响放大电路静态工作点不稳定的主要原因。常用的静态工作点的稳定放大电路有基极分压式射极偏置电路等，是利用反馈原理来实现静态工作点稳定的。

8. 多级放大电路级间耦合有四种方式：直接耦合、阻容耦合、变压器耦合和光电耦合。多级放大电路的电压放大倍数等于各级电压放大倍数的乘积。多级放大电路的输入电阻是第一级的输入电阻，输出电阻是末级的输出电阻。在求解某一级的电压放大倍数时，应将后级的输入电阻作为负载，将前级的输出电阻作为信号源的内阻。

9. 阻容耦合放大电路中影响放大电路低频特性的主要因素是电路中的耦合电容和旁路电容，在低频段使放大倍数下降，且产生超前相移；影响放大电路高频特性的主要因素是三极管的极间电容和电路的分布电容，在高频段使放大倍数下降，且产生滞后相移。为降低 f_L，应增大耦合电容、旁路电容的容量；为升高 f_H，应选择截止频率 f_β 高的三极管，然后合理选择电路参数。

10. 放大电路的测试与调整，主要是进行静态调试和动态调试。静态调试一般是使用万用表直流电压挡测量在线电压，以调整静态工作点；动态调试一般是使用信号发生器、示波器、电子毫伏表等仪器来测量工作波形、工作数据等，以调整电压放大倍数、动态范围、输入与输出电阻、通频带等动态性能指标。

11. 简单的小信号低频放大电路的设计与调试。

思考与习题

2-1　在图 2-44 所示各电路中，哪些电路能正常放大？哪些不能正常放大？为什么？如何改正，以使其可能正常放大？

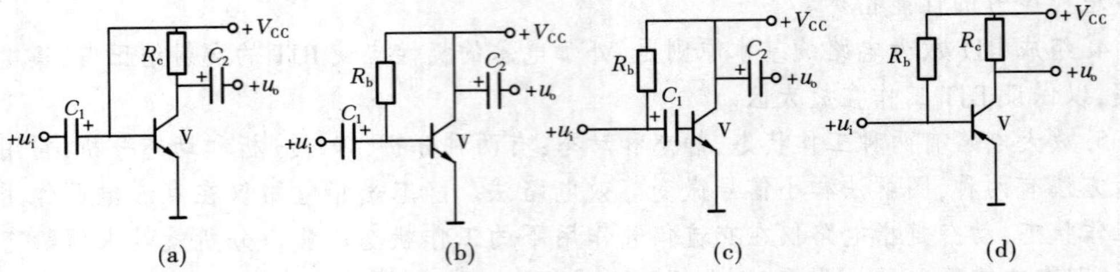

图 2-44

2-2　放大电路示意框图如图 2-45 所示，电流、电压均为正弦波，已知 $R_S = 600\ \Omega$，$U_S = 20$ mV，$U_i = 10$ mV，$R_L = 2$ kΩ，$U_o = 2$ V，当 R_L 开路时，测得 $U'_o = 2.6$ V，$f_L = 1\ 000$ Hz，$f_H = 500$ kHz。试求该放大电路的电压、电流、功率放大倍数及其分贝数，输入电阻 R_i，输出电阻 R_o，通带宽度 BW。

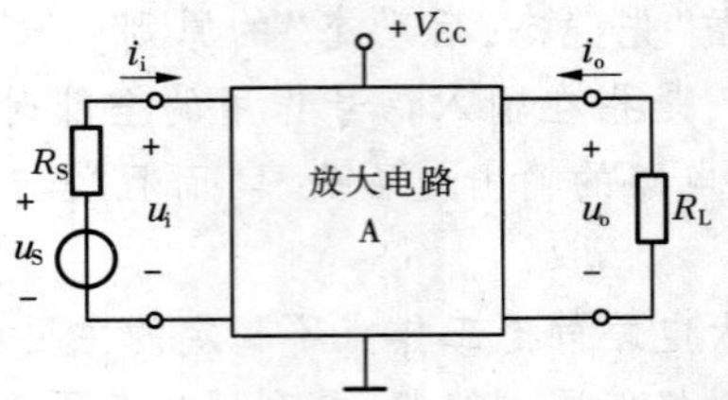

图 2-45

2-3　试画出图 2-46 所示各电路的直流通路和交流通路。设图中电容对交流信号均可视为短路。

2-4　放大电路如图 2-47(a)所示，图 2-47(b)所示是放大电路中 BJT 的输出特性，静态时 $U_{BEQ} = 0.7$ V，$U_{CES} = 0.3$ V，利用图解法分别求出 $R_L = \infty$ 和 $R_L = 4$ kΩ 时的静态工作点和最大不失真输出电压 U_{om}。

2-5　放大电路如图 2-48 所示，已知 BJT 的 $\beta = 80$，$U_{BE(on)} = 0.7$ V，$U_{CES} = 0.3$ V，在下列情况下，用直流电压表测量 BJT 的集电极电位 V_C，应分别为多少？

(1) 正常情况；

(2) R_b 短路；

(3) R_b 开路；

(4) R_c 短路；

(5) R_c 开路；

(6) BJT 发射结开路；

(7) BJT 发射结短路；

(8) BJT 集电结开路；

(9) BJT 集电结短路。

2-6　小信号共射放大电路如图 2-49 所示，已知 BJT 的 $\beta = 60$，$U_{BE(on)} = 0.7$ V，$r_{bb'} = 200\ \Omega$，试求：

(1) 静态工作点 Q；

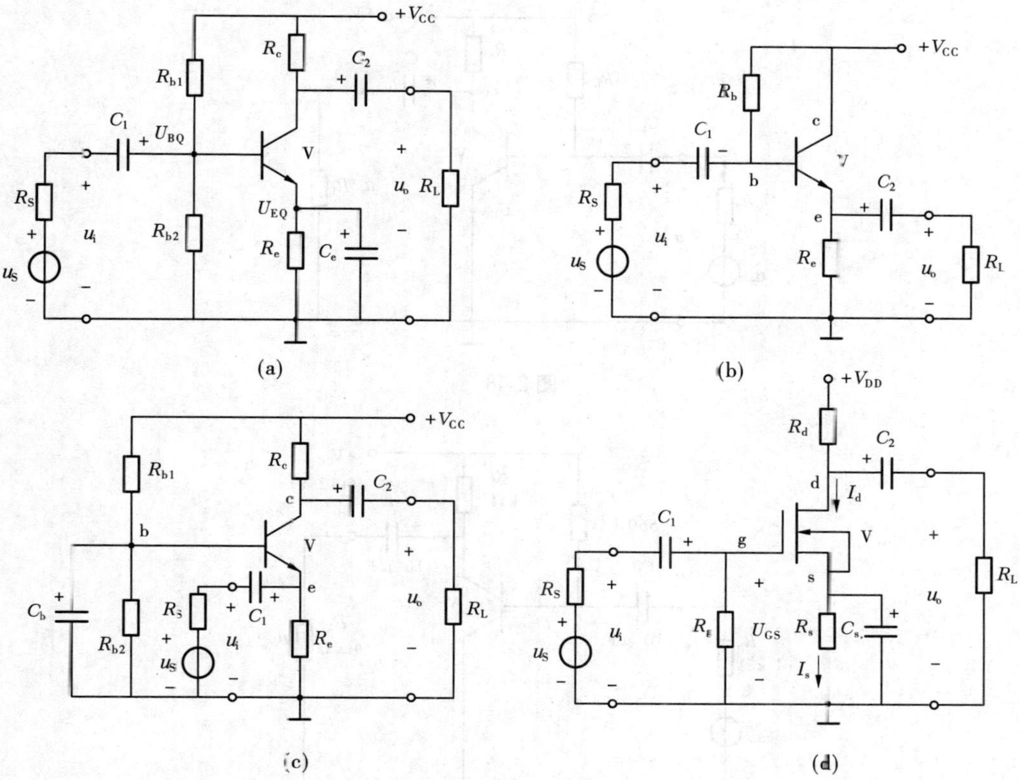

图 2-46

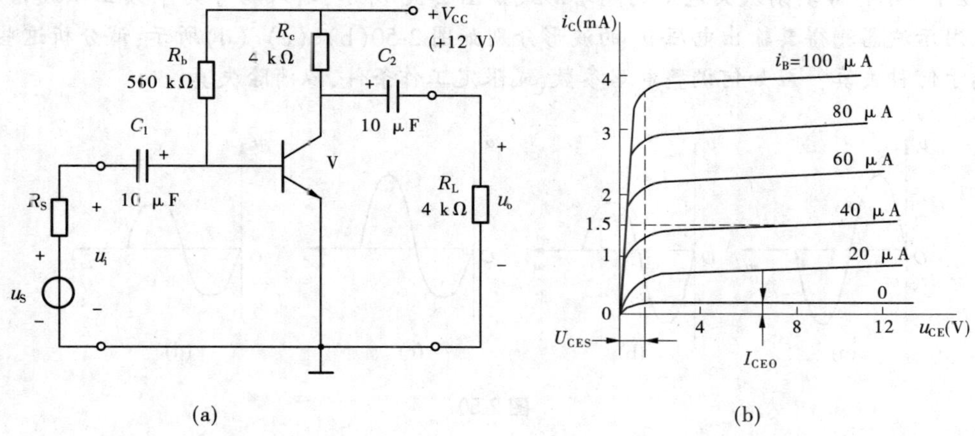

图 2-47

(2) 画出对应的简化小信号微变等效电路；

(3) 放大电路的 A_u、R_i、R_o、A_{us}。

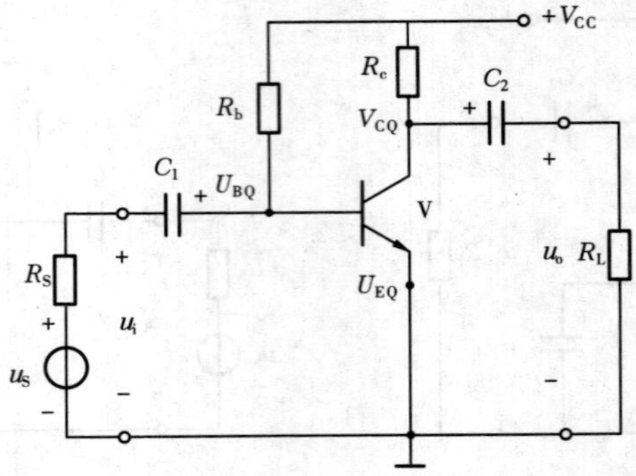

图 2-48

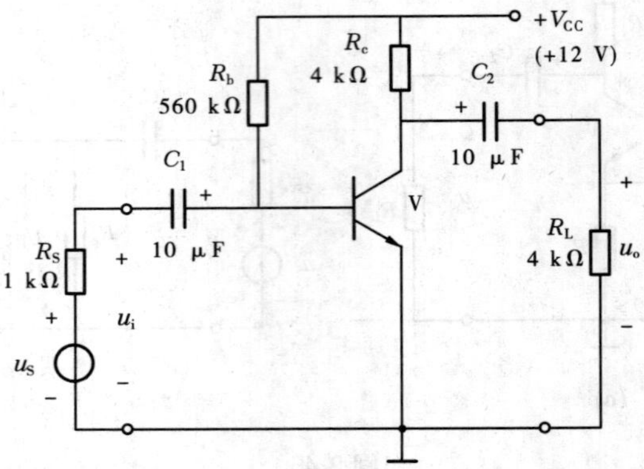

图 2-49

2-7　小信号共射放大电路的电路形式如图 2-50 所示，输入信号为中频正弦波信号，如果用示波器测得其输出电压 u_o 的波形分别如图 2-50(b)、(c)、(d)所示，试分析这些波形属于何种失真？应如何调整电路参数，或限定工作条件，以消除失真？

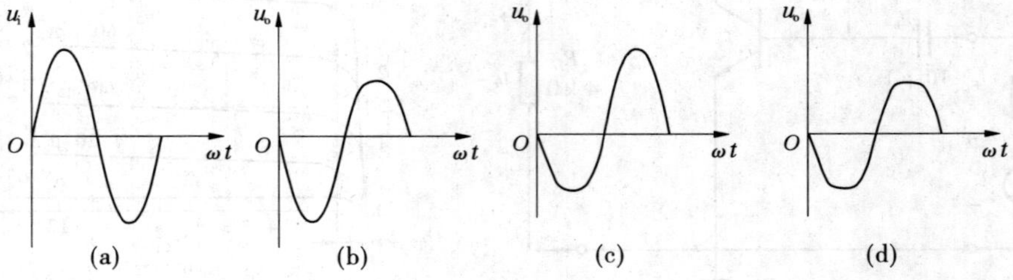

图 2-50

2-8　放大电路如图 2-51 所示，已知 $V_{CC}=+12$ V，$R_L=2$ kΩ，BJT 的 $\beta=40$，$r_{bb'}=200\ \Omega$，$U_{BE(on)}=0.7$ V。若要求 $|A_u|\geqslant 50$，$I_{CQ}=1$ mA，试确定 R_b、R_c 的数值，并计算 U_{CEQ}。

2-9　基极分压式工作点稳定的共射小信号放大电路如图 2-52 所示，已知 BJT 的 $\beta=50$，$U_{BE(on)}=0.7$ V，$r_{bb'}=200\ \Omega$，$U_{CES}=0.3$ V，试求：

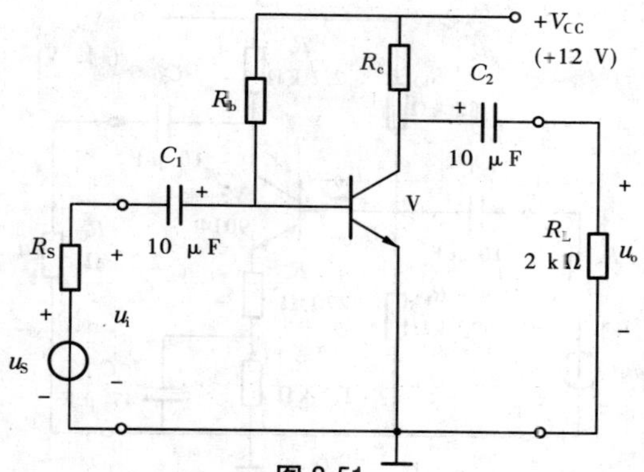

图 2-51

(1)静态工作点；

(2)对应的微变等效电路图；

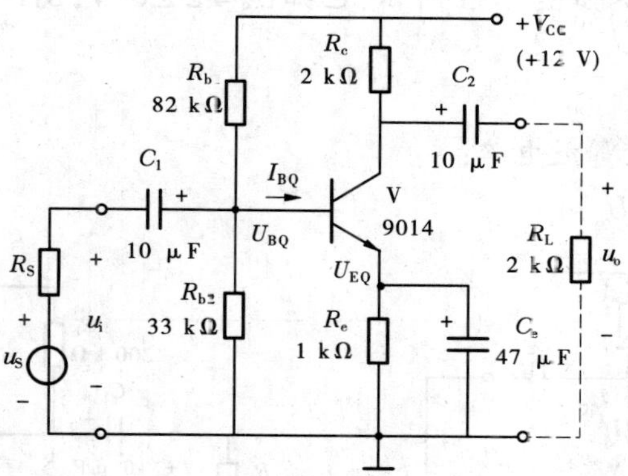

图 2-52

(3)A_u、R_i、R_o；

(4)在输出端接上 $R_L = 2\ k\Omega$ 的负载电阻后的 A_u、R_i、R_o。

2-10　若将图 2-52 所示电路中的 R_{b1} 先后调整，更换为：①100 kΩ，②56 kΩ，电路的其他参数都不变，试问电路的静态工作点将如何变化？是升高还是降低？为什么？动态参数将如何变化？动态范围是增大还是减小？为什么？

2-11　小信号共射放大电路如图 2-53 所示，BJT 的 $\beta = 50$，$U_{BE(on)} = 0.7\ V$，$r_{bb'} = 200\ \Omega$。

(1)求电路的静态工作点；

(2)画出微变等效电路图；

(3)求 A_u、R_i 和 R_o；

(4)若改用 $\beta = 100$ 的 BJT，则静态工作点如何变化？动态参数如何变化？

(5)如旁路电容 C_e 因日久干涸开路，则将引起电路的哪些动态参数发生变化？如何变化？

2-12　图 2-54 所示电路是利用二极管的正向特性进行温度补偿，试分析其稳定静态

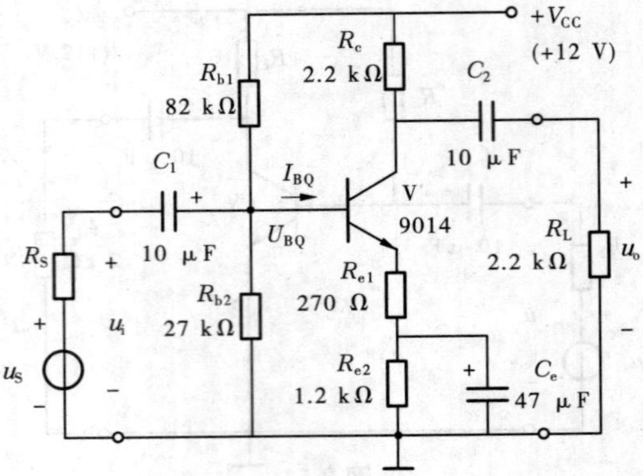

图 2-53

工作点的工作原理。

2-13　共集放大电路如图 2-55 所示，已知 $\dot{U}_S = 2\angle 0°$ V，BJT 的 $\beta = 50$，$r_{bb'} = 200\ \Omega$，$U_{BE(on)} = 0.7$ V。

(1) 求静态工作点；

(2) 画出对应的微变等效电路；

(3) 求解 A_u、R_i、R_o、U_o、A_i。

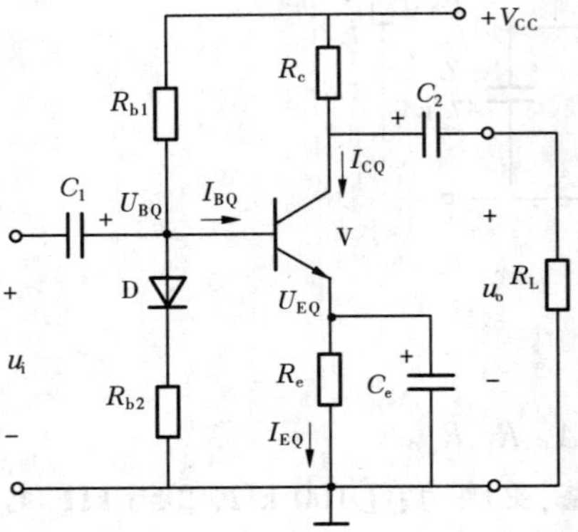

图 2-54

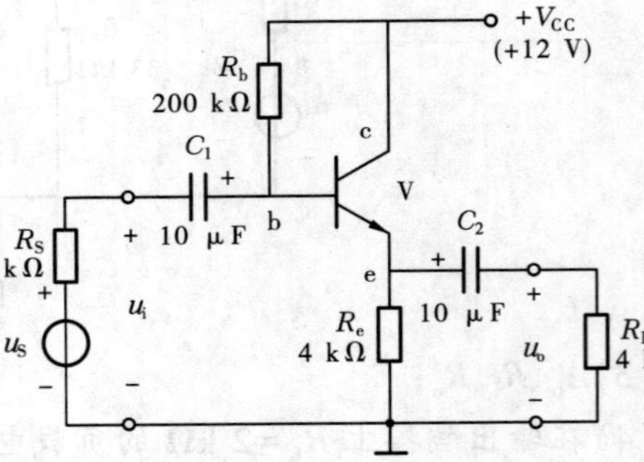

图 2-55

2-14　如图 2-56(a)所示，一负载 R_L 与一信号源相连接，$U_S = 2.2$ V，试求 U_o。若该负载 R_L 通过一射极输出器与信号源相连接，如图 2-56(b)所示，已知 BJT 的 $\beta = 100$，$r_{bb'} = 200\ \Omega$，$U_{BE(on)} = 0.7$ V。试求此时的 U_o'，并由计算结果说明射极输出器的作用。

2-15　共基放大电路如图 2-57 所示，已知 BJT 的 $\beta = 60$，$r_{bb'} = 200\ \Omega$，$U_{BE(on)} = 0.7$ V。

(1) 求静态工作点；

(2) 画出对应的微变等效电路图；

(3) 求 A_u、R_i、R_o。

2-16　场效应管放大电路如图 2-58 所示，已知 $g_m = 2$ mS，$R_{g3} = 5.1$ MΩ，$R_d = 20$ kΩ，

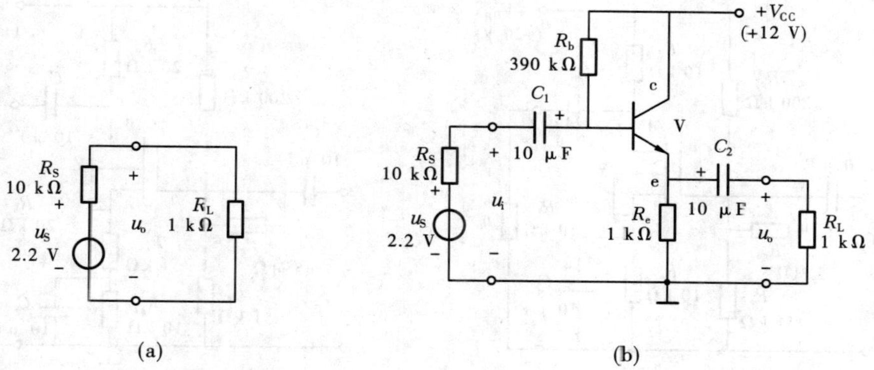

(a)　　　　(b)

图 2-56

$R_L = 10\ \text{k}\Omega$，各电容对交流的容抗近似为零。试：

(1) 说明图中场效应管的类型；

(2) 画出放大电路的交流通路和小信号等效电路；

(3) 求 A_u、R_i、R_o。

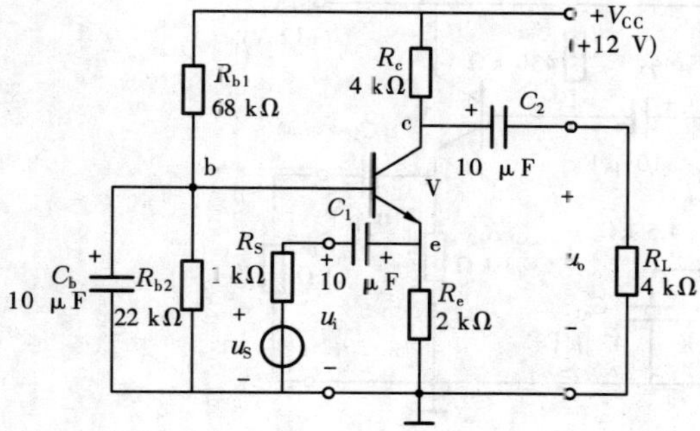

图 2-57

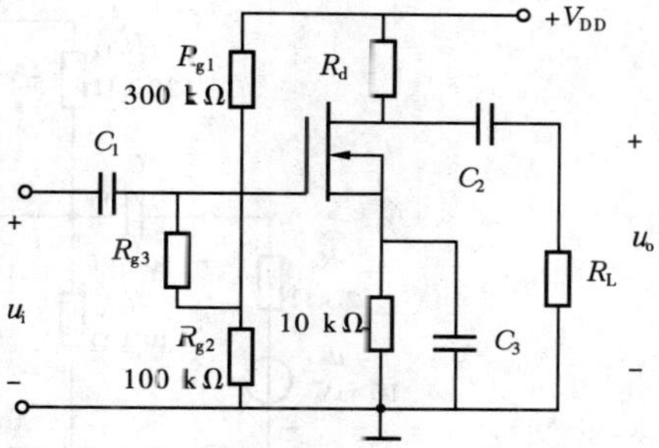

图 2-58

2-17　共源放大电路如图 2-59 所示，已知 FET 参数 $I_{DSS} = 0.9\ \text{mA}$，$U_{GS(off)} = -4\ \text{V}$，$g_m = 1.5\ \text{mS}$。

(1) 求静态工作点；

(2) 画出对应的微变等效电路图；

(3) 求 A_u、R_i、R_o。

2-18　共源放大电路如图 2-60 所示，已知 FET 的 $g_m = 5\ \text{mS}$，r_{ds} 很大，试求 A_u、R_i、R_o。

2-19　两级放大电路如图 2-61 所示，设 BJT 的参数相同，$\beta = 50$，$r_{bb'} = 200\ \Omega$，$U_{BE(on)} = 0.6\ \text{V}$。

(1) 求静态工作点；

(2) 画出对应的微变等效电路图；

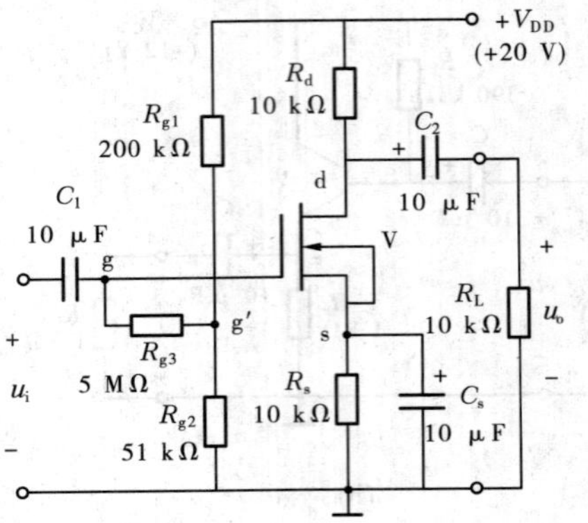

图 2-59

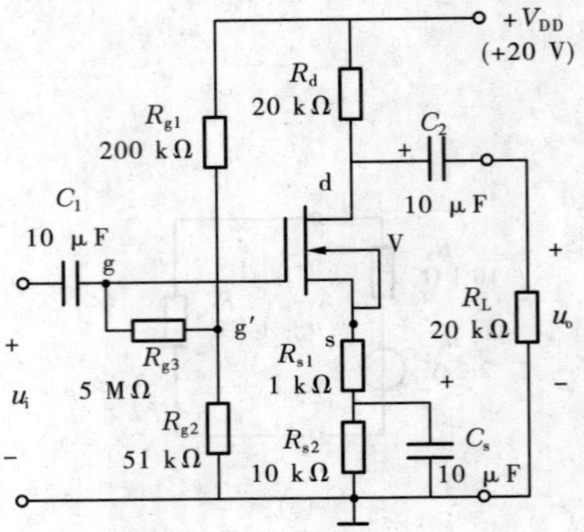

图 2-60

(3) 求 A_u、R_i、R_o；

(4) 若 $U_S = 10$ mV，求 U_o。

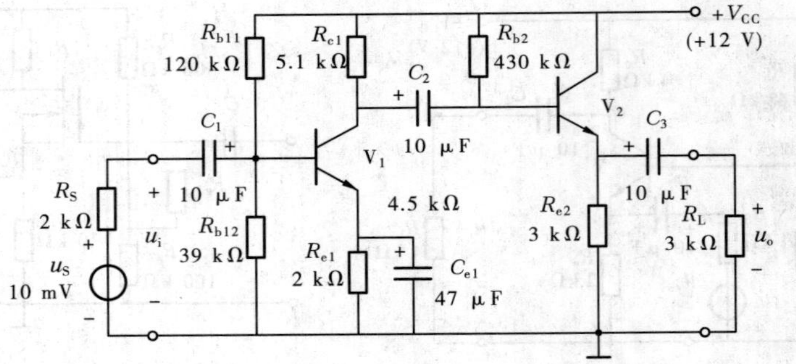

图 2-61

2-20　若将图 2-61 所示电路中电压放大倍数小于 1 的第二级射极输出器去除，将负载 R_L 通过 C_2 直接接在第一级的输出端，如图 2-62 所示。u_S 大小不变，试求此时的 A_{u1} 和 U_o，并与题 2-19 计算的 A_{u1} 和 U_o 相比较，说明为什么。

2-21　单级共射放大电路如图 2-63 所示，已知 BJT 的 $\beta_o = 50$，$f_T = 200$ MHz，$r_{bb'} = 100$ Ω，$C_{b'c} = 5$ pF，$U_{BE(on)} = 0.6$ V。试求该电路的 A_{usm}、f_L、f_H，并画出幅频特性波特图。

2-22　为了测量调整放大电路的下列性能和指标参数，试问一般需分别使用哪些仪器、仪表。可供选用的仪器、仪表有：直流稳压电源、万用表、信号发生器、电子交流毫伏表、示波器、波特图示仪。如使用万用表，请说明使用的挡位。

(1) 静态工作点；

(2) 电压放大倍数；

(3) 输入电阻；

(4) 输出电阻；

(5)通频带范围。

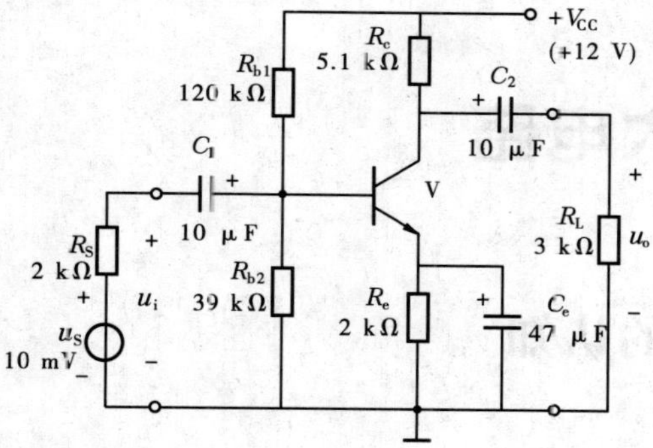

图 2-62

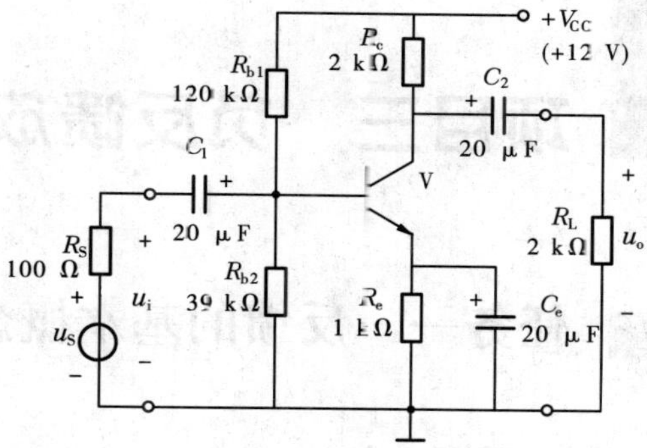

图 2-63

项目三　负反馈放大电路

任务一　反馈的基本概念的认知

一、反馈

反馈在电子电路中得到了非常广泛的应用。在放大电路中引入负反馈可以稳定放大倍数、改变输入输出电阻、展宽频带、减小非线性失真及稳定静态工作点等。因此，几乎所有的实用放大电路中都引入了这样或那样的负反馈，以达到改善多方面性能的目的。

所谓反馈，就是将放大器输出信号 $\dot{X}_o$（电压或电流）的一部分（或全部）通过一定的电路形式（反馈电路）送回到放大器的输入端与原输入信号 $\dot{X}_i$ 合在一起，重新送入放大器输入端的过程。这个被送回到放大器输入端的信号就是反馈信号 $\dot{X}_f$。当在放大器中引入反馈后，放大器的输入回路中同时存在有反馈信号 $\dot{X}_f$ 和输入信号 $\dot{X}_i$，这两个信号经叠加（相加或相减）后再送入放大器中，这时放大器的实际输入信号 $\dot{X}_d$（通常被称为净输入信号）发生了改变，从而使放大器的某些性能获得有效的改善。

二、反馈放大电路的组成

一般将反馈放大器用如图 3-1 所示的框图表示，其信号传输方向如图中箭头所示。图中基本放大器与反馈电路组成了一个封闭的系统，这样的系统称为闭环系统。而未引入反馈的电路称为开环放大器，也称基本放大器，表示为 $\dot{A}$，反馈电路则用 $\dot{F}$ 表示。由此可见，反馈放大器是由基本放大器 $\dot{A}$ 和反馈电路 $\dot{F}$ 两部分组成的。

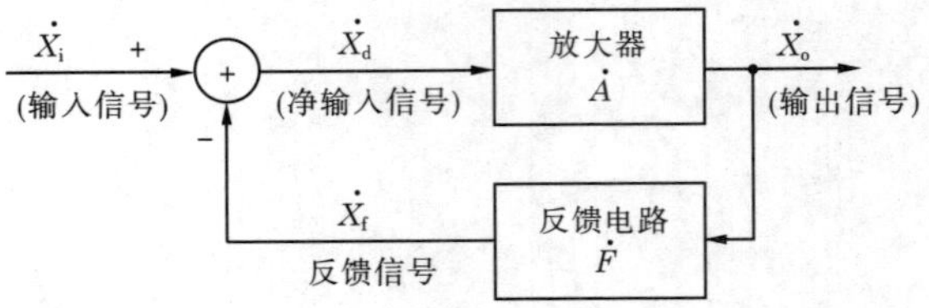

图 3-1　反馈放大器基本框图

可以看到，反馈电路跨接在放大器的输入端和输出端之间，若要在电路中识别出反馈电路，首先就要找到跨接在输入端和输出端之间的电路，构成这一电路的元器件很可能构成了反馈电路。构成反馈电路的元器件可以是电阻器，可以是电容器，也可以是阻容电路或其他电路。

当反馈信号与输入信号叠加后使得 $\dot{X}_d < \dot{X}_i$ 时，说明反馈信号相位和输入信号相位相反，即 $\dot{X}_d = \dot{X}_i - \dot{X}_f$，此时由于净输入信号 $\dot{X}_d$（反馈信号 $\dot{X}_f$ 和输入信号 $\dot{X}_i$ 叠加后的信号）的减小，放大器的输出信号减小，则放大器的放大倍数下降，定义这种情况为负反馈，该放大器称为负反馈放大器；反之，对于 $\dot{X}_d > \dot{X}_i$ 的情况，即 $\dot{X}_d = \dot{X}_i + \dot{X}_f$，则定义为正反馈。在放大电路中要尽量避免出现正反馈。

下面介绍反馈放大器的基本方程。

在未接入反馈网络之前，正向传输的放大器放大倍数为 $\dot{A}$：

$$\dot{A} = \frac{\dot{X}_o}{\dot{X}_d} \tag{3-1}$$

由于这种单向传输的放大器没有反馈电路，即没有形成闭合环路，因而称为开环状态，$\dot{A}$ 称为开环放大倍数。

接入反馈电路后，将反馈信号量与输出信号量之比称为反馈系数，用 $\dot{F}$ 表示：

$$\dot{F} = \frac{\dot{X}_f}{\dot{X}_o} \tag{3-2}$$

$\dot{F}$ 表示反馈信号 $\dot{X}_f$ 占输出信号 $\dot{X}_o$ 的比例。

由图 3-1 可知，引入负反馈后，放大器的输入信号变为

$$\dot{X}_d = \dot{X}_i - \dot{X}_f$$

此时，整个放大电路的输出信号 $\dot{X}_o$ 与输入信号 $\dot{X}_i$ 之比称为闭环放大倍数，用 $\dot{A}_f$ 表示，即

$$\dot{A}_f = \frac{\dot{X}_o}{\dot{X}_i} = \frac{\dot{X}_o}{\dot{X}_d + \dot{X}_f} = \frac{\dot{X}_o}{\dot{X}_d + \dot{F}\dot{X}_o}$$

$$= \frac{\dot{X}_o/\dot{X}_d}{1 + \dot{F}\dot{X}_o/\dot{X}_d} = \frac{\dot{A}}{1 + \dot{A}\dot{F}} \tag{3-3}$$

式(3-3)称为负反馈放大器的基本方程。

由式(3-3)可以看出，引入负反馈后，闭环放大倍数 $\dot{A}_f$ 是开环放大倍数 $\dot{A}$ 的 $1/|1+\dot{A}\dot{F}|$ 倍。$|1+\dot{A}\dot{F}|$ 越大，$\dot{A}_f$ 比 $\dot{A}$ 小得越多，负反馈的程度就越深，所以 $|1+\dot{A}\dot{F}|$ 是衡量反馈程度的重要指标，称为反馈深度。

当满足 $|1+\dot{A}\dot{F}| \gg 1$ 时，意味着 $\dot{X}_d \ll \dot{X}_i$，此时反馈信号 $\dot{X}_f = \dot{X}_i - \dot{X}_d \approx \dot{X}_i$，可以认为反馈深度足够大。$|1+\dot{A}\dot{F}| \gg 1$ 或 $\dot{A}\dot{F} \gg 1$ 称为深度负反馈。这时，式(3-3)可简化为

$$\dot{A}_f = \frac{\dot{A}}{1 + \dot{A}\dot{F}} \approx \frac{1}{\dot{F}}$$

这是一个重要的关系式。它表明，深度负反馈条件下，闭环放大倍数主要取决于反馈系数。

课堂活动

课堂提问和讨论

T3. 1-1 什么是反馈？如何判断一个电路是否有反馈？

T3. 1-2 什么是反馈信号？

任务二 反馈电路的类型判别

一、反馈放大电路的基本类型

(一) 按反馈极性分类

反馈可分为负反馈和正反馈。若反馈信号使净输入信号增大，即为正反馈；若反馈信号使净输入信号减小，即为负反馈。

(二) 按交、直流反馈分类

在放大电路中，若反馈信号是交流信号，则称为交流反馈，它影响电路的交流性能。本项目仅讨论交流反馈。直流反馈主要用于稳定放大器的静态工作点。

若反馈信号中既有交流信号又有直流电压或电流，则反馈信号对电路的交流性能和静态工作点的稳定都有影响，称为交直流混合反馈。

(三) 按连接方式分类

根据反馈电路与基本放大器输出、输入端连接方式的不同，反馈电路可以归纳为四种结构：串联电压反馈、串联电流反馈、并联电压反馈、并联电流反馈。

二、反馈极性的判别

由于反馈的结果影响了净输入信号，因而必然会影响输出信号，所以也可以根据引入反馈前后输出信号的变化情况来判断反馈的极性。若引入反馈后使输出信号增大，则为正反馈；反之，为负反馈。

判别正反馈与负反馈的方法是瞬时极性法。其具体方法是：先断开反馈网络与放大电路输入端的连接，然后设定输入信号有一个正极性的变化（增大），再根据放大电路和反馈网络信号的传输路径，逐级推出反馈信号的极性（增大或减小），最后根据反馈信号与输入信号的极性，观察反馈信号与输入信号叠加后使净输入信号增大了还是减小了，若净输入信号减小，则为负反馈，若净输入信号增大，则为正反馈。在具体电路中，可通过比较净输入电压和净输入电流与原输入电压和原输入电流的大小关系来判定，如在图 3-1 中，若 $\dot{X}_d<\dot{X}_i$，则为负反馈，否则，为正反馈。

三、反馈类型的判别

(一) 直流反馈与交流反馈

直流反馈与交流反馈的判别方法是：根据定义观察反馈信号是直流成分还是交流成分。在有些电路中，直流反馈与交流反馈同时存在。

(二) 串联反馈与并联反馈

根据放大电路中输入信号与反馈信号连接方式的不同，分为串联反馈与并联反馈，判别方法如下。

方法一:若反馈信号为电压量,与输入电压求差(或求和)而获得净输入电压,则为串联反馈;若反馈信号为电流量,与输入电流求差(或求和)获得净输入电流,则为并联反馈。

方法二:反馈信号与输入信号在同一节点引入,或是并接在放大器的同一个输入端上则为并联反馈;反馈信号和输入信号不在同一节点引入,或反馈信号和输入信号加在放大器的不同输入端上则为串联反馈。

(三)电压反馈与电流反馈

若反馈量与输出电压成正比则为电压反馈,若反馈量与输出电流戍正比则为电流反馈。通常可以采用负载短路法来判断。将放大电路的负载电阻 R_L 短路,若反馈信号消失,则为电压反馈;若反馈信号仍然存在,则为电流反馈。

判断电压反馈和电流反馈更直观的方法是根据负载电阻与反馈网络的连接方式来区分。将负载电阻与反馈网络看作双端网络(在反馈放大电路中,一端通常为公共接地端),若负载电阻与反馈网络并联,则反馈量对输出电压采样,为电压反馈。否则,反馈量无法直接对电压进行采样,则只能对输出电流进行采样,即为电流反馈。

如图 3-2 中,若 $\dot{X}_f$ 正比于 $\dot{U}_o$,则为电压反馈;若 $\dot{X}_f$ 正比于 $\dot{I}_o$,则为电流反馈。

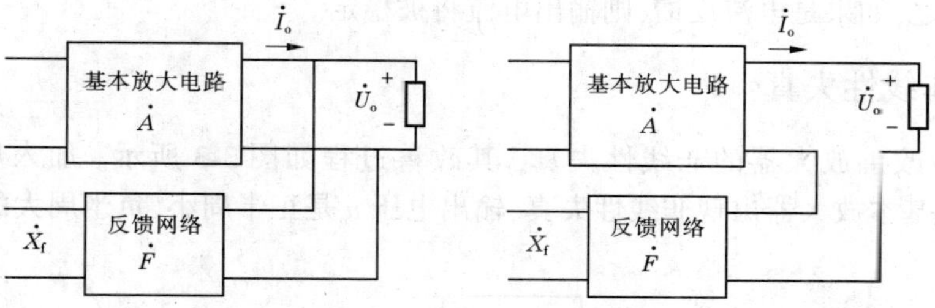

(a)　　　　(b)

图 3-2　电压、电流反馈放大器基本框图

课堂活动

课堂提问和讨论

T3.2-1　如何判断正反馈和负反馈?

T3.2-2　反馈信号与输出信号的类型是否一定相同?

任务三　负反馈对放大电路性能的影响分析

一、提高增益的稳定性

(一)负反馈降低了放大倍数

在放大电路引入负反馈之前,其开环电压放大倍数为 $\dot{A}$;而引入负反馈之后,电路呈闭环状态,放大倍数为 $\dot{A}_f=\dot{A}/(1+\dot{A}\dot{F})$。可见,引入负反馈后,放大倍数降低至原来的

$1/|1+\dot{A}\dot{F}|$。

(二)负反馈使放大倍数稳定度提高

负反馈稳定放大器增益的原理是因为负反馈有自动调节作用。工作环境发生变化(如温度等)、元件更换或老化、电源电压波动等均会导致放大器的放大倍数不稳定。引入负反馈后,输出信号的变化经反馈电路送回到基本放大器的输入回路,在输入回路进行叠加使得净输入信号与输出信号的变化趋势相反,其结果使输出信号自动保持稳定。当输入信号保持不变时,若基本放大器的放大倍数 $\dot{A}$ 下降,则有如下调整过程:

$$\dot{A}\downarrow \longrightarrow \dot{X}_o\downarrow \xrightarrow{\text{取样}} \dot{X}_f(=F\dot{X}_o)\downarrow \xrightarrow{\text{负反馈}} \dot{X}_d(=\dot{X}_i-\dot{X}_f)\uparrow$$

$$\dot{X}_o\uparrow \longleftarrow$$

可见 $\dot{X}_o$ 可以保持稳定,则闭环增益 $\dot{A}_f=\dot{X}_o/\dot{X}_i$ 也将保持稳定。引入负反馈使放大倍数的相对变化减小为原相对变化的 $1/|1+\dot{A}\dot{F}|$,说明反馈越强,稳定性越好。

需要指出的是,由负反馈所稳定的参数与反馈类型有关。如果是电压反馈,则输出电压将被稳定;反之,如果是电流反馈,则输出电流将被稳定。

二、减小非线性失真

负反馈可以改善放大器的非线性失真,其改善过程如图 3-3 所示。加入反馈前如图 3-3(a)所示,基本放大器出现非线性失真,输出电压 u_o'是正半周小、负半周大的波形。

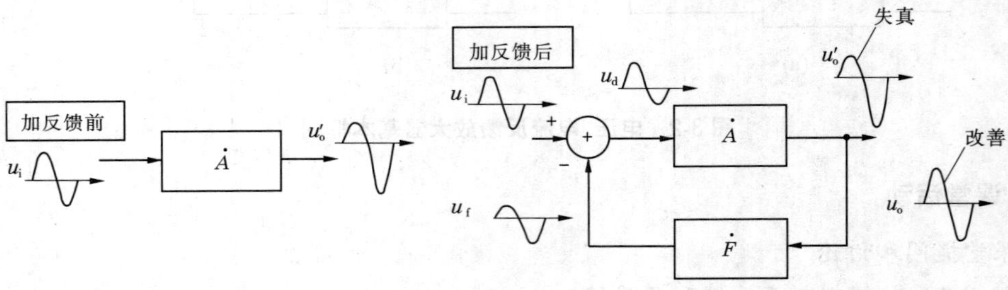

(a)没有引入反馈时的失真情况　　(b)引入反馈后波形改善情况

图 3-3　负反馈改善非线性失真示意图

引入反馈后如图 3-3(b)所示,由于出现非线性失真将产生如图 u_o'的失真输出电压,其波形正半周小、负半周大。反馈电路如实地将输出端电压反送回输入端,即反馈电压 u_f 与 u_o' 的形状相同,波形正半周小、负半周大。因为是负反馈,所以输入电压 u_i 将与反馈电压 u_f 相减,即 $u_d=u_i-u_f$,相减后,净输入电压 u_d 的波形变为正半周略大,负半周小,称为预失真。这样再经过失真的放大输出,输出电压 u_o 与原输出电压 u_o'相比失真情况得到改善。

三、扩展通频带

如图 3-4 所示,$\dot{A}_m$ 是开环放大器的放大倍数,其中 f_L 称为下限频率,f_H 称为上限频率，通频带 $BW=f_H-f_L$。引入负反馈后，闭环放大倍数为 $\dot{A}_{mf}$，从图 3-4 中可以看出，上限频率提高为 f_{Hf}，下限频率降低为 f_{Lf}。

放大器中引入负反馈，对反馈环路内任何原因引起的增益变动都能减小，所以对频率升高或降低而引起的放大倍数的下降也将得到改善，频率响应将变得平坦，失真将减小。

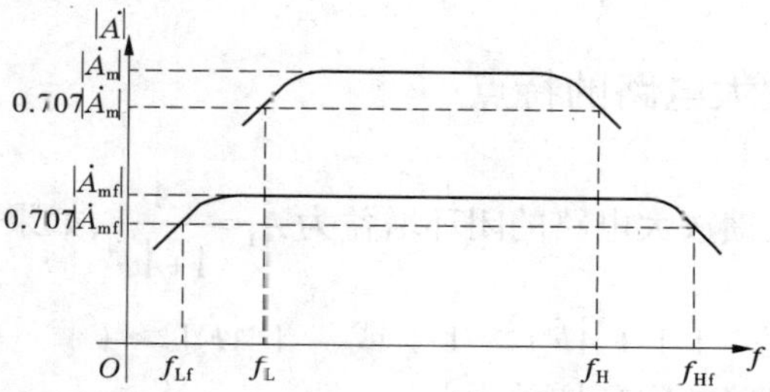

图 3-4　负反馈展宽通频带示意图

四、改变输入、输出电阻

放大器引入负反馈后会对其输入、输出电阻产生影响。无论在输入端还是在输出端，只要根据反馈电路与基本放大器的连接方式就可以判定其输入和输出电阻是增大还是减小。

(一) 串联反馈将增大输入阻抗

设原输入信号不变，引入串联负反馈后，反馈信号与原输入信号以电压形式串联，使净输入电压小于原输入电压，导致输入电流下降。此时，原输入电压不变而输入电流减小，相当于引入负反馈后放大电路输入电阻增大，减小了信号源的负担。

(二) 并联反馈将减小输入阻抗

引入并联负反馈后，反馈信号和输入信号接在同一节点上，反馈信号以电流形式出现，反馈电路对原输入电路起着分流作用。而此时原输入电压不变，电路将要求信号源增大总电流。这样由于原输入电压不变，而输入电流增加，相当于输入电阻减小，放大电路将向信号源索取更大的电流。

(三) 电压反馈将减小输出阻抗，增强放大电路带负载能力

电压反馈能稳定输出电压，即输出端负载改变时，能保持输出电压基本不变，使放大器等效于恒压源，相当于输出电阻降低。

(四) 电流反馈将增大输出阻抗

电流反馈能稳定输出电流，即输出端负载改变时，对输出电流的影响很小，使放大器等效于恒流源，相当于输出电阻增大。

课堂活动

课堂提问和讨论

T3.3-1　负反馈可以改善放大器的哪些性能？所付出的代价是什么？

T3.3-2　一个放大电路只要接成负反馈，就一定能改善性能吗？

T3.3-3　有人认为电压负反馈可以稳定输出电压，流过负载的电流也就必然稳定，

因此电压负反馈和电流负反馈都可以稳定输出电流，在这一点上电压负反馈和电流负反馈没有区别。你是怎样分析的？

任务四 深度负反馈的计算

一、深度负反馈放大电路的特点

式(3-3)给出了负反馈放大电路的闭环增益为 $\dot{A}_f=\dfrac{\dot{A}}{1+\dot{A}\dot{F}}$，如果该式满足条件

$$|1+\dot{A}\dot{F}|\gg 1 \quad 或 \quad |\dot{A}\dot{F}|\gg 1 \tag{3-4}$$

那么，负反馈放大电路的闭环增益为

$$\dot{A}_f=\frac{\dot{A}}{1+\dot{A}\dot{F}}\approx\frac{1}{\dot{F}} \tag{3-5}$$

由于反馈网络一般由电阻构成，反馈系数 $\dot{F}$ 为实数，因此式(3-5)表明，在深度负反馈条件下，放大电路的闭环放大倍数近似等于反馈系数的倒数，其数值仅由构成反馈网络的电阻的阻值决定，而与放大电路的开环参数无关，因此闭环放大倍数非常稳定。

在深度负反馈条件下，放大电路的净输入信号 $\dot{X}'_i$ 很小，即

$$\dot{X}'_i\approx 0 \tag{3-6}$$

因而有

$$\dot{X}_i=\dot{X}'_i+\dot{X}_f\approx\dot{X}_f \tag{3-7}$$

由此可以得到

$$\dot{A}_f=\frac{\dot{X}_o}{\dot{X}_i}\approx\frac{\dot{X}_o}{\dot{X}_f}=\frac{1}{\dot{F}}$$

这与式(3-5)相同。

式(3-5)、式(3-6)和式(3-7)是在深度负反馈条件下推导出来的，它们反映了深度负反馈放大电路的特点。利用这些特点，可以方便地对负反馈放大电路进行定量分析。

二、深度负反馈放大电路性能的估算

(一)电压串联负反馈电路

图 3-5 是电压串联负反馈电路，其输入量为 $\dot{U}_i$，输出量为 $\dot{U}_o$，反馈量为 $\dot{U}_f$，净输入量为 $\dot{U}_{id}$。由于集成运放的开环增益很高，很容易实现深度负反馈，即容易满足式(3-4)的条件，此时，$\dot{U}_{id}\approx 0$，这叫作运放两输入端的虚假短接或称之为“虚短”；同时，因运放的输入电阻很高(1 MΩ 以上)，则有 $\dot{I}_{id}\approx 0$，这叫作运放两输入端的虚假断路或称之为“虚断”。运用“虚短”和“虚断”的概念，由图 3-5 可得

$$\dot{U}_i\approx\dot{U}_f\approx\frac{R_1}{R_1+R_f}\dot{U}_o$$

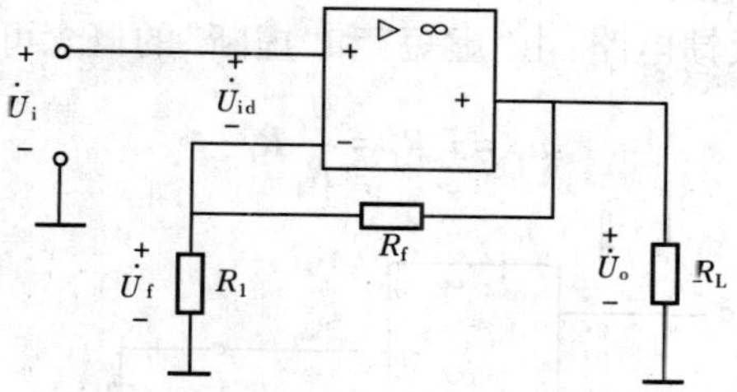

图 3-5　电压串联负反馈电路

即

$$\dot{F}=\frac{\dot{U}_f}{\dot{U}_o}\approx\frac{R_1}{R_1+R_f}$$

在深度负反馈条件下，已知 F 值则可估算出 A_{uf} 值

$$\dot{A}_{uf}\approx\frac{1}{\dot{F}}=\frac{R_1+R_f}{R_1}=1+\frac{R_f}{R_1}\tag{3-8}$$

也可利用在深度负反馈条件下 $\dot{X}_f\approx\dot{X}_i$ 的结论，在这里 $U_f\approx\dot{U}_i$，同样可得

$$\dot{A}_{uf}=\frac{\dot{U}_o}{\dot{U}_i}\approx\frac{\dot{U}_o}{\dot{U}_f}=\frac{R_1+R_f}{R_1}=1+\frac{R_f}{R_1}$$

“虚短”和“虚断”是两个非常重要的概念，它满足所有深度负反馈放大电路，运用“虚短”和“虚断”的概念分析电路，可以使分析过程大为简便。

（二）电压并联负反馈电路

图 3-6 是电压并联负反馈电路，由于输入端的连接为并联负反馈，因而其输入量为 $\dot{I}_i$，反馈量为 $\dot{I}_f$，净输入量为 $\dot{I}_{id}$。根据“虚断”的概念，$\dot{I}_{id}\approx 0$，因而有 $\dot{I}_i\approx\dot{I}_f$。

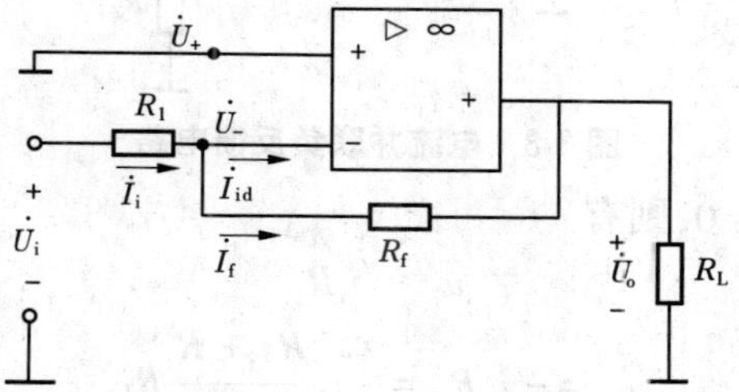

图 3-6　电压并联负反馈电路

再根据“虚短”的概念，$\dot{U}_{id}\approx 0$，可知 $\dot{U}_-\approx 0$，则有

$$\dot{U}_o=-\dot{I}_fR_f$$

$$\dot{U}_i=\dot{I}_iR_1$$

因此

$$\dot{A}_{uf}=\frac{\dot{U}_o}{\dot{U}_i}\approx\frac{-\dot{I}_fR_f}{\dot{I}_iR_1}\approx-\frac{R_f}{R_1}\tag{3-9}$$

(三)电流串联负反馈电路

图 3-7 是电流串联负反馈电路,由“虚短”和“虚断”的概念可得

$$u_f = i_o R_f = \frac{u_o}{R_L} R_f$$

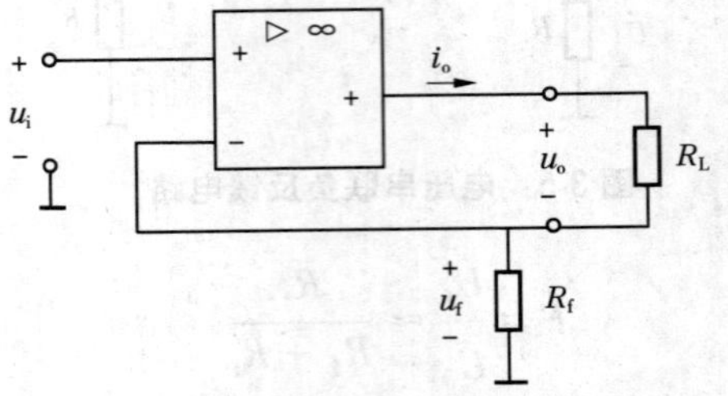

图 3-7　电流串联负反馈电路

因此,电压放大倍数为

$$A_{uf} = \frac{u_o}{u_i} \approx \frac{u_o}{u_f} = \frac{R_L}{R_f} \tag{3-10}$$

(四)电流并联负反馈电路

图 3-8 是电流并联负反馈电路,根据“虚断”的概念,$i_{id} \approx 0$,因而有 $i_i \approx i_f$。

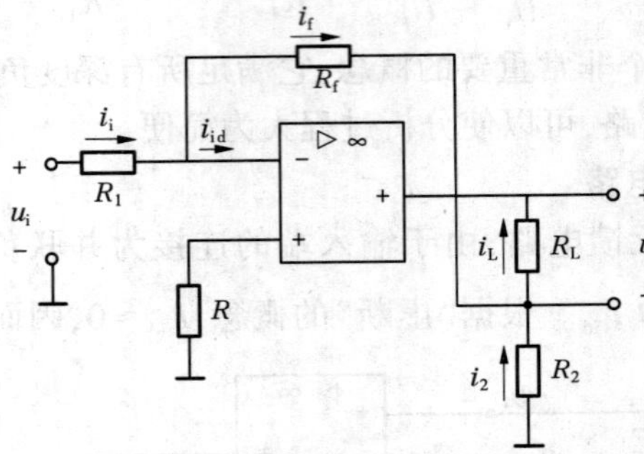

图 3-8　电流并联负反馈电路

根据 $u_{id} \approx 0$,可知 $u_- \approx 0$,则有

$$u_i \approx i_i R_1$$

$$u_o = - i_L R_L = - i_f \frac{R_2 + R_f}{R_2} R_L$$

因此

$$A_{uf} = \frac{u_o}{u_i} = -\left(1 + \frac{R_f}{R_2}\right) \frac{R_L}{R_1} \tag{3-11}$$

课堂活动

课堂提问和讨论

T3.4-1　既然在深度负反馈的条件下,放大倍数只与反馈系数 $\dot{F}$ 有关,那么是不是可以说:“放大器件的参数就没有什么实用意义了,随便取一个管子或组件,只要 $\dot{F}$ 不

变，都能得到同样的放大倍数。”这种说法对吗？

T3.4-2　如何理解在深度负反馈的条件下，净输入量为零的概念？

任务五　负反馈放大电路的稳定性设计

一、产生自激振荡的条件及原因

（一）自激的概念

加入负反馈之后，可以改善放大器的诸多性能指标，但是同时也给放大器带来一些不利之处，最主要的问题就是负反馈放大器会出现高频自激。

所谓自激，就是某些频率的信号在通过放大器中的反馈电路后，变成了正反馈，如果正反馈是足够强的，就会导致放大器没有加输入信号时，也会有输出电压存在，这一输出电压是由放大器自身产生的。例如，在上课时如果音箱与话筒的位置不合适，功放开始工作时就会听到刺耳的啸叫声，这就是功放中的放大电路通过音箱与话筒形成的自激现象。这些信号对负反馈放大器稳定工作十分有害。为此，要在负反馈放大器中采取一些消除这种高频自激的措施。

（二）自激产生的原因

根据负反馈的定义可知，负反馈放大器中引入的反馈信号使得输入信号被削弱，也就是说，反馈信号和输入信号的相位相反。由于某种原因使得放大电路中的负反馈改变为正反馈时，即反馈信号和输入信号的相位相同时，此时若有信号输入，由于是正反馈，使得反馈信号与原输入信号相加，净输入增大，再经过放大器的放大，那么输出信号就会增大，使得反馈信号也随着增大，这样愈反馈信号幅度愈大，最终便会产生自激振荡。

二、消除自激振荡的方法

为避免产生自激振荡，不影响放大器对正常信号的放大，必须对正反馈加以抑制。这通过消振电路（又称为补偿电路）来完成。消振电路是根据自激振荡产生的机理设计的。只要破坏了正反馈或者使得正反馈信号不能被放大输出，自激就不会发生。

常用的消振电路有超前式消振电路、滞后式消振电路、超前-滞后式消振电路和负载阻抗补偿电路等。

（一）超前式消振电路

如图 3-9 所示，在两级放大器之间接入一个 R_1、C_2 并联电路构成超前式消振电路，C_1 是级间耦合电容。对于音频级放大器，电容 C_2 的容量不能太大，一般在皮法级。

（二）滞后式消振电路

如图 3-10 所示，在两级放大器之间的 R_1、C_2 构成滞后式消振电路，C_1 是级间耦合电容。音频放大器中滞后式消振电路中的消振电阻 R_1 一般为 2 kΩ，消振电容 C_2 一般取几千皮法。如果前级放大器输出阻抗很大，可以将消振电阻 R_1 省去，只设消振电容 C_2。

（三）超前-滞后式消振电路

如图 3-11 所示，超前-滞后式消振电路只是在滞后式消振电路的基础上加入一个电

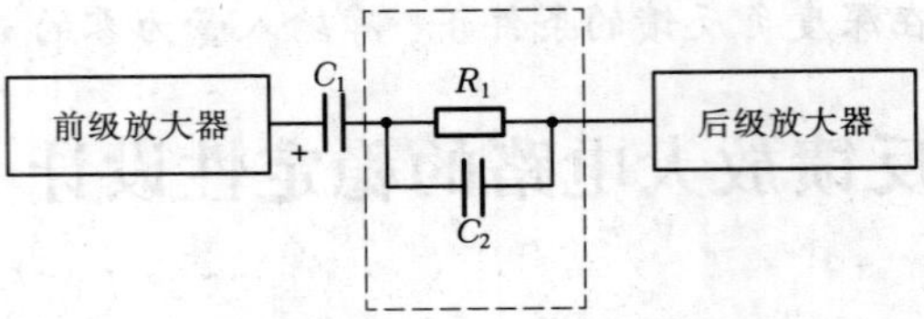

图 3-9　超前式消振电路

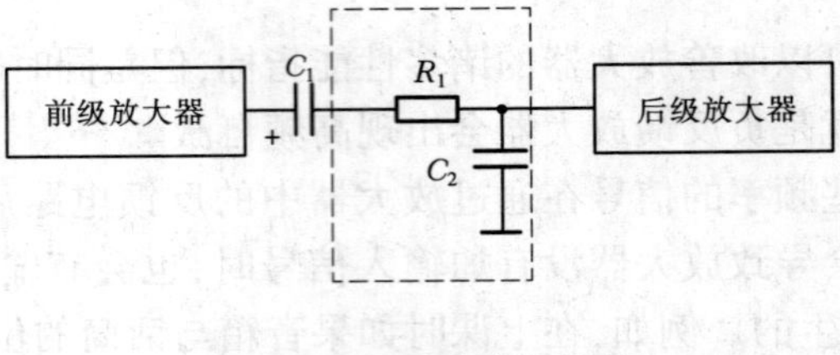

图 3-10　滞后式消振电路

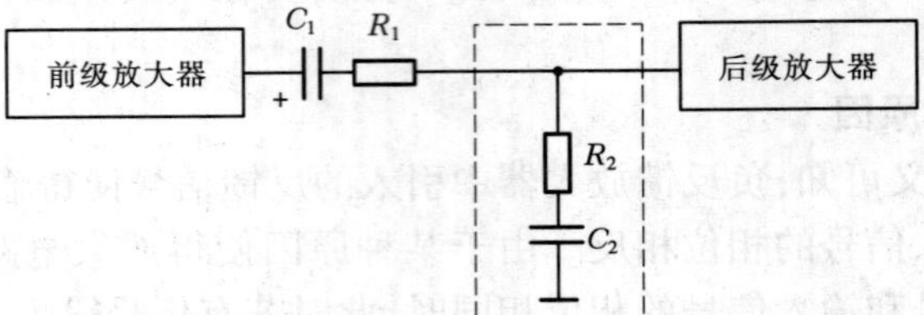

图 3-11　超前-滞后式消振电路

阻改善了高频特性。当前级放大器输出阻抗很大时，也可以省去消振电路中的电阻 R_1，只接入消振电阻 R_2 和消振电容 C_2。

（四）负载阻抗补偿电路

有些情况下，负反馈放大器的自激是由于放大器的负载引起的，此时可以采用负载阻抗补偿电路来消除自激。负载阻抗补偿电路如图 3-12 所示。扬声器 SP_1 是功率放大器的负载。负载阻抗补偿电路由两部分组成：一是 R_1 和 C_1 构成的负载阻抗补偿电路，这一电路又称为“茹贝尔”网络；二是由 L_1 和 R_2 构成的补偿电路。

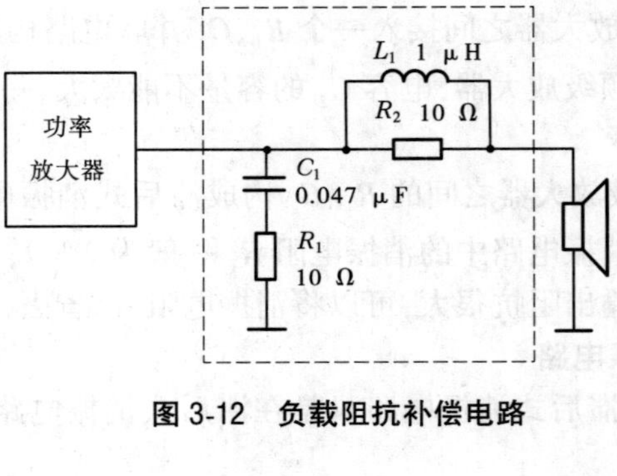

图 3-12　负载阻抗补偿电路

在实际应用中,消除自激振荡是比较困难的。消振电路所用的电容和电阻通常要经过反复测试来决定。

课堂活动

课堂提问和讨论

T3.5-1 为什么会产生自激振荡,会有什么危害?

T3.5-2 如何决定抑制自激的方式?

实训与技能操作训练

1. 实训目的

(1)加深理解负反馈在电路中的应用以及负反馈对放大器各项性能指标的影响。

(2)深刻理解引进负反馈对放大器的利与弊。

2. 实训设备与器材

数字式万用表一块;

3DG6 型三极管、电解电容、点接触型二极管以及相应阻值电阻若干。

3. 实训内容

1)实训电路

实训电路如图 3-13 所示。

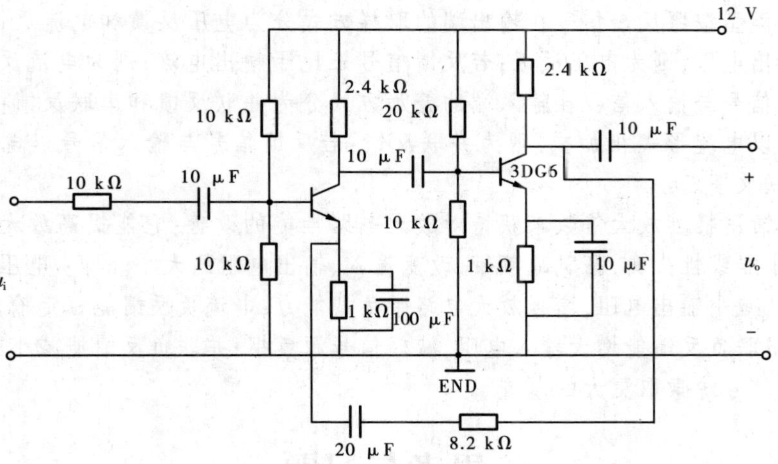

图 3-13

2)实训步骤

(1)测量各级静态工作点(万用表 V 挡),填入表 3-1。

表 3-1　各级静态工作点

级次	V_B(V)	V_E(V)	V_C(V)	U_{CE}(V)	备注
第一级				$\approx\frac{1}{2}V_{CC}$	
第二级				$\approx\frac{1}{2}V_{CC}$	

(2)用示波器观察电路有无反馈的 u_o 输出，放大器接入 $f=1$ kHz，$u_i=10$ mV，测表 3-2 中参数。

表 3-2　反向特性

电路形式	u_i(mA)	u_o(V)	波形 u_o
基本放大电路			放大状态
基本放大电路	增大 u_i↑		使波形失真
接入负反馈	u_i 不变		观察波形是否得到改善

项目小结

1. 反馈的实质是输出量参与控制。反馈使净输入量减弱的为负反馈，使净输入量增强的为正反馈。常用"瞬时极性法"来判别反馈的极性。

2. 反馈类型按照反馈信号在输出端的取样方式分为电压反馈和电流反馈；若反馈信号正比于输出电压，则为电压反馈；若反馈信号正比于输出电流，则为电流反馈。反馈类型按照反馈信号与输入信号在输入端的叠加方式分为并联反馈和串联反馈：若反馈信号与输入信号以电流形式相加减，则为并联反馈；若反馈信号与输入信号以电压形式相加减，则为串联反馈。

3. 负反馈用牺牲放大倍数来获得对放大电路性能的改善：它能提高放大倍数工作的稳定性，减小非线性失真，拓宽通频带，改变输入、输出电阻的大小。即：电压负反馈能稳定输出电压，减小输出电阻，增强放大电路带负载能力；电流负反馈能稳定输出电流，增大输出电阻；串联负反馈能增大输入电阻，减轻信号源负担；并联负反馈能减小输入电阻，使放大电路向信号源索取更大的电流。

思考与习题

3-1　选择合适的答案填空。

(1)对于放大电路，所谓开环是指＿＿＿＿＿＿，而所谓闭环是指＿＿＿＿＿＿。

A. 无信号源　　B. 无反馈通路　　C. 有电源　　D. 存在反馈通路

(2)在输入量不变的情况下，若引入反馈后＿＿＿＿＿＿，则说明引入的反馈是负反馈。

A. 输入电阻增大　　B. 输入量增大　　C. 净输入量增大　　D. 净输入量减小

(3)①稳定静态工作点,应引入__________;

②稳定放大倍数,应引入__________;

③改变输入电阻和输出电阻,应引入__________;

④展宽通频带,应引入__________;

⑤抑制温漂,应引入__________。

A. 直流负反馈　　B. 交流负反馈

(4)深度负反馈的条件是__________。

A. $|\dot{A}\dot{F}|\ll 1$　　B. $|1+\dot{A}\dot{F}|\gg 1$

3-2　判断图 3-14 所示各电路中是否引入了反馈,是直流反馈还是交流反馈,是正反馈还是负反馈。设图中所有电容对交流信号均可视为短路。

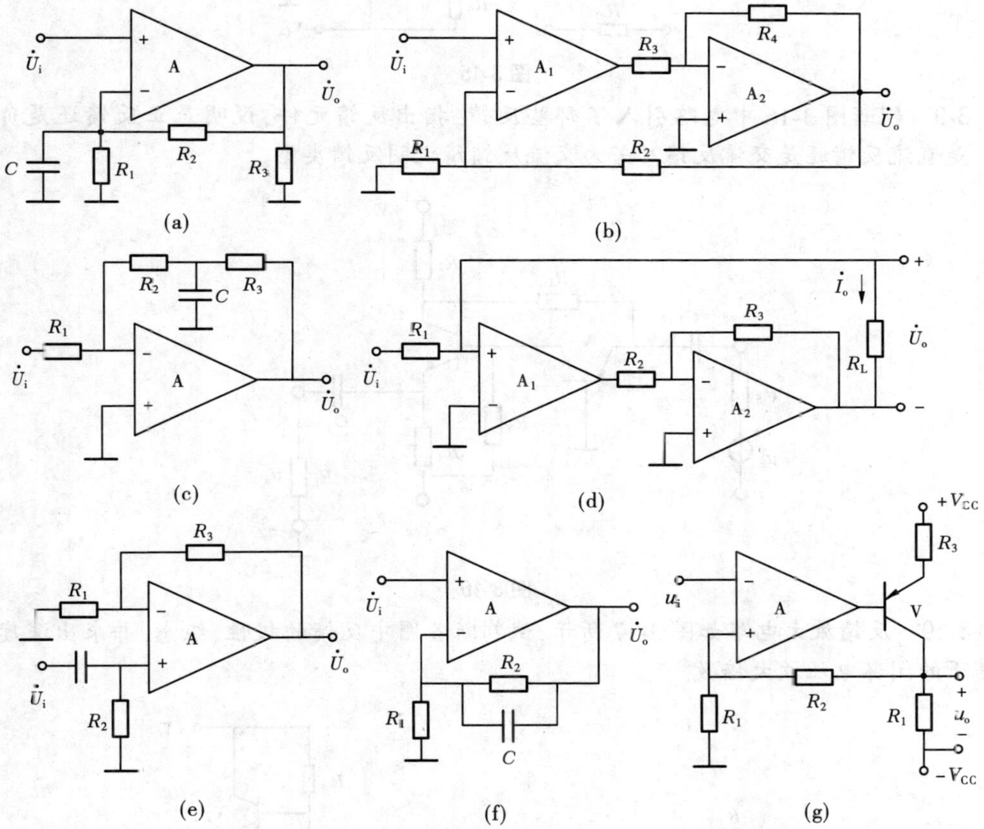

图 3-14

3-3　分别判断图 3-14 中(d)~(g)所示各电路中引入了哪种组态的交流负反馈,并计算它们的反馈系数。

3-4　有一放大电路的开环电压放大倍数在 200~350 变化,现引入反馈系数 $F=0.05$ 的负反馈,求闭环电压放大倍数变化范围。

3-5　已知一个负反馈放大电路的 $A=105$, $F=2\times10^{-3}$,求 A_f 等于多少?

3-6　设某放大电路在开环时 $dA_u/A_u=20\%$，若要求 $dA_{uf}/A_{uf}<1\%$，且 $A_u=100$，问 A_{uf} 及 F 分别为多大？

3-7　已知一个电压串联负反馈放大电路的电压放大倍数 $A_{uf}=20$，其基本放大电路的电压放大倍数 A_u 的相对变化率为 10%，A_{uf} 的相对变化率小于 0.1%，试问 F 和 A_u 各为多少？

3-8　电路如图 3-15 所示，合理连线，接入信号源和反馈，使电路的输入电阻增大，输出电阻减小。

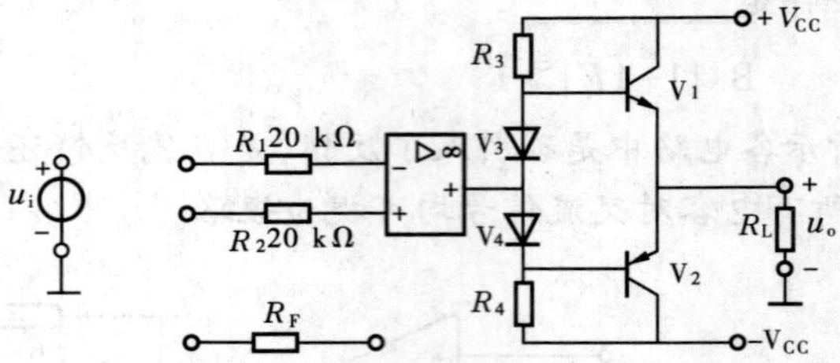

图 3-15

3-9　判断图 3-16 中电路引入了哪些反馈；指出反馈元件，说明是正反馈还是负反馈？是直流反馈还是交流反馈？若为交流反馈请说明反馈类型。

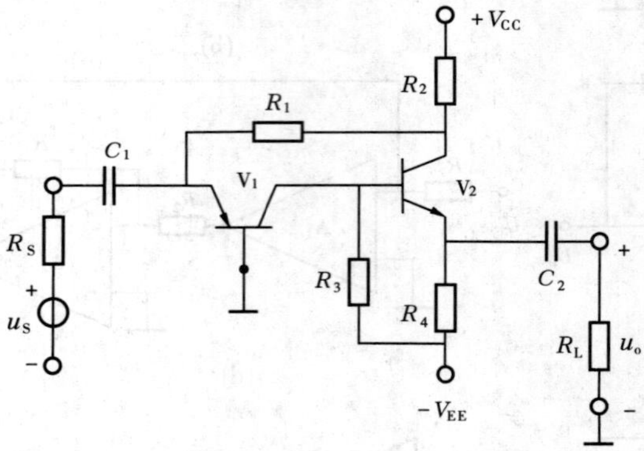

图 3-16

3-10　反馈放大电路如图 3-17 所示，试判断各图中反馈的极性、组态，并求出深度负反馈下的闭环电压放大倍数。

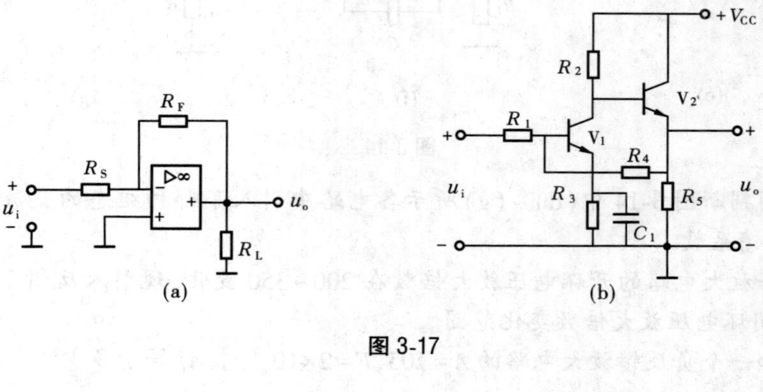

图 3-17

3-11　分别分析图 3-18 中各放大电路的反馈：

(1)在图中找出反馈元件；

(2)判断是正反馈还是负反馈；

(3)对交流负反馈，判断其反馈组态。

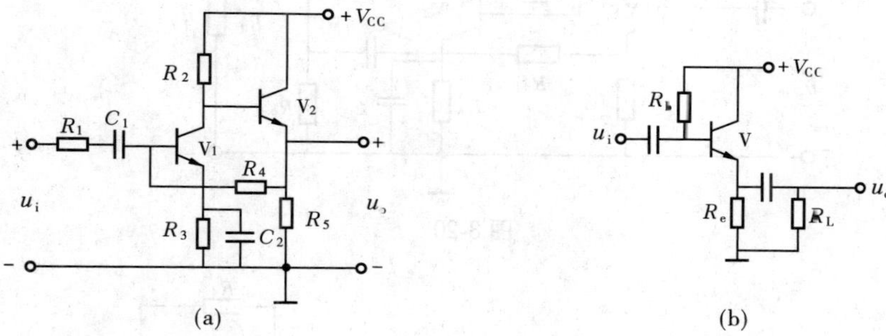

图 3-18

3-12　反馈放大电路如图 3-19 所示，试用瞬时极性法判断级间反馈的极性和组态。

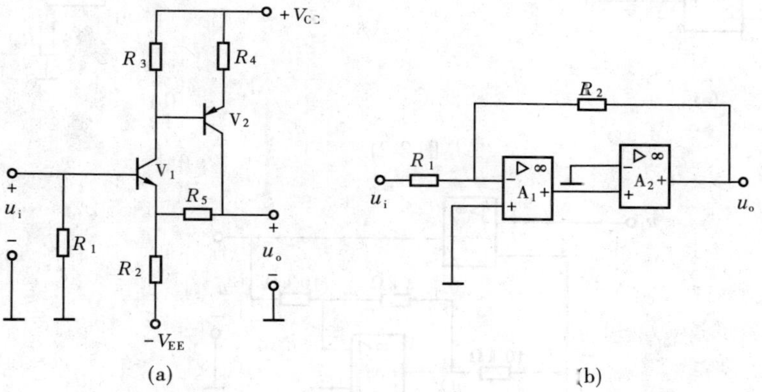

图 3-19

3-13　判断图 3-20 中电路引入了哪些反馈；指出反馈元件，说明是正反馈还是负反馈？是直流反馈还是交流反馈？若为交流反馈请说明反馈类型。

3-14　分别分析图 3-21 中各放大电路的反馈：

(1)在图中找出反馈元件；

(2)判断是正反馈还是负反馈；

(3)对负反馈放大电路，判断其反馈组态。

3-15　图 3-22 示电路中运放具有理想特性，试指出该放大电路的反馈属于何种极性和组态。

3-16　分析图 3-23 中各电路是否存在反馈；若存在，请指出是电压反馈还是电流反馈、是串联反馈还是并联反馈、是正反馈还是负反馈。

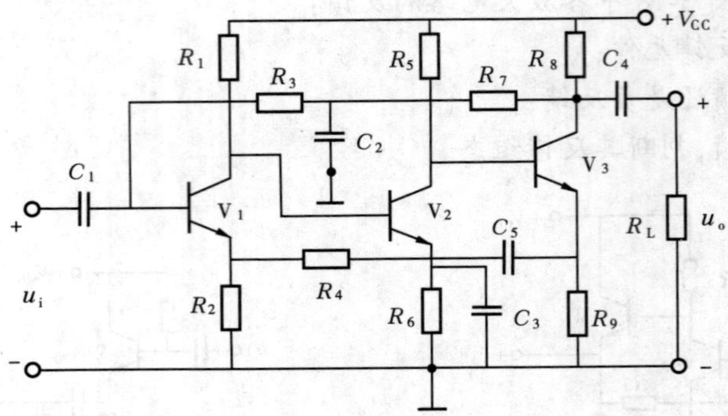

图 3-20

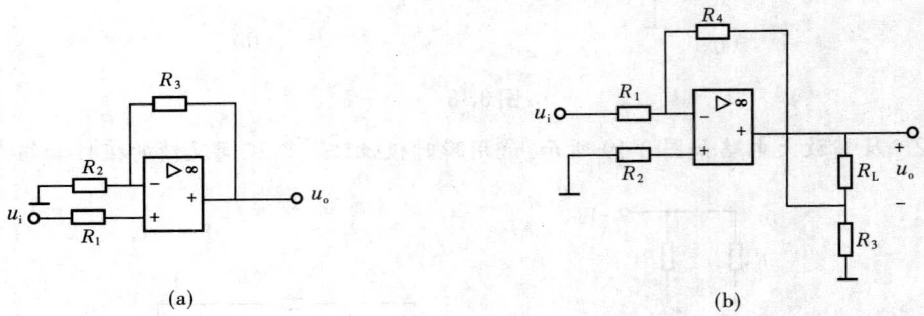

图 3-21

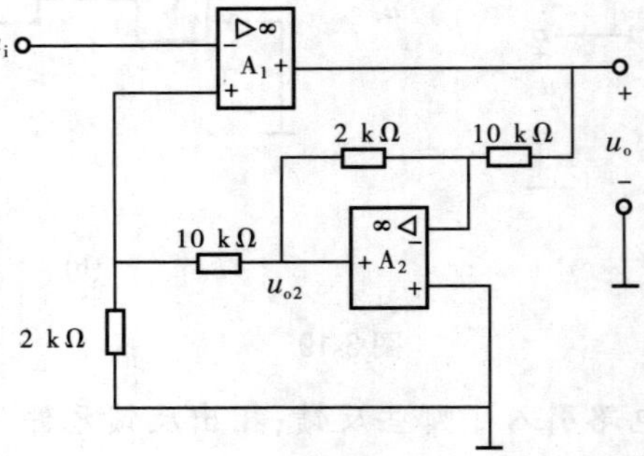

图 3-22

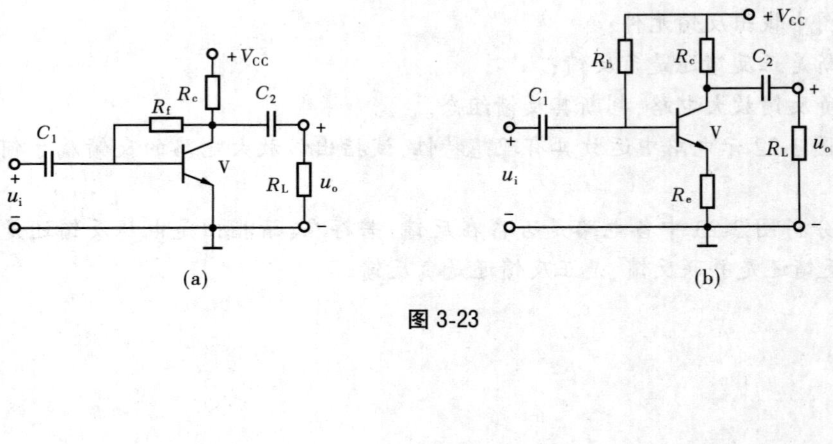

图 3-23

项目四　集成运算放大器及应用

任务一　差动放大器的分析与检测

一、差动放大器

(一)零点漂移现象

单级共射放大器如图 4-1 所示。由前面讨论可知,在静态时,由于温度变化、电源波动等因素的影响,会使放大电路的静态工作点电压(集电极电位)偏离设定值而缓慢地上下漂动。我们将这种由于温度变化、电源波动等因素引起的输出电压的波动现象称为零点漂移。

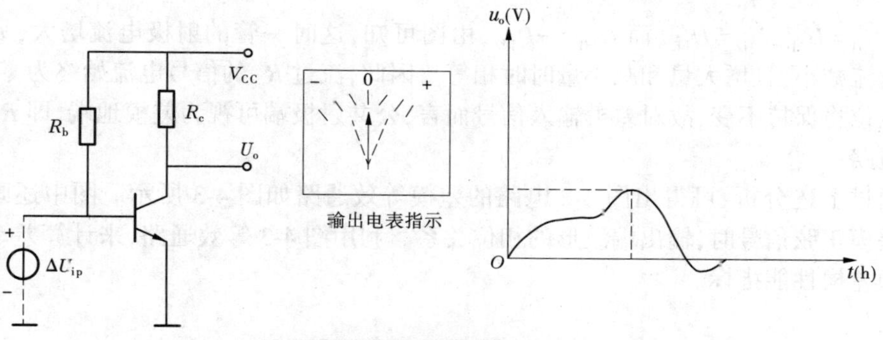

图 4-1　放大器的零点漂移

(二)差动放大器的工作原理及性能分析

基本差动放大器如图 4-2 所示。它由两个性能参数完全相同的共射放大电路组成,通过两管射极连接并经公共电阻 R_e 耦合在一起,所以也称为射极耦合差动放大器。

首先来分析图 4-2 所示电路的静态工作点。为了使差动放大器输入端的直流电位为零,通常都采用正、负两路电源供电。由于两个三极管参数相同,电路结构对称,所以两管工作点必然相同。由图可知,当 $U_{i1}=U_{i2}=0$ 时

$$U_{EQ}=-U_{BE}\approx-0.7\ \text{V}$$

则流过 R_e 的电流 I_{EQ} 为

$$I_{EQ}=\frac{V_{EE}-(-U_{BE})}{R_e}=\frac{V_{EE}-0.7}{R_e}=2(\text{mA}) \tag{4-1}$$

故有

$$I_{CQ1}=I_{CQ2}\approx I_{EQ1}=I_{EQ2}=\frac{1}{2}I_{EQ}=1\ \text{mA} \tag{4-2}$$

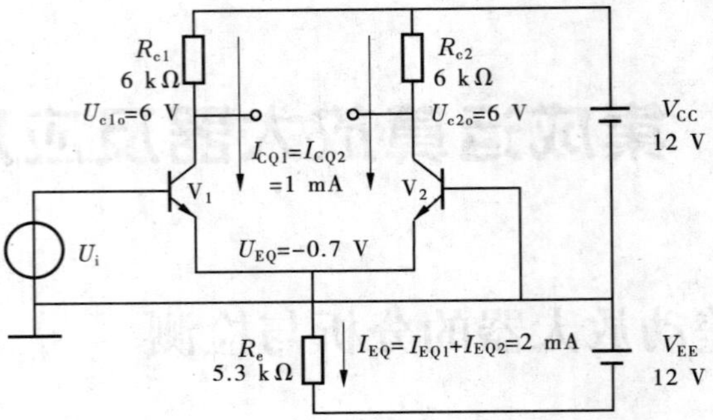

图 4-2　基本差动放大器

$$U_{c1o} = U_{c2o} = V_{CC} - I_{CQ1}R_{c1} = 12 - 1 \times 6 = 6(\mathrm{V}) \tag{4-3}$$

$$U_o = U_{c1o} - U_{c2o} = 0 \tag{4-4}$$

可见,静态时,差动放大器两输出端之间的直流电压为零。下面分析差动放大器的动态特性。分析过程中特别提醒读者注意射极公共电阻 R_e 的作用。

1. 差模放大特性

如果在图 4-2 所示差动放大器的两个输入端加上一对大小相等、相位相反的差模信号,即 $\dot{U}_{i1}=\dot{U}_{id1}$,$\dot{U}_{i2}=\dot{U}_{id2}$,而 $\dot{U}_{id1}=-\dot{U}_{id2}$,由图可知,这时一管的射极电流增大,另一管的射极电流减小,且增大量和减小量时时相等。因此,流过 R_e 的信号电流始终为零,公共射极端电位将保持不变,故对差模输入信号而言,公共射极端可视为差模地端,即 R_e 相当于对地短路。

通过上述分析,可得出图 4-2 电路的差模等效通路如图 4-3 所示。图中还画出了输入为差模正弦信号时,输出端波形的相位关系。利用图 4-3 等效通路,来计算差动放大器的各项差模性能指标。

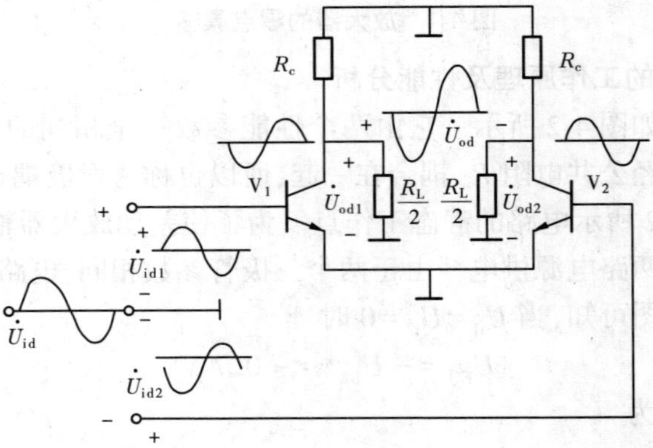

图 4-3　基本差动放大器的差模等效通路

1) 差模电压放大倍数

差模电压放大倍数定义为输出电压与输入差模电压之比。在双端输出时,输出电

压为

$$U_{od}=U_{od1}-U_{od2}=2U_{od1}=-2U_{od2}$$

输入差模电压为

$$U_{id}=U_{id1}-U_{id2}=2U_{id1}=-2U_{id2}$$

所以

$$A_{ud}=\frac{U_{oc}}{U_{ic}}=\frac{U_{od1}}{U_{id1}}=\frac{U_{od2}}{U_{id2}}=-\frac{\beta R'_L}{r_{be}} \tag{4-5}$$

式中，$R'_L=R_c//\frac{1}{2}R_L$。可见，双端输出时的差模电压放大倍数等于单边共射放大器的电压放大倍数。

单端输出时，则

$$A_{ud(单)}=\frac{U_{od1}}{U_{id}}=\frac{U_{od1}}{2U_{id1}}=\frac{1}{2}A_{ud} \tag{4-6}$$

或

$$A_{ud(单)}=\frac{U_{od2}}{U_{id}}=\frac{-U_{od1}}{2U_{id1}}=-\frac{1}{2}A_{ud} \tag{4-7}$$

可见，这时的差模电压放大倍数为双端输出时的一半，且两输出端信号的相位相反。需要指出，若单端输出时的负载 R_L 接在一个输出端到地之间，则计算 A_{ud} 时，总负载应改为 $R'_L=R_c//R_L$。

2）差模输入电阻

差模输入电阻定义为差模输入电压与差模输入电流之比。由图 4-3 可得

$$R_{id}=\frac{U_{id}}{I_{id}}=\frac{2U_{id1}}{I_{id}}=2r_{be} \tag{4-8}$$

3）差模输出电阻

双端输出时为

$$R_{od}=2R_c \tag{4-9a}$$

单端输出时为

$$R_{od(单)}=R_c \tag{4-9b}$$

2. 共模抑制特性

如果在图 4-2 所示差动放大器的两个输入端加上一对大小相等、相位相同的共模信号，即 $\dot{U}_{i1}=\dot{U}_{i2}=\dot{U}_{ic}$，由图可知，此时两管的射极将产生相同的变化电流，使得流过 R_e 的变化电流为 2 倍的单管射极电流，从而引起两管发射极电位有 2 倍的变化。因此，从电压等效的观点看，相当于每管的射极各接有 $2R_e$ 的电阻。

通过上述分析，图 4-2 电路的共模等效通路如图 4-4 所示。利用该电路，现在来分析它的共模指标。

1）共模电压放大倍数

双端输出时的共模电压放大倍数定义为

$$A_{uc}=\frac{U_{oc}}{U_{ic}}=\frac{U_{oc1}-U_{oc2}}{U_{ic}}$$

当电路完全对称时，$\dot{U}_{oc1}=\dot{U}_{oc2}$，所以双端输出的共模电压放大倍数为零，即 $A_{uc}=0$。

单端输出时的共模电压放大倍数定义为

$$A_{uc(单)}=\frac{U_{oc1}}{U_{ic}}\quad 或\quad A_{uc(单)}=\frac{U_{oc2}}{U_{ic}}$$

由图 4-4 可得

$$A_{uc(单)}=\frac{U_{oc1}}{U_{ic}}=\frac{U_{oc2}}{U_{ic}}=-\frac{\beta R_c}{r_{be}+(1+\beta)2R_e} \tag{4-10}$$

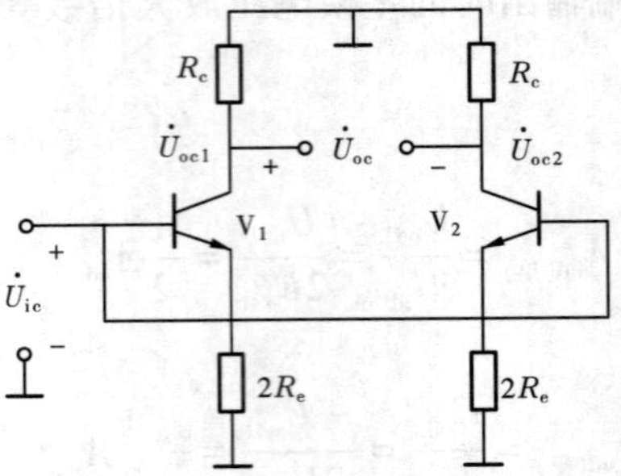

图 4-4　基本差动放大器的共模等效通路

通常满足$(1+\beta)2R_e \gg r_{be}$，所以上式可简化为

$$A_{uc(单)}\approx-\frac{R_c}{2R_e} \tag{4-11}$$

可见，由于射极电阻 $2R_e$ 的自动调节（负反馈）作用，单端输出的共模电压放大倍数大为减小。在实际电路中，均满足 $R_e>R_c$，故$|A_{uc(单)}|<0.5$，即差动放大器对共模信号不是放大而是抑制。共模负反馈电阻 R_e 越大，则抑制作用越强。

2）共模输入电阻

由图 4-4 不难看出，共模输入电阻为

$$R_{ic}=\frac{U_{ic}}{I_{ic}}=\frac{U_{ic}}{2I_{ic1}}=\frac{1}{2}[r_{be}+(1+\beta)2R_e] \tag{4-12}$$

3）共模输出电阻

单端输出时为

$$R_{oc(单)}=R_c \tag{4-13}$$

3. 共模抑制比 K_{CMR}

为了衡量差动放大电路对差模信号的放大和对共模信号的抑制能力，引入参数共模抑制比 K_{CMR}。它定义为差模放大倍数与共模放大倍数之比的绝对值，即

$$K_{CMR}=\left|\frac{A_{ud}}{A_{uc}}\right| \tag{4-14}$$

K_{CMR} 也常用 dB 数表示，并定义为

$$K_{CMR}=20\lg\left|\frac{A_{ud}}{A_{uc}}\right|(dB) \tag{4-15}$$

K_{CMR} 实质上反映的是实际差动电路的对称性。在双端输出理想对称的情况下,因 $A_{uc}=0$,所以 K_{CMR} 趋于无穷大。但实际的差动电路不可能完全对称,因此 K_{CMR} 为一有限值。在单端输出不对称的情况下,K_{CMR} 必然减小,由式(4-5)和式(4-11)可求得

$$K_{CMR}=\left|\frac{A_{ud}}{A_{uc}}\right|=\left|\beta\frac{R'_L R_e}{r_{be}R_c}\right| \tag{4-16}$$

4. 对任意输入信号的放大特性

如果在图 4-2 所示差动放大器的两个输入端分别加上任意信号 $\dot{U}_{i1}$ 和 $\dot{U}_{i2}$,即 $\dot{U}_{i1}$ 和 $\dot{U}_{i2}$ 既不是差模信号,也不是共模信号,这时可以把 $\dot{U}_{i1}$ 和 $\dot{U}_{i2}$ 写成如下形式

$$\dot{U}_{i1}=\frac{\dot{U}_{i1}-\dot{U}_{i2}}{2}+\frac{\dot{U}_{i1}+\dot{U}_{i2}}{2}=\dot{U}_{id1}+\dot{U}_{ic1} \tag{4-17}$$

$$\dot{U}_{i2}=\frac{\dot{U}_{i1}-\dot{U}_{i2}}{2}+\frac{\dot{U}_{i1}+\dot{U}_{i2}}{2}=\dot{U}_{id2}+\dot{U}_{ic2} \tag{4-18}$$

不难看出,差动电路相当于输入了一对共模信号

$$\dot{U}_{ic1}=\dot{U}_{ic2}=\frac{\dot{U}_{i1}+\dot{U}_{i2}}{2}=\dot{U}_{ic} \tag{4-19}$$

和一对差模信号

$$\dot{U}_{id1}=-\dot{U}_{id2}=\frac{\dot{U}_{i1}-\dot{U}_{i2}}{2} \tag{4-20}$$

根据定义,这时的差模输入电压为

$$\dot{U}_{id}=\dot{U}_{id1}-\dot{U}_{id2}=\dot{U}_{i1}-\dot{U}_{i2} \tag{4-21}$$

上述电路就可以将输入信号进行正常的放大并输出,其中输出信号中仅有差模输出信号,而共模输出信号几乎等于零。

二、典型差动放大电路

图 4-2 所示的基本差动放大器存在两个缺点:一是共模抑制比不够大,二是不允许输入端有较大的共模电压变化。对于前者,是因为差放管 V_1、V_2 的分散性及 r_{be} 受 R_e 影响,当 R_e 较大而忽略 $r_{bb'}$ 时,r_{be} 可近似为

$$r_{be}\approx(1+\beta)\frac{U_T}{I_{EQ}}\approx(1+\beta)\frac{2R_eU_T}{V_{EE}}$$

与 R_e 成正比。对于单端输出,将上式代入式(4-16)可得

$$K_{CMR(单)}\approx\frac{V_{EE}R'_L}{2U_TR_c}\leqslant\frac{V_{EE}}{2U_T} \tag{4-22}$$

若 $V_{EE}=15$ V,则室温下,$K_{CMR(单)}$ 的上限约为 300,而与 R_e 的取值无关。对于双端输出,在电路不对称时,也有类似情况。可见,不能单靠增大 R_e 来提高共模抑制比。对于后者,因为输入共模电压的变化将引起差放管公共射极电位的变化,进而将影响差放管的静态工作电流,使 r_{be} 改变。因此,输入共模电压变化将直接造成差模电压放大倍数的变化,这是我们不希望的。

为此，用恒流源代替图 4-2 电路中的 R_e，这样可以有效地克服上述缺点。一种具有恒流源的差动放大电路如图 4-5 所示。图中，恒流源为单管电流源。

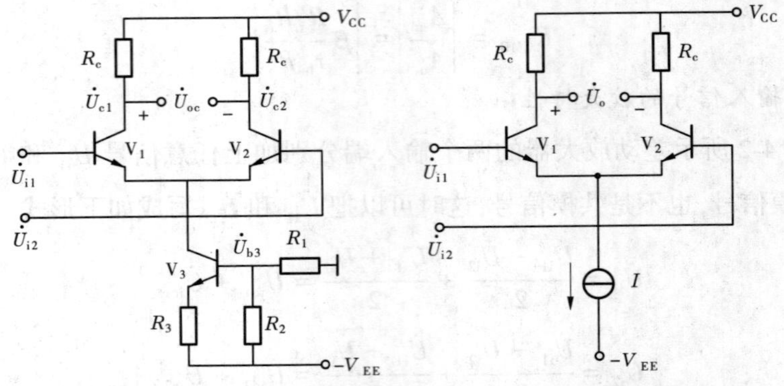

(a)用单管电流源代替 R_e 的差动电路　　(b)电路的简化表示

图 4-5　具有恒流源的差动放大电路

图 4-5(a)所示电路的静态工作点，可按以下方法估算：

$$U_{R2} = \frac{R_2}{R_1 + R_2} V_{EE}$$

$$I_{c3} \approx I_{e3} = \frac{U_{R2} - V_{EE}}{R_3}$$

$$I_{CQ1} = I_{CQ2} = \frac{1}{2} I_{CQ3}$$

$$U_{CEQ1} = U_{CEQ2} = V_{CC} + V_{EE} - I_{CQ1} R_c$$

在典型差动放大电路的基础上，根据应用的要求，按照输入、输出的端头情况（是单端还是双端），可以有四种主要的差动放大电路：双端输入、双端输出差动电路；单端输入、单端输出差动电路；双端输入、单端输出差动电路；单端输入、双端输出差动电路。

三、差动放大器的传输特性

在图 4-6 所示电路中，设恒流源电流 I 小于差放管的集电极临界饱和电流，即 $I < V_{CC}/R_c$，从而使差放管的工作点偏向截止区。在此条件下，图中的两个对称差放管 V_1、V_2 的射极电流分别为

$$i_{E1} = I(e^{u_{BE1}/U_T} - 1) \approx I e^{u_{BE1}/u_T} \tag{4-23a}$$

$$i_{E2} = I(e^{u_{BE2}/U_T} - 1) \approx I e^{u_{BE2}/U_T} \tag{4-23b}$$

由图 4-6 可知

$$I = i_{E1} + i_{E2}$$

$$I = i_{E1}\left(1 + \frac{i_{E2}}{i_{E1}}\right) \approx i_{C1}\left(1 + e^{\frac{u_{BE2} - u_{BE1}}{U_T}}\right) \tag{4-24a}$$

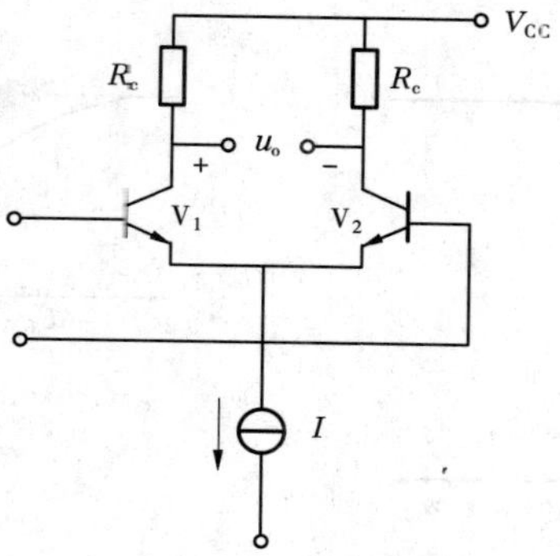

图 4-6 简化的差动放大器

$$I = i_{E2}(1 + \frac{i_{E1}}{i_{E2}}) \approx i_{C2}(1 + e^{\frac{u_{BE1}-u_{BE2}}{U_T}}) \tag{4-24b}$$

由于 $u_{BE1}-u_{BE2}=u_{id}$，因而将其代入式(4-24a)可解得

$$i_{C1} \approx \frac{I}{1+e^{-u_{id}/U_T}} = \frac{I}{2} + \frac{I}{2}\frac{e^{u_{id}/2U_T} - e^{-u_{id}/U_T}}{e^{u_{id}/2U_T} + e^{-u_{id}/U_T}} = \frac{I}{2} + \frac{I}{2}\text{th}(\frac{u_{id}}{2U_T}) \tag{4-25a}$$

用同样推导方法可得

$$i_{C2} \approx \frac{I}{1+e^{u_{id}/U_T}} = \frac{I}{2} - \frac{I}{2}\text{th}(\frac{u_{id}}{2U_T}) \tag{4-25b}$$

可见，i_{C1} 和 i_{C2} 成双曲线正切函数关系。因为

$$u_o = -i_{C1}R_c + i_{C2}R_c = -(i_{C1} - i_{C2})R_c$$

$$i_{C1} - i_{C2} = I\text{th}(\frac{u_{id}}{2U_T})$$

故有

$$u_o = -(i_{C1} - i_{C2})R_c = -R_cI\text{th}(\frac{u_{id}}{2U_T}) \tag{4-26}$$

由式(4-25)和式(4-26)，可绘出差动放大器输出电流 i_{C1}、i_{C2} 和输出电压 u_o 与差模输入电压 u_{id} 之间的传输特性曲线，分别如图 4-7(a)、(b)所示。分析该曲线，可以得出如下结论。

(一)两管集电极电流之和恒等于 I

当 $u_{id}=0$ 时，差动电路处于静态，这时 $i_{C1}=i_{C2}=I/2$。当差模电压输入时，一管电流增大，另一管电流减小，且增大量等于减小量，两管电流之和恒等于 I。

(二)传输特性具有非线性

由图 4-7 不难看出，在静态工作点附近，当$|u_{id}| \leqslant U_T$，即室温下，u_{id} 在 26 mV 以内时，传输特性近似为一段直线。这表明 i_{C1}、i_{C2} 和 u_o 与 u_{id} 成线性关系。当$|u_{id}| \geqslant 4U_T$，即 u_{id} 超过 100 mV 时，传输特性明显弯曲，而后趋于水平，说明$|u_{id}|$继续增大时，i_{C1}、i_{C2} 和 u_o 将保持不变。这表明差动电路在大信号输入时，具有良好的限幅特性或电流开关特性。此时，一管截止，恒流源电流全部流入另一管。

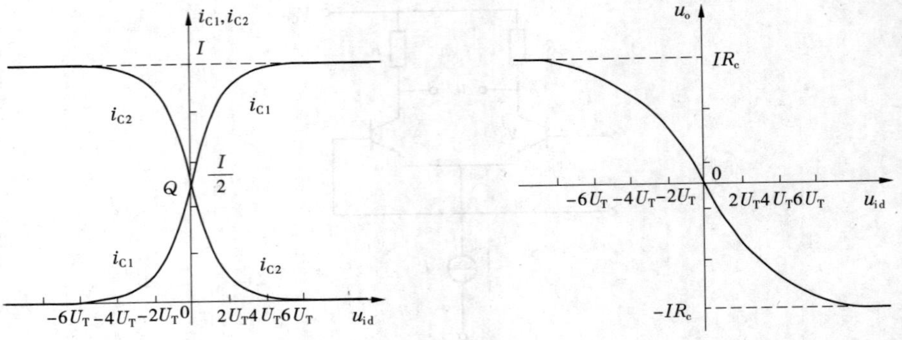

(a)电流传输特性曲线　　(b)电压传输特性曲线

图 4-7　差动放大器的传输特性曲线

为了扩展传输特性的线性区范围，可在每个差放管的射极串接负反馈电阻 R(或在基极串接电阻 R_b)，如图 4-8(a)所示。扩展后的电流传输特性曲线见图 4-8(b)。显然，$R(R_b)$越大，扩展的线性区范围将越大，如图 4-8(b)曲线①、②所示。不过，随着线性区范围的扩大，曲线的斜率减小，表明差动放大器的增益将随之降低。

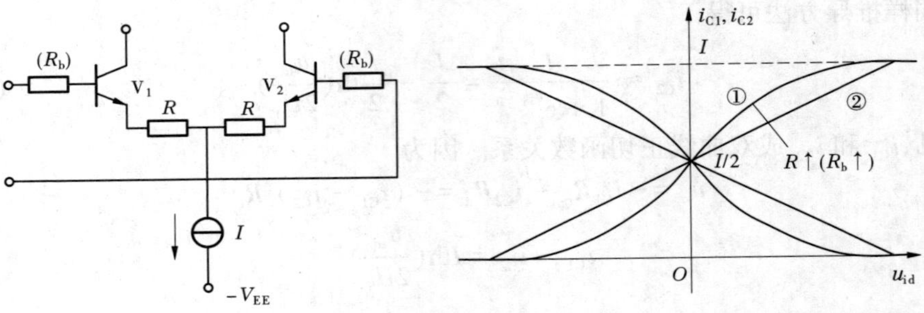

(a)串接$R(R_b)$的线性区扩展电路　　(b)线性区扩展后的电流传输特性曲线

图 4-8　扩展差动电路的线性区范围

(三)差动放大器的增益与 I 成正比

由图 4-7(a)所示曲线可知，小信号工作时，在工作点处，i_C 受 u_{id} 的线性控制，其控制作用的大小可以用跨导 g_m 来衡量。g_m 定义为工作点处，双端输出电流的变化量 Δi_C 与输入差模电压变化量 Δu_{id} 之比，即

$$g_m = \left.\frac{\Delta i_C}{\Delta u_{id}}\right|_Q \tag{4-27a}$$

因为 $\Delta i_C = \Delta i_{C1} - \Delta i_{C2} = 2\Delta i_{C1}$，所以式(4-27a)变为

$$g_m = 2\left.\frac{\Delta i_{C1}}{\Delta u_{id}}\right|_Q = 2g_{m1} \tag{4-27b}$$

式中，$g_{m1} = \Delta i_{C1}/\Delta u_{id}$，为 Q 点处单端输出时的跨导，反映在传输特性上，是图 4-7(a)所示曲线在 $u_{id}=0$ 处的斜率。在 $u_{id}=0$ 处，对式(4-27b)求导，可得

$$g_{m1}=\frac{di_{C1}}{du_{id}}\bigg|_{u_{id}}=\frac{I}{4U_T} \tag{4-28}$$

故

$$g_m=2g_{m1}=\frac{I}{2U_T} \tag{4-29}$$

$$A_{ud}=\frac{du_o}{du_{id}}\bigg|_Q=-R_c\frac{di_C}{du_{id}}\bigg|_Q=-g_mR_c \tag{4-30}$$

$$A_{ud}=-g_mR_c=-\frac{R_c}{2U_T}I \tag{4-31}$$

四、差动放大器的失调及温漂

(一)差动放大器的失调

理想对称的差动放大器,当输入信号为零时,双端输出电压应为零。但是在实际电路中,由于两晶体管参数和电阻值不可能做到完全对称,因而使得输出不为零。我们把这种零输入时输出电压不为零的现象,称为差动放大器的失调。

由图 4-9,通过理论推导可求得输入失调电流与基极电流和三极管电流放大系数及集电极负载电阻的关系为

$$I_{IO}\approx I_B\left(\frac{\Delta\beta}{\beta}+\frac{\Delta R_c}{R_c}\right) \tag{4-32}$$

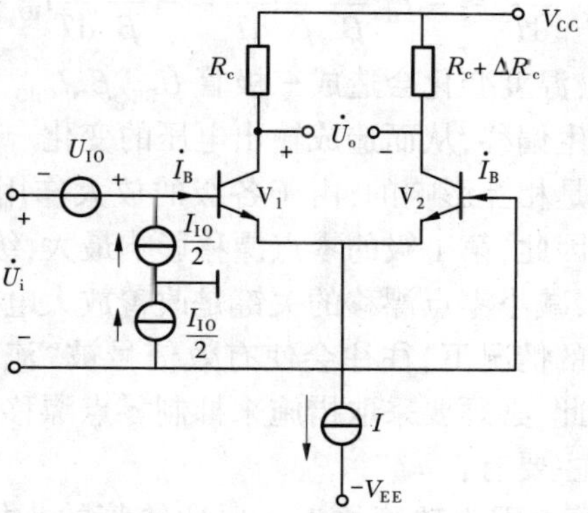

图 4-9 差动电路的失调电压和失调电流

由于差动放大器存在失调,因而实际电路中应设法进行补偿。具体的办法是在电路中加入调零措施。一种方法是在集成电路的制造过程中,采用激光处理技术,调整集电极电阻,使零输入时零输出。这种方法效果好,但成本高。另一种方法是在外电路中加调零电位器,通过实地调整,做到零输入时零输出。图 4-10 示出了两种常用的调零电路,分别称为射极调零和集电极调零电路。

(二)失调的温度漂移

差动放大器虽然可以通过调零措施,在某一时刻补偿失调,做到零输入时零输出。但是,失调也会随温度的改变而发生改变。对这种随机的变化,任何调零措施都做不到理想

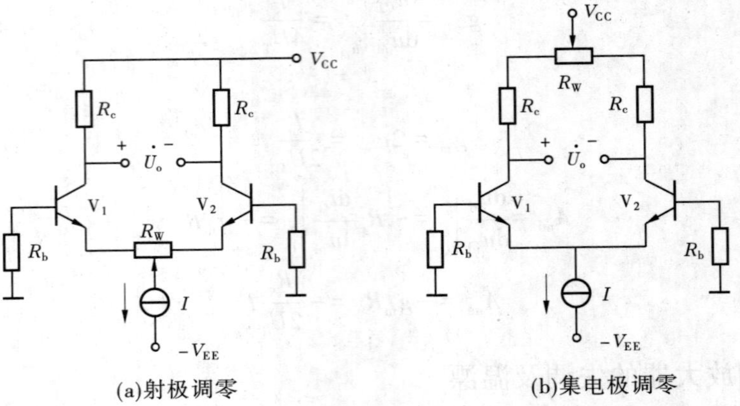

图 4-10　差动放大器的调零电路

跟踪调整。因此,差动放大器仍有温度变化引起的零点漂移(简称温漂)现象。那么失调的温漂有多大呢?

失调电压 U_{IO} 的温漂,可以通过理论分析,将输入失调电压对温度 T 求导得出,并假定 $\Delta R_c/R_c$、$\Delta I_S/I_S$ 在很宽的温度范围内基本恒定,则

$$\frac{dU_{IO}}{dT}=(\frac{\Delta R_c}{R_c}+\frac{\Delta I_S}{I_S})\frac{dU_T}{dT}=(\frac{\Delta R_c}{R_c}+\frac{\Delta I_S}{I_S})\frac{U_T}{T}=\frac{U_{IO}}{T} \tag{4-33}$$

$$\frac{dI_{IO}}{dT}\approx -I_B\frac{\Delta\beta}{\beta}\frac{1}{\beta}\frac{d\beta}{dT}\approx -\frac{1}{\beta}\frac{d\beta}{dT}I_{IO} \tag{4-34}$$

从以上公式可以看出,温度变化会造成三极管 U_{BE}、β、I_{CBO} 等相关参数的变化,最终导致放大电路静态工作点产生偏移,从而造成输出电压的变化。在多级放大器中,直接耦合式放大电路各级的工作点是相互影响的,由于各级的放大作用,第一级的微弱变化,会使输出级产生很大的变化。因此,第 1 级的零点漂移影响最大,级数越多、放大倍数越大,则零点漂移也越严重。可见,减小零点漂移的关键是改善放大电路第 1 级的性能。

在零点漂移现象严重的情况下,往往会使有效信号被“淹没”,则这时直接耦合放大电路就不能正常工作。因此,必须要采取措施来抑制零点漂移。

抑制零点漂移的措施主要有:

(1)选用高质量的硅管。因为硅管的 I_{CBO} 要比锗管的小好几个数量级,因此目前高质量的直流放大电路几乎都采用硅管。另外,晶体管的制造工艺也很重要,即使是同一种类型的晶体管,如工艺不够严格,半导体表面不干净,将会使漂移程度增加。所以,必须严格挑选合格的半导体器件。

(2)在电路中引入直流负反馈,稳定静态工作点。

(3)采用温度补偿的方法,即利用热敏元件来抵消晶体管特性的变化。补偿是指用另外一个元器件的漂移来抵消放大电路的漂移,如果参数配合得当,就能把漂移抑制在较低的限度之内。在分立元件组成的电路中,常用二极管补偿方式来稳定静态工作点。此方法简单实用,但效果不尽理想,适用于对温漂要求不高的电路。

(4)采用调制手段,调制是指将直流变化量转换为其他形式的变化量(如正弦波幅度

的变化),并通过漂移很小的阻容耦合电路放大,再设法将放大了的信号还原为直流成分的变化。这种方式电路结构复杂、成本高、频率特性差。实现这种方法成本投入较高。

课堂活动

课堂提问和讨论

T4.1-1　说明基本差动放大电路的组成。

T4.1-2　说明典型差动放大电路的特点。

T4.1-3　说明差动放大电路的输入输出方式。

任务二　电流源电路的分析与检测

电流源对提高集成运放的性能起着极为重要的作用。一方面它为各级电路提供稳定的直流偏置电流,另一方面可作为有源负载,提高单级放大器的增益。

下面从晶体管实现恒流的原理入手,介绍集成运放中常用的电流源电路。

一、单管电流源电路

图 4-11(a)画出了晶体管基极电流 I_B 的一条输出特性曲线。由图可见,当 I_B 一定时,只要晶体管不饱和也不击穿,I_C 就基本恒定。因此,固定偏流的晶体管,从集电极看进去相当于一个恒流源。由交流等效电路知,它的动态内阻为 r_{ce},是一个很大的电阻。为了使 I_C 更加稳定,可以采用分压式偏置电路(引入电流负反馈),便得到图 4-11(b)所示的单管电流源电路。图 4-11(c)为该电路等效的电流源表示法,图中 R_o 为等效电流源的动态内阻。利用图 4-11(b)电路的交流等效电路可以证明,R_o 近似为

$$R_o \approx r_{ce}\left(1 + \frac{\beta R_3}{r_{be} + R_3 + R_B}\right) \tag{4-35}$$

式中,$R_B = R_1 /\!/ R_2$。

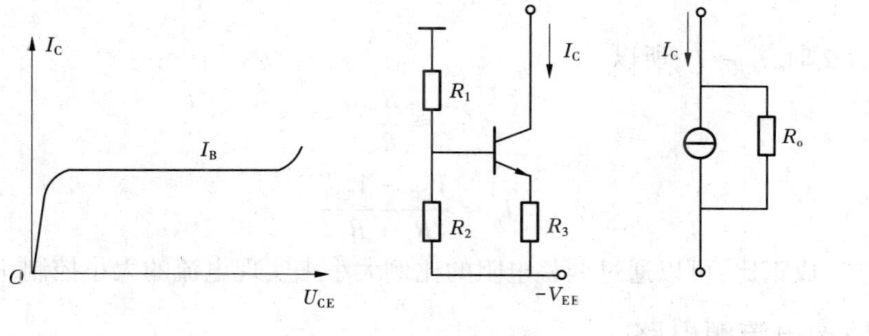

(a)晶体管的恒流特性　(b)恒流源电路　(c)等效电流源表示法

图 4-11　单管电流源电路

需要指出的是,晶体管实现恒流特性是有条件的,即要保证恒流管始终工作在放大状态,否则将失去恒流作用。这一点对所有晶体管电流源都适用。

二、比例电流源电路

如果希望电流源的电流与参考电流成某一比例关系，可采用图 4-12 所示的比例电流源电路。

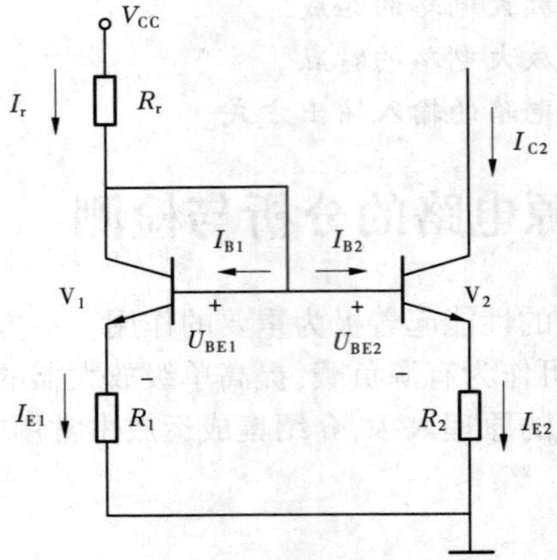

图 4-12 比例电流源电路

由图 4-12 可知

$$U_{BE1} + I_{E1}R_1 = U_{BE2} + I_{E2}R_2 \tag{4-36}$$

因为 $$U_{BE1} \approx U_{BE2}$$

所以 $$I_{E1}R_1 \approx I_{E2}R_2$$

$$I_{E2} \approx \frac{R_1}{R_2}I_{E1}$$

又因为 $I_{E2} \approx I_{C2}$，所以

$$I_{C2} \approx \frac{R_1}{R_2}I_{C1} \tag{4-37}$$

当 $\beta \gg 2$ 时，$I_{C1} \approx I_r$，所以

$$I_{C2} \approx \frac{R_1}{R_2}I_r \tag{4-38}$$

其中 $$I_r \approx \frac{V_{CC} - V_{BE1}}{R_r + R_1}$$

I_{C2} 与 I_r 成正比，可以通过调整电阻的比例大小来实现电流的大小控制。

三、镜像电流源电路

在单管电流源中，要用三个电阻，所以不便集成。为此，用两个完全相同的晶体管，将集电极和基极短接在一起，便得到图 4-13 所示的镜像电流源电路。由图 4-13 可知，参考电流 I_r 为

$$I_r = \frac{V_{CC} - U_{BE}}{R} \approx \frac{V_{CC}}{R} \tag{4-39}$$

由于两管的发射极连在一起,所以 I_B 相同,I_C 也相同。

由图 4-13 可知

$$I_{C0}=I_{C1}=I_r-2I_{B1}=I_r-2\frac{I_{C1}}{\beta_1} \tag{4-40}$$

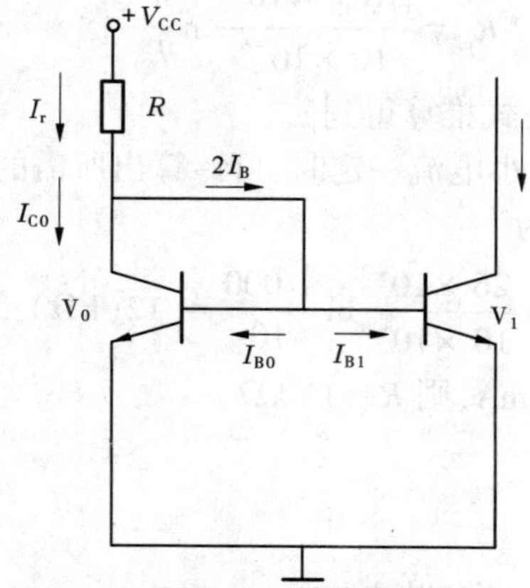

图 4-13　镜像电流源

因此可得

$$I_{C1}=\frac{\beta_1 I_r}{\beta_1+2} \tag{4-41}$$

如果 $\beta_1\gg 2$,则 $I_{C1}\approx I_r$。可见,只要 I_r 一定,I_{C1} 就恒定;改变 I_r,I_{C1} 也跟着改变。两者的关系好比物与镜中的物像一样,故称为镜像电流源。

四、微电流源电路

在集成电路中,有时需要微安级的小电流。如果采用镜像电流源,R 势必过大。这时可采用图 4-14 所示的微电流源电路。微电流源电路通过接入电阻 R_e 得到一个比基准电流小许多的微电流源,适用于微功耗的集成电路中。

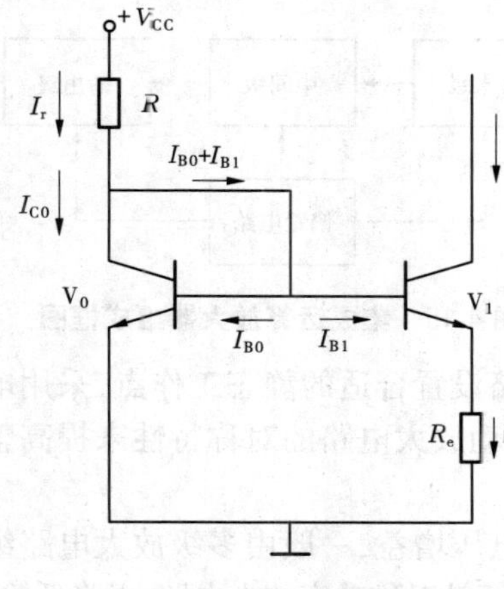

图 4-14　微电流源电路

$$U_{BE0} = U_{BE1} + I_{E1}R_e$$

$$I_{E1}R_e = U_{BE0} - U_{BE1} = \Delta U_{BE}$$

$$I_{C1} \approx I_{E1} = \Delta U_{BE}/R_e$$

进一步通过数学推导得到计算 R_e 的计算公式：

$$R_e = \frac{\Delta U_{BE} \times 10^{-3}}{10 \times 10^{-6}} \ln \frac{I_r}{I_{C1}}$$

式中，$\Delta U_{BE} = 26$ mV（通过数学公式推算得到）。

此式表明，当 I_r 和所需要的小电流一定时，可计算出所需的电阻 R_e。例如，已知 $I_r = 1$ mA，要求 $I_{C1} = 10$ μA 时，则 R_e 为

$$R_e = \frac{26 \times 10^{-3}}{10 \times 10^{-6}} \ln \frac{1\ 000}{10} \approx 12(\text{k}\Omega)$$

如果 $V_{CC} = 15$ V，要使 $I_r = 1$ mA，则 $R \approx 15$ kΩ。

课堂活动

课堂提问和讨论

T4.2-1　说明比例电流源电路的特点。

T4.2-2　说明镜像电流源电路的特点。

任务三　集成运算放大器结构的认知

集成运算放大电路（简称运放）是一种双端输入、单端输出，具有高增益、高输入阻抗、低输出阻抗的多级直接耦合放大电路。早期，运放主要用来完成模拟信号的求和、微分和积分等运算，故称为运算放大器。现在，运放的应用已远远超过运算的范围，它在通信、控制和测量等设备中得到广泛应用。

集成运放电路形式多样，各具特色，但从电路的组成结构看，一般是由输入级、中间放大级、输出级和偏置电路四部分组成的，如图 4-15 所示。

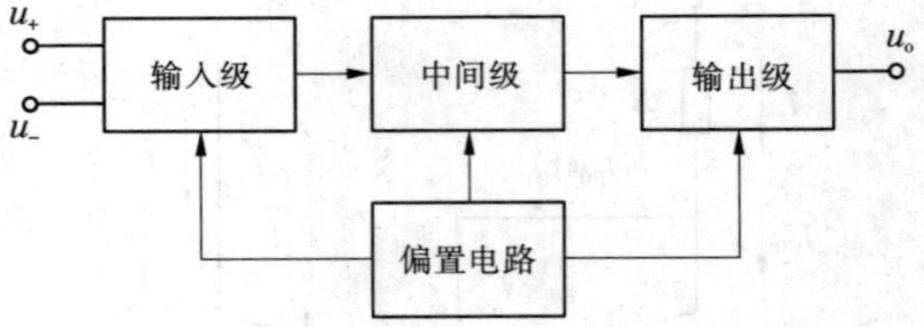

图 4-15　集成运算放大器组成框图

偏置电路：为各级放大电路设置合适的静态工作点，采用电流源电路；

输入级：前置级，常利用差动放大电路的对称特性来提高整个电路的共模抑制比和电路性能；

中间级：主要作用是提高电压增益，一般由多级放大电路组成；

输出级：常用电压跟随器或互补对称功率放大电路，以降低输出电阻，提高带负载能力。

集成运放的符号及外形如图 4-16 所示。

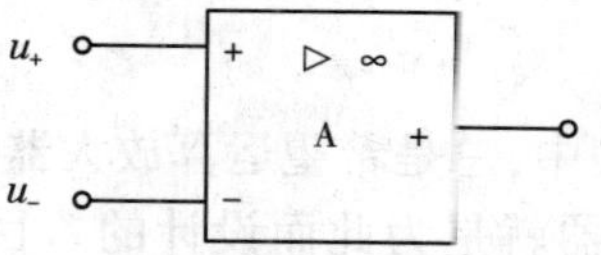

(a)国际符号

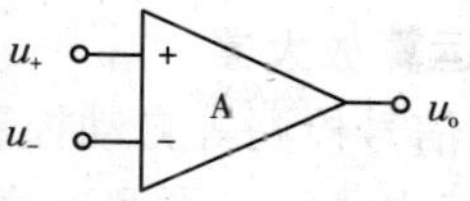

(b)国内符号

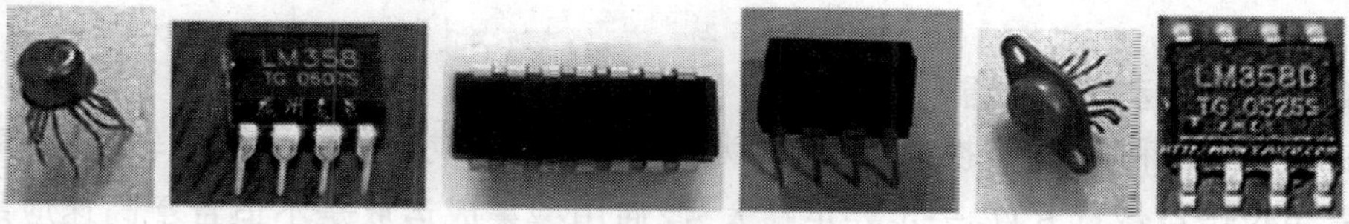

(c)外形图

图 4-16 集成运放的符号及外形

课堂活动

课堂提问和讨论

T4.3-1 说明集成运算放大器的组成。

T4.3-2 说明集成运算放大器各组成部分的特点。

任务四 集成运算放大器的分类及性能指标的认知

一、集成运算放大器的分类

目前广泛应用的电压型集成运算放大器是一种高放大倍数的直接耦合放大器。在该集成电路的输入与输出之间接入不同的反馈网络,可实现不同用途的电路。例如,利用集成运算放大器可非常方便地完成信号放大、信号运算(加、减、乘、除、对数、反对数、平方、开方等)、信号处理(滤波、调制)以及波形的产生和变换。集成运算放大器的种类非常多,可适用于不同的场合。

按照集成运算放大器的参数来分,集成运算放大器可分为如下几类。

(一)通用型运算放大器

通用型运算放大器就是以通用为目的而设计的。这类器件的主要特点是价格低廉、产品量大面广,其性能指标适合于一般性使用。例如 μA741(单运放)、LM358(双运放)、LM324(四运放)及以场效应管为输入级的 LF356 都属于此种。它们是目前应用最为广泛的集成运算放大器。

(二)高阻型运算放大器

高阻型运算放大器的特点是差模输入阻抗非常高,输入偏置电流非常小,一般输入电阻 $r_{id}>(10^9\sim10^{12})\ \Omega$,$I_{IB}$ 为几皮安到几十皮安。实现这些指标的主要措施是利用场效应管高输入阻抗的特点,用场效应管组成运算放大器的差分输入级。用 FET 作输入级,不仅输入阻抗高,输入偏置电流低,而且具有高速、宽带和低噪声等优点,但输入失调电压较大。常见的集成器件有 LF356、LF355、LF347(四运放)及更高输入阻抗的 CA3130、

CA3140 等。

(三)低温漂型运算放大器

在精密仪器、弱信号检测等自动控制仪表中,总是希望运算放大器的失调电压要小且不随温度的变化而变化。低温漂型运算放大器就是为此而设计的。目前常用的高精度、低温漂运算放大器有 OP-07、OP-27、AD508 及由 MOSFET 组成的斩波稳零型低漂移器件 ICL7650 等。

(四)高速型运算放大器

在快速 A/D 和 D/A 转换器、视频放大器中,要求集成运算放大器的转换速率 S_R 一定要高,单位增益带宽 BWG 一定要足够大,像通用型集成运放是不适合于高速应用的场合的。高速型运算放大器的主要特点是具有高的转换速率和宽的频率响应。常见的运放有 LM318、A715 等,其 $S_R = 50 \sim 70$ V/s,$BWG > 20$ MHz。

(五)低功耗型运算放大器

由于电子电路集成化的最大优点是能使复杂电路小型轻便,所以随着便携式仪器应用范围的扩大,必须使用低电源电压供电、低功率消耗的运算放大器。常用的运算放大器有 TL-022C、TL-060C 等,其工作电压为±(2~18)V,消耗电流为 50~250 μA。目前有的产品功耗已达微瓦级,例如 ICL7600 的供电电源为 1.5 V,功耗为 10 W,可采用单节电池供电。

(六)高压大功率型运算放大器

运算放大器的输出电压主要受供电电源的限制。在普通的运算放大器中,输出电压的最大值一般仅几十伏,输出电流仅几十毫安。若要提高输出电压或增大输出电流,集成运放外部必须要加辅助电路。高压大电流集成运算放大器外部不需附加任何电路,即可输出高电压和大电流。例如 D41 型集成运放的电源电压可达±150 V,μA791 型集成运放的输出电流可达 1 A。

二、集成运算放大器的主要性能指标

(一)输入失调电压 U_{IO} 和输入失调电流 I_{IO}

1. 输入失调电压 U_{IO}

输入失调主要反映运放输入级差动电路的对称性。欲使静态时输出端为零电位,运放两输入端之间必须外加的直流补偿电压,称为输入失调电压,用 U_{IO} 表示。

输入电压为零时,将输出电压除以电压增益,即为折算到输入端的失调电压。U_{IO} 是表征运放内部电路对称性的指标,一般为 2~10 mV(折算到输入端)。

2. 输入失调电流 I_{IO}

在零输入时,差分输入级的两三极管基极电流之差,即为输入失调电流 I_{IO},用于表征差分级输入电流不对称的程度。双极型晶体管一般为 20~200 nA,场效应管一般为 1 nA。

$$I_{IO} = |I_{B1} - I_{B2}|$$

(二)输入偏置电流 I_{IB}

输入电压为零时,运放两个输入端偏置电流的平均值,即为输入偏置电流 I_{IB},用于衡量两三极管输入电流的大小。

静态时，I_{IB} 为输入级两差放管基极电流 I_{B1}、I_{B2} 的平均值，即

$$I_{IB}=\frac{I_{B1}+I_{B2}}{2}$$

双极型晶体管一般为 80~500 nA，场效应管一般为 1 nA。

（三）输入失调电压温漂 dU_{IO}/dT

输入失调电压温漂 dU_{IO}/dT 为在规定工作温度范围内，输入失调电压随温度的变化量与温度变化量之比。

（四）输入失调电流温漂 dI_{IO}/dT

输入失调电流温漂 dI_{IO}/dT 为在规定工作温度范围内，输入失调电流随温度的变化量与温度变化量之比。

（五）最大差模输入电压 U_{idmax}

两输入端能承受的最大差模输入电压，即为最大差模输入电压 U_{idmax}，超过此电压时，差分管将出现反向击穿现象。

（六）最大共模输入电压 U_{icmax}

在保证运放正常工作条件下，共模输入电压的最大值，即为最大共模输入电压 U_{icmax}。共模电压超过此值时，输入差分对管出现饱和，放大器失去共模抑制能力。

（七）开环差模电压增益 A_{od}

开环差模电压增益 A_{od} 指无反馈时的差模电压增益。

一般 A_{od} 在 100~120 dB，高增益运放可达 140 dB 以上。

$$A_{od}=\frac{U_o}{U_+-U_-}$$

（八）差模输入电阻 r_{id}

双极型管输入电阻级为 10^5~10^6 Ω，场效应管输入电阻级可达 10^9 Ω 以上。

（九）共模抑制比 K_{CMR}

$$K_{CMR}=20\lg(A_{ud}/A_{uc})\quad(\text{dB})$$

其典型值在 80 dB 以上，性能好的高达 180 dB。

（十）-3 dB 带宽 f_H

-3 dB 带宽 f_H 指运放的差模电压放大倍数在高频段下降 3 dB 所定义的带宽。

（十一）转换速率 S_R（压摆率）

S_R 反映运放对于快速变化的输入信号的响应能力。转换速率 S_R 的表达式为

$$S_R=\left|\frac{du_o}{dt}\right|_{max}$$

课堂活动

课堂提问和讨论

T4.4-1 表 4-1 所示是 F007 指标参数，熟悉其典型值和理想值。

表 4-1　F007 指标参数

指标参数	F007 典型值	理想值
开环差模电压增益 A_{od}	106 dB	∞
差模输入电阻 R_{id}	2 MΩ	∞
共模抑制比 K_{CMR}	90 dB	∞
输入失调电压 U_{IO}	1 mV	0
U_{IO} 的温漂 dU_{IO}/dT(℃)	几 μV/℃	0
输入失调电流 $I_{IO}(=\|I_{B1}-I_{B2}\|)$	20 nA	0
I_{IO} 的温漂 dI_{IO}/dT	几 nA/℃	0
最大共模输入电压 U_{icmax}	±13 V	
最大差模输入电压 U_{idmax}	±30 V	
−3 dB 带宽 f_H	10 Hz	∞
转换速率 $S_R(=\|du_o/dt\|_{max})$	0.5 V/μs	∞

T4.4-2　讨论图 4-17 并回答问题。

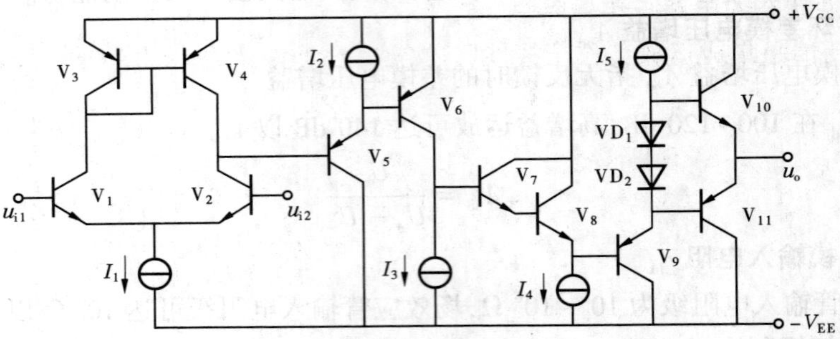

图 4-17

(1) 输入级采用什么措施增大放大倍数?

(2) 中间级采用什么措施增大电压放大倍数?

(3) 如何消除交越失真?

(4) u_{i1}、u_{i2} 哪个是同相输入端? 哪个是反相输入端?

任务五　理想运算放大器的计算与分析

一、理想运放的概念

集成运算放大器一般具有高增益、高输入阻抗和低输出阻抗的特点。它的开环增益可达几万到几十万,输入阻抗一般也达数百千欧以上。为分析方便通常将实际的集成运

放看成是理想运放。所谓理想运放就是将集成运放的各项技术指标理想化,其图形符号见图 4-18,其主要参数如下:

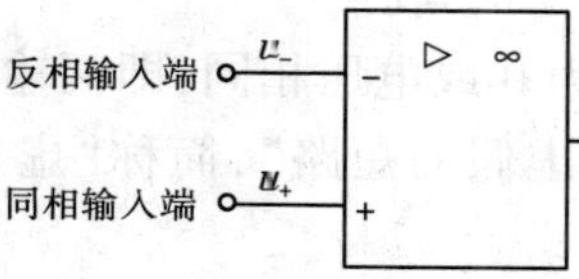

图 4-18 理想运放图形符号

(1)开环差模电压增益 $A_{od}\to\infty$。

(2)输入电阻 $R_{id}\to\infty$,输出电阻 $R_{od}\to0$。

(3)共模抑制比 $K_{CMR}\to\infty$。

(4)开环带宽(−3 dB 带宽)$f_H\to\infty$。

(5)转换速率 $S_R\to\infty$。

(6)输入偏置电流 $I_{IE}=0$,输入失调电压 $U_{IO}=0$,输入失调电流 $I_{IO}=0$。

(7)干扰和噪声均不存在。

二、理想运算放大器工作在线性区的特点

(一)线性状态的电路与传输特性

引入负反馈是集成运放工作于线性区的条件。线性区的传输特性见图 4-19。

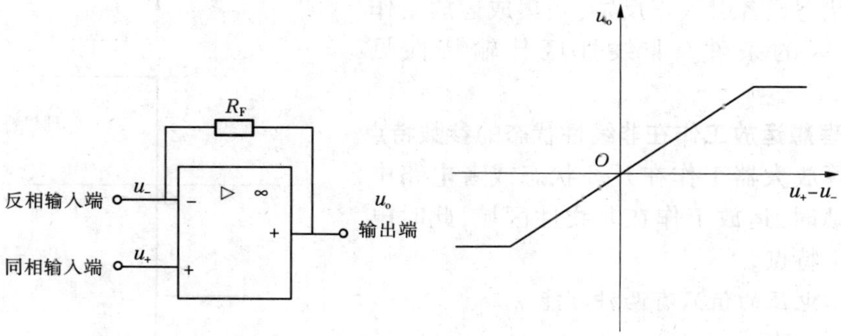

图 4-19 线性状态传输特性

上述电路中,输出电压与其两个输入端的电压之间存在线性放大关系,即

$$u_o=A_{od}(u_+-u_-) \tag{4-42}$$

如果输入信号过高,会使电路工作在非线性区域,输出电压等于$\pm U_{om}$。

(二)理想运放工作在线性状态的参数特点

1. 理想运放的差模输入电压等于零

由于 u_o 为有限值,理想运放 $A_{od}=\infty$,则输入电压为无穷小时,输出电压 $u_o\to0$。

1)净输入电压等于零——"虚短"

当运放工作在线性区时,其输出电压 u_o 为有限值,而开环电压放大倍数 $A_{od}\to\infty$,所以有:

$$u_+ - u_- = \frac{u_o}{A_{od}} \approx 0$$

$$u_+ = u_- \tag{4-43}$$

上式表明运放两输入端之间电压为 0 或电压相同，即两输入端相当于短路。但由于输入端不是真正的短路，所以称之为“虚假的短路”，简称“虚短”。若 $u_+ = u_- = 0$，称“虚地”。

2）净输入电流等于零——“虚断”

由于理想运算放大电路的输入电阻 $r_{id} = \infty$，输入信号又较小，这样两输入端均有非常小的电流流入运算放大电路内部，我们可以视为输入电流等于零，即

$$i_+ = i_- = 0 \tag{4-44}$$

上式表明两输入端的净输入电流为零，即两输入端相当于断开，但由于它们不是真正的断开，所以称之为“虚假的断路”，简称“虚断”。

一般情况下，实际运算放大电路的开环电压放大倍数 A_{od} 为 $10^4 \sim 10^6$，或者更大一些，而输出电压 u_o 是有限值，所以实际运算放大电路两个输入端之间的电压很小，可近似为零。因此，在集成运算放大电路的分析与应用中，可将实际运算放大电路按理想运算放大电路来处理。

三、理想运算放大器工作在非线性区的特点

（一）非线性的电路与传输特性

开环状态或者引入正反馈，是集成运放工作在非线性区的条件。非线性区传输特性见图 4-20。

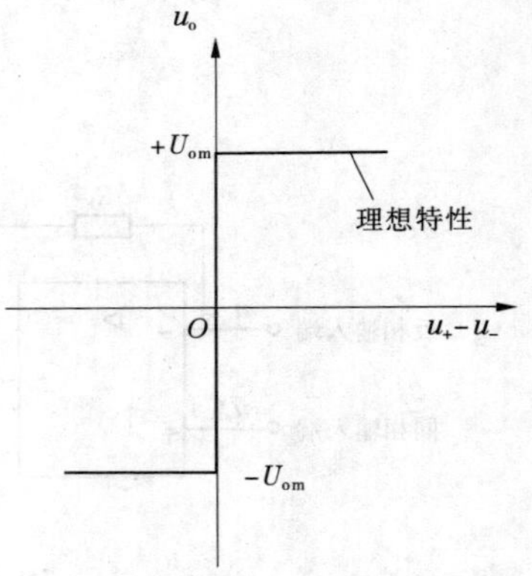

图 4-20　非线性状态传输特性

（二）理想运放工作在非线性状态的参数特点

当运算放大器工作在开环状态或者电路中具有正反馈时，运放工作在非线性区域，此时电路具有以下特点。

1. 输出电压的值只有两种可能

当 $u_+ > u_-$ 时，$u_o = +U_{om}$；

当 $u_+ < u_-$ 时，$u_o = -U_{om}$。

在非线性区内，$(u_+ - u_-)$ 可能很大，即 $u_+ \neq u_-$，“虚短”不存在。

2. 理想运放的输入电流仍等于零

$$i_+ = i_- = 0$$

“虚断”仍存在。

课堂活动

课堂提问和讨论

T4.5-1　说明线性状态的传输特性。

T4.5-2　说明非线性状态的传输特性。

任务六　集成运算放大器在线性区的应用设计实例

比例运算电路指将输入信号按比例放大的电路。按输入信号加入不同的输入端，分为反相比例运算电路、同相比例运算电路和差动比例运算电路。

一、反相比例运算电路

反相比例运算电路见图 4-21。

因为　$i_+=0, u_+=0$

所以　$u_+=u_-=0$

又　$i_i=i_F+i_-=i_F$

$i_-=0$

所以

$$\frac{u_i}{R_1}=-\frac{u_o}{R_F}$$

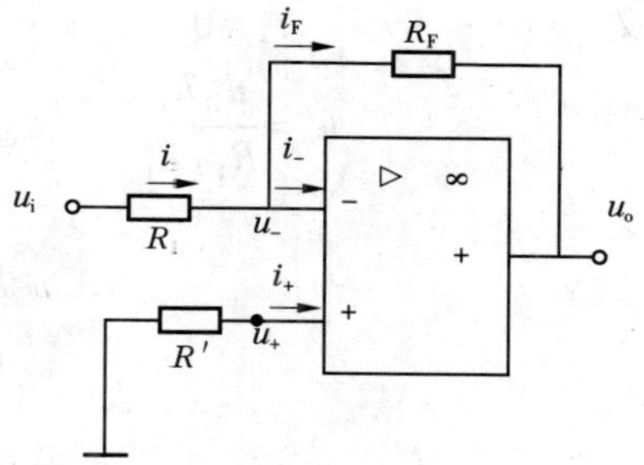

图 4-21　反相比例运算电路

我们得到电压放大倍数

$$A_{uf}=\frac{u_o}{u_i}=-\frac{R_F}{R_1} \tag{4-45}$$

R'为平衡电阻（使输入端对地的静态电阻相等），$R'=R_1//R_F$。

输入电阻小，$R_i=R_1$。

若电路中的 R_F 等于 R_1，则 $A_{uf}=-1$，我们称之为反相器或倒相器。输出与输入电压数值相等，相位相差 180°。

二、同相比例运算电路

同相比例运算电路见图 4-22。

$$R'=R_1//R_F$$

$$i_+=0$$

$$u_-=u_+=u_i$$

$i_-=0$

$$i_F=i_i$$

$$\frac{u_o-u_i}{R_F}=\frac{u_i}{R_1}$$

$$u_o=(1+\frac{R_F}{R_1})u_i$$

$$A_{uf}=1+\frac{R_F}{R_1}$$

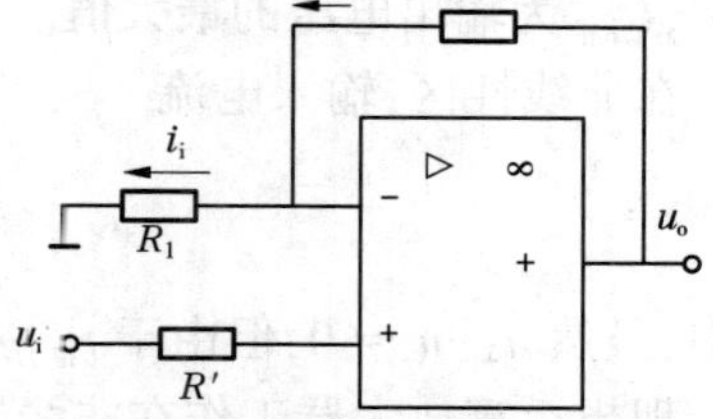

图 4-22　同相比例运算电路

图 4-22 所示电路中，若 $R_1=\infty$ 或 $R_F=0$，则 $A_{uf}=1$，此时 $u_o=u_i$，称为电压跟随器。

三、差动比例运算电路

差动放大器如图 4-23 所示。

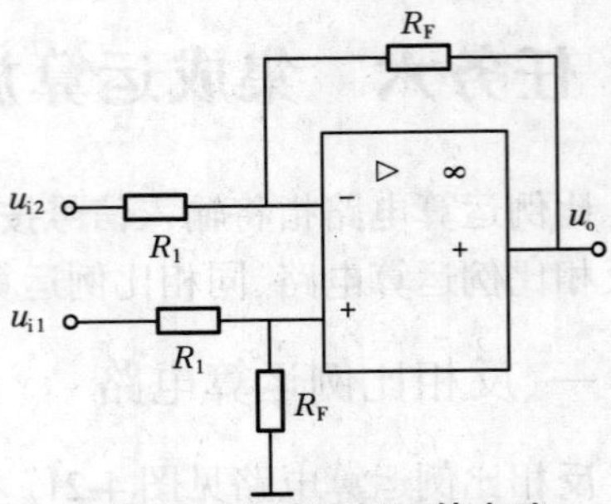

图 4-23　差动比例运算电路

因为

$$i_-=0$$

所以

$$u_-=\frac{u_oR_1+u_{i2}R_F}{R_1+R_F}$$

又

$$i_+=0$$

所以

$$u_+=\frac{u_{i1}R_F}{R_1+R_F}$$

又

$$u_-=u_+$$

$$\frac{u_oR_1+u_{i2}R_F}{R_1+R_F}=\frac{u_{i1}R_F}{R_1+R_F}$$

所以

$$u_o=\frac{R_F}{R_1}(u_{i1}-u_{i2}) \tag{4-46}$$

该电路输出电压与输入电压的差成正比，我们又称之为减法运算电路。

课堂活动

课堂练习

L4.6-1　电路如图 4-22 所示，已知 $R_1=10\ \text{k}\Omega$，$R_F=20\ \text{k}\Omega$，$u_i=-1\ \text{V}$，求 u_o、R' 应为多大。

任务七　集成运算放大器在非线性区的应用设计实例

一、理想运算放大器在非线性时的特性

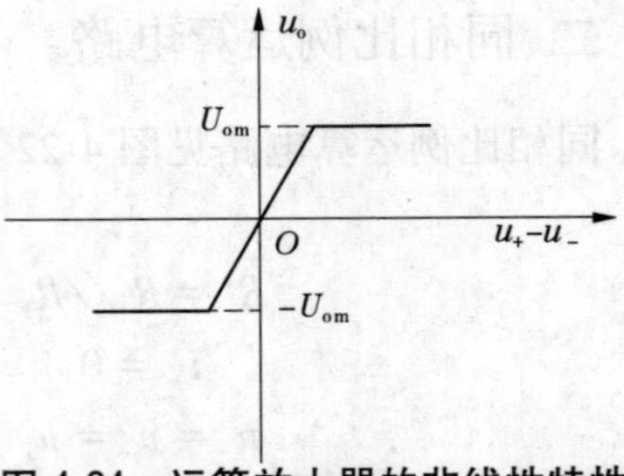

图 4-24　运算放大器的非线性特性

理想运算放大器在非线性时的特性是指理想运算放大器工作在非线性区时的特性，如图 4-24 所示。作为一个放大器，当输入信号足够大时，运算放大器中的三极管将工作在饱和状态。

当 $u_+>u_-$ 时，$u_o=+U_{om}$；

当 $u_->u_+$ 时，$u_o=-U_{om}$。

其中，U_{om} 为输出电压的最大值。

在非线性区，输入电流

$$i_+=i_-=\frac{u_+-u_-}{r_{id}} \tag{4-47}$$

式中，虽然 $u_+-u_-\neq0$，但由于 $r_{id}\to\infty$，因此 $i_+=i_-\approx0$ 仍成立。

理想运算放大器工作在非线性区域时，输出电压只有两个数值 $+U_{om}$、$-U_{om}$，输入电流为零。

二、电压比较器

(一)电压比较器概述

1. 功能及应用

电压比较器主要用来判断输入信号电位之间的相对大小,它至少有两个输入端及一个输出端,通常用一个输入端接被比较信号 U_i,另一个则接基准电压 U_R 定门限电压(或称阈值 U_T)。输出通常为仅有高、低二电平的矩形波。该电路一般应用于模-数转换、波形产生与变换及越限报警等。

2. 运放的工作状态

开环和正反馈应用:运放在线性运用时,由于开环增益一般在 10^5 以上,所以其对应的输入的线性范围很小,U_i 为毫伏数量级。为了拓宽其线性范围就必须引入负反馈,降低其开环增益。而比较器则希望其输入的线性范围越小越好(比较灵敏度越高),为此采用开环或增益更高的正反馈电路。在这里有必要重复展现运放开环电压传输特性,见图 4-25,请注意横、纵坐标标度单位的不同。

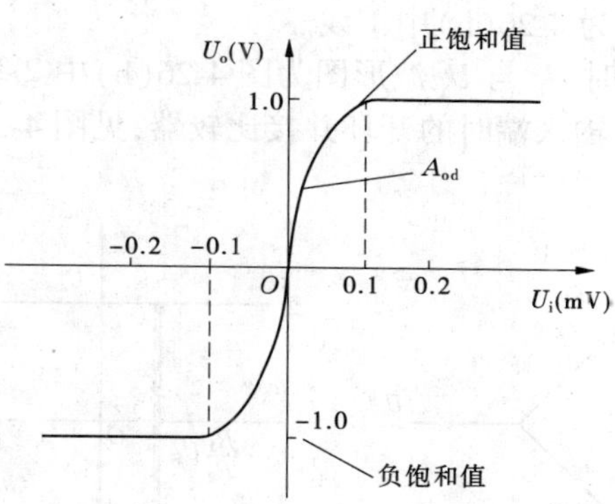

图 4-25　U_i、U_o 不同标度的运放开环传输特性

(1)从图中可知

$$A_{od} \approx \frac{1.0\ \text{V}}{0.1\ \text{mV}} = 10^4$$

(2)若 U_i 发生变化,使 U_o 从负饱和值突变到正饱和值,只有在经过极窄的线性区时,才遵循在线性工作时特有的"虚短",其他时刻"虚短"不复存在。

(3)若横坐标采用与纵坐标相同的标尺,则线性部分特性与纵轴合拢。

(4)若用正反馈使 A_{od} 增加,则可缩短状态的转换时间,提高转换速度。

3. 分类

(1)单限比较器。

(2)迟滞比较器。

(3)双限比较器(窗口比较器)。

(二)单限比较器

U_i 与 U_R 分别接运放两输入端的开环电压比较器电路原理图与电压传输特性见

图 4-26。

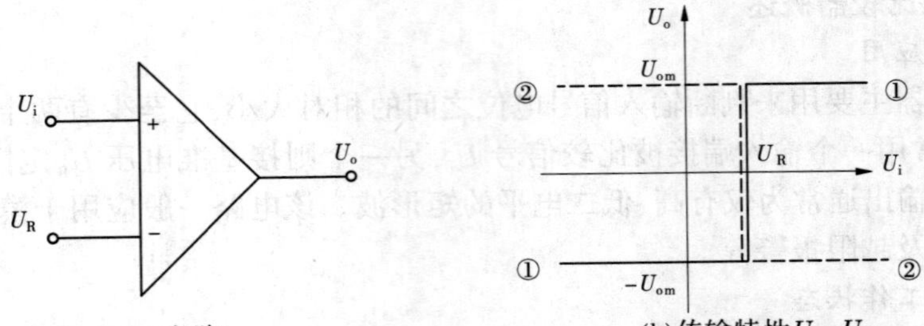

(a)电路 (b)传输特性$U_T=U_R$

图 4-26 开环电压比较器

当 $U_i > U_R$ 时,$U_o = +U_{om}$。

当 $U_i < U_R$ 时,$U_o = -U_{om}$。

当 $U_i = U_R$ 时,U_o 发生翻转(或称突变),U_R 记为门限电压或阈值,若 $U_R = 0$,称为过零电压比较器。U_o 与 U_i 波形图为 4-26(b)中①线。

当 U_i 与 U_R 互换位置,此时 U_o 与 U_i 波形图为图 4-26(b)中②线。

U_i 与 U_R 并联在运放同一输入端时的开环并接比较器,见图 4-27。

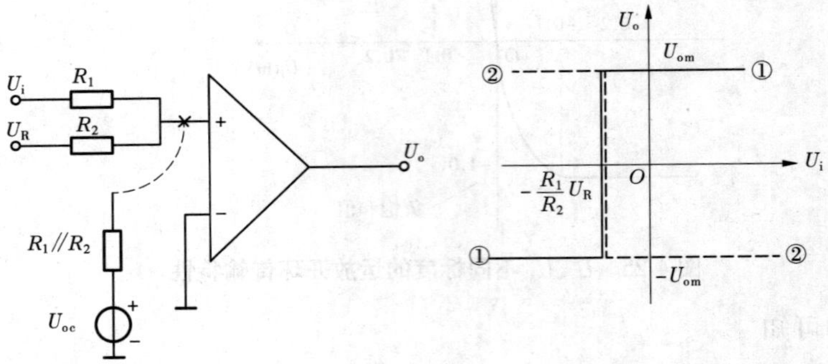

(a)电路 (b)传输特性

图 4-27 开环并接比较器

$$U_{oc} = \frac{U_i - U_R}{R_1 + R_2}R_2 + U_R = \frac{U_i R_2}{R_1 + R_2} + \frac{U_R R_1}{R_1 + R_2}$$

当 $U_{oc}>0$ 时,即

$$U_i > -U_R\frac{R_1}{R_2}$$

$$U_o = +U_{om}$$

当 $U_{oc}<0$ 时,即

$$U_i < -U_R\frac{R_1}{R_2}$$

$$U_o = -U_{om}$$

可见

$$U_T = -U_R \frac{R_1}{R_2}$$

此时，U_o 与 U_i 关系见图 4-27(b)中①线。

若把运放的同相端与反相端互换，则 U_o 以 $U_i = \frac{-R_1}{R_2}U_R$ 为对称轴，波形见图 4-27(b)中②线。

(三)迟滞比较器(正反馈比较器)

在单限比较器中，如果 U_i 受到干扰，在阈值附近会出现 $U_i+\Delta U_i$ 微小波动(干扰信号多出现在阈值电压附近，使其上下波动)，以致出现条纹误翻转，而迟滞比较器利用其传输特性的回差电压，输入的干扰信号不能使状态误翻转。迟滞比较器的特点是抗干扰能力较强。

1. 两种迟滞比较器的传输特性

同相型及反相型迟滞比较器传输特性见图 4-28。

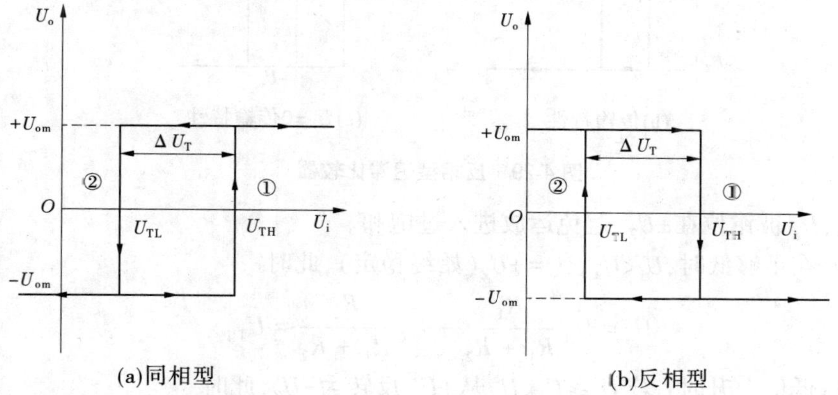

图 4-28　迟滞比较器传输特性

迟滞比较器在单调区间内只能变化一次。

对于反相型：U_i 从小变到大时，U_o 一直为高电平 $+U_{om}$，只有当 U_i 到达上门限电压 U_{TH} 时，U_o 翻转为低电平 $-U_{om}$，之后随着 U_i 不断增大，U_o 始终为低；在 U_i 减小时，必须减到下门限电压 U_{TL}，U_o 才会翻转为高电平 $+U_{om}$，传输特性见图 4-28(b)。

对于同相型：U_i 从小变到大时，U_o 一直为低电平 $-U_{om}$，只有当 U_i 到达上门限电压 U_{TH} 时，U_o 翻转为高电平 $+U_{om}$，之后随着 U_i 不断增大，U_o 始终为高；在 U_i 减小时，必须减到下门限电压 U_{TL}，U_o 才会翻转为低电平 $-U_{om}$，传输特性见图 4-28(a)。

注意以下几个结论：

(1)同相型：U_i 接运放同相端；反相型：U_i 接运放反相端。

(2)传输特性均由两根传输特性①、②合成。同相型：当 U_i 从低值升高至 $\geq U_{TH}$ 时，U_o 从 $-U_{om}$ 翻转为 $+U_{om}$；当 U_i 从高值减小至 $\leq U_{TL}$ 时，U_o 从 $+U_{om}$ 翻转为 $-U_{om}$。反相型则

类同。

(3) U_{TH}、U_{TL} 为两个阈值，ΔU_T(回差) = $U_{TH}-U_{TL}$。

(4) $|+U_{om}|=|-U_{om}|$ 或 $|U_{OH}|\neq|U_{OL}|$，根据输出是否有钳位电路而定。

2. 两种基型迟滞比较器

1) 反相型迟滞比较器

电路原理图与电压传输特性见图 4-29。

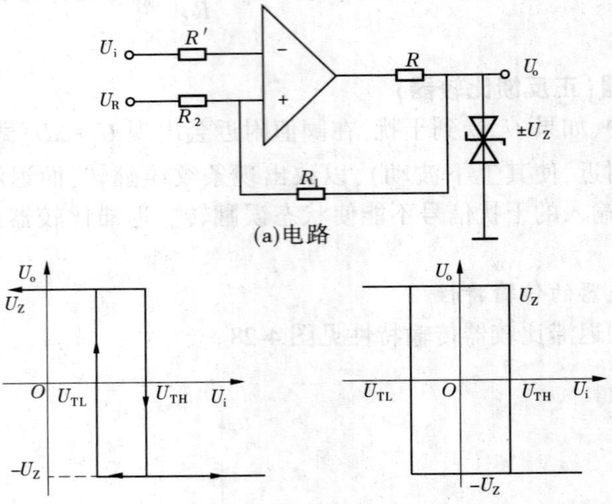

(a)电路

(b)传输特性　　(c) U_R=0传输特性

图 4-29　反相型迟滞比较器

$U_i=U_-$，U_o 被钳位在 $\pm U_Z$，避免运放进入过饱和。

假设 U_i 在足够低时，$U_i<U_+$，$U_o=+U_Z$(始终稳定)，此时

$$U_+=U_R\frac{R_1}{R_1+R_2}+U_Z\frac{R_2}{R_1+R_2}=U_{TH}$$

当 U_i 从低值上升时，若 $U_i\geqslant U_+$，U_o 从 $+U_Z$ 反转为 $-U_Z$，此时

$$U'_+=U_R\frac{R_1}{R_1+R_2}-U_Z\frac{R_2}{R_1+R_2}=U_{TL}$$

当 U_i 从高值下降至 $U_i\leqslant U'_+$ 时，U_o 从 $-U_Z$ 反转为 $+U_Z$。

门限宽度(回差电压)

$$\Delta U_T=U_{TH}-U_{TL}=\frac{2R_2}{R_1+R_2}U_Z$$

$$|U_{TH}|=|U_{TL}|=U_Z\frac{R_2}{R_1+R_2}$$

当 $U_R=0$ 时，U_i 无论从足够低或足够高单调增加或单调减少，U_o 仅翻转一次，即过了阈值后就维持在一种稳态。因为当过阈值电压后，U_o 从低变为高或从高变为低了，正反馈到 $U_R(U_+)$ 端，使该阈值电压变高或变低了。只要门限宽度 $\Delta U_T=U_{TH}-U_{TL}$ 幅度大于 U_i 在阈值电压波动的幅度，U_o 就不会翻转了，所以比单限比较器抗干扰能力强多了。

2）同相型迟滞比较器

电路原理图与传输特性见图 4-30。

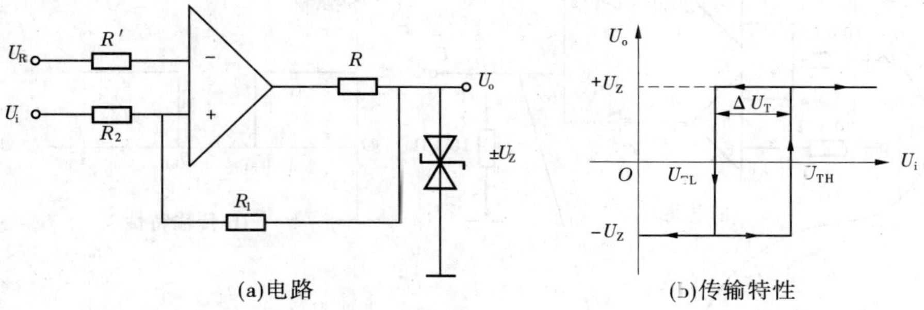

图 4-30　同相迟滞比较器的传输特性

设 U_i 足够低，使 $U_+<U_-=U_R$，$U_o=U_{OL}=-U_Z$（初始稳态）。若要使 U_o 从 $-U_Z$ 上升到 $+U_Z$，必须使 U_i 上升，以致使 $U_+\geqslant U_-=U_R$ 才行，而此时对应 U_R 的 $U_i=U_{TH}$。

$$U_+=U_{TH}\frac{R_1}{R_1+R_2}-U_Z\frac{R_2}{R_1+R_2}\geqslant U_-=U_R$$

当 U_i 从低值上升，使 $U_{TH}=U_R\dfrac{R_1+R_2}{R_1}+U_Z\dfrac{R_2}{R_1}$ 时，U_o 从 $-U_Z$ 反转为 $+U_Z$。

当 U_i 从高值下降，使 $U'_+\leqslant U_R$，此时所对应的 $U_i=U_{TL}$。

$$U'_+=U_{TL}\frac{R_1}{R_1+R_2}+U_Z\frac{R_2}{R_1+R_2}\leqslant U_-=U_R$$

即 $U_{TL}=U_R\dfrac{R_1+R_2}{R_1}-U_Z\dfrac{R_2}{R_1}$ 时，U_o 从 $+U_Z$ 反转为 $-U_Z$。

同上面反相型类同，U_i 单调升或单调降，U_o 只改变一次状态，过了阈值后只维持在一种稳态上。

阈值电压是在放大器处在线性区域时求得的，不过在正反馈中，线性区域很窄。在该区域，才可以用到“虚断”和“虚短”的概念。

（在正反馈状态下，只有在输出电压发生跳变瞬间，集成运放两个输入端之间的电压才可近似等于 0，才能用到“虚断”和“虚短”。）

$$U_+=U_-=U_R$$

$$U_R=R_1U_i/(R_1+R_2)+R_2U_o/(R_1+R_2)$$

而门限电压是对于输入电压来说的，当输入电压大于或小于 U_{TH} 时，输出就会有跳变。所以，当 $U_i=U_{TH}$ 时，输入电压就是门限电压：

$$U_{TH}=U_i=U_R(R_1+R_2)/R_1-R_2U_o/R_1\quad(U_o=\pm U_Z)$$

（四）双限比较器（窗口比较器）

双限比较器的特点是 U_i 单调升或单调降，U_o 均有两次突变，与单限比较器和迟滞比较器有区别，因此它可以判别 U_i 是否在两个电平之间。它实际上由两个单限开环比较器组成，见图 4-31。VD_1、VD_2 作用为隔断，U_{o1}、U_{o2} 隔离电路，避免 U_{o1}、U_{o2} 极性相反时，互为对方提供低阻通路而造成运放损坏。

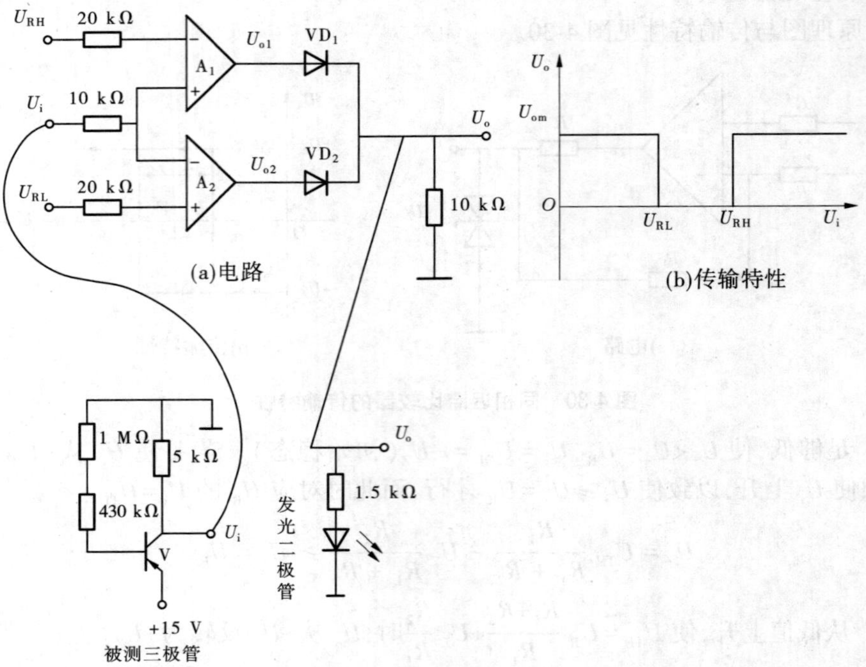

图 4-31　窗口比较器

当 $U_i<U_{RL}(<U_{RH})$ 时

$$\left.\begin{aligned}U_{o1}&=-U_{om},VD_1\text{ 止}\\U_{o2}&=+U_{om},VD_2\text{ 通}\end{aligned}\right\}U_o\approx+U_{om}$$

当 $U_i>U_{RH}(>U_{RL})$ 时

$$\left.\begin{aligned}U_{o1}&=+U_{om},VD_1\text{ 通}\\U_{o2}&=-U_{om},VD_2\text{ 止}\end{aligned}\right\}U_o\approx+U_{om}$$

当 $U_{RL}<U_i<U_{RH}$ 时

$$\left.\begin{aligned}U_{o1}&=-U_{om},VD_1\text{ 止}\\U_{o2}&=+U_{om},VD_2\text{ 止}\end{aligned}\right\}U_o=0$$

采用窗口比较器可以区分三极管的 β 是否在需要范围内。比如，记合格范围为 $50<\beta<100$，其他 $\beta<50$ 或 $\beta>100$，则可用发光二极管亮表示一种越限报警，不亮记为可通过，即 β 合格。

分析上面的等效三极管电路，e 端接 15 V，b 端通过下拉电阻接地，从而 b 端电压为 (15-0.7) V，c 端同样接下拉电阻接地，只要 c 端的 U_i 电压比 b 端电压低，就能保证集电结的反偏。

$$I_B=\frac{14.3}{1\,430}=0.01(\text{mA})$$

$$U_i=\beta I_B\times5=\begin{cases}50\times0.01\times5=2.5(\text{V})=U_{RL},\beta=50\\100\times0.01\times5=5(\text{V})=U_{RH},\beta=100\end{cases}$$

我们可以画出 β 与 U_o 的关系,如图 4-32 所示。即 $50<\beta<100$ 时,U_o 为低电平 0,发光二极管灭,表示合格;$\beta<50$ 或 $\beta>100$ 时,U_o 为高电平,发光二极管亮,报警,β 不合格。

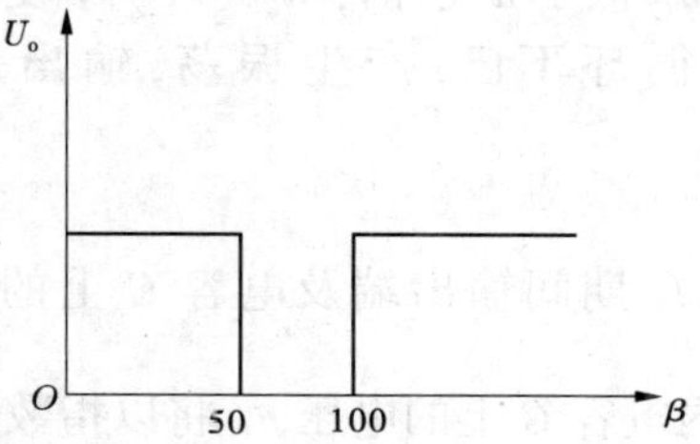

图 4-32　β 与 U_o 的关系

三、非正弦波信号产生电路

(一)方波产生电路

方波产生电路是一种能够直接产生方波或矩形波的非正弦信号发生电路。由于方波包含极丰富的谐波,因此这种电路又称为多谐振荡器。

1. 电路组成

方波产生电路如图 4-33 所示,它是在迟滞比较器的基础上,把输出电压经 R、C 反馈到集成运放的反相端,在运放的输出端引入限流电阻 R_3 和两个稳压管而组成的双向限幅电路,R_1、R_2 构成正反馈电路,回送到同相端。

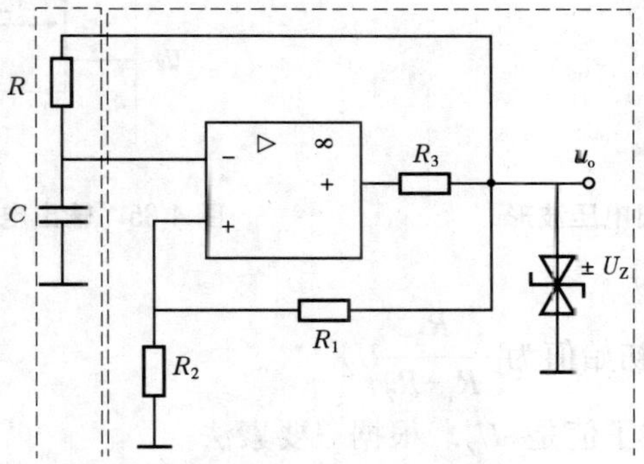

图 4-33　方波产生电路

2. 工作原理

在接通电源的瞬间,电路的输出电压究竟偏于正向饱和还是负向饱和,纯属偶然。设输出电压偏于负饱和值,即 $u_o=-U_Z$ 时,则集成运放同相端的电压为

$$u_+=-\frac{R_2}{R_1+R_2}U_Z$$

而 $u_o=-U_Z$ 时电容反向充电,u_C 由零变负。在电容电压 u_C 高于 u_+之前,$u_o=-U_Z$ 不变。当 u_C 下降到略低于 u_+时,u_o 从 $-U_Z$ 跳变到 $+U_Z$。与此同时,u_+由 $-R_2U_Z/(R_1+R_2)$ 变为

$$u_+ = \frac{R_2}{R_1 + R_2} U_Z$$

$u_o = +U_Z$ 时电容充电,在 u_C 低于 u_+ 以前, $u_o = +U_Z$ 不变。当 u_C 上升到略高于 u_+ 时, u_o 从 $+U_Z$ 跳到 $-U_Z$。如此循环不已,产生振荡,输出矩形波。输出电压波形如图 4-34 所示。

3. 振荡周期

图 4-35 画出了在 $t = t_1 \sim t_3$ 期间输出端及电容 C 上的电压波形。当 $t = t_1$ 时, $u_C = -\frac{R_2}{R_1+R_2}U_Z$,则在 $T/2$ 的时间内电容 C 上的电压 u_C 将以指数规律由 $-\frac{R_2}{R_1+R_2}U_Z$ 向 $+U_Z$ 方向变化,根据一阶 RC 电路的三要素法:

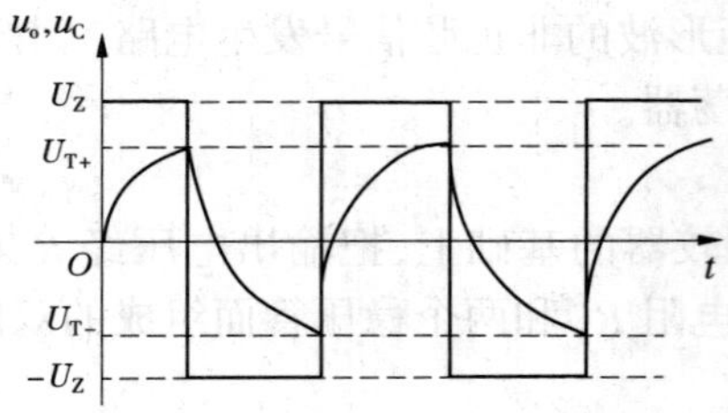

图 4-34　输出电压波形

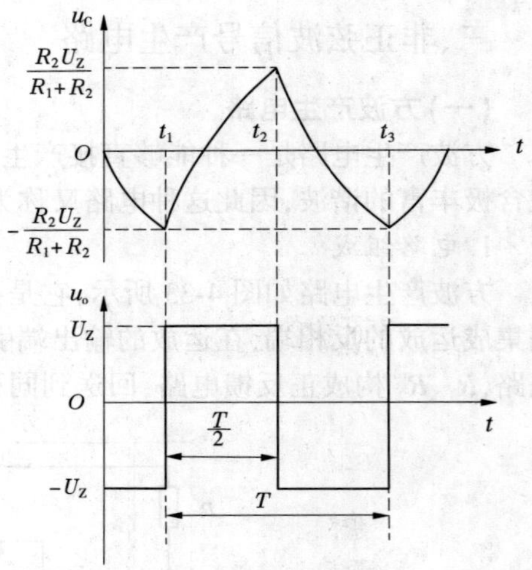

图 4-35　输出电压与电容电压对应关系

(1)时间常数 $\tau = RC$。

(2)在 t_1 时刻 u_C 的初始值为 $-\frac{R_2}{R_1+R_2}U_Z$。

(3)若 $t = \infty$, u_C 的终了值是 $+U_Z$。根据三要素法

$$u_C(t) = U_Z - \left(U_Z + \frac{R_2}{R_1 + R_2}U_Z\right)e^{\frac{-\Delta t}{RC}} \tag{4-48}$$

其中 $\Delta t = t - t_1$,且 $t_1 \leqslant t \leqslant t_2$。

当 $\Delta t = \frac{T}{2}$ 时, $u_C = \frac{R_2}{R_1+R_2}U_Z$,将这些条件代入式(4-48),得出

$$T = 2RC\ln\left(1 + \frac{2R_2}{R_1}\right) \tag{4-49}$$

4. 矩形波电路(占空比可调的矩形波电路)

通常将矩形波为高电平的持续时间与振荡周期的比称为占空比。对称方波的占空比为 50%。如需产生占空比小于或大于 50% 的矩形波,只需适当改变电容 C 的正、反向充

电时间常数即可。利用二极管的单向导电性可以引导电流流经不同的通路,占空比可调的矩形波发生电路如图 4-36(a)所示,电容上的电压和输出电压波形如图 4-36(b)所示。

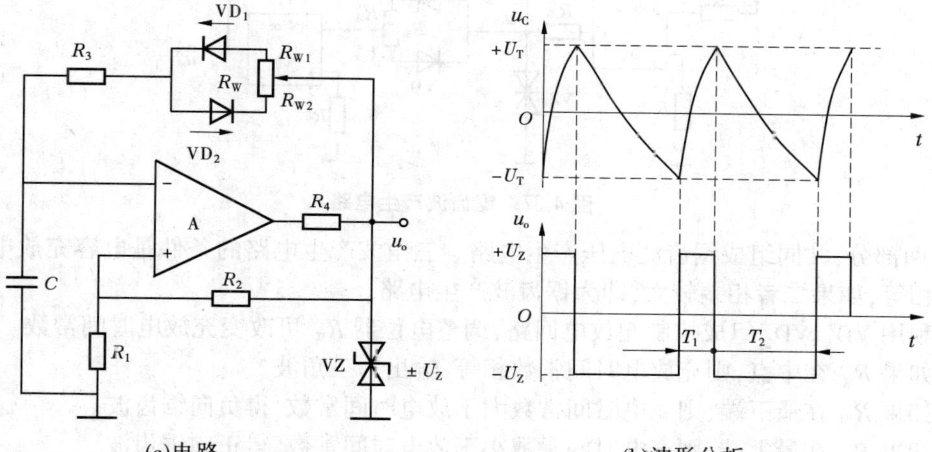

(a)电路 (b)波形分析

图 4-36 占空比可调的矩形波产生电路

电路工作原理分析如下:

当 $u_o=+U_Z$ 时,通过 R_{W1}、VD_1 和 R_3 对电容 C 正向充电,若忽略二极管导通时的等效电阻,则时间常数 $\tau_1 \approx (R_{W1}+R_3)C$。

当 $u_o=-U_Z$ 时,通过 R_{W2}、VD_2 和 R_3 对电容 C 反向充电,若忽略二极管导通时的等效电阻,则时间常数 $\tau_2 \approx (R_{W2}+R_3)C$。

通过计算分析得

$$T_1 \approx \tau_1 \ln(1+\frac{2R_1}{R_2})$$
$$T_2 \approx \tau_2 \ln(1+\frac{2R_1}{R_2}) \tag{4-50}$$

输出波形的振荡周期

$$T=T_1+T_2 \approx (R_W+2R_3)C\ln(1+\frac{2R_1}{R_2}) \tag{4-51}$$

结论:改变电位器的滑动端可改变矩形波的占空比,但不能改变周期与频率。

(二)锯齿波产生电路

锯齿波和正弦波、矩形波、三角波是常用的基本测试信号。此外,在示波器、电视机等仪器中,为了使电子束按照一定规律运动,以利用荧光屏显示图像,常用到锯齿波产生器作为时基电路。例如,要在示波器荧光屏上不失真地观察到被测信号波形,要求在水平偏转板加上随时间作线性变化的电压——锯齿波电压,使电子束沿水平方向匀速扫描荧光屏。而电视机中显像管荧光屏上的光点,是靠磁场变化进行偏转的,所以需要用锯齿波电流来控制。锯齿波产生电路的种类很多,图 4-37 为典型的锯齿波电压产生电路。

1. 电路组成

由图 4-37 可见,它包括同相输入迟滞比较器(A_1)和充放电时间常数不等的积分器

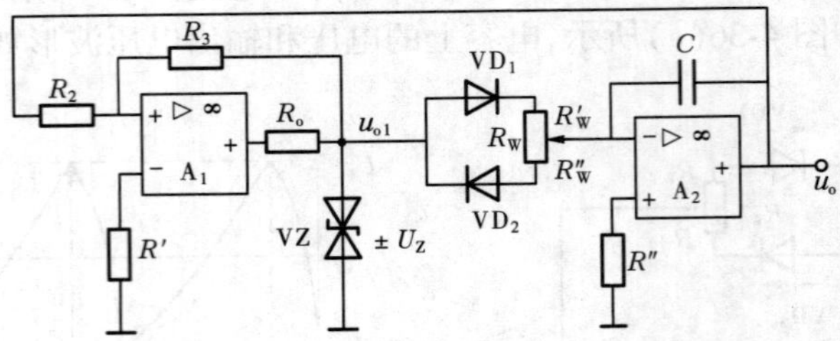

图 4-37　锯齿波产生电路

(A_2)两部分,共同组成锯齿波电压产生电路。三角波产生电路的条件是电容充放电时间常数相等,如果二者相差较大,即为锯齿波产生电路。

利用 VD_1、VD_2 组成控制充放电回路,调整电位器 R_W 可改变充放电时间常数。

如果 R_W 在中点,则充放电时间常数相等,输出为三角波。

如果 R_W 在最下端,则充电时间常数大于放电时间常数,得负向锯齿波。

如果 R_W 在最上端,则充电时间常数小于放电时间常数,得正向锯齿波。

2. 门限电压的估算

为便于讨论,单独画出图 4-37 中由 A_1 组成的同相输入迟滞比较器,如图 4-38 所示。图 4-38 中的 u_i 就是图 4-37 中的 u_o。由图 4-38 有

$$u_{P1} = u_i - \frac{u_i - u_{o1}}{R_2 + R_3} R_2$$

考虑到电路翻转时,有 $u_{N1} \approx u_{P1} = 0$,即得

$$u_i = U_{TH} = \frac{R_2}{R_3} u_{o1}$$

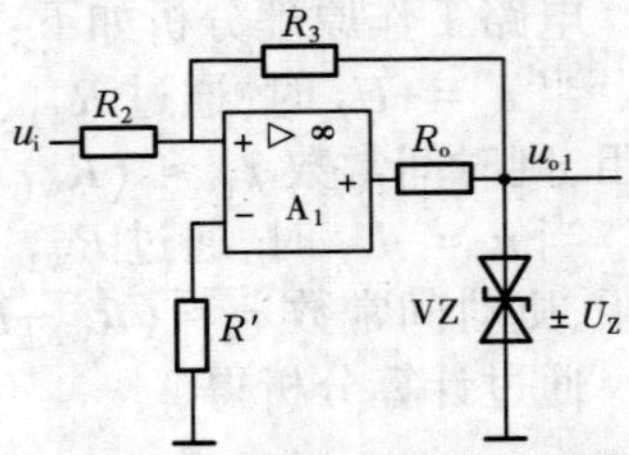

图 4-38　同相输入迟滞比较器

由于 $u_{o1} = \pm U_Z$,可分别求出上、下门限电压和回差电压为

$$U_{T+} = \frac{R_2}{R_3} U_Z, U_{T-} = -\frac{R_2}{R_3} U_Z$$

$$\Delta U_T = U_{T+} - U_{T-} = 2\frac{R_2}{R_3} U_Z$$

3. 工作原理

设 $t=0$ 时接通电源,有 $u_{o1} = -U_Z$,则 $-U_Z$ 经 R_o、VD_2、R''_W 向 C 充电,使输出电压按线性规律增长。当 u_o 上升到门限电压 U_{T+} 使 $u_{+1} = u_{-1}$ 时,比较器输出 u_{o1} 由 $-U_Z$ 上跳到 $+U_Z$,同时门限电压下跳到 U_{T-} 值。以后 $u_{o1} = +U_Z$ 经 R_o 和 VD_1、R'_W 向 C 反向充电。

由于时间常数减小,u_o 迅速下降到负值。当 u_o 下降到下门限电压 U_{T-} 使 $u_{+1} \approx u_{-1}$ 时,比较器输出 u_{o1} 又由 $+U_Z$ 下跳到 $-U_Z$。如此周而复始,产生振荡。由于电容 C 的正向与反向充电时间常数不相等,输出波形 u_o 为锯齿波电压,u_{o1} 为矩形波电压,如图 4-39 所示。

可以证明,设忽略二极管的正向电阻,其振荡周期为

$$T = T_1 + T_2 = \frac{2R_2}{R_3}(r_{d1} + r_{d2} + R_W)C \tag{4-52}$$

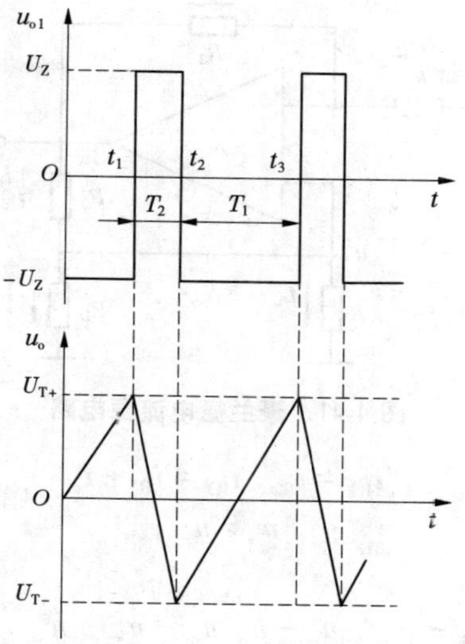

图 4-39　电路波形

式中，r_{d1} 和 r_{d2} 为二极管的等效电阻。

图 4-37 中 R_W 中间抽头调到中间位置，电容 C 的充放电时间相等，即构成三角波产生电路。

四、利用集成运放实现的信号转换电路

（一）电压-电流转换电路

电压-电流转换电路见图 4-40。

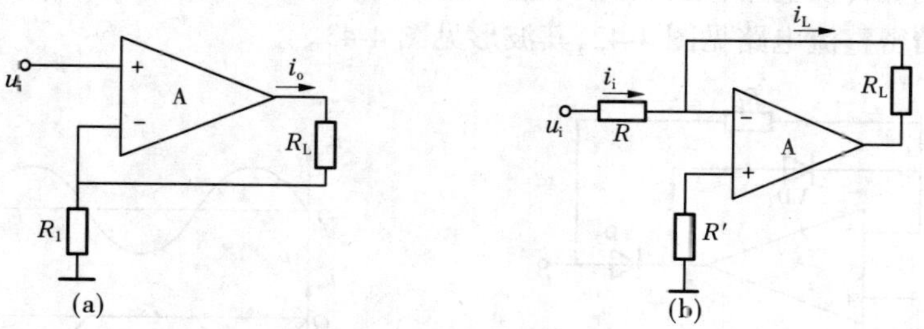

图 4-40　电压-电流转换电路

图 4-40（a）中　　$i_o = \dfrac{u_i}{R_1}$　，　$R_i = \infty$

图 4-40（b）中　　$i_L = \dfrac{u_i}{R}$　，　$R_i = R$

若信号源不能输出电流，则选电路（a）；若信号源能够输出一定的电流，则可选电路（b）。若负载需接地，则上述两电路均不符合要求，所以应引入豪兰德电流源电路，见图 4-41。

由图知

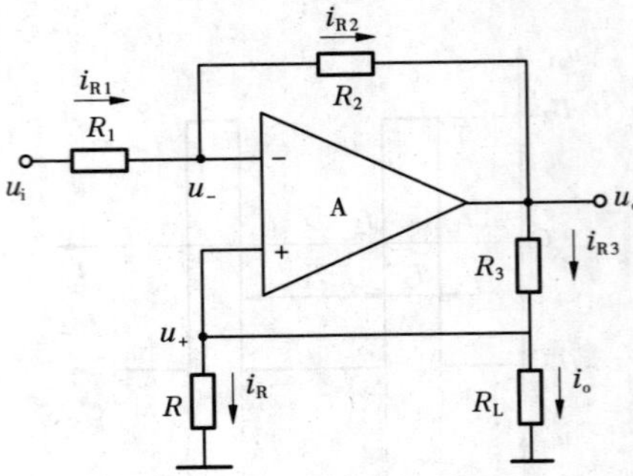

图 4-41　豪兰德电流源电路

$$i_{R1}=i_{R2},\ i_{R3}=i_R+i_o$$

$$u_+=u_-$$

则

$$\frac{u_i-u_-}{R_1}=\frac{u_--u_o}{R_2},\frac{u_o-u_+}{R_3}=\frac{u_+}{R}+i_o$$

若$\frac{R_2}{R_1}=\frac{R_3}{R}$,则 $i_o=-\frac{u_i}{R}$。

电路既引入了负反馈,又引入了正反馈。

$$\left.\begin{array}{l}R_L\downarrow\rightarrow i_o\uparrow\\ R_L\downarrow\rightarrow u_+\downarrow\rightarrow u_o\downarrow\rightarrow i_o\downarrow\end{array}\right\}\text{相互抵消,则 } i_o \text{ 稳定}$$

(二)精密整流电路

精密整流电路是将微弱的交流信号电压转换成直流信号电压的处理电路,不是电源中 AC-DC 的能量转换电路,是实现微小信号的整流。

(1)半波精密整流电路见图 4-42,其波形见图 4-43。

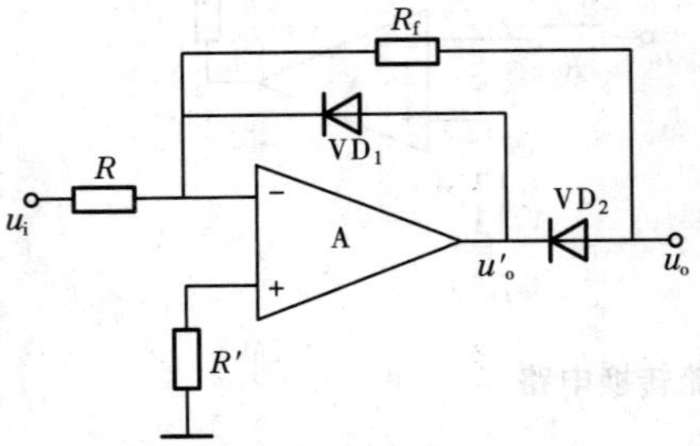

图 4-42　半波整流电路

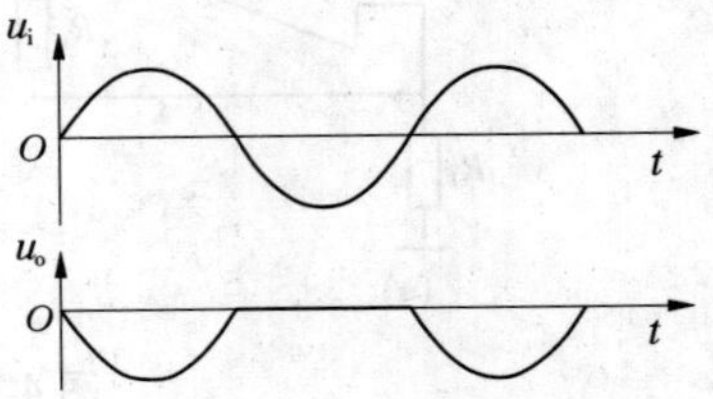

图 4-43　输入与输出电压波形

设电路中 $R=R_f$。$u_i>0$ 时,$u_o'<0$,VD_1 截止,VD_2 导通,$u_i=-u_o$。$u_i<0$ 时,$u_o'>0$,VD_2 截止,VD_1 导通,$u_o=0$。

对输入信号的要求:设二极管的导通电压为 0.7 V,集成运放的开环差模放大倍数为 50 万倍,那么为使二极管 VD_1 导通,集成运放的净输入电压为

$$u_+-u_-=\frac{0.7}{5\times10^5}\ \text{V}=0.14\times10^{-5}\ \text{V}=1.4\ \mu\text{V}$$

可见，只要净输入电压产生非常微小的变化，就可以改变 VD_1、VD_2 的工作状态，从而达到精密整流的目的。

（2）全波精密整流电路见图 4-44，其波形见图 4-45。

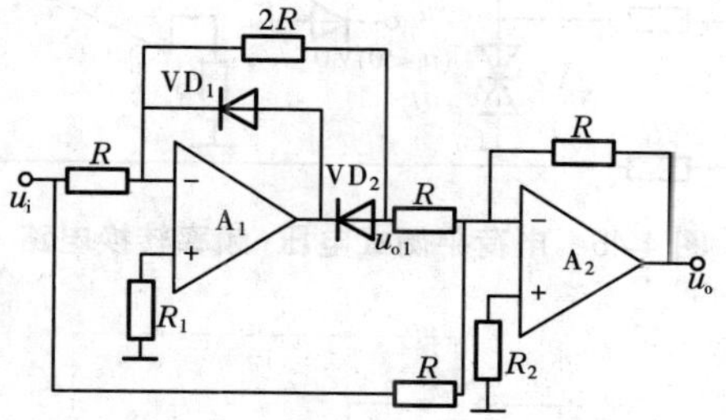

图 4-44　全波整流电路

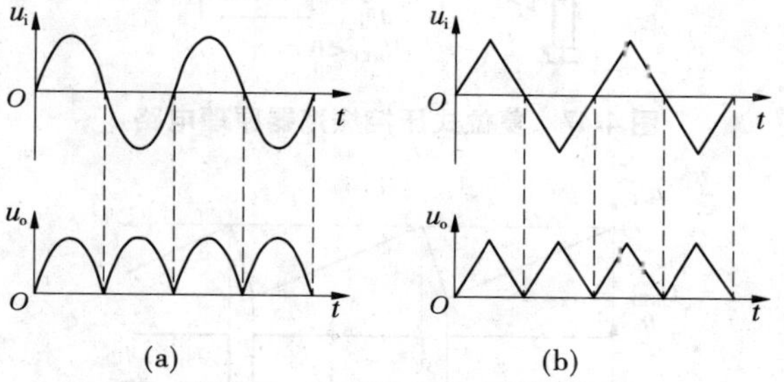

图 4-45　输入与输出电压波形

$$\begin{cases} u_{o1} = -2u_i & (u_i > 0) \\ u_{o1} = 0 & (u_i < 0) \end{cases}$$

$$u_o = -u_{o1} - u_i$$

$u_i > 0$ 时
$$u_o = u_i$$

$u_i < 0$ 时
$$u_o = -u_i$$

$$u_o = |u_i|$$

（三）电压-频率转换电路（压控振荡器 VCO）

电压-频率转换电路的功能是将输入直流电压转换成频率与其数值成正比的输出电压，简称压控振荡电路。

电压-频率转换电路是一种模-数转换电路，它应用于模-数转换、调频、遥控遥测等各种设备。

（1）电荷平衡式电路见图 4-46。电荷平衡式电路的满刻度输出频率高，线性误差小，但其输入阻抗低，必须正、负电源供电，且功率大。

（2）复位式电路见图 4-47，其波形见图 4-48。

利用数学推导可以得出，输出信号频率计算公式为

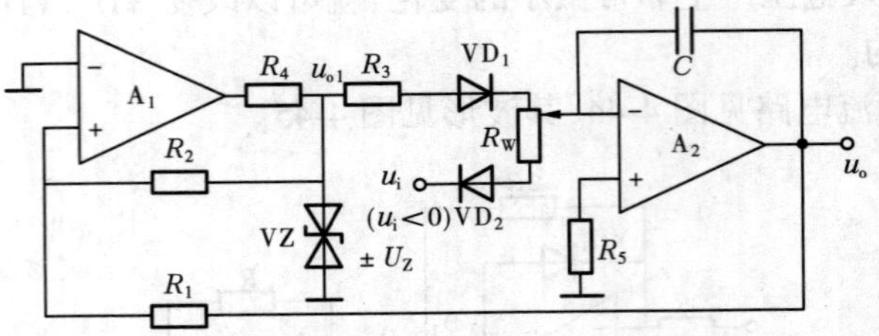

图 4-46　电荷平衡式电压-频率转换电路

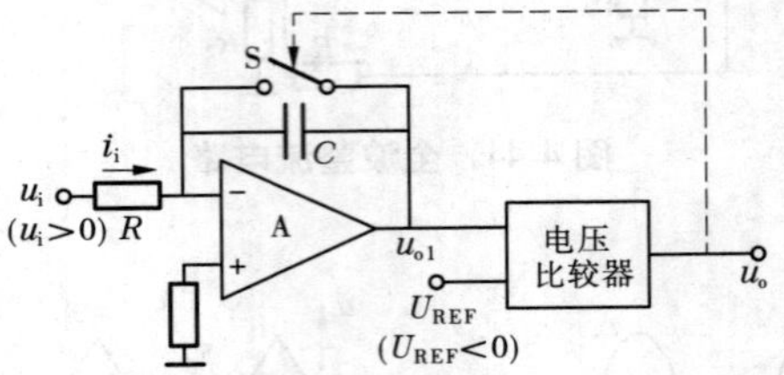

图 4-47　复位式压控振荡器原理电路

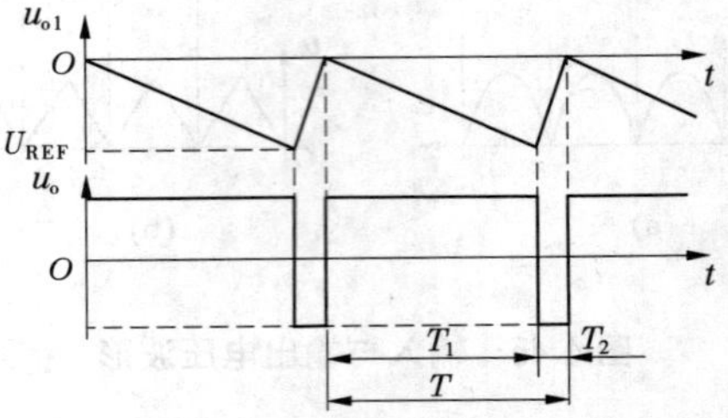

图 4-48　复位式压控振荡器波形图

$$f \approx \frac{RC}{|U_{REF}|} u_i \tag{4-53}$$

由式(4-53)可以看出信号频率与输入电压幅值成正比。图 4-49 为复位式压控振荡器的实际应用电路。

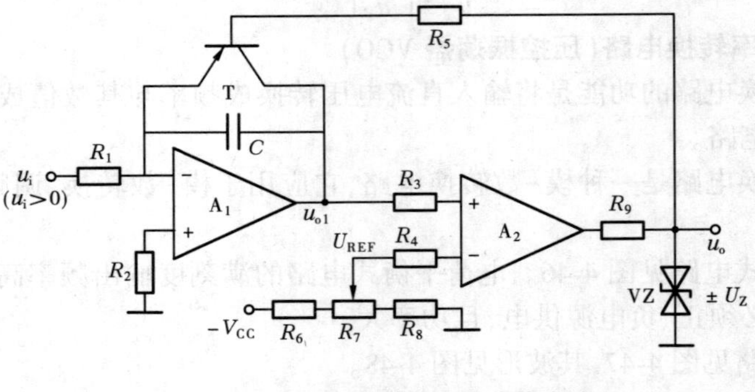

图 4-49　复位式压控振荡器电路

课堂活动

课堂提问和讨论

T4.7-1 分析图 4-50 所示两个电路的功能。

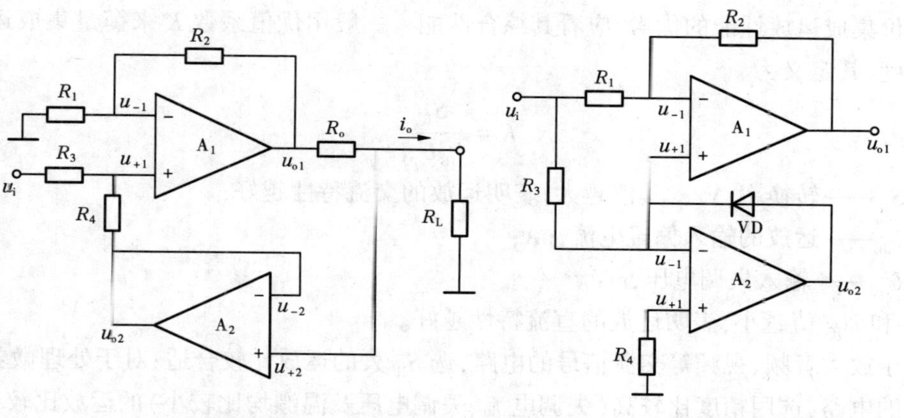

(a)u–i转换电路 (b)精密整流电路

图 4-50

T4.7-2 已知图 4-51 电路中三极管饱和压降为 0，试分析下列问题：

(1)晶体管什么情况下导通，什么情况下截止。

(2)晶体管饱和导通和截止时 u_{o1} 和 u_i 的运算关系。

(3)u_i 的极性。

(4)画出 u_{o1}、u_{o2} 的波形。

(5)u_i 与振荡频率的关系。

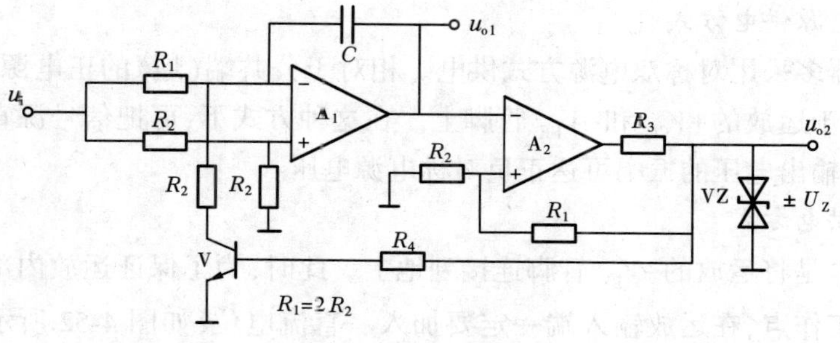

图 4-51

任务八 集成运算放大器应用的注意事项

一、正确选择集成运算放大器

集成运算放大器是模拟集成电路中应用最广泛的一种器件。在由运算放大器组成的各种系统中，由于应用要求不一样，对运算放大器的性能要求也不一样。

在没有特殊要求的场合，应尽量选用通用型集成运放，这样既可降低成本，又容易保证货源。当一个系统中使用多个运放时，应尽可能选用多运放集成电路，例如 LM324、LF347 等都是将四个运放封装在一起的集成电路。

评价集成运放性能的优劣，应看其综合性能。一般用优值系数 K 来衡量集成运放的优良程度，其定义为

$$K=\frac{S_R}{I_{IB}U_{IO}}$$

式中　S_R——转换率，V/s，其值越大，表明运放的交流特性越好；

I_{IB}——运放的输入偏置电流，nA；

U_{IO}——输入失调电压，mV。

I_{IB} 和 U_{IO} 值越小，表明运放的直流特性越好。

对于放大音频、视频等交流信号的电路，选 S_R 大的运放比较合适；对于处理微弱的直流信号的电路，选用精度比较高（失调电流、失调电压及温漂均比较小）的运放比较合适。

实际选择集成运放时，除优值系数要考虑外，还应考虑其他因素。例如，信号源的性质，是电压源还是电流源；负载的性质，集成运放输出电压和电流是否满足要求；环境条件，集成运放允许工作范围、工作电压范围、功耗与体积等因素是否满足要求。

二、集成运算放大器使用时应注意的问题

（一）集成运放的电源供给方式

集成运放有两个电源接线端 $+V_{CC}$ 和 $-V_{EE}$，但有不同的电源供给方式。不同的电源供给方式，对输入信号的要求是不同的。

1. 对称双电源供电方式

运算放大器多采用对称双电源方式供电。相对于公共端（地）的正电源（$+E$）与负电源（$-E$）分别接于运放的 $+V_{CC}$ 和 $-V_{EE}$ 管脚上。在这种方式下，可把信号源直接接到运放的输入脚上，而输出电压的振幅可达正负对称电源电压。

2. 单电源供电方式

单电源供电是将运放的 $-V_{EE}$ 管脚连接到地上。此时，为了保证运放内部单元电路具有合适的静态工作点，在运放输入端一定要加入一直流电位，如图 4-52 所示。此时运放的输出是在某一直流电位基础上随输入信号变化。静态时，运算放大器的输出电压近似为 $V_{CC}/2$，为了隔离掉输出中的直流成分，接入电容 C_3。

（二）集成运放的调零问题

由于集成运放的输入失调电压和输入失调电流的影响，当运算放大器组成的线性电路输入信号为零时，输出往往不等于零。为了提高电路的运算精度，要求对失调电压和失调电流造成的误差进行补偿，这就是运算放大器的调零。常用的调零方法有内部调零和外部调零，而对于没有内部调零端子的集成运放，要采用外部调零方法。图 4-53(a) 所示

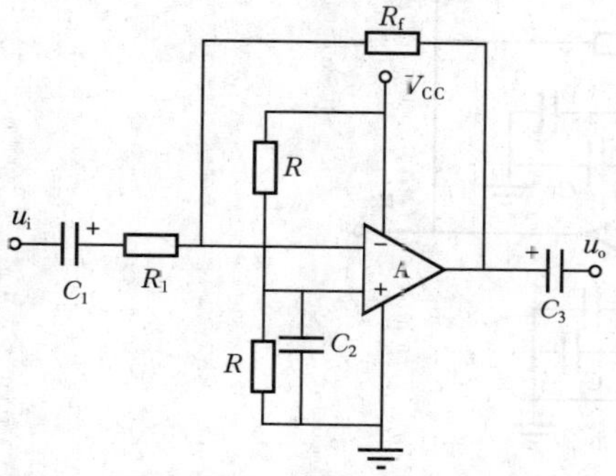

(a)单电源供电反相比例电路

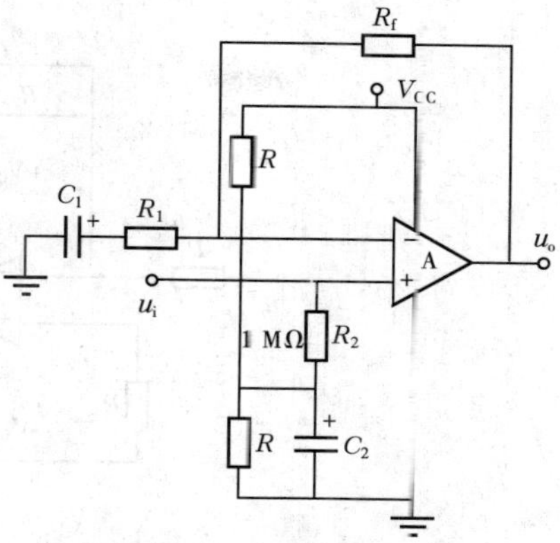

(b)单电源供电同相比例电路

图 4-52　运算放大器单电源供电电路

的是内部调零电路，图 4-53(b)所示的是外部调零电路。

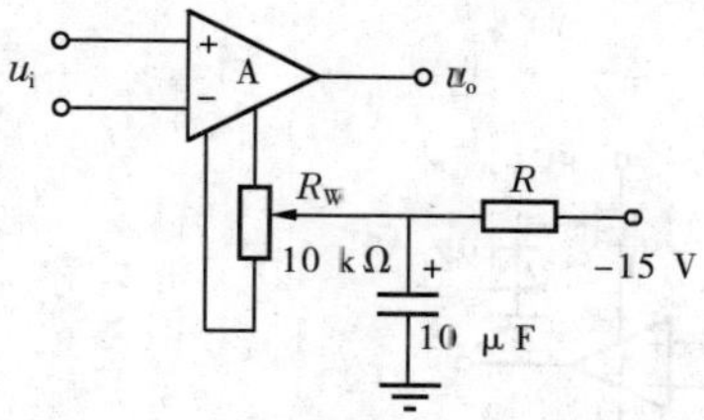

(a)内部调零电路

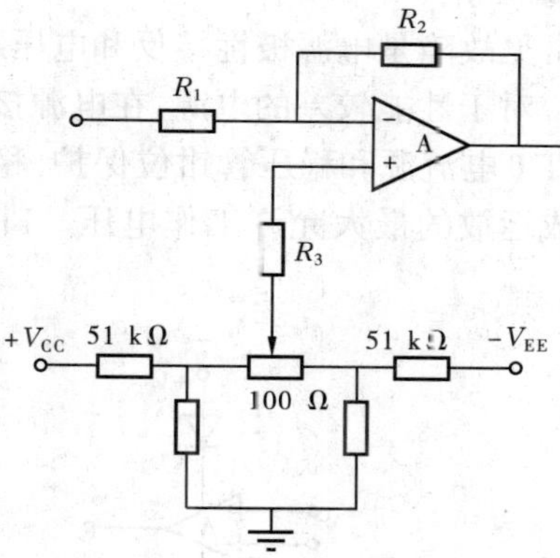

(b)外部调零电路

图 4-53　运算放大器的常用调零电路

(三)集成运放的自激振荡问题

运算放大器是一个高放大倍数的多级放大器，在接成深度负反馈条件下，很容易产生自激振荡。为使放大器能稳定地工作，就需外加一定的频率补偿网络，以消除自激振荡。图 4-54 是相位补偿的使用电路。

另外，防止通过电源内阻造成低频振荡或高频振荡的措施是在集成运放的正、负供电电源的输入端对地分别加入一电解电容(10 μF)和一高频滤波电容(0.01~0.1 μF)，如图 4-54 所示。

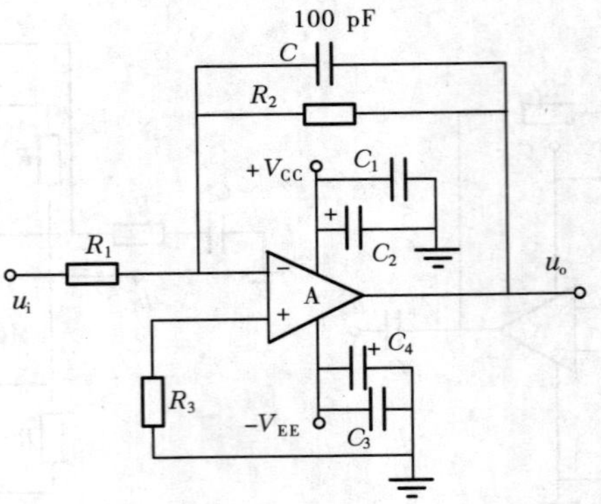

图 4-54　运算放大器的自激消除

三、集成运算放大器的保护措施

集成运放的安全保护有三个方面:电源保护、输入保护和输出保护。

(一)电源保护

电源的常见故障是电源极性接反和电压跳变。电源电压突变保护和电源反接保护电路见图 4-55。对于性能较差的电源,在电源接通和断开瞬间,往往出现电压过冲。图 4-55(b)中采用 FET 电流源和稳压管钳位保护,稳压管的稳压值大于集成运放的正常工作电压而小于集成运放的最大允许工作电压。FET 管的电流应大于集成运放的正常工作电流。

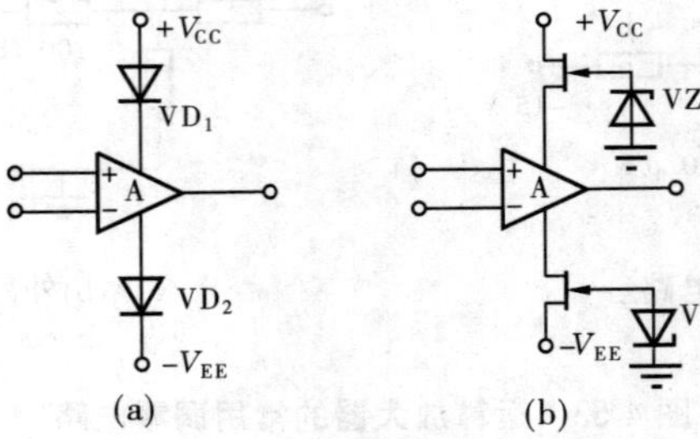

图 4-55　集成运放电源保护电路

(二)输入保护

集成运放的输入差模电压过高或者输入共模电压过高(超出该集成运放的极限参数范围),集成运放也会损坏。图 4-56 所示是典型的输入保护电路。

(三)输出保护

当集成运放过载或输出端短路时,若没有保护电路,该运放就会损坏。但有些集成运放内部设置了限流保护或短路保护,使用这些器件就不需再加输出保护。对于内部没有限流或短路保护的集成运放,可以采用图 4-57 所示的输出保护电路。在图 4-57 所示电路

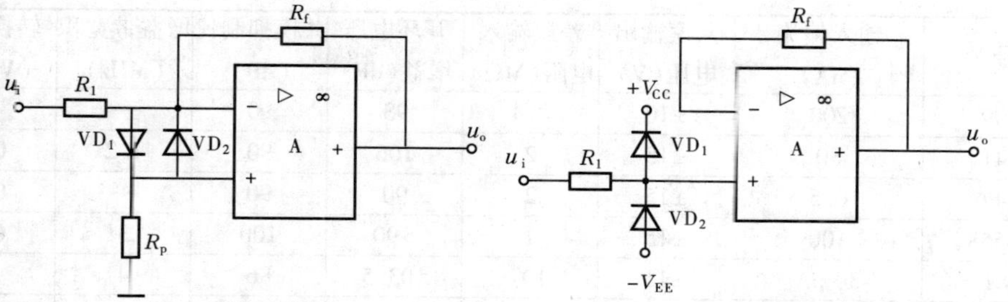

(a)反相电路　　(b)同相电路

图 4-56　输入保护电路

中,若输出端出现过高电压,VZ 反向击穿,使输出电压稳定在$\pm U_Z$,避免了损坏。

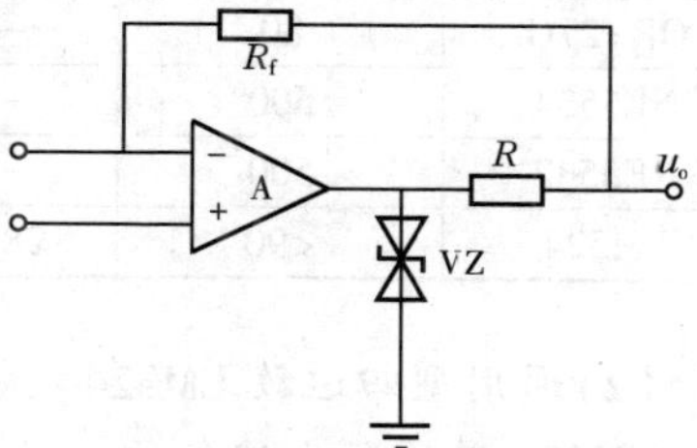

图 4-57　输出保护电路

课堂活动

课堂提问和讨论

T4. 8-1　阅读下列资料,熟悉其性能。

(1)常用的国外进口集成运算放大器型号和基本参数,见表 4-2。

表 4-2　常用进口集成运算放大器的型号和基本参数

型号	类别	电源电压(V)	最大输出电压(V)	最大输出电流(mA)	失调电压(mV)	失调电流(nA)
μA709	中增益通用型	±18	+13	—	2	50
μA741	高增益通用型	±18	—	—	2	20
μA747	通用型双运放	±18	±13	—	2	20
μPC4538	通用型双运放	±18	—	—	2	30
TL081	JFET 输入	±18	28	—	5	5 pA
TL082	JFET 输入双运放	±18	28	—	5	5 pA
TL084	JFET 输入四运放	±18	28	—	5	5 pA
OP-07	高精度高增益	±22	—	—	0. 03	75
OP-27C	高精度高增益	±22	—	—	0. 03	75
NE5534	低噪声	±22	—	—	3	30
NE5532	低噪声双运放	±22	—	—	3	30
LM324	单电源型四运放	32/±16	—	40	2	5

续表 4-2

型号	输入偏流(nA)	共模输出电压(V)	差模输入电阻(MΩ)	开环电压增益(dB)	共模抑制比(dB)	增益带宽积(MHz)	转换速率(V/μs)
μA709	200	±10	0.4	93	90	—	—
μA741	80	±15	2	106	90	1.2	0.5
μA747	0.5	±15	2	90	90	—	0.5
μPC4558	100	±15	1	>90	100	3	0.5
TL081	30 pA	±15	10^6	103.5	86	4	13
TL082	30 pA	±15	10^6	103.5	86	4	13
TL084	30 pA	±15	10^6	103.5	86	4	13
OP07	8	—	60	110	120	0.6	0.17
OP-27G	80	—	4	113	<126	8	2.8
NE5534	500	—	0.1	>90	100	10	13
NE5532	500	—	0.3	>90	100	10	9
LM324	<90	28.3	—	100			

(2)通用型四运放 LM324。

LM324 是国际上流行的一种性价比较高、应用广泛的通用型四运放。LM324 内部有四个独立、高增益、频率补偿电容运算放大器,它可以单电源使用,也可以双电源使用,电源电压范围±(5~15)V。它采用双列直插塑料封装,其外形和引脚排列如图 4-58 所示。

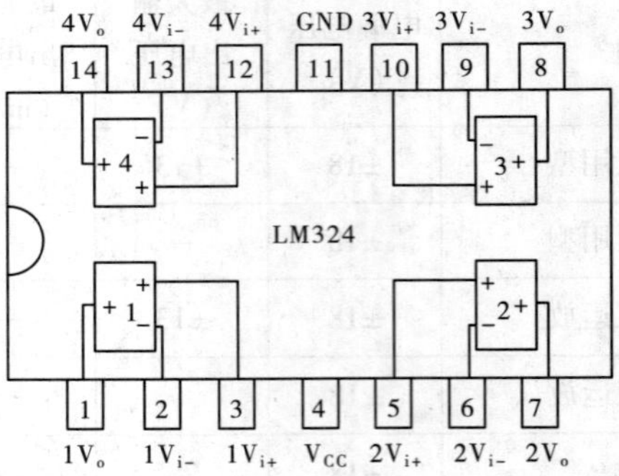

$1V_{i-}$—第 1 号运放的反相输入端;$1V_{i+}$—第 1 号运放的同相输入端;

$1V_o$—第 1 号运放的输出端,其余的引脚依此类推;V_{CC}—电源端;GND—接地端

图 4-58 LM324 集成运放的外形和引脚

实训与技能操作训练

S4.1 差动放大器性能验证实验

1. 实训目的

验算差动放大器对差模信号的放大能力,对共模信号的抑制能力。实验电路如

图 4-59 所示。

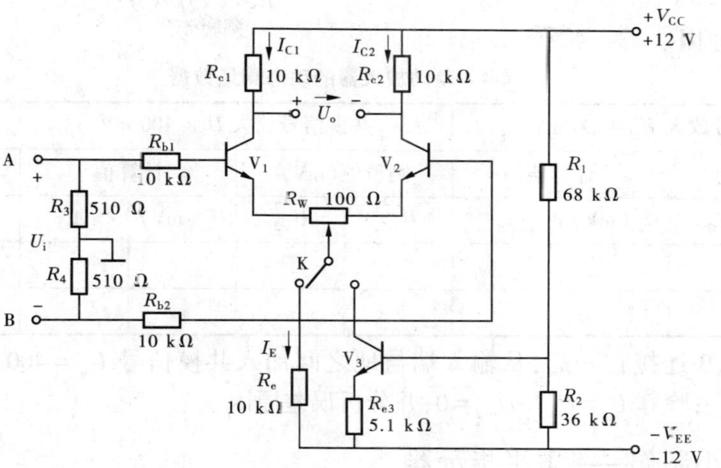

(a)电路图

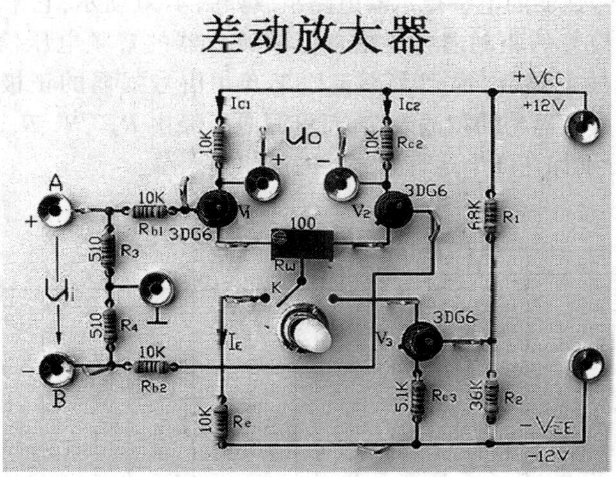

(b)接线图

图 4-59　差放原理电路及接线图

2. 实验步骤

(1)测量静态工作点,填入表 4-3。

表 4-3　静态工作点测量数据

对地电压(V)	U_{C1}	U_{C2}	U_{B1}	U_{B2}	U_{E1}	U_{E2}
测量值						

(2)从 A 和 B 两点之间加入差模信号 $U_{id}=400$ mV,然后测量差模输出电压 U_{od1}、U_{od2}

和 U_{od} 及 $|U_{od1}|-|U_{od2}|$，将数据填入表 4-4；并与 $A_1=\dfrac{\beta R_c}{R_S+(1+\beta R_e)}=A_2=A_d$ 的估算结果相比较，分析误差原因。

表 4-4 差动放大器的动态测量数据

差模信号放大 $U_{id}=400$ mV				共模信号放大 $U_{ic}=400$ mV				共模抑制比
测量值(mV)		计算值		测量值(mV)		计算值		计算值
U_{od1}	U_{od2}	U_{od}(mV)	A_d	U_{oc1}	U_{oc2}	U_{oc}(mV)	A_c	A_d/A_c

(3)将 A、B 连接在一起，从输入端与地之间加入共模信号 $U_{ic}=400$ mV，测量输出 U_{oc1}、U_{oc2} 和 U_{oc}；验算 $U_o=U_{oc1}-U_{oc2}=0$，并分析误差原因。

S4.2 电路小制作——电平指示器

扩音机音频信号强弱的电平指示器电路组成如图 4-60 所示，它采用了通用型四运放 LM324 作为发光二极管的驱动器件。来自低频放大器的音频电压信号，经二极管 VD、R_{10}、C_1 组成峰值检波电路后，得到大小正比于音频信号强弱的正极性电压，同时加到 LM324 的四个运算放大器的同相输入端；而电源电压经由 R_{W1}、R_2、R_3、R_4、R_5 组成的电阻分压电路分压后，分别加在四个运算放大器的反相输入端。

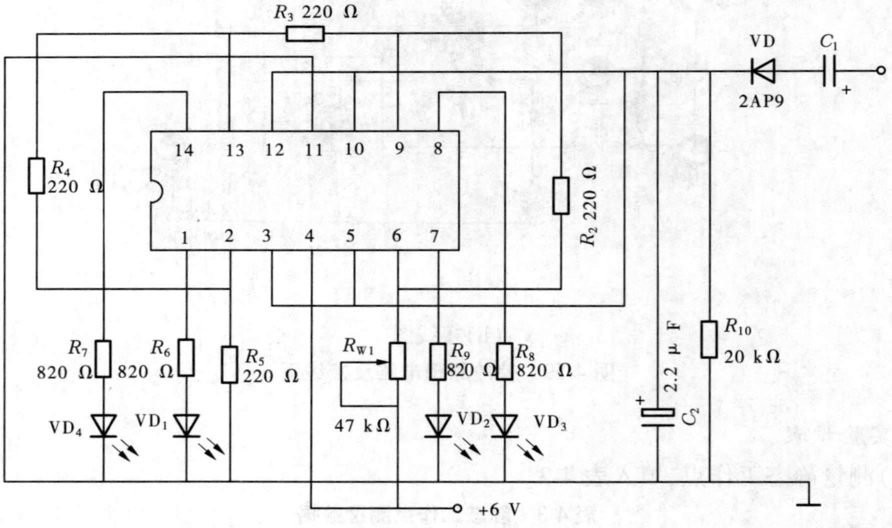

图 4-60 电平指示器

当无音频信号输入时，运放的同相输入端均为零电平，而反相输入端为不同的正直流电压。此时 $U_+\leqslant U_-$，运放的输出为低电平，这样四个发光二极管 $VD_1\sim VD_4$ 全不点亮。当有音频信号经整流后，使某个运放的 $U_+>U_-$，则该运放输出为高电平，所接的发光二极管点亮；反之则灭。这样随着输入的音频信号强弱的变化，发光二极管点亮的个数和亮度也随之发生变化，调整 R_{W1} 阻值，可以改变发光二极管的亮度。

项目小结

1. 直流放大器的作用是：可以放大缓慢变化的直流信号，它采用了直接耦合的方式，从而产生了一些特殊问题，零点漂移是其中最突出的问题。温度对三极管参数的影响是直流放大器产生零点漂移的主要原因。抑制零点漂移可以采用许多措施，采用差动放大电路作为多级放大器的输入级是一个重要而常用的方法。

2. 差动放大器的基本作用是：能放大差模信号，同时也能抑制零点漂移，在使用时要注意对共模信号的抑制能力。共模抑制比反映了差动放大器的性能，是差动放大电路的重要的性能指标。

3. 正确使用集成运放要以理解集成运放的参数为前提。

4. 集成运放是一种内部采用直接耦合的线性集成电路，具有高放大倍数、高输入阻抗和低输出阻抗的特点。在分析集成运放电路时，为了简化起见，常常将实际集成运放看作是理想的集成运放。

5. 集成电路的种类繁多，其应用已经遍及社会和生活的各个领域。

思考与习题

4-1　选择题

(1) 直流放大器__________。

A. 只能放大直流信号　　B. 只能放大交流信号

C. 能放大直流和交流信号　　D. 不能确定

(2) 放大器产生零点漂移的主要原因是__________。

A. 环境温度变化　　B. 电压增益太大

C. 采用直接耦合方式　　D. 采用阻容耦合方式

(3) 多级直接耦合放大器中，影响零点漂移最严重的一级是__________，零点漂移最大的一级是__________。

A. 输入级　　B. 中间级　　C. 输出级　　D. 增益最高的一级

(4) 多级直接耦合放大器中，级与级之间的耦合元件可采用__________。

A. 电容　　B. 电感　　C. 二极管　　D. 直接连接

(5) 典型差动放大电路中，发射极电阻 R_e 的主要作用是__________。

A. 提高输入电阻　　B. 提高差模电压增益

C. 提高共模抑制比　　D. 提高共模电压增益

(6) 差动放大器由双端输入改为单端输入，差模电压增益__________。

A. 增加一倍　　B. 为双端输入时的 1/2

C. 不变　　　　D. 不确定

(7) 差动放大电路中，当两个输入端 $u_{i1}=300$ mV，$u_{i2}=200$ mV 时，可将输入信号分解为共模输入信号 $u_{ic}=$__________，差模输入信号 $u_{id}=$__________。

A. 500 mV　　B. 100 mV　　C. 250 mV　　D. 50 mV

(8) 基本差动放大电路中（无 R_e 电阻），两个单边放大器的电压增益为 100。已知两个输入信号 $u_{i1}=10$ mV，$u_{i2}=-10$ mV，则单端输出电压 $u_{o2}=$__________。

A. −1 V　　B. 1 V　　C. −1/2 V　　D. 1/2 V

(9) 差动放大电路共模抑制比 K_{CMR} 越大，表明电路__________。

A. 抑制零漂的能力越强　　B. 共模放大倍数越稳定

C. 共模放大倍数越大　　D. 差模放大倍数越小

(10) 差动放大器由双端输出改为单端输出，共模抑制比 K_{CMR} 减少的原因是__________。

A. $|A_{ud}|$ 不变，$|A_{uc}|$ 增大　　B. $|A_{ud}|$ 减少，$|A_{uc}|$ 不变

C. $|A_{ud}|$ 减少，$|A_{uc}|$ 增大　　D. $|A_{ud}|$ 增大，$|A_{uc}|$ 减少

(11) 在单端输出差动放大电路中，差模电压增益 $A_{ud}=50$，共模电压增益 $A_{uc}=-0.5$，若两个输入电压为 $u_{i1}=80$ mV，$u_{i2}=60$ mV，则输出电压 $u_{o2}=$__________。

A. −1.035 V　　B. −0.965 V　　C. 0.965 V　　D. 1.035 V

(12) 电流源电路的特点是输出电流__________，直流等效电阻__________，交流等效电阻__________。

A. 大　　B. 小　　C. 恒定　　D. 不定

4-2　填空题

(1) 直接耦合放大最突出的问题是__________。集成运放要采用直接耦合放大的原因是____________________。

(2) 所谓零点漂移是指____________________。产生零点漂移的主要原因有____________________。

(3) 差模信号是指____________________。共模信号是指____________________。差动放大电路能放大__________，抑制__________。

(4) 共模抑制比是指____________________，其表达式为____________________。当某差动放大器的差模放大倍数为 1 000，共模放大倍数为 0.1 时，共模抑制比为__________dB。

(5) 差动放大器的输入输出连接方式有__________种，其差模放大倍数与__________方式有关，与__________方式无关。

(6) 典型差动放大器中，发射极电阻 R_e 的作用是____________________，常用电流源代替发射极电阻的原因是____________________，负电源 V_{EE} 的作用是____________________。

(7) 集成运放是具有__________放大倍数的__________放大器。通常有__________个输入端和__________个输出端。集成运放的应用有两大类：__________和__________。

(8)集成运放的基本组成有________、________、________和________。

(9)理想集成运放工作在线性区时,有两个重要概念:________和________,此时集成运放常处于________状态。

(10)电压比较器是集成运放的典型应用,此时集成运放工作在________应用状态,其输出只有________和________两种电平。

4-3 判断下列说法是否正确(在括号内打"√"或"×")

(1)当集成运放工作在非线性区时,输出电压不是高电平就是低电平。 ( )

(2)运放的输入失调电压 U_{io} 是两输入端电位之差。 ( )

(3)运放的共模抑制比 $K_{CMR}=\left|\frac{A_c}{A_e}\right|$。 ( )

(4)有源负载可以增大放大电路的输出电流。 ( )

(5)运算电路中一般均引入负反馈。 ( )

(6)同相比例运算电路的闭环电压放大倍数数值一定大于或等于1。 ( )

(7)在运算电路中,集成运放的反相输入端均为虚地。 ( )

(8)凡是运算电路都可利用"虚短"和"虚断"的概念求解运算关系。 ( )

(9)集成运放电路必须引入深度负反馈。 ( )

(10)运放在深度负反馈情况下,放大特性与运放本身参数无关,仅取决于外接电路元件及其参数,因而在使用过程中不需要考虑运放的特性参数。 ( )

(11)集成运放构成放大电路不但能放大交流信号,也能放大直流信号。 ( )

(12)为了提高集成运放组成的放大电路增益,可选用 10 MΩ 电阻作为反馈电阻。 ( )

(13)反相输入式集成运放的虚地可以直接接地。 ( )

(14)只要集成运放引入正反馈,就一定工作在非线性区。 ( )

(15)一般情况下,在电压比较器中,集成运放不是工作在开环状态,就是仅仅引入了正反馈。 ( )

4-4 运放电路如图 4-61 所示,已知 $R_F=2R_1$,$U_i=2$ V,求 U_o 数值。

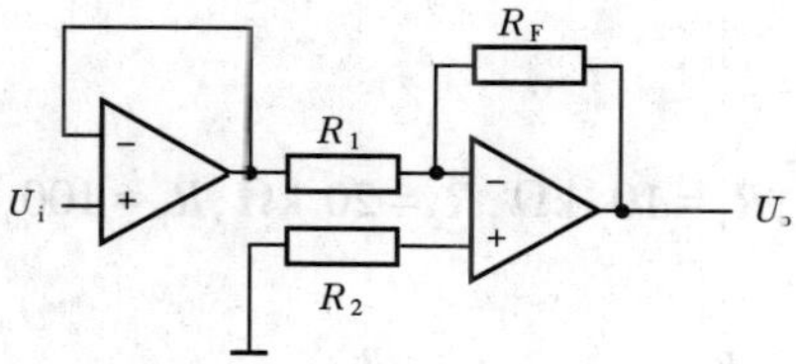

图 4-61

4-5 电路如图 4-62 所示,已知 $R_1=3$ kΩ,若希望它的电压放大倍数等于 7,试估算 R_F 和 R_2 的值。

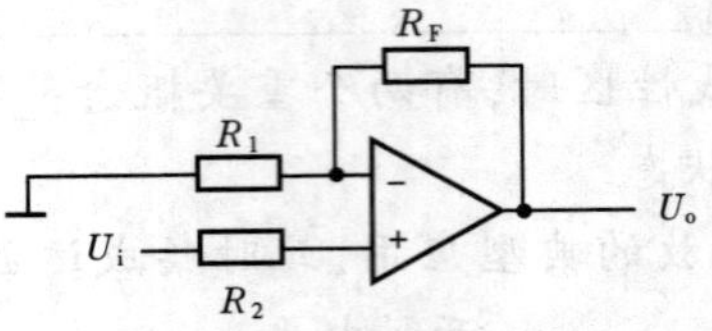

图 4-62

4-6　电路如图 4-63 所示,求输出电压 U_o 的表达式(可用逐级求输出电压的方法)。

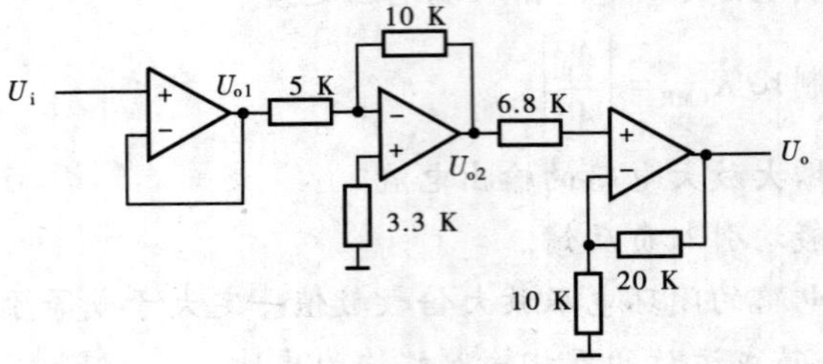

图 4-63

4-7　电路如图 4-64 所示,求下列情况下,u_o 和 u_i 的关系式。

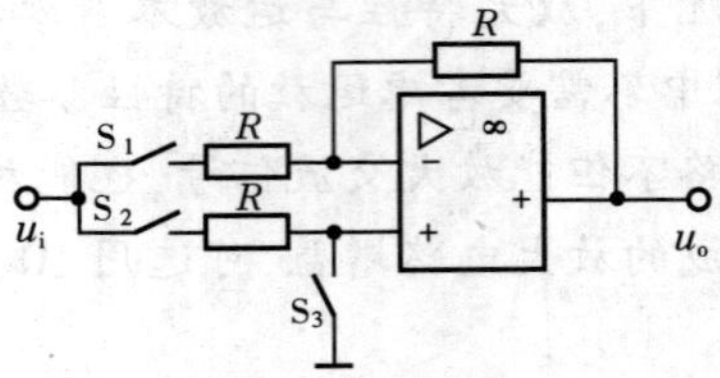

图 4-64

(1)S_1 和 S_3 闭合,S_2 断开时;

(2)S_1 和 S_2 闭合,S_3 断开时。

4-8　电路如图 4-65 所示,$R_1=10\ k\Omega$,$R_2=20\ k\Omega$,$R_F=100\ k\Omega$,$u_{i1}=-0.2\ V$,$u_{i2}=0.5\ V$,求输出电压 u_o。

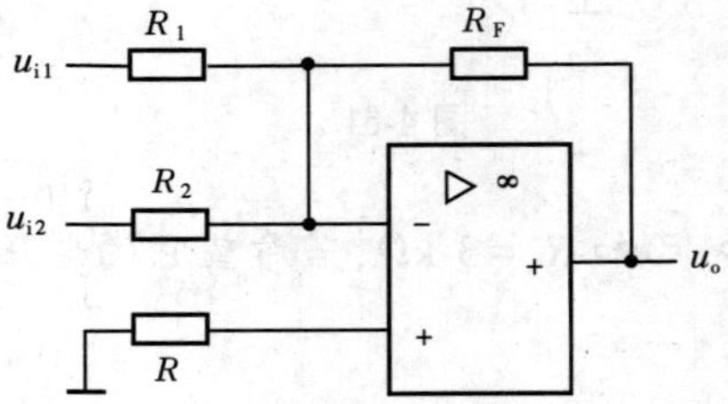

图 4-65

4-9　电路如图 4-66 所示，集成运放输出电压的最大幅值为±14 V，填表 4-5。

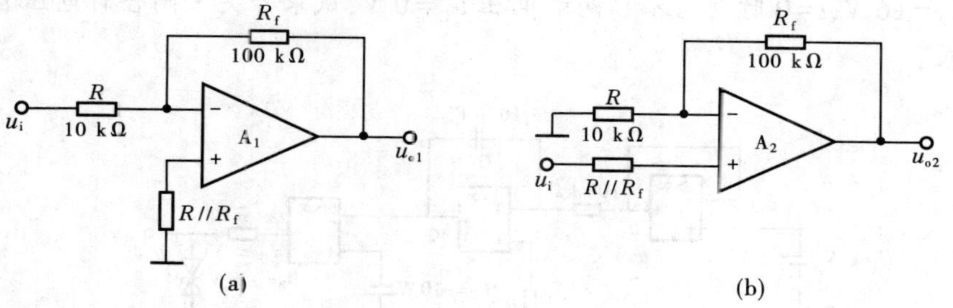

图 4-66

表 4-5

u_i(V)	0.1	0.5	1.0	1.5
u_{o1}(V)				
u_{o2}(V)				

4-10　电路如图 4-67 所示，集成运放为理想的，求输出电压与输入电压表达式。

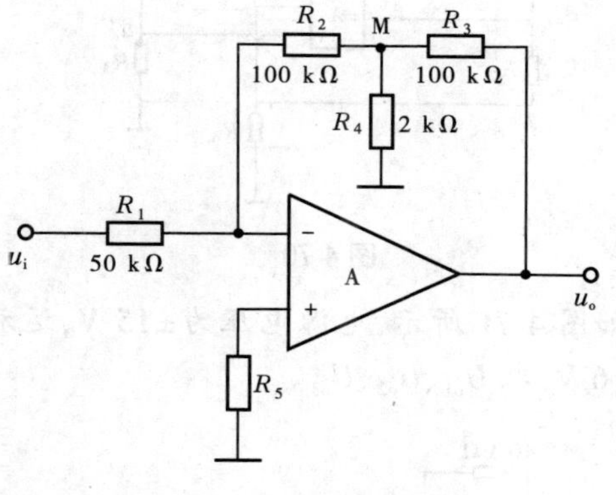

图 4-67

4-11　电路如图 4-68 所示，试：

(1)合理连线，接入信号源和反馈，使电路的输入电阻增大，输出电阻减小；

(2)欲将放大倍数设置为 20，则 R_F 应取多少 K？

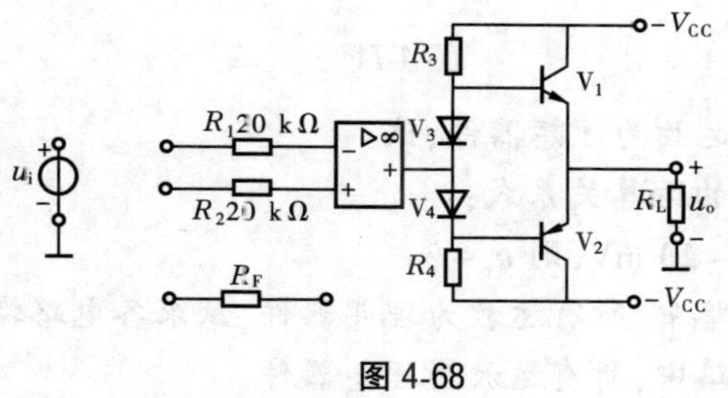

图 4-68

4-12　如图 4-69 所示电路中，运放为理想器件，其最大输出电压 $U_{om}=\pm 14$ V，稳压管的稳压值 $U_Z=\pm 6$ V，$t=0$ 时刻电容 C 两端电压 $u_C=0$ V，试求开关 S 闭合时电压 u_{o1}、u_{o2}、u_{o3} 的表达式。

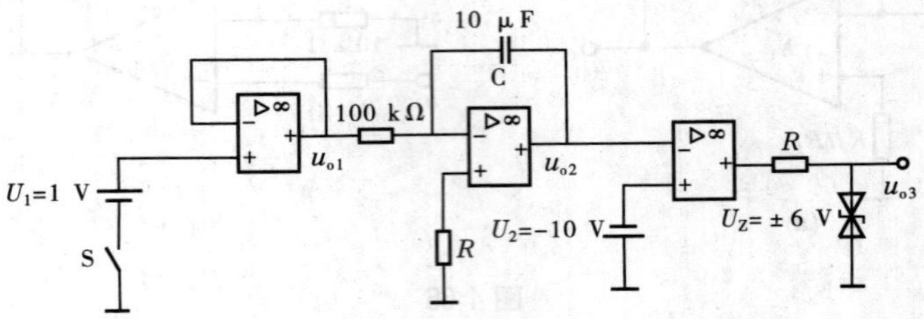

图 4-69

4-13　如图 4-70 所示电路中运放是理想的，试推导 $A_{uf}=\dfrac{u_o}{u_i}$ 的表达式。

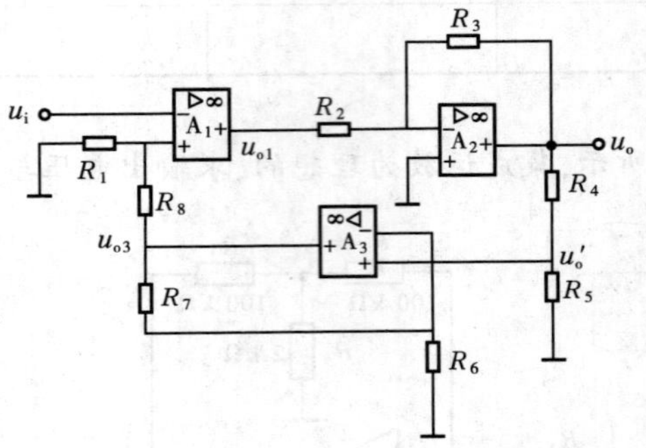

图 4-70

4-14　理想运放电路如图 4-71 所示，电源电压为 ±15 V，运放最大输出电压幅值为 ±12 V，稳压管稳定电压为 6 V，求 U_{o1}、U_{o2}、U_{o3}。

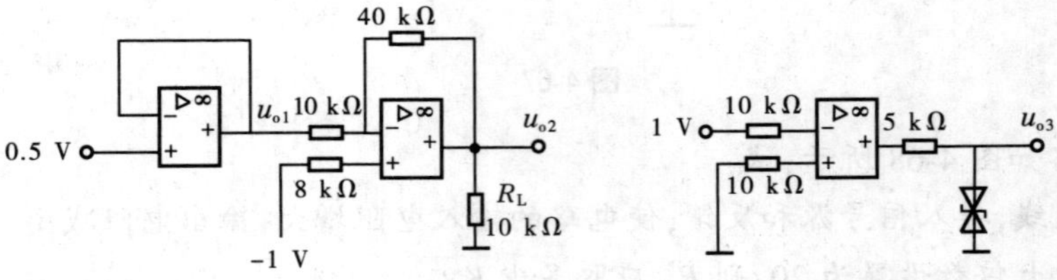

(a)　　(b)

图 4-71

4-15　图 4-72 电路中运放为理想器件，试：

(1) 写出 u_o 与 u_{i1}、u_{i2} 的运算关系式；

(2) 若 $u_{i1}=10$ mV，$u_{i2}=20$ mV，则 $u_o=?$

4-16　图 4-73 所示电路中，所有运放为理想器件，试求各电路输出电压的大小。

4-17　图 4-74 所示电路中，所有运放为理想器件。

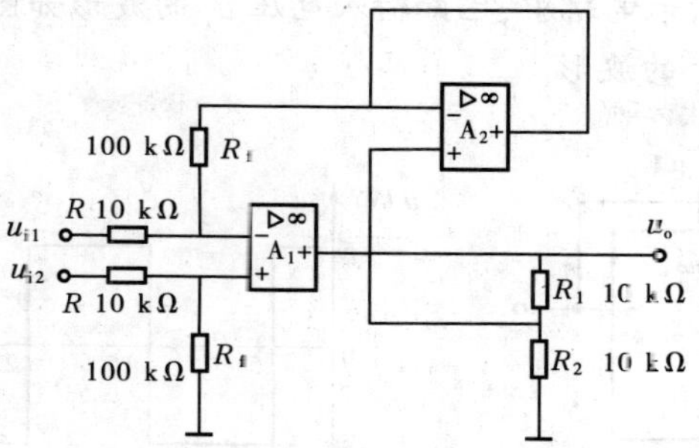

图 4-72

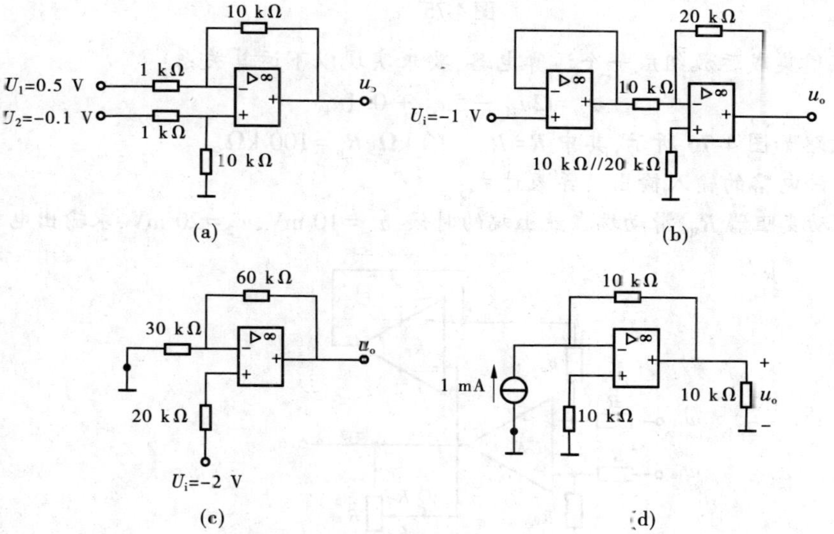

图 4-73

(1) 试求 $U_{o1}=?$　$U_{o2}=?$　$U_{o3}=?$

(2) 设电容器的初始电压为 2 V，极性如图 4-74 所示，求使 $U_{o4}=-6$ V 所需的时间 $t=?$

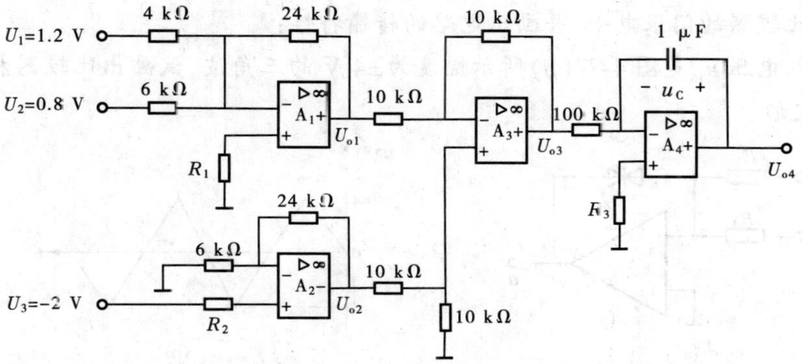

图 4-74

4-18　在图 4-75(a)所示电路中,已知输入电压 u_i 的波形如图 4-75(b)所示,当 $t=0$,$u_o=0$。试画出输出电压 u_o 的波形。

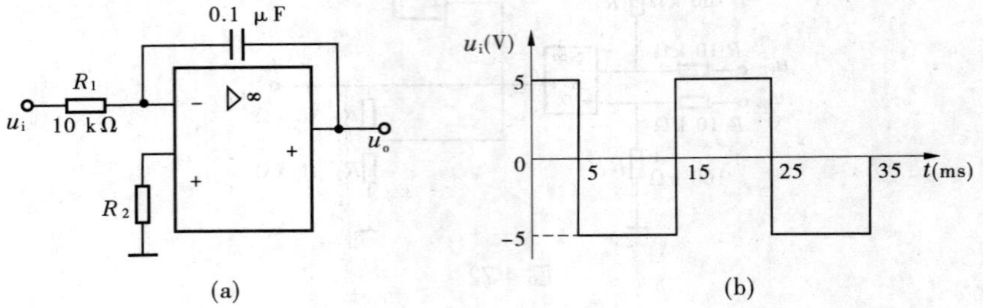

图 4-75

4-19　试用集成运放组成一个运算电路,要求实现以下运算关系:

$$u_o = 2u_{i1} - 5u_{i2} + 0.1u_{i3}$$

4-20　电路如图 4-76 所示,其中 $R=R_W=10\ \text{k}\Omega$,$R_p=100\ \text{k}\Omega$。

(1)写出该电路的输入输出关系表达式;

(2)当滑动变阻器 R_W 滑动端在最上端的时候,$u_{i1}=10\ \text{mV}$,$u_{i2}=20\ \text{mV}$,求输出电压 u_o。

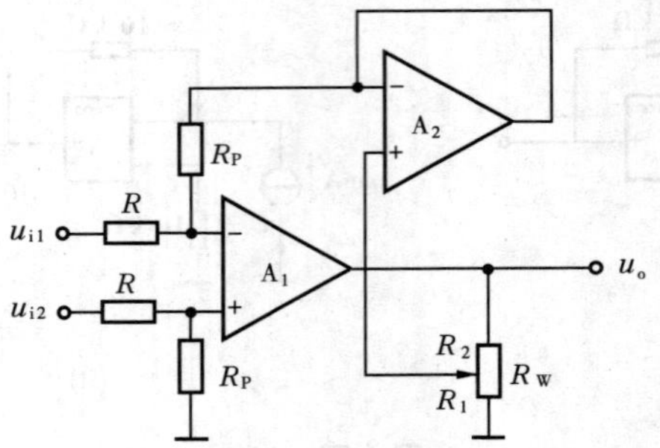

图 4-76

4-21　如图 4-77(a)所示的单限比较器电路中,假设集成运放为理想运放,参考电压 $U_{REF}=-3$ V,稳压管的反向击穿电压 $U_Z=\pm5$ V,电阻 $R_1=20\ \text{k}\Omega$,$R_2=30\ \text{k}\Omega$。

(1)试求比较器的门限电平,并画出电路的传输特性;

(2)若输入电压 u_i 是图 4-77(b)所示幅度为±4 V 的三角波,试画出比较器相应的输出电压 u_o 的波形。

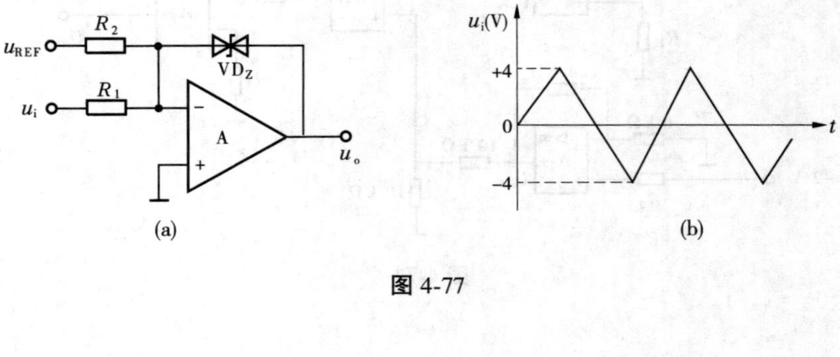

图 4-77

4-22 如图 4-78 所示的滞回比较器电路中，已知 $R_1 = 68\ \text{k}\Omega$，$R_2 = 100\ \text{k}\Omega$，$R_F = 200\ \text{k}\Omega$，$R = 2\ \text{k}\Omega$，稳压管的 $U_Z = \pm 6$ V，参考电压 $U_{REF} = 8$ V，试估算其两个门限电平 U_{T+} 和 U_{T-}，以及门限宽度 ΔU_T 的值，并画出滞回比较器的传输特性。

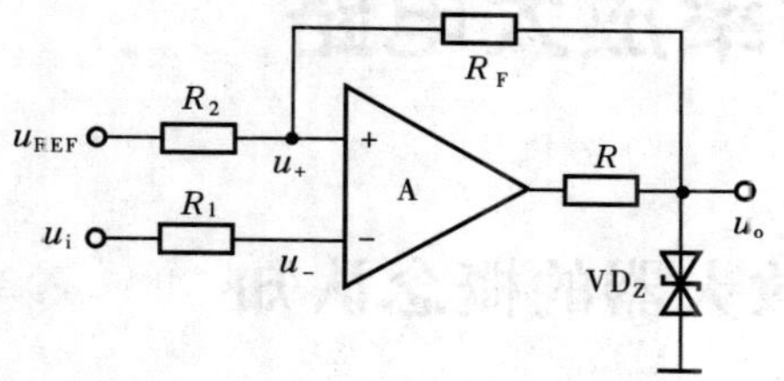

图 4-78

4-23 若将正弦信号 $u_i = U_m \sin\omega t$ 加到图 4-79 所示电路中，并设 $U_A = +10$ V，$U_B = -10$ V，集成运放 A_1、A_2 的最大输出电压 $U_{OPP} = \pm 12$ V，二极管的正向导通电压 $U_D = 0.7$ V，试画出对应的输出电压波形，并说明该电路是何种电路。

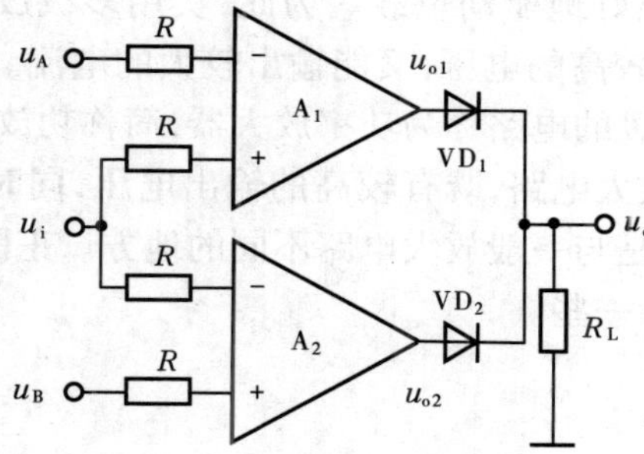

图 4-79

4-24 试分别求出图 4-80 所示电路的电压传输特性。其中 $U_Z = \pm 6$ V。

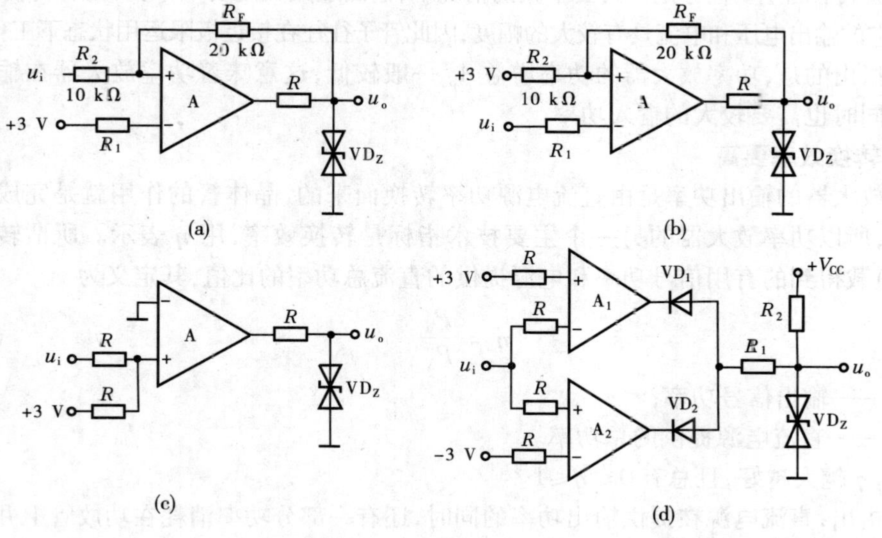

图 4-80

项目五　功率放大电路

任务一　功率放大器的概念认知

在电子设备中，一个实用多级放大电路的最后一级，总是要带一定的负载。例如，我们熟悉的扩音器，最后总是要与扬声器（喇叭）相接，使其发出洪亮的声音。再如，在电视机中，最后总要与偏转线圈相接，使荧光屏上的光点随信号偏移。要完成这些任务，仅靠前面介绍的电压放大电路是不够的。因为电压放大电路的输出电压大而输出电流并不大，即输出功率比较小，不能很好地驱动负载。为此，实用多级放大电路的最后一级（输出级）通常总是要求既能输出较高的电压，又能输出较大的电流。总之，以输出较大功率为主要指标，所以通常将这一级的电路称为功率放大器，简称功放。

功率放大器属于大信号放大电路，既有较高的输出电压，同时也有较大的输出电流，其负载阻抗一般相对较小，这是与一般放大电路不同的地方。正因为如此，功率放大器所涉及的电路技术问题要更复杂一些。

一、功率放大器的特点

功率放大器在电子设备中往往处于最后一级，它的工作状态及要求有以下几个特点。

（一）输出功率尽可能大

功率放大器的主要任务是在失真不大的情况下，输出最大交流功率，用以驱动负载工作，这就要求它的输出电压和电流具有较大的幅度，因此管子往往在接近极限运用状态下工作。

需要指出的是，功率放大器的功率增益 A_p 一般较低，这意味着功率放大器在输出较大功率的同时也需要较大的输入功率。

（二）转换效率要高

功率放大器的输出功率是由直流电源功率转换而来的，晶体管的作用就是完成这种转换控制，所以功率放大器的另一个主要技术指标是转换效率，用 η 表示。所谓转换效率，就是负载得到的有用信号功率和电源提供的直流总功率的比值，其定义为

$$\eta = \frac{P_o}{P_V} \tag{5-1}$$

式中　P_o——输出信号功率；

P_V——直流电源提供的总功率。

显然，η 越大越好，且总有 $0 \leqslant \eta \leqslant 1$。

必须指出，直流电源在提供输出功率的同时，还有一部分功率消耗在功放管上并产生热量。设功放管的损耗功率为 P_T，则有

$$P_V = P_o + P_T \tag{5-2}$$

提高转换效率 η 可以在保持输出功率 P_o 不变的情况下降低损耗功率 P_T。

（三）非线性失真要小

功率放大器是在大信号下工作的，所以不可避免地会产生非线性失真。在同样晶体管的情况下，输出功率越大，非线性失真往往越严重，这就使输出功率和非线性失真成为一对主要矛盾。因此，对于功率放大电路来说，在得到最大输出功率的同时，应尽可能减小它的非线性失真，把它限制在允许的范围之内。

（四）功率管的散热要好

在功率放大器中，即使最大限度地提高转换效率，仍有相当大的功率消耗在功率管的集电结上，使结温和管壳温度升高。为了充分利用允许的管耗，使晶体管输出的功率足够大，使用时必须安装合适的散热片，以降低结温，确保晶体管安全工作。

此外，功率放大电路中的功率管承受的电压高、电流大，损坏的可能性也比较大，因此功率管的损坏与保护问题也必须重视。

二、功率放大器的类型

功率放大器的种类很多，当输入信号为正弦波时，按晶体管工作状态（导通时间）的不同，功率放大器可分为甲类、甲乙类和乙类等。

（一）甲类

在输入信号的整个周期内都有集电极电流流过晶体管（晶体管的导通角 $\theta=360°$），这种工作方式称为甲类放大。其特点是 Q 点较高，选在线性放大区的位置，静态电流较大。放大电路输出信号波形与输入信号波形相似，不会产生失真，工作波形如图 5-1（a）所示。前面项目二分析的电压放大电路均为甲类状态。

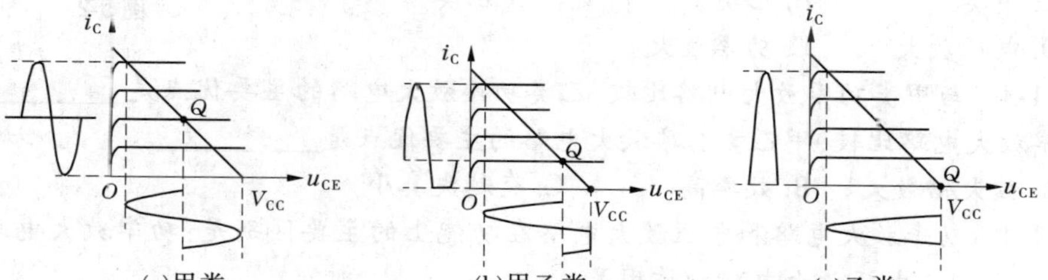

图 5-1 功率放大器的分类

在甲类放大器中，当工作点确定之后，不管有无交流信号输入，直流电源提供的功率 P_V 始终是恒定的。由式(5-2)可知，当交流输出功率越小时，管子及电阻上损耗的功率即无用功率反而越大，这种损耗功率通常以热量的形式耗散出去。也就是说，在没有信号输出时，放大器的负荷恰恰是最重的，最有可能被击穿，显然这是极不合理的。

甲类放大器的转换效率通常在 10% 以下，即使在理想情况下，甲类放大器的转换效率最高也只能达到 50%。

（二）甲乙类

晶体管的导通时间大于半个周期且小于一个周期（$\theta=180°\sim360°$），这种工作方式称为甲乙类放大。其特点是 Q 点较低，选在靠近截止区的位置，静态电流较小。放大电路输出只有半个波形与输入信号波形相似，另外半个波形有严重的截止失真，工作波形如图5-1(b)所示。

(三)乙类

晶体管只有半个周期导通，另外半个周期截止(导通角 $\theta=180°$)，这种工作方式称为乙类放大。其特点是 Q 点低，选在截止区的位置，静态电流为零。放大电路输出波形只保持半个周期，产生了严重的失真，工作波形如图5-1(c)所示。

可以证明乙类功放的最高转换效率可达78.5%。

随着静态工作点的下移(从甲类、甲乙类到乙类)，集电极电流导通角减小，虽然减小了静态功耗，提高了转换效率，但都出现了严重的波形失真。因此，既要保持静态时管耗小，又要使失真不太严重，就需要在电路结构上采取措施。如甲乙类、乙类使用两只晶体管交替工作以减小非线性失真。

课堂活动

选择填空

T5.1-1　甲类功率放大电路中晶体管的导通角为__________；乙类功率放大电路中晶体管的导通角为__________，甲乙类功率放大电路中晶体管的导通角为__________。

A. $\theta=180°$　　B. $\theta=270°$　　C. $\theta=360°$　　D. $180°<\theta<360°$

T5.1-2　图5-2中为在晶体管的输入特性曲线上设置的三个工作点。Q_1 称为__________工作状态，经常用在__________电路；Q_2 称为__________工作状态，经常用在__________电路；Q_3 称为__________工作状态，经常用在__________电路。

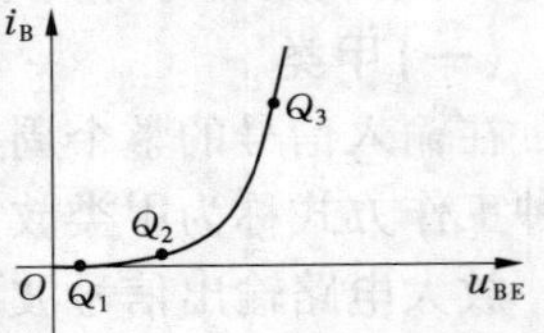

图5-2

A. 甲类　　B. 乙类　　C. 甲乙类

D. 电压放大　　E. 功率放大

T5.1-3　与甲类功率放大电路比较，乙类功率放大电路的主要优点是__________；与乙类功率放大电路比较，甲乙类功率放大电路的主要优点是__________。

A. 放大倍数大　B. 效率高　C. 交越失真小

T5.1-4　功率放大电路和电压放大电路在功能上的主要区别是：功率放大电路的作用是__________，电压放大电路的作用是__________。

A. 放大微弱的电压信号　　B. 放大微弱的电流信号

C. 在允许的失真范围内，使负载得到尽可能大的输出功率

T5.1-5　功率放大电路常用的分析方法是__________，电压放大电路常用的分析方法是__________。

A. 图解法　B. 微变(小信号)等效电路法　C. 代数法

任务二　低频功率放大电路的应用与分析

功率放大电路按照工作频率的不同分为低频功率放大电路和高频功率放大电路两种，本书主要介绍低频功率放大电路。

对于低频功率放大电路,根据静态工作点的不同(或晶体管导通角的不同)有甲类、甲乙类和乙类三种类型,其中应用最广泛的是乙类功率放大电路。按照放大电路与负载之间的耦合方式,乙类功率放大电路又可分为变压器耦合方式、单电源无变压器耦合方式(OTL)和双电源无输出电容直接耦合方式(OCL) 三种。

变压器耦合功率放大电路利用输出变压器实现阻抗匹配,以获得最大的输出功率,由于这类功率放大器体积大、质量大、成本高、不能集成化等原因,现已很少使用。而 OTL、OCL 电路是由射极输出器发展而来的,不需要输出变压器,由于其体积小、质量小、成本低、便于集成化等优点而被广泛使用。

一、乙类双电源互补对称功率放大电路(OCL 电路)

(一)电路组成及工作原理

如图 5-1(c)所示,工作在乙类的放大电路,虽然管耗小,有利于提高转换效率,但存在严重的失真,即输出信号只有半个波形。如果用两只晶体管,使之都工作在乙类放大状态,一个在正半周期工作,而另一个在负半周期工作,同时使这两个输出波形都能加到负载上,从而在负载上得到一个合成的完整波形,这样就解决了效率与失真的矛盾。

实现上述设想的功率放大器的基本电路如图 5-3(a)所示,该电路中,V_1 和 V_2 分别为 NPN 型晶体管和 PNP 型晶体管,并且两只晶体管特性参数一致。两只晶体管的基极相连,作为输入端;两只晶体管的发射极相连,作为输出端。R_L 为负载。两只晶体管的集电极分别接正、负电源。这个电路可以看成是由如图 5-3(b)和(c)所示的两个射极输出器组合而成的。

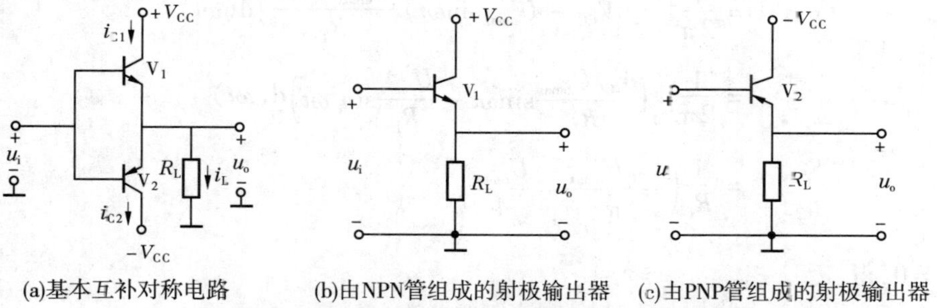

图 5-3 两射极输出器组成的基本互补对称电路

工作原理如下。

1. 静态分析

由于电路无偏置电压,故两只晶体管的静态参数 I_{BQ}、I_{CQ}、I_{BEQ} 均为零,即晶体管工作在截止区,电路属于乙类工作状态。若两电源绝对值电压相等,则发射极电位为零,负载上无电流。

2. 动态分析

当信号处于正半周期时,V_2 截止,V_1 放大,有电流通过负载 R_L;而当信号处于负半周期时,V_1 截止,V_2 放大,仍有电流通过负载 R_L。即该电路实现了在静态时晶体管不取电流,而在有信号时,V_1 和 V_2 轮流导电使输出不失真的功能。此电路实际上是一种准挽式电路(Push Pull Amplifier)。由于两个晶体管互补对方的不足,工作性能对称,所以这种电路通常称为互补对称电路。

(二)分析计算

如图5-3(a)所示,为分析方便起见,设三极管是理想的,两只三极管完全对称,其导通电压 $U_{BE}=0$,饱和压降 $U_{CES}=0$。则放大器的最大输出电压振幅为 V_{CC},最大输出电流振幅为 V_{CC}/R_L,且在输出不失真时始终有 $u_i=u_o$。

1. 输出功率 P_o

设输出电压的幅值为 U_{omax},有效值为 U_o;输出电流的幅值为 I_{omax},有效值为 I_o,则

$$P_o = U_oI_o = \frac{U_{omax}}{\sqrt{2}}\frac{I_{omax}}{\sqrt{2}} = \frac{1}{2}I_{omax}^2R_L = \frac{1}{2}\frac{U_{omax}^2}{R_L} \tag{5-3}$$

当输入信号足够大,使 $U_{imax}=U_{omax}=V_{CC}-U_{CES}\approx V_{CC}$时,可得最大输出功率

$$P_o = P_{omax} = \frac{1}{2}\frac{U_{omax}^2}{R_L} \approx \frac{1}{2}\frac{V_{CC}^2}{R_L} \tag{5-4}$$

2. 管耗 P_T

由于 V_1 和 V_2 在一个信号周期内均为半周期导通,因此 V_1 的管耗为

$$\begin{aligned} R_{T1} &= \frac{1}{2\pi}\int_0^{\pi} u_{CE1}i_{C1}\,d(\omega t) \\ &= \frac{1}{2\pi}\int_0^{\pi}(V_{CC}-u_o)\frac{u_o}{R_L}d(\omega t) \\ &= \frac{1}{2\pi}\int_0^{\pi}\left[(V_{CC}-U_{omax}\sin\omega t)\frac{U_{omax}\sin\omega t}{R_L}\right]d(\omega t) \\ &= \frac{1}{2\pi}\int_0^{\pi}\left(\frac{V_{CC}U_{omax}}{R_L}\sin\omega t-\frac{U_{omax}^2}{R_L}\sin^2\omega t\right)d(\omega t) \\ &= \frac{1}{R_L}\left(\frac{V_{CC}U_{omax}}{\pi}-\frac{U_{omax}^2}{4}\right) \end{aligned} \tag{5-5}$$

令$\frac{dP_{T1}}{dU_{omax}}=0$,得

$$U_{omax} = \frac{2V_{CC}}{\pi}$$

显然,V_2 的管耗为 $P_{T2}=P_{T1}$,则两管的总管耗为

$$P_T = P_{T1}+P_{T2} = 2P_{T1} = \frac{2}{R_L}\left(\frac{V_{CC}U_{omax}}{\pi}-\frac{U_{omax}^2}{4}\right) \tag{5-6}$$

两管最大集电极功耗

$$P_T = 0.4P_{omax}$$

$$P_{T1} = P_{T2} = 0.2P_{omax}$$

3. 直流电源供给的功率 P_V

显然,直流电源供给的功率 P_V 应为输出功率 P_o 与损耗功率 P_T 之和,即

$$P_V = P_o + P_T = \frac{2V_{CC}U_{omax}}{\pi R_L} \tag{5-7}$$

显然，当 $u_i = 0$，即无输入信号时，$U_{omax} = 0$，P_o、P_T 和 P_V 均为0。

当输出电压幅值达到最大，即 $U_{omax} \approx V_{CC}$ 时，则得电源供给的最大功率为

$$P_{Vmax} = \frac{2}{\pi}\frac{V_{CC}^2}{R_L} \approx 1.25P_{omax} \tag{5-8}$$

4. 转换效率 η

$$\eta = \frac{P_o}{P_V} = \frac{\pi}{4}\frac{U_{omax}}{V_{CC}} \tag{5-9}$$

当 $U_{omax} \approx V_{CC}$ 时，转换效率达最大

$$\eta = \frac{P_{omax}}{P_{Vmax}} = \pi/4 \approx 78.5\% \tag{5-10}$$

这个结论是假定互补对称电路工作在乙类、负载电阻为理想值、忽略晶体管的饱和压降 U_{CES} 和输入信号足够大（$U_{imax} \approx U_{omax} \approx V_{CC}$）的情况下得来的，实际效率比这个数值要低些。

（三）功率管的选择

1. 最大管耗和最大输出功率的关系

通常，当输出功率较大时，管耗也较大，但当输出功率为最大时，管耗却不是最大。由式(5-5)可知，管耗 P_{T1} 是输出电压幅值 U_{omax} 的一元二次函数，存在极值。对式(5-5)求导可得

$$dP_{T1}/dU_{omax} = \frac{1}{R_L}\left(\frac{V_{CC}}{\pi} - \frac{U_{omax}}{2}\right)$$

令 $dP_{T1}/dU_{omax} = 0$，则

$$\frac{V_{CC}}{\pi} - \frac{U_{omax}}{2} = 0$$

$$U_{omax} = \frac{2}{\pi}V_{CC} \approx 0.6V_{CC} \tag{5-11}$$

式(5-11)表明，当 $U_{omax} = \frac{2}{\pi}V_{CC}$ 时具有最大管耗，即

$$P_{T1max} = \frac{1}{R_L}\left[\frac{\frac{2}{\pi}V_{CC}^2}{\pi} - \frac{\left(\frac{2V_{CC}}{\pi}\right)^2}{4}\right]$$

$$= \frac{1}{R_L}\left(\frac{2V_{CC}^2}{\pi^2} - \frac{V_{CC}^2}{\pi^2}\right) = \frac{1}{\pi^2}\frac{V_{CC}^2}{R_L} \tag{5-12}$$

而最大输出功率 $P_{omax} = \frac{1}{2}\frac{V_{CC}^2}{R_L}$，则每管的最大管耗和电路的最大输出功率具有如下的关系

$$P_{T1max} = \frac{1}{\pi^2}\frac{V_{CC}^2}{R_L} \approx 0.2P_{omax} \tag{5-13}$$

式(5-13)常用来作为乙类互补对称电路选择三极管的依据。例如,如果要求输出功率为 10 W,则只要用两个额定管耗大于 2 W 的三极管就可以了。

需要指出的是,上面的计算是在理想情况下进行的,实际上,由于温度以及三极管特性不理想等原因,在选三极管的额定功耗时,还要留有充分的余地。

最后,再来补充讨论最大输出功率时所对应的管耗。当 $U_{omax} \approx V_{CC}$时,由式(5-5)可得

$$P_{T1} = \frac{1}{R_L}\left(\frac{V_{CC}U_{omax}}{\pi} - \frac{U_{omax}^2}{4}\right) = \frac{4-\pi}{2\pi}\frac{V_{CC}^2}{2R_L} \approx 0.137P_{omax} \tag{5-14}$$

显然,该结果不是最大管耗,不能直接作为功率管极限参数选择的依据。

2. 功率管的选择条件

功率管的极限参数有 P_{Cmax}、I_{Cmax}和$|U_{(BR)CEO}|$,应满足下列条件:

(1)功率管集电极的最大允许功耗。每只 BJT 的最大允许管耗 P_{Cmax}必须大于实际工作时的 P_{T1max},即

$$P_{Cmax} \geqslant P_{T1max} = 0.2P_{omax} \tag{5-15}$$

(2)功率管的最大耐压

$$|U_{(BR)CEO}| \geqslant 2V_{CC} \tag{5-16}$$

这是由于当 V_2 导通时,$U_{CE2} \approx 0$,此时 U_{CE1}具有最大值,且等于 $2V_{CC}$。

(3)功率管的最大集电极电流:

$$I_{Cmax} \geqslant \frac{V_{CC}}{R_L} \tag{5-17}$$

【例 5.2-1】 乙类双电源互补对称功放电路如图 5-3(a)所示,设 $V_{CC} = 24$ V,$R_L = 8$ Ω,输入信号为正弦波,试求:

(1)最大输出功率 P_{omax}。

(2)放大电路在 $\eta = 0.65$ 时的输出功率 P_o。

(3)每只晶体管允许的管耗 P_{Cmax}至少应为多少?

(4)每只晶体管的耐压$|U_{(BR)CEO}|$应大于多少?

解:(1)求 P_{omax}。

由式(5-4)可求出

$$P_{omax} = \frac{1}{2}\frac{V_{CC}^2}{R_L} = \frac{(24\ \text{V})^2}{2\times 8\ \Omega} = 36\ \text{W}$$

(2)求 $\eta = 0.65$ 时的 P_o 值。

由式(5-9)可求出

$$U_{omax} = \frac{4V_{CC}\eta}{\pi} = \frac{4\times 24\ \text{V}\times 0.65}{\pi} \approx 19.9\ \text{V}$$

则

$$P_o = \frac{1}{2}\frac{U_{omax}^2}{R_L} = \frac{1}{2}\times\frac{(19.9\ \text{V})^2}{8\ \Omega} \approx 25\ \text{W}$$

(3)求 P_{Cmax}。

由式(5-15)可求出

$$P_{Cmax} \geqslant P_{T1max} = 0.2\times 36\ \text{W} = 7.2\ \text{W}$$

(4) 求 $|U_{(BR)CEO}|$

由式(5-16)可求出

$$U_{(BR)CEO} \geqslant 2V_{CC} = 48\ \text{V}$$

二、甲乙类互补对称功率放大电路

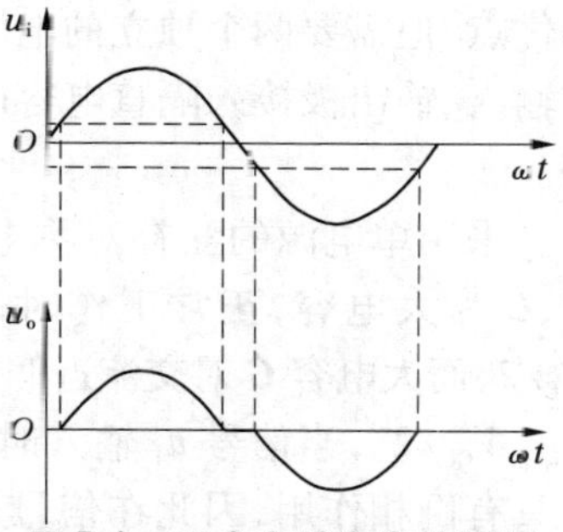

图 5-4　形成交越失真的原理

前面所讨论的乙类互补对称电路，在实际应用中还存在一些缺陷，主要是三极管没有设置偏置电压，静态时 U_{CE} 和 I_C 均为零。由于晶体管有一个死区电压，对硅管而言，在信号电压 $|u_i| < 0.5$ V 时晶体管不导通，因此当输入信号 u_i 低于这个数值时，V_1 和 V_2 都截止，i_{C1} 和 i_{C2} 基本为零，负载 R_L 上无电流通过，出现一段死区，如图 5-4 所示，这种现象称为交越失真(Cross Over Distortion)。

为了消除交越失真，通常的措施是预先给两只互补管的发射结设置一较小的基极偏置电压，使三极管在静态时处于微弱导通状态，即甲乙类状态。

(一) 甲乙类双电源互补对称电路

图 5-5 所示为采用二极管作偏置电路的甲乙类双电源互补对称电路。该电路中，VD_1、VD_2 上产生的压降为互补输出级 V_1、V_2 提供了一个适当的偏压，使之处于微导通的甲乙类状态，且在电路对称时，仍可保持负载 R_L 上的直流电压为 0；而 VD_1、VD_2 导通后的交流电阻也较小，对放大器的线性放大影响很小。另外，V_3 通常构成驱动级，为简明起见，其基极偏置电路在这里未画出。

采用二极管作偏置电路的缺点是偏置电压不易调整。利用恒压源电路进行偏置的甲乙类互补对称电路，如图 5-6 所示。该电路中，由于流入 V_4 的基极电流远小于流过 R_1、R_2 的电流，因此可求出为 V_1、V_2 提供偏压的 V_4 管的 $U_{CE4} = \left(1 + \dfrac{R_1}{R_2}\right)U_{BE4}$，而 V_4 管的 U_{BE4} 基本为一个固定值，即 U_{CE4} 相当于一个不受交流信号影响的恒定电压源，只要适当调节 R_1、R_2 的比值，就可改变 V_1、V_2 的偏压值，这是集成电路中经常采用的一种方法。

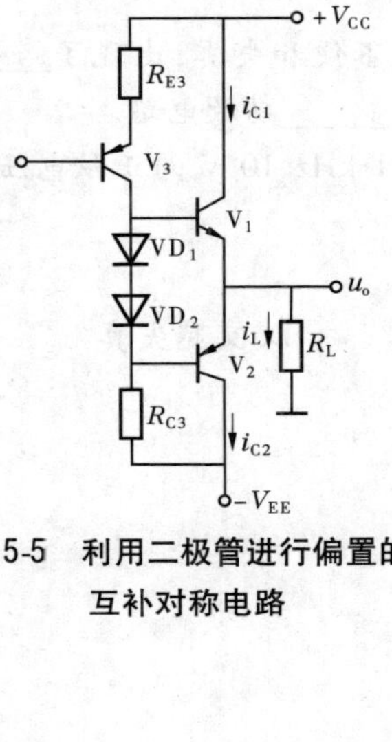

图 5-5　利用二极管进行偏置的互补对称电路

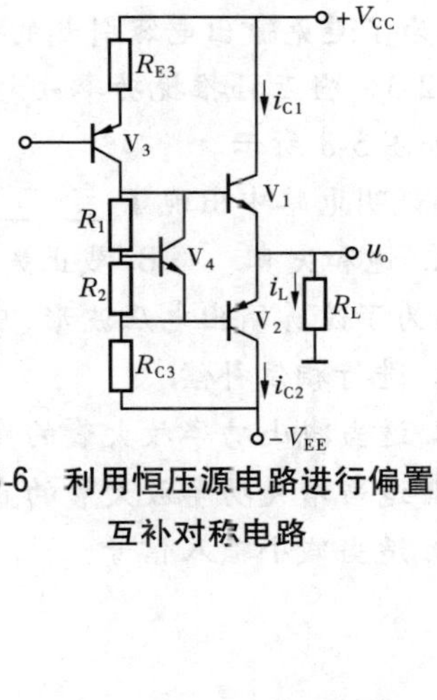

图 5-6　利用恒压源电路进行偏置的互补对称电路

（二）甲乙类单电源互补对称电路

在如图 5-5 所示的电路中，由于静态时两管的发射极是零电位，所以负载可直接接到该处而不必采用耦合电容。无输出电容电路具有低频响应好、输出功率大、电路便于集成等优点，但需要两个独立的电源，使用起来有时会感到不便。如果采用单电源供电，只要在输入、输出极接入隔直电容即可，这个电路通常称为无输出变压器的电路，简称 OTL 电路。

采用单电源的互补对称电路如图 5-7 所示。该电路中，C 为大电容，正常工作时，可使 N 点直流电位 $U_N = V_{CC}/2$，而大电容 C 对交流近似短路，因此 C 上的电压 $U_C = U_N = V_{CC}/2$。当信号 u_i 输入时，由于 V_3 组成的前置放大级具有倒相作用，因此在信号的负半周期，V_1 导电，信号电流流过负载 R_L，同时向 C 充电；在信号的正半周期，V_2 导电，则已充电的 C 起着双电源电路中的 $-V_{CC}$ 的作用，通过负载 R_L 放电并产生相应的信号电流。即只要选择时间常数 R_LC 足够大（远大于信号的最大周期），单电源电路就可以达到与双电源电路基本相同的结果。

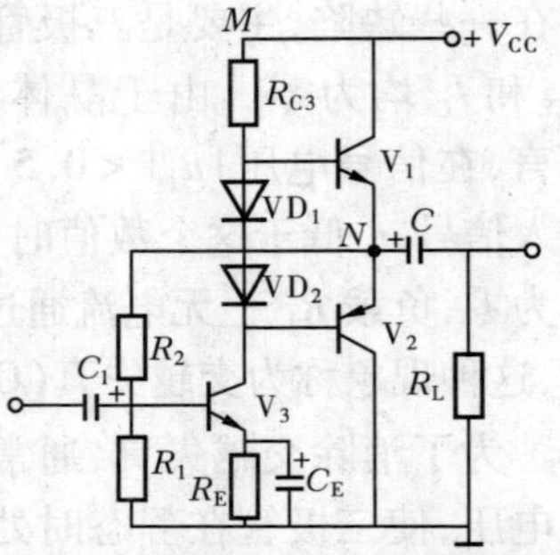

图 5-7　单电源互补对称电路

那么，如何使 N 点得到稳定的直流电压 $U_N = V_{CC}/2$ 呢？在该电路中，V_3 管的上偏置电阻 R_2 的一端与 N 点而不是与 M 点相连，即引入直流负反馈，因此只要适当选择 R_1、R_2 的数值，就可以使 N 点直流电压稳定并容易得到 $U_N = V_{CC}/2$。需要指出的是，R_1、R_2 还引入了交流负反馈，使放大电路的动态性能得到了改善。

需要特别指出的是，采用单电源的互补对称电路，由于每个晶体管的工作电压不是原来的 V_{CC}，而是 $V_{CC}/2$（输出电压最大也只能达到 $V_{CC}/2$），所以前面导出的计算 P_o、P_T、P_V 和 P_{Vmax} 的公式中的 V_{CC} 要用 $V_{CC}/2$ 代替。

课堂活动

T5. 2-1　为了保证功率放大器中功率放大三极管的使用安全，既要选用__________、__________足够大的三极管，还应注意__________。

T5. 2-2　为了避免输出变压器给功放电路带来的不便和失真，出现了__________功放电路；为了避免输出电容引起的失真，又出现了__________功放电路。

T5. 2-3　当互补推挽功率放大电路的输入信号为 1 kHz、10 V 的正弦电压时，输出电压波形如图 5-8 所示。

（1）说明电路中出现了__________。

A. 饱和失真　B. 截止失真　C. 频率失真　D. 交越失真

（2）为了改善输出电压波形，应__________。

A. 进行相位补偿

B. 适当减小功率放大管的直流偏置电压 $|U_{BE}|$

C. 适当增大功率放大管的直流偏置电压 $|U_{BE}|$

D. 适当减小输入信号

T5.2-4　互补推挽功率放大电路的输入信号为 1 kHz、10 V 的正弦电压时，输出电压波形如图 5-9 所示。

(1)说明电路中出现了＿＿＿＿＿。

A. 饱和失真　　B. 截止失真　　C. 频率失真　　D. 交越失真

(2)为了改善输出电压波形，应＿＿＿＿＿。

A. 进行相位补偿

B. 适当减小功率放大管的直流偏置电压 $|U_{BE}|$

C. 适当增大功率放大管的直流偏置电压 $|U_{BE}|$

D. 适当减小输入信号

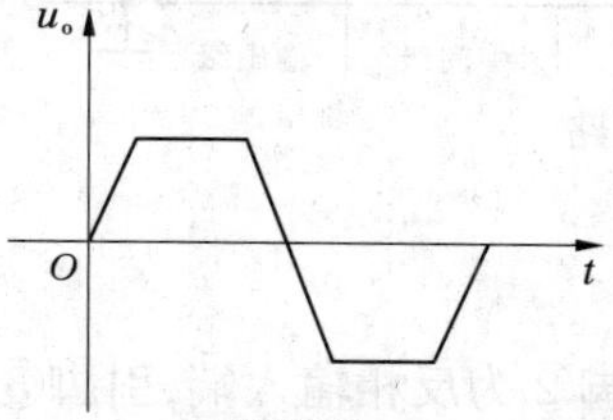

图 5-8

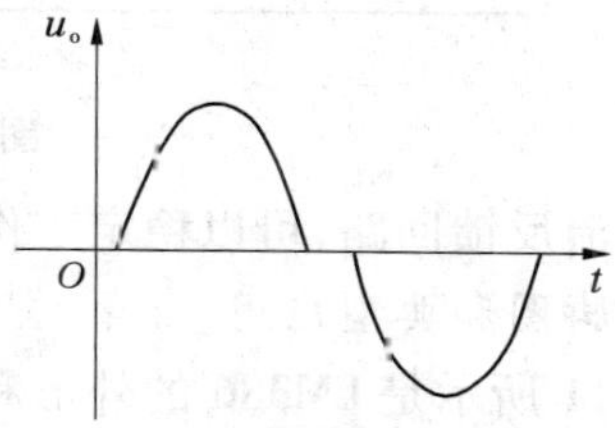

图 5-9

■ 任务三　集成功率放大电路的应用与分析

集成电路因成本低、使用方便，现在已广泛使用。集成功率放大器的内部电路与分立元件构成的功率放大器电路结构基本相同。选用时主要考虑要求的输出功率、供电电压等指标就可选择合适的集成功率放大器。对器件的应用可以通过查阅相关资料获得，在资料中通常有其典型应用电路，选取对应的参数有利于确保电路的工作性能。

一、集成功率放大电路分析

目前，利用集成电路工艺已经能够生产出品种繁多的集成功率放大器。基于功率放大电路输出功率大的特点，通常在其内部设计上有一些特别的要求，如输出级采用复合管，采用更高的直流电源电压，要求外壳装散热片等。

集成功率放大器有小功率功放和大功率功放等。本任务介绍两种典型的集成功率放大器：小功率集成功率放大器 LM386 和输出功率较大的 TDA2030。

(一) LM386

1. 内部电路

LM386 是一块常用的低电压小功率集成功率放大器，由美国国家半导体公司生产。它具有电源电压范围广(4～6 V)、功耗低(常温下为660 mW)、频带宽(300 kHz)等优点，输出功率 0.3～0.7 W，最大可达 2 W。其内部电路如图 5-10 所示。

内部电路结构与通用的运算放大器相似，由差分放大电路构成输入级，共射放大电路构成中间级，准互补功率放大电路构成输出级，组成采用单电源供电的 OTL 电路形式。内部自带有反馈回路，电阻 R_7 从输出端连接到 V_2 的发射极，与 R_5 和 R_6 构成反馈网络，

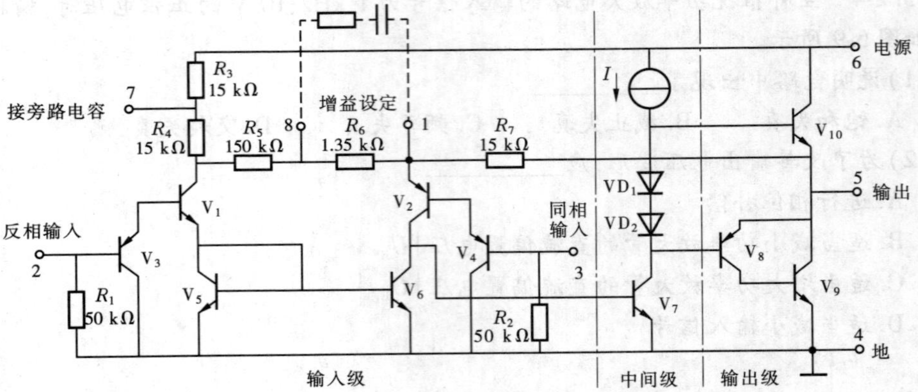

图 5-10　LM386 内部电路

形成交直流反馈回路,可以稳定工作点,减小失真。

2. 引脚图和典型应用。

图 5-11 所示是 LM386 的外形和引脚排列图。引脚②为反相输入端,引脚③为同相输入端,引脚⑤为输出端,引脚⑥和④分别为电源和地,引脚①和⑧为电压增益设定端。使用时在引脚⑦和地之间接旁路电容,通常取 10 μF。

图 5-12 所示是 LM386 典型应用连线图。因 LM386 为 OTL 电路,所以需要在 LM386 的输出端接一个大电容,图中外接一个 250 μF 的耦合电容 C_1。C_2、R_1 组成容性负载,以抵消扬声器电感的部分感性,防止信号突变时,反电动势击穿输出管。C_4 与内部电阻组成电源的去耦滤波电路。此电路改变引脚①和⑧之间的交流反馈回路电阻 R_2,可方便外部改变反馈量,从而调节电压放大增益。当引脚①和⑧开路时,电压增益为 26 dB,即电压放大倍数为 20。如直接在引脚①和⑧之间并接 10 μF 的电容,则增益可达 46 dB。而如图示 $R_2=1.2\ k\Omega$ 时,放大倍数为 50。使用时,根据需要改变 R_2 的阻值从而调节放大倍数的大小。

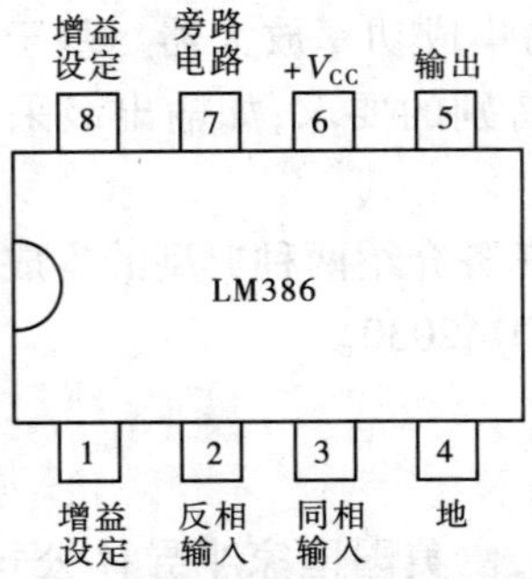

图 5-11　LM386 的外形和引脚排列图

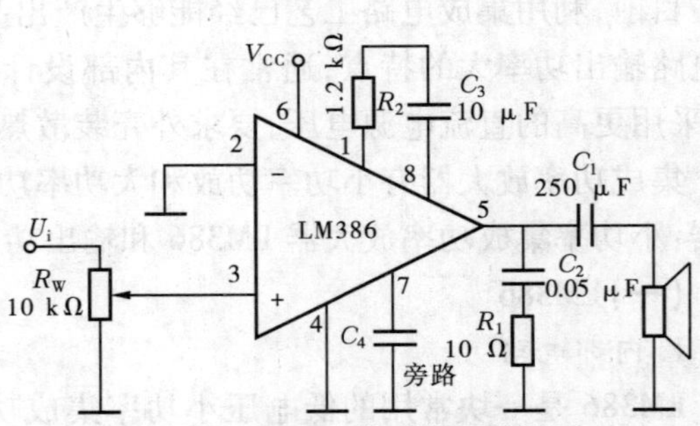

图 5-12　LM386 典型应用连线图

(二) TDA2030

TDA2030 是目前使用比较多的一种集成功率放大器件,与其他功放相比,它的引脚和外围电路都比较少。它的电气性能稳定,并在内部集成了过载和热切断保护电路,能适应长时间连续工作,特别要注意其金属外壳与负电源引脚相连。TDA2030 一般作为音频功率放大器应用于收录机和有源音箱中，也可在其他电子设备中用于功率放大。TDA2030A 是 TDA2030 的改进型，输出功率稍大。TDA2030 的内部电路如图 5-13(a)所示，引脚图如图 5-13(b)所示。

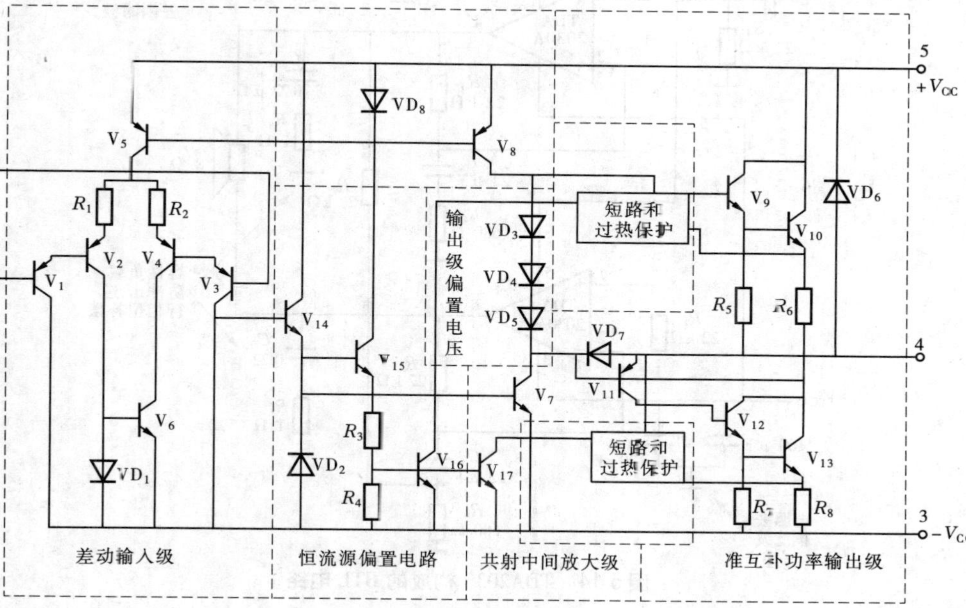

(a)TDA2030内部电路

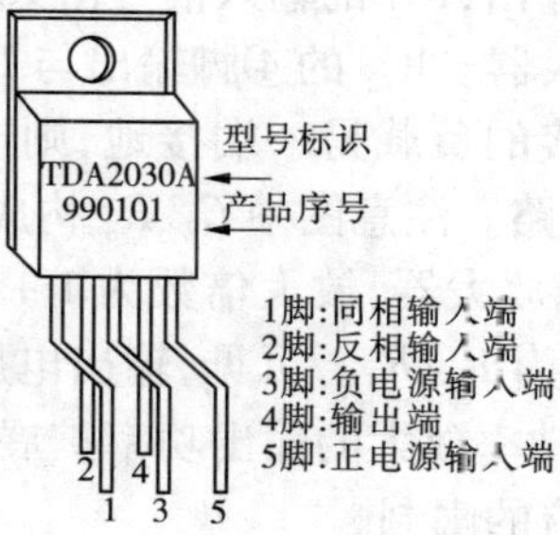

(b)TDA2030引脚图

图 5-13 TDA2030 内部电路和引脚图

1. 内部电路

内部电路由差动输入级、共射中间放大级、准互补功率输出级组成，包括恒流源偏置电路、短路和过热保护。输入端内部不带偏置电阻，也不带反馈电路。采用双电源供电，是典型的 OCL 电路形式。引脚包括正、负供电电源端，输入端(包括同相、反相输入端)和输出端。因其内部采用的是直接耦合，也可以用于直流放大。使用时与运算放大器相似，可以当作功率运算放大器使用。

2. TDA2030 构成 BTL 电路

TDA2030 构成的 BTL 功率放大器由两个 OCL 电路组成，如图 5-14 所示。两个 OCL 反相输出，在工作电压相同时，输出电压幅度是单个 OCL 电路幅度的两倍，输出功率扩展四倍。

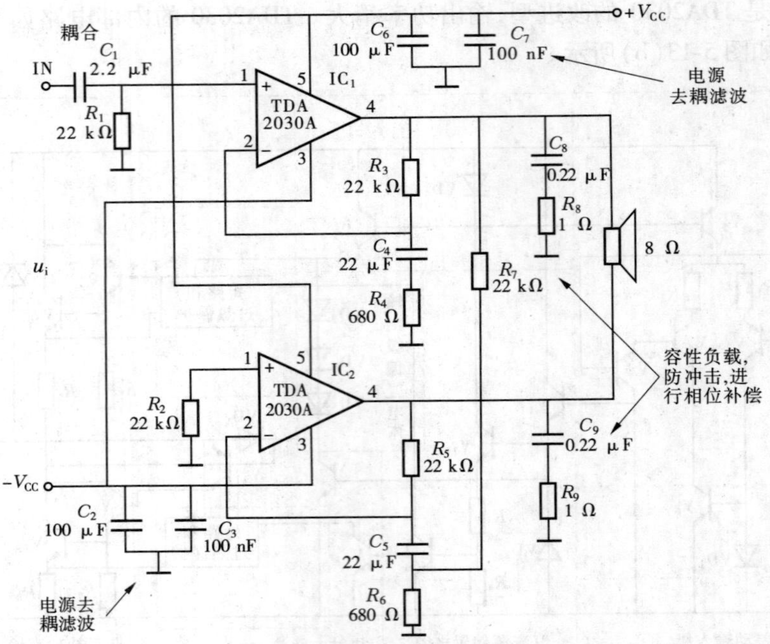

图 5-14　TDA2030 构成的 BTL 电路

图 5-14 中，IC_1 构成同相放大器，IC_2 构成反相放大器；u_i 由 IN 端经 C_1 隔直耦合后输入到 IC_1，经放大后从④脚输出，IC_2 的输入信号由 IC_1 输出通过 R_7 经 C_5 耦合输入，IC_2 构成放大倍数为 1 的反相放大器。IC_2 的④脚输出与 IC_1 的输出相位刚好相反，幅值相同。

若 IC_1 的④脚输出连接的负载另一端接地，则电路如图 5-15 所示，这就是一个典型的 TDA2030 构成的 OCL 电路。注意图中 C_8、R_8 构成相位校正网络，以防止功率放大器出现自激振荡。IC_1 构成同相放大器，放大倍数为 $1+R_3/R_4$。IC_2 构成同相放大器，输入信号为 IC_1 的输出，放大倍数为 R_7/R_5。可见，输出电压幅度是单个 OCL 电路输出的两倍，即 BTL 功放电路能把单路功率放大的输出功率扩展四倍。在实际使用时，要注意集成电路本身功耗和最大输出电流的限制。

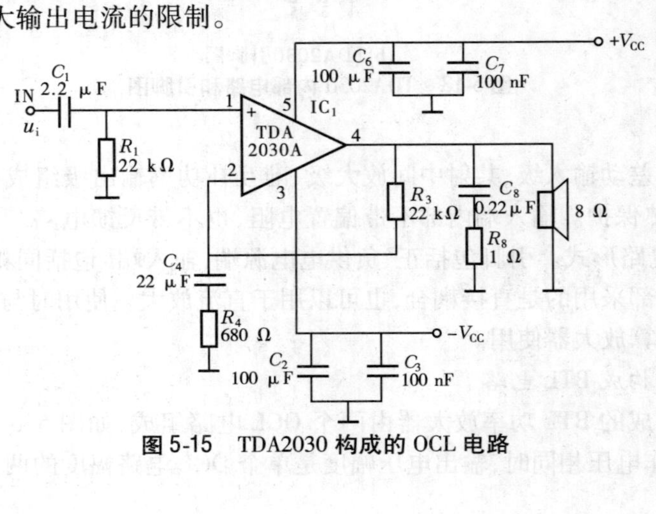

图 5-15　TDA2030 构成的 OCL 电路

当电源电压为±14 V,负载为8 Ω时,单个TDA2030构成典型的OCL电路输出功率为11 W。而由两个TDA2030连接成BTL时,理论上输出功率可达到44 W;考虑集成电路的功耗和最大输出电流,实际上标称的输出功率为28 W。

二、集成功率放大电路的主要性能指标

集成功率放大电路的主要性能指标有最大输出功率、电源电压范围、电源静态电流、电压增益、频带宽、输入阻抗、输入偏转电流、总谐波失真等。下面以TDA2030A为例,分析这些性能参数。表5-1所示是TDA2030A的极限参数。极限参数为电路在使用时绝不能超过的参数。表5-2所示是TDA2030的主要参数。由于功率放大器的供电电源允许有一定的波动,因此对于同一负载,当电源电压不同时,最大输出功率的数值也将不同。当然,对于同一电源电压,当负载不同时,最大输出功率的数值也将不同。若查阅出电源的静态电流和负载电流最大值,即可求出电源的功耗,从而得到转换效率。

表5-1　TDA2030A极限参数

参数	电源电压 V_{CC}	输出峰值电流 i_{max}	允许功耗 P_D
极限值	±22 V	3.5 A	20 W

表5-2　TDA2030主要参数(温度为25 ℃)

参数名称	符号	测试条件	最小值	典型值	最大值	单位
静态电流	I_{CQ}	$V_{CC}=\pm10$ V, $R_L=4\ \Omega$		580	80	mA
电源电压	V_{CC}		±10		±22	V
电压增益	G_{VO}	开环		80		dB
	G_{VC}	闭环	25.5	210	210.5	dB
输出功率	P_o	$f=40$ Hz～15 kHz	15	18		W
谐波失真	THD	$P_o=0.14$ W			0.08	%

课堂活动

T5.3-1　集成功率放大器具有______小、______轻、______可靠和______方便的优点。

T5.3-2　使用集成功放电路,主要应了解它的______特性和______线路。

任务四　功率放大器的散热及解决措施

在功率放大器中,功放管工作在高电压、大电流,功耗大,而且直接与输出端相连,是较易损坏的器件。在实用电路中,通常附加保护措施,以防止功放管由于过压、过流或过功耗而损坏。

为了保护功放管,通常会在功放管的c、e间加过压保护,以免c、e间由于电压过大而

击穿，同时也可以采取装限流电阻，限制集电极电流等措施。由于功放管功耗大，为了避免功放管过热烧毁，还要考虑散热的问题。

晶体管的 PN 结温度（T_j）是有限制的，硅管的结温允许值为 120～180 ℃，锗管的结温允许值为 85 ℃左右，若超过允许值，则结电流将急剧增加而使管子烧坏。功放管的额定耗散功率主要是由管子内部 PN 结（主要是集电结）温度 T_j 及散热速度决定的。

散热速度由"热阻"来表示。当晶体管集电结消耗功率时，PN 结产生温升，热量要从管芯向外传递。设结温为 T_j，环境温度为 T_a，则温差 $\Delta T(=T_j-T_a)$ 与集电结耗散功率 P_C 成正比，其比例系数就是该晶体管的热阻。

$$R_T=\frac{\Delta T}{P_C} \tag{5-18}$$

可见，热阻便是传递单位功率时所产生的温差，单位为℃/W。功放管的允许结温是一定的，环境温度通常以 25 ℃为基准，因此减小 R_T 可以增大 P_{CM}。反之，若 R_T 达不到手册要求，或环境温度过高，则在实际使用时，只能减小 P_{CM} 来使用。

三极管的散热模型如图 5-16 所示。管芯（J）向环境（A）散热的途径为：管芯的热量首先传导到外壳（C），然后由外壳直接向环境散热，即 J→C→A；或者由外壳通过散热器（S）向环境散热，即 J→C→S→A。

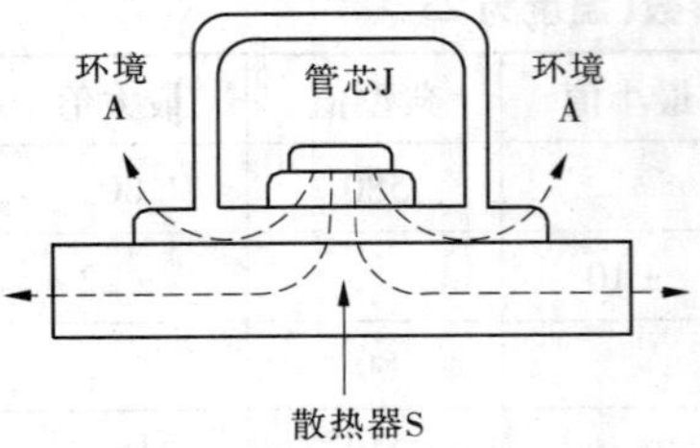

(a)管芯散热模型

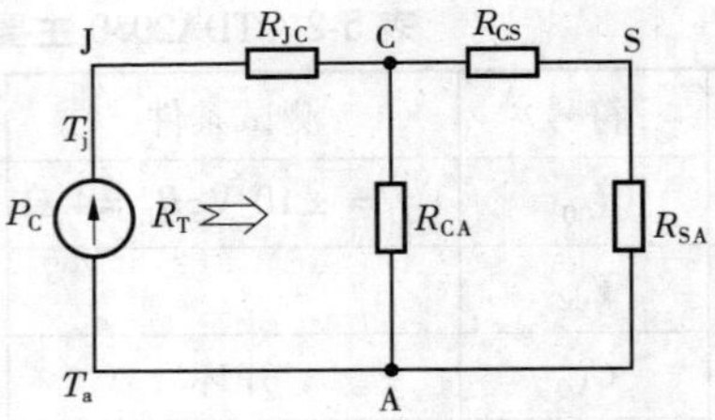

(b)热阻等效电路

图 5-16　三极管的散热模型

设 J→C 的热阻为 R_{JC}，C→A 的热阻为 R_{CA}，C→S 的热阻为 R_{CS}，S→A 的热阻为 R_{SA}，则三极管的散热模型可以等效为如图 5-16(b) 所示的电路。显然，R_{JC}、R_{CA} 由三极管本身的结构及封装材料决定，R_{CS} 由散热器与三极管安装情况决定，R_{SA} 由散热器决定。

不同型号管子的 R_{JC} 不同，不同封装的晶体管之间相差很大。如某三极管采用 T0－220封装，管芯到外壳的热阻 R_{JC} 是 4 ℃/W，外壳到环境的热阻 R_{CA} 是 46 ℃/W。若此晶体管工作时消耗功率为 3 W，环境温度为 25 ℃，则管芯的温度达到：25 ℃ +（46 + 4）℃/W × 3 W = 175 ℃，这么高的温度会把管芯烧毁。因此，工作在大电流状态下的晶体管通常要外加散热片，用于减小外壳到环境的热阻。

图 5-17 所示是两种类型的散热器的外形及安装图。晶体管外壳到散热器的散热效果与选用的材料及其表面积大小、厚薄、颜色，以及散热片的安装位置、接触面积和压紧程度，是否加绝缘层等因素紧密相关。越厚，面积越大，颜色越深，通风条件越好，则散热越好。如加散热器无法解决问题，则可考虑采用风扇强制风冷、用水冷却等方法散热。

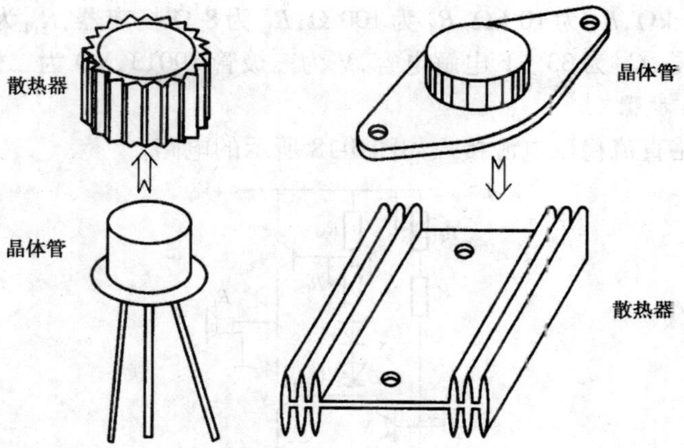

图 5-17 两种散热器的外形及安装图

课堂活动

T5.4-1 造成功放管烧毁的原因有哪些？有哪些措施可以保护功放管？环境温度较高时对功放管的工作有无影响？

T5.4-2 功率放大器为了正常工作，需要安装散热片，试回答下列问题：

(1)功放管和散热片的接触面是光滑好还是粗糙一点好？

(2)功放管和散热片的接触面是紧些好，还是松些好？

(3)散热片是垂直放置好，还是水平放置好？

(4)散热片是涂成黑色好还是涂成白色好？

实训与技能操作训练

1. 实训目的

(1)学习电子电路布线、安装等基本技能。

(2)熟悉功率放大电路静态工作点、功率和转换效率的测试方法。

(3)了解功率放大电路交越失真现象及克服的方法。

(4)学习电路故障的排除方法，培养独立解决问题的能力。

(5)熟悉常用电子仪器的使用方法。

2. 实训器材

(1)直流稳压电源；

(2)低频信号发生器；

(3)低频毫伏表；

(4)双踪示波器；

(5)数字式万用表。

3. 实训电路

如图 5-18 所示是互补对称功率放大电路的测试电路，它是一个 OCL 电路。图中 R_1

为 51 kΩ，R_2 为 10 kΩ，R_3 为 10 kΩ，R_4 为 100 Ω，R_L 为 8 Ω 扬声器，R_{P1} 为 500 kΩ 电位器，R_{P2} 为 100 Ω 电位器，C_1 为 33 μF 电解电容，V 为三极管 S9013，VD 为二极管 IN4148。

4. 实训内容与步骤

将 ±15 V 双路直流稳压电源接入如图 5-18 所示的电路。

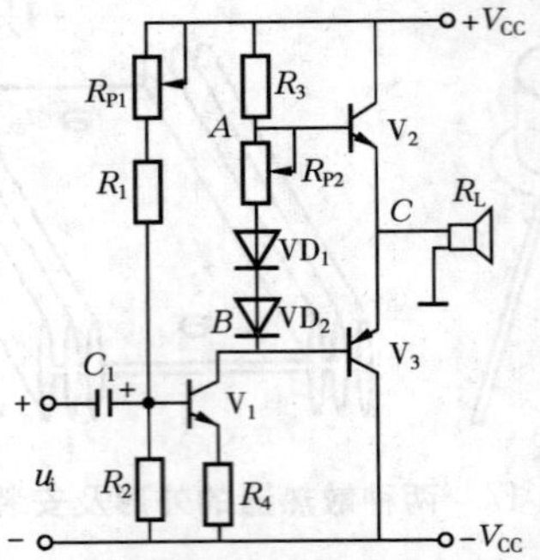

图 5-18 互补对称功率放大电路的测试电路

1）调整直流工作状态

不接 u_i，配合调节 R_{P1}、R_{P2}，用万用表分别测量 A、B、C 的电位 V_A、V_B、V_C，并使 $V_C = V_{CC}/2$，U_{AB} 等于 V_2、V_3 两管的死区电压之和。

2）观察并消除交越失真现象

将电路中 A、B 两点用导线短路，在输入端加入 $f=1$ kHz，$U_i=10$ mV 的正弦信号。改变输入信号幅度，用双踪示波器观察输出波形并记录。

将 A、B 之间短路线断开，再观察输出波形，并与断开前的波形进行比较，分析原因。

3）测量电压放大倍数

在输入端接入 $f=1$ kHz，$U_i=10$ mV 的正弦信号，用示波器观察输入、输出信号的波形，测量其幅度大小，计算出电压放大倍数。

4）测量最大不失真输出功率

在输入端接入 $f=1$ kHz，$U_i=10$ mV 的正弦信号，用示波器观察输出电压波形，调节 U_i 大小使输出电压最大而又不出现削波，用低频毫伏表测量输出电压大小，并计算出最大不失真输出功率（$P_o = U_o I_o = U_o^2/R_L$）。

5）测量电源供给的功率

在电源供电电路中串入电流表，电路输入端接入 $f=1$ kHz，$U_i=10$ mV 的正弦信号，用示波器观察输出电压的波形，逐渐加大 u_i 的幅度，使输出电压最大而又不出现削波，此时读取电流表的读数 I_{CO}，同时记录电源供电电压，并计算出电源供给的总功率（$P_E = V_{CC} I_{CO}$）。

5. 思考题

（1）OCL 电路和 OTL 电路的区别是什么？各有什么优缺点？

（2）如果输出波形出现交越失真，应该如何调节？

（3）实验电路中二极管的作用是什么？若有一只接反，将会产生什么后果？

项目小结

1. 功率放大电路的主要任务是向负载提供符合要求的交流功率，因此主要考虑失真度要小，输出功率要大，功率管的损耗要小、效率要高。主要技术指标是输出功率、管耗、转换效率和非线性失真等。

2. 功率放大器按输出管工作状态的不同分为甲类、乙类和甲乙类三种。甲类功放失真最小，但效率最低，最高效率只有50%；乙类功放效率最高，理想情况下可达78.5%，但失真很大，必须采用推挽工作方式；甲乙类功放效率介于甲类和乙类之间。

3. 为保证三极管安全工作，双电源互补对称电路工作在乙类时，元器件的极限参数必须满足：$P_{Cmax} \geqslant P_{T1max} \approx 0.2P_{omax}$、$|U_{(BR)CEO}| \geqslant 2V_{CC}$、$I_{Cmax} \geqslant V_{CC}/R_L$。

4. 由于BJT输入特性存在死区电压，工作在乙类的互补对称电路将出现交越失真，克服交越失真的方法是采用甲乙类（接近乙类）互补对称电路。

5. 利用NPN管和PNP管的互补作用组成OCL和OTL电路，它们的共同点是：输出管交替工作，在负载上合成完整的输出波形。它们的区别是：OCL电路采用正负双电源供电，电路与负载直接耦合；OTL电路采用单电源供电，电路与负载用电容耦合。

6. 集成功率放大器是当前功率放大器的发展方向，应用日益广泛，使用时应注意查阅器件手册，按手册提供的典型应用电路连接外围元器件。

7. 功放管的散热和保护十分重要，关系到功率放大电路能否输出足够功率且不损坏功放管等问题。

思考与习题

5-1 功率放大电路的主要任务是什么？它与电压放大电路相比有什么特殊要求？我们主要关心功率放大电路的哪些指标？

5-2 试说明甲类、乙类和甲乙类功率放大电路的区别。

5-3 乙类互补对称功率放大电路的效率在理想情况下可达到多少？

5-4 由于功率放大电路中的三极管常处于接近极限工作状态，因此在选择三极管时必须特别注意哪三个参数？

5-5 设采用双电源互补对称电路，如果要求最大输出功率为5 W，则每只功率管的最大允许管耗P_{Cmax}至少应多大？

5-6 选择合适的答案，填入括号内。

(1) 功率放大电路的最大输出功率是在输入电压为正弦波时，输出基本不失真情况下，负载上可能获得的最大(　　)。

A. 交流功率　　B. 直流功率　　C. 平均功率

(2) 功率放大电路的转换效率是指(　　)。

A. 输出功率与晶体管所消耗的功率之比

B. 最大输出功率与电源提供的平均功率之比

C. 晶体管所消耗的功率与电源提供的平均功率之比

(3) 在 OCL 乙类功放电路中，若最大输出功率为 1 W，则电路中功放管的集电极最大功耗约为(　　)。

A. 1 W　　B. 0.5 W　　C. 0.2 W

(4) 如图 5-19 所示的电路中晶体管饱和管压降的数值为 $|U_{CES}|$，则最大输出功率 P_{omax} = (　　)。

A. $\frac{(V_{CC}-U_{CES})^2}{2R_L}$　　B. $\frac{(\frac{1}{2}V_{CC}-U_{CES})^2}{R_L}$　　C. $\frac{(\frac{1}{2}V_{CC}-U_{CES})^2}{2R_L}$

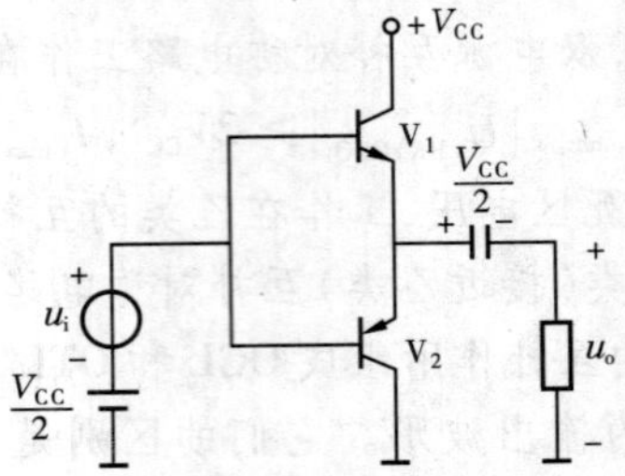

图 5-19

(5) 同样输出功率的 OCL 与 OTL 功放电路的最大区别在于(　　)。

A. 双电源和单电源　　B. 有电容输出耦合　　C. 三极管的要求不同

5-7　判断下列说法是否正确(在括号内打"√"或"×")。

(1) 在功率放大电路中，输出功率越大，功放管的功耗越大。　　(　　)

(2) 顾名思义，功率放大电路有功率放大作用，电压放大电路只有电压放大而无功率放大作用。　　(　　)

(3) 功率放大电路与电压放大电路的区别是：

①前者比后者电源电压高。　　(　　)

②前者比后者电压放大倍数大。　　(　　)

③前者比后者效率高。　　(　　)

④在电源电压相同的情况下，前者比后者的最大不失真输出电压大。　　(　　)

5-8　已知电路如图 5-20 所示，V_1 和 V_2 的饱和管压降 $|U_{CES}| = 3$ V，$V_{CC} = 15$ V，$R_L = 8$ Ω。请选择正确答案。

(1) 电路中 VD_1 和 VD_2 管的作用是消除(　　)。

A. 饱和失真　　B. 截止失真　　C. 交越失真

(2) 静态时，晶体管发射极电位(　　)。

A. $U_{EQ} > 0$ V　　B. $U_{EQ} = 0$ V　　C. $U_{EQ} < 0$ V

(3) 最大输出功率(　　)。

A. 28 W　　B. 18 W　　C. 9 W

(4) 当输入为正弦波时，若 R_1 虚焊，即开路，则输出电压(　　)。

A. 为正弦波　　B. 仅有正半波　　C. 仅有负半波

(5)若 VD_1 虚焊,则 V_1(　　)。

A. 可能因功耗过大烧坏　　B. 始终饱和　　C. 始终截止

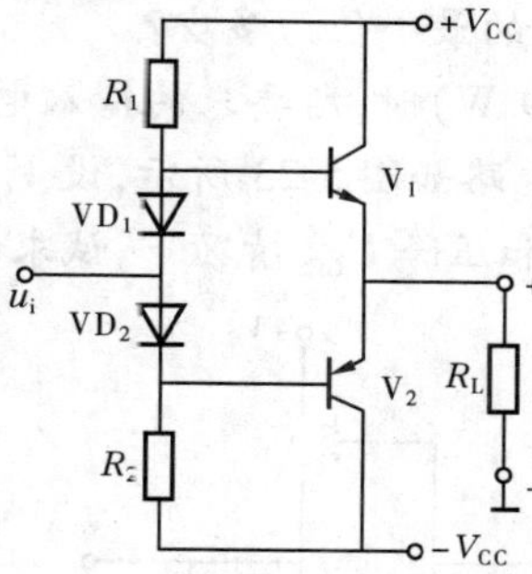

图 5-20

5-9　在如图 5-20 所示的电路中,已知 $V_{CC}=\pm16$ V,$R_L=4\ \Omega$,V_1 和 V_2 的饱和管压降 $|U_{CES}|=2$ V,输入电压足够大。试问:

(1)最大输出功率 P_{omax} 和效率 η 各为多少?

(2)晶体管的最大功耗 P_{Tmax} 为多少?

(3)为了使输出功率达到 P_{omax},输入电压的有效值约为多少?

5-10　在如图 5-20 所示电路中,已知 $V_{CC}=\pm24$ V,$R_L=4\ \Omega$,试问:

(1)理想情况下的 P_{omax}。

(2)输入电压有效值 $U_i=12$ V 时的输出功率 P_o。

(3)对三极管参数 I_{CM}、U_{CEO} 和 P_{CM} 的要求,并查手册选出型号。

5-11　甲类功放电路信号幅度越大,失真越大,这是为什么?乙类推挽功率放大电路输出幅度小,失真反而明显,这又是为什么?这两种失真有何区别?

5-12　忽略管子饱和压降 U_{CES},试计算功率放大管的耐压、管耗和最大集电极电流各为多少?

5-13　在如图 5-21 所示的电路中,设 BJT 的 $\beta=100$,$U_{BE}=0.7$ V,$U_{CES}=0$,$I_{CEO}=0$,电容 C 对交流可视为短路。输入信号 u_i 为正弦波。

(1)计算电路可能达到的最大不失真输出功率 P_{omax}。

(2)R_B 应调节到什么数值?

(3)电路的效率 η 为多少?试与工作在乙类的互补对称电路比较。

5-14　一个双电源互补对称电路如图 5-22 所示,设已知 $V_{CC}=12$ V,$R_L=16\ \Omega$,u_i 为正弦波。求:

(1)在 BJT 的饱和压降 U_{CES} 可以忽略不计的条件下,负载上可能得到的最大输出功率 P_{omax} 为多少?

(2)每个管子允许的管耗 P_{CM} 至少应为多少?

(3)每个管子的耐压 $|U_{(BR)CEO}|$ 应大于多少?

5-15　在如图 5-22 所示的电路中,设 u_i 为正弦波,$R_L=8\ \Omega$,要求最大输出功率 $P_{omax}=9$ W。BJT 的饱和压降 U_{CES} 可以忽略不计,求:

(1)正、负电源 V_{CC} 的最小值为多少?

(2) 根据所求 V_{CC} 最小值，计算相应的最小值 I_{CM}、$|U_{(BR)CEO}|$ 为多少？

(3) 输出功率最大($P_{omax}=9$ W)时，电源供给的功率 P_V 为多少？

(4) 每个管子允许的管耗 P_{CM} 的最小值为多少？

(5) 当输出功率最大($P_{omax}=9$ W)时，所要求的输入电压有效值为多少？

5-16　一个单电源互补对称电路如图 5-23 所示，设 $V_{CC}=12$ V，$R_L=8$ Ω，C 的电容量很大，u_i 为正弦波，在忽略管子饱和压降 U_{CES} 情况下，试求该电路的最大输出功率 P_{omax}。

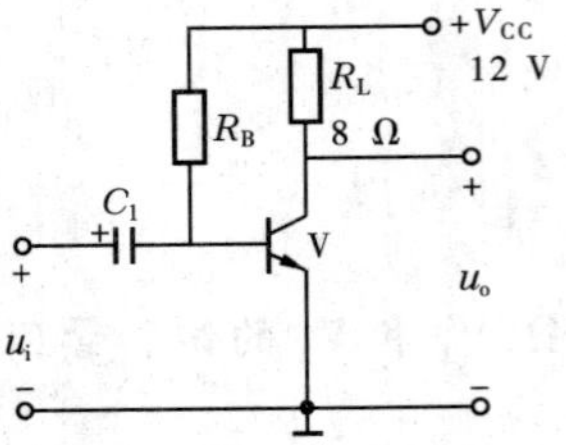

图 5-21

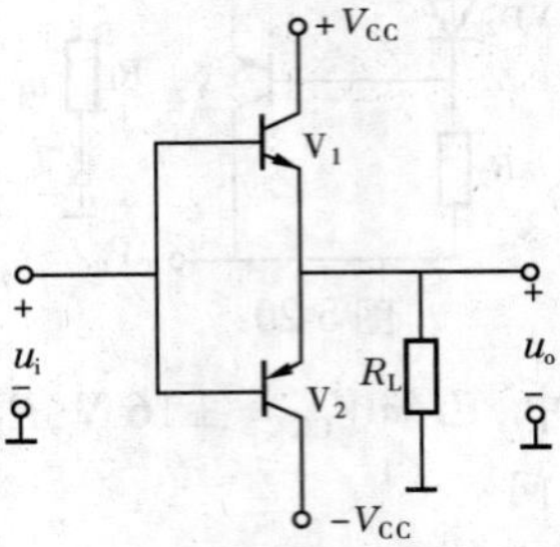

图 5-22

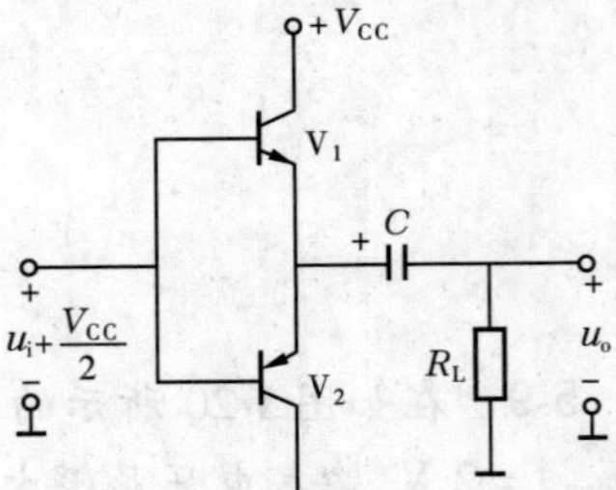

图 5-23

项目六　正弦波振荡电路

任务一　振荡电路的概念认知

一、自激振荡的条件

放大电路引入负反馈是为了稳定电路以改善电路的性能,如果电路中的反馈类型为正反馈,在一定条件下会产生自激振荡,使电路不能正常工作。但是在某些振荡电路中,要有意识地引入正反馈以构成自激振荡的条件,以便能够产生各种高频或低频的正弦波信号。那么,自激振荡的条件是什么呢?

图 6-1 中,$\dot{A}$ 是放大电路,$\dot{F}$ 是反馈网络,$\dot{U}_i$ 为输入电压,$\dot{U}_o$ 为输出电压。先断开反馈网络,在输入端外接一定频率、一定幅度的正弦波电压信号 $\dot{U}_i$,经过放大电路后在输出端得到输出电压 $\dot{U}_o$,经过反馈网络由输出电压 $\dot{U}_o$ 产生反馈电压为 $\dot{U}_f$。如果在某个时刻反馈量与输入信号大小相等、相位相同,即 $\dot{U}_f = \dot{U}_i$,此时接通反馈网络,断开输入端,相当于电路没有加任何输入信号,但是由于存在反馈信号 $\dot{U}_f$,在输出端能维持稳定的输出电压 $\dot{U}_o$,电路不需要外加输入信号就能有稳定的输出信号,所以称为自激振荡电路。

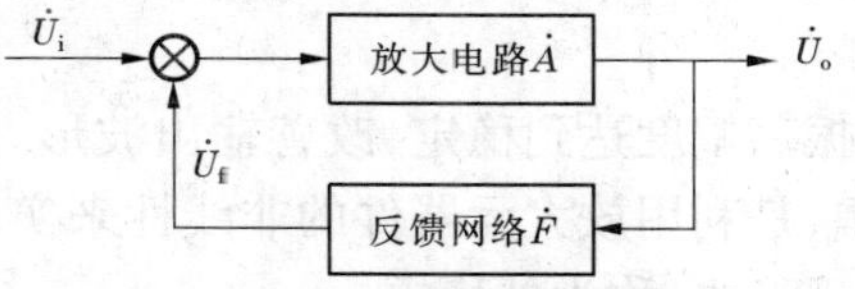

图 6-1　正弦波振荡电路框图

由以上分析可知,放大电路产生自激振荡的条件可以表示如下

$$\dot{U}_f = \dot{U}_i$$

将放大倍数 $\dot{A} = \dfrac{\dot{U}_o}{\dot{U}_i}$和反馈系数 $\dot{F} = \dfrac{\dot{U}_f}{\dot{U}_o}$代入上式,可以得到

$$\frac{\dot{U}_f}{\dot{U}_i} = \frac{\dot{U}_o}{\dot{U}_i}\frac{\dot{U}_f}{\dot{U}_o} = \dot{A}\dot{F} = 1 \tag{6-1}$$

式(6-1)就是振荡电路产生自激振荡的条件。

因为 $\dot{A} = A\angle\varphi_a$,$\dot{F} = F\angle\varphi_f$,代入式(6-1)得到

$$\dot{A}\dot{F} = A\angle\varphi_a F\angle\varphi_f = 1 \tag{6-2}$$

分析式(6-2),可以得到振荡电路自激振荡的幅度平衡条件和相位平衡条件。

(一)幅度平衡条件

振荡电路产生自激振荡时幅度平衡条件为

$$|\dot{A}\dot{F}| = 1 \tag{6-3}$$

即放大倍数与反馈系数乘积的模为1,表示反馈信号 $\dot{U}_f$ 与输入信号 $\dot{U}_i$ 的幅值相等。

(二)相位平衡条件

振荡电路产生自激振荡时的相位平衡条件为

$$\varphi_a + \varphi_f = 2n\pi \quad (n = 1,2,3,\cdots) \tag{6-4}$$

即放大电路的相移与反馈网络的相移之和为 $2n\pi(n=1,2,3,\cdots)$,反馈信号与输入信号同相,引入的反馈为正反馈。

二、正弦波振荡电路基本构成

正弦波振荡电路具有能自行起振且输出稳定的特点,从结构上来说,应该包含以下四个组成部分。

(一)放大电路

放大电路具有放大信号的作用,能够将电源的直流电能转换为交变的振荡能量。

(二)反馈网络

反馈网络和放大电路构成正反馈系统,满足自激振荡的条件 $\dot{A}\dot{F}=1$。

(三)选频网络

一个正弦波振荡电路只有在一个频率下满足相位平衡条件,这个频率就是 f_0,选频网络的作用是选择某一频率为 f_0 的信号,以满足振荡条件,形成单一频率的振荡。选频网络可以设置在放大电路中,也可以设置在反馈网络中。

(四)稳幅电路

稳幅电路的作用是使振荡幅度达到稳定,改善输出波形。振荡电路中常见的稳幅措施有两种,一种称为内稳幅,是利用放大元器件的非线性来实现输出信号的稳定;另一种是利用外加稳幅电路来实现稳幅,称为外稳幅。

按照选频网络的构成,将振荡电路作如下分类:如果振荡电路的选频网络由电阻 R 和电容 C 组成,通常称为RC振荡电路;如果选频网络由电感 L 和电容 C 组成,则称为LC振荡电路;如果选频网络由石英谐振器来实现选频,则称为石英晶体振荡电路。

三、振荡电路的起振过程

(一)起振过程

式(6-3)和式(6-4)所示的振荡平衡条件,是对振荡电路已经进入稳态振荡而言的。实际上,为使电路接通电源后能够自行起振,从而产生持续的振荡,需要满足一定的条件,即 $|\dot{A}\dot{F}|>1$。

振幅起振条件:幅度上反馈电压要大于输入电压

$$U_f > U_i \tag{6-5}$$

相位起振条件：反馈电压与输入电压同相

$$\varphi_a + \varphi_f = 2n\pi \quad (n = 1,2,3,\cdots) \tag{6-6}$$

对振荡电路的起振过程作如下分析：当振荡电路接通电源时，电路中会产生微小的、不规则的噪声信号和电源刚接通时的冲击信号，它的频谱分布很广，包含从低频到甚高频的各种频率的信号成分，其中也包含频率为 f_0 的信号，能够满足相位平衡条件。如果电路的放大倍数足够大，满足 $|\dot{A}\dot{F}| > 1$ 的条件，则电路能够自行起振。在电路自行起振之后，随着振幅的增大，受到稳幅电路中的非线性元件的限制，$|\dot{A}\dot{F}|$ 的值逐步下降，最后等于 1，振荡电路进入稳定状态。

（二）振荡电路的分析方法

对于给定的振荡电路，先要判断它是否能产生振荡，对于能振荡的电路，其振荡频率可以根据选频网络的参数进行计算，以确定电路元器件的参数，保证振荡电路的起振。

可以从以下几个方面来判断电路能否产生振荡：

（1）检查电路的结构。一个振荡电路应该具有放大电路、反馈网络、选频网络和稳幅电路四个部分。

（2）检查振荡电路是否引入了正反馈。只有引入的是正反馈，才能满足相位平衡条件，否则不能产生振荡。

（3）检查电路是否满足振幅起振条件。需要求解 $\dot{A}$ 和 $\dot{F}$，然后判断 $|\dot{A}\dot{F}| > 1$ 是否成立。

课堂活动

1. 课堂提问和讨论

T6.1-1　说明产生自激振荡的条件。

T6.1-2　说明自激振荡的幅度平衡条件。

T6.1-3　说明自激振荡的相位平衡条件。

T6.1-4　说明正弦波振荡电路的基本构成包括哪几个部分？各部分的功能分别是什么？

T6.1-5　说明正弦波振荡电路的起振过程。

T6.1-6　说明正弦波振荡电路的分析方法。

2. 课堂练习

L6.1-1　为满足相位平衡条件，反馈信号与输入信号的相位差应等于__________，即放大电路引入的反馈类型为__________。

A. 90°　　B. 180°　　C. 270°　　D. 360°

E. 正反馈　　F. 负反馈　　G. 没有反馈

L6.1-2　振荡电路能够获得单一频率的正弦波输出电压，主要是依靠振荡电路中的__________。

A. 放大电路　　B. 选频网络　　C. 稳幅网络　　D. 反馈网络

任务二　RC 正弦波振荡电路的应用与分析

RC 正弦波振荡电路的选频网络由电阻和电容元件组成，主要有 RC 串并联、双 T 网络和移相式振荡电路等类型。其中 RC 串并联网络振荡电路是一种被广泛应用的电路，本任务主要介绍这种 RC 振荡电路。

一、RC 串并联型网络的选频特性

图 6-2 所示为 RC 串并联网络电路的原理图，下面对串并联网络作定量分析。在实际应用的 RC 串并联电路中，为了便于分析与调整参数，通常设置如下：$R_1 = R_2 = R, C_1 = C_2 = C$，RC 串联电路的阻抗为 Z_1，RC 并联电路的阻抗为 Z_2。则

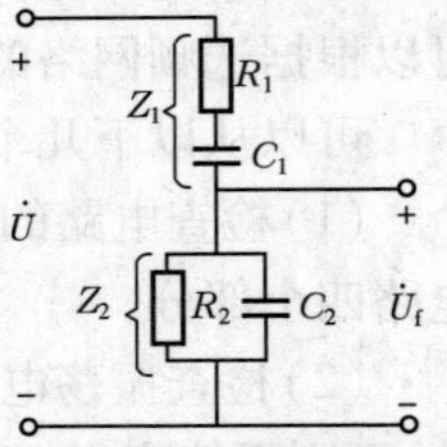

图 6-2　RC 串并联电路

$$Z_1 = R_1 + \frac{1}{j\omega C_1} = \frac{1 + j\omega RC}{j\omega C}$$

$$Z_2 = \frac{R_2 \frac{1}{j\omega C_2}}{R_2 + \frac{1}{j\omega C_2}} = \frac{R}{1 + j\omega RC}$$

电路输入端输入正弦波电压 $\dot{U}$，电路的输出端得到反馈电压为 $\dot{U}_f$，电路的反馈系数 $\dot{F}$ 为

$$\dot{F} = \frac{Z_2}{Z_1 + Z_2} = \frac{\frac{R}{1 + j\omega RC}}{\frac{1 + j\omega RC}{j\omega C} + \frac{R}{1 + j\omega RC}} = \frac{1}{3 + j(\omega RC - \frac{1}{\omega RC})} \tag{6-7}$$

用 ω_0 表示电路的谐振角频率，令 $\omega_0 = \frac{1}{RC}$，代入上式，则

$$\dot{F} = \frac{1}{3 + j(\frac{\omega}{\omega_0} - \frac{\omega_0}{\omega})} \tag{6-8}$$

将角频率 ω_0 用频率 f_0 表示，则

$$\omega_0 = 2\pi f_0 = \frac{1}{RC}$$

$$f_0 = \frac{1}{2\pi RC} \tag{6-9}$$

f_0 即是 RC 串并联网络的振荡频率。

反馈系数的模即是 RC 串并联选频网络的幅频特性，即

$$F = |\dot{F}| = \frac{1}{\sqrt{3^2 + (\frac{\omega}{\omega_0} - \frac{\omega_0}{\omega})^2}} = \frac{1}{\sqrt{3^2 + (\frac{f}{f_0} - \frac{f_0}{f})^2}}$$

反馈系数的辐角即是 RC 串并联网络的相频特性，即

$$\varphi_f = -\arctan\frac{1}{3}\left(\frac{\omega}{\omega_0}-\frac{\omega_0}{\omega}\right) = -\arctan\frac{1}{3}\left(\frac{f}{f_0}-\frac{f_0}{f}\right) \tag{6-10}$$

根据幅频特性和相频特性的表达式，画出 RC 串并联网络的幅频和相频特性，如图 6-3 所示。

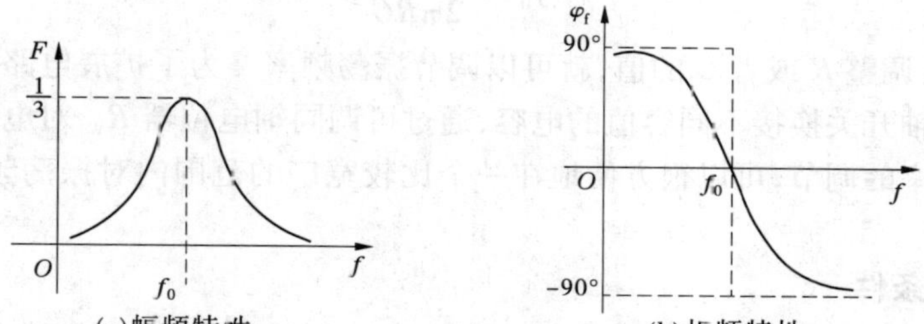

图 6-3 RC 串并联网络的频率特性

分析频率特性图，当 $f=f_0=\frac{1}{2\pi RC}$ 时，$\dot{F}$ 的幅值最大，值为 $\frac{1}{3}$，同时 $\dot{F}$ 的相角为零，即 $\varphi_f=0$。也就是说，当 $f=f_0=\frac{1}{2\pi RC}$ 时，$\dot{U}_f$ 的幅值达到了最大，并且 $\dot{U}_f$ 与 $\dot{U}$ 同相。当 f 偏离 f_0 时，F 值急剧下降，φ_f 向 ±90°方向变化，说明了 RC 串并联网络有很好的选频特性。

二、RC 桥式振荡电路

（一）电路组成

RC 桥式振荡电路原理图如图 6-4 所示。

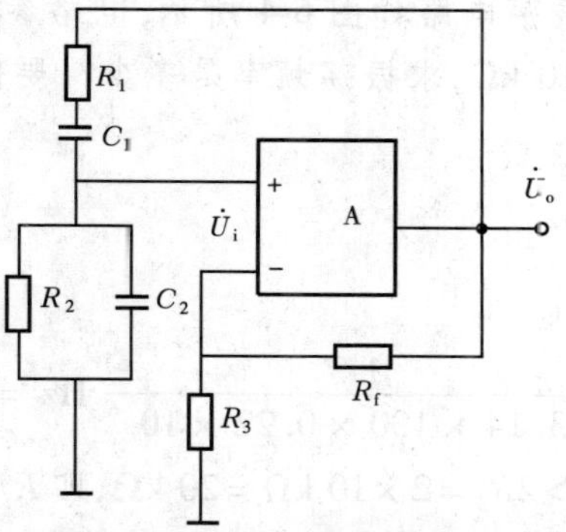

图 6-4 RC 桥式正弦波振荡电路

运放 A 与 RC 串并联网络构成了同相比例放大电路，$R_1=R_2=R$，$C_1=C_2=C$，RC 串并联网络构成了反馈兼选频网络。RC 串并联网络和 R_3、R_f 分别作为电桥的四个桥臂，构成了一个电桥，因此这种振荡电路又称为 RC 桥式振荡电路。

（二）振荡频率与调节

振荡频率由相位平衡条件决定，用瞬时极性法判断反馈类型。假设同相输入端电压瞬时极性为（+），输入电压从同相输入端输入，所以输出端瞬时极性也为（+），输出电压与输入电压同相，即 $\varphi_a=0$。反馈到输入端的电源极性也为（+），所以该反馈为正反馈，

能够满足相位平衡条件。因为当 $f=f_0$ 时，RC 串并联网络的相移 $\varphi_f=0$，此时

$$\varphi_a+\varphi_f=2n\pi=0 \quad (n=0)$$

电路满足相位平衡条件，对于其他的频率，电路不满足相位平衡条件。由此可以得到，电路的振荡频率为

$$f_0=\frac{1}{2\pi RC} \tag{6-11}$$

因此，只要调整 R 或者 C 的值，就可以调节振荡频率。为了扩展电路的实用性，在电路中可以用同轴开关换接不同容值的电容，通过可调同轴电位器 R_W 对电阻值进行调节，实现对振荡频率的调节，可以很方便地在一个比较宽广的范围内对振荡频率进行连续调节。

（三）起振条件

振荡电路满足 $|\dot{A}\dot{F}|>1$ 时，电路能够自行起振，振荡条件由幅度平衡条件决定。由频率特性分析可知，当 $f=f_0=\frac{1}{2\pi RC}$时，$\dot{F}$ 的幅值最大为$\frac{1}{3}$，因此可以得到起振的条件为

$$|\dot{A}|>3 \tag{6-12}$$

由 R_f、R_3 与集成放大器 A 连接成同相比例运算电路，反馈类型是电压串联负反馈，以满足振幅平衡条件。其输出电压和输入电压之间的放大倍数 $A=1+\frac{R_f}{R_3}$，为了满足起振条件，则要求 $1+\frac{R_f}{R_3}>3$，则反馈支路的电阻值应满足关系 $R_f>2R_3$。

【例 6.2-1】 RC 桥式振荡电路如图 6-4 所示，电路参数设置 $R_1=R_2=R=100\ \Omega$，$C_1=C_2=C=0.22\ \mu F$，$R_3=10\ k\Omega$，求振荡频率是多少？要保证电路能够满足起振条件，R_f 取值应为多少？

解：电路的振荡频率

$$f_0=\frac{1}{2\pi RC}=\frac{1}{2\times3.14\times100\times0.22\times10^{-6}}\ \text{Hz}=7.23\ \text{kHz}$$

要满足起振条件，则 $R_f>2R_3=2\times10\ k\Omega=20\ k\Omega$，即 R_f 应取阻值大于 $20\ k\Omega$ 的电阻。

（四）振荡电路的稳幅

振荡电路采取稳幅措施主要是为了使振荡电路起振后达到平衡，同相放大器的放大倍数从大于 3 下降到 3。可以在振荡电路中外加稳幅电路，或者在同相比例放大电路中加入热敏电阻来实现幅度稳定。

在图 6-4 所示的 RC 桥式振荡电路中，用具有负温度系数的热敏电阻代替反馈电阻 R_f 来实现稳幅。当振荡幅度增大时，流过热敏电阻的电流增大，使得温度升高，热敏电阻的阻值减小，放大倍数 $A=1+\frac{R_f}{R_3}$减小，从而抑制输出幅度的增长；当振荡幅度减小时，流

过热敏电阻的电流减小，阻值增大，放大倍数增大，提高输出幅度，最终达到自动稳幅的效果。

（五）RC 桥式振荡电路的特点

RC 桥式振荡电路具有结构简单、易于起振的特点，但是 RC 桥式振荡电路的振荡频率与 R、C 的乘积成反比，如果要在输出端得到高频率的正弦波信号，则要减小电阻阻值和电容的容值，这样会增加元器件制造工艺和电路设计上的难度。因此，RC 振荡电路一般用在低频场合，其频率范围在 1 Hz ~ 1 MHz，如果要产生更高频率的正弦波信号，要引入 LC 正弦波振荡电路。

课堂活动

1. 课堂提问和讨论

T6.2-1　说明 RC 振荡电路的选频网络构成。

T6.2-2　说明 RC 串并联型网络的选频特性、幅频特性、相频特性。

T6.2-3　说明 RC 桥式正弦波振荡电路的振荡频率如何计算。

T6.2-4　说明 RC 桥式正弦波振荡电路的组成及结构。

T6.2-5　说明 RC 桥式正弦波振荡电路的振荡频率调节。

T6.2-6　说明 RC 桥式正弦波振荡电路的起振调节。

T6.2-7　稳幅网络的作用是什么？常用的稳幅措施有哪些？

T6.2-8　说明 RC 桥式正弦波振荡电路的特点。

2. 课堂练习

L6.2-1　RC 正弦波振荡电路的选频网络由＿＿＿＿＿＿和＿＿＿＿＿＿构成。

L6.2-2　RC 正弦波振荡电路的振荡频率为＿＿＿＿＿＿。

L6.2-3　RC 正弦波振荡电路的起振条件是＿＿＿＿＿＿。

任务三　LC 正弦波振荡电路的应用与分析

LC 正弦波振荡电路主要用来产生高频正弦波信号，一般在 1 MHz 以上，产生正弦波的原理与 RC 正弦波振荡电路基本相同。LC 选频网络是由电感和电容元件组成的并联回路构成的，其选频作用主要由 LC 的并联谐振来决定。根据反馈形式的不同，可以分为变压器反馈式振荡电路、电感三点式 LC 振荡电路和电容三点式 LC 振荡电路。

一、LC 回路的频率特性

LC 并联回路的电路原理图如图 6-5 所示，电阻 R 表示回路中和回路所带负载的总等效损耗电阻。先来定性分析一下 LC 并联回路的选频特性，即分析当信号频率发生变化时，并联回路的总阻抗 Z 的大小和性质将如何变化，由此来分析并联回路的选频特性。

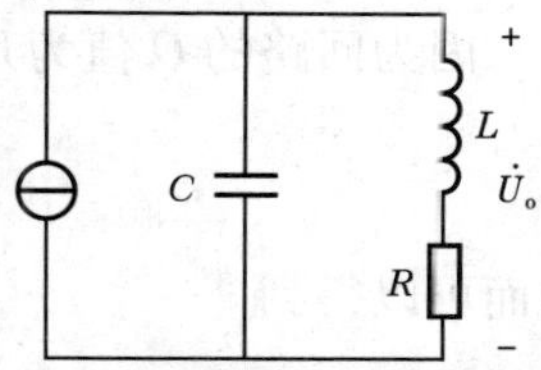

图 6-5　LC 并联回路原理图

回路容抗 $X_C = \dfrac{1}{2\pi fC}$，感抗 $X_L = 2\pi fL$。当频率很低时，容抗很大，电容支路可以近似认为开路，而感抗很小，回路阻抗 Z 主要取决于电感支路，Z 呈感性，并且频率越小阻抗值越小。当频率很高时，感抗很大，电感支路可以近似认为开路，而容抗很小，总阻抗 Z 主要取决于电容支路，因此阻抗 Z 呈容性，并且频率越高阻抗值越大。只有当频率处于中间某一个值 f_0 的时候，并联总阻抗为纯阻性，等效阻抗也达到最大值，此时电路发生并联谐振，这个频率 f_0 被称为 LC 电路的并联谐振频率。当频率发生改变的时候，电路具有选择有用信号（谐振频率 f_0）的能力，这就是 LC 并联回路的选频特性。

下面定量分析一下 LC 并联回路的选频特性。

（一）并联谐振频率

先写出图 6-5 所示并联回路的复数导纳 Y 的数学表达式，如下：

$$\begin{aligned} Y &= j\omega C + \frac{1}{R + j\omega L} \\ &= \frac{R}{R^2 + (\omega L)^2} + j\left[\omega C - \frac{\omega L}{R^2 + (\omega L)^2}\right] \end{aligned} \tag{6-13}$$

当并联回路的导纳虚部为零时，即

$$\omega C - \frac{\omega L}{R^2 + (\omega L)^2} = 0 \tag{6-14}$$

并联回路电流与电压同相，并联阻抗呈纯阻性，电路发生并联谐振。

由式（6-14）可以得到并联谐振的角频率 ω_0 为

$$\omega_0 = \frac{1}{\sqrt{\left(\dfrac{R}{\omega_0 L}\right)^2 + 1}} \frac{1}{\sqrt{LC}} \tag{6-15}$$

角频率 ω_0 不仅与 L、C 有关，还与电阻 R 有关。这里引入一个新的变量 Q，称为谐振回路的品质因数，是 LC 回路的一项重要指标，Q 值的大小对振荡电路的性能影响很大。一般情况下，回路的 Q 值为几十到几百。

令 $Q = \dfrac{\omega_0 L}{R}$，代入式（6-15），则有

$$\omega_0 = \frac{1}{\sqrt{\left(\dfrac{1}{Q}\right)^2 + 1}} \frac{1}{\sqrt{LC}} = \frac{Q}{\sqrt{1 + Q^2}} \frac{1}{\sqrt{LC}}$$

因为回路的 Q 值为几十到几百，所以

$$\omega_0 \approx \frac{1}{\sqrt{LC}} \tag{6-16}$$

从而可以得到

$$f_0 \approx \frac{1}{2\pi\sqrt{LC}} \tag{6-17}$$

式（6-17）说明了当品质因数很高时，并联谐振的频率基本上由并联回路的电感和电容的取值来决定。此时，品质因数可以表示为

$$Q=\frac{\omega_0L}{R}\approx\frac{1}{\sqrt{LC}}\frac{L}{R}=\frac{1}{R}\sqrt{\frac{L}{C}} \tag{6-18}$$

（二）并联谐振时的回路阻抗

LC 并联回路的总阻抗 Z 为

$$Z=\frac{\frac{1}{\mathrm{j}\omega C}(R+\mathrm{j}\omega L)}{\frac{1}{\mathrm{j}\omega C}+(R+\mathrm{j}\omega L)}$$

一般情况下，$\omega L\gg R$，总阻抗 Z 的表达式可以简化为

$$Z\approx\frac{\frac{1}{\mathrm{j}\omega C}\mathrm{j}\omega L}{R+\mathrm{j}(\omega L-\frac{1}{\omega C})}=\frac{\frac{L}{C}}{R+\mathrm{j}(\omega L-\frac{1}{\omega C})} \tag{6-19}$$

当虚部为零时，LC 回路发生并联谐振，电路呈纯阻性。此时，电路总阻抗 Z_0 为最大值，其表达式为

$$Z_0=\frac{L}{RC} \tag{6-20}$$

谐振回路的品质因数 $Q=\frac{1}{R}\sqrt{\frac{L}{C}}$，将品质因数代入式(6-20)，得到

$$Z_0=\frac{L}{RC}=\frac{1}{R}\sqrt{\frac{L}{C}}\sqrt{\frac{L}{C}}=Q\sqrt{\frac{L}{C}} \tag{6-21}$$

可以看出，阻抗呈纯阻性，LC 并联回路发生谐振，并且 Q 值越大，谐振时的阻抗 Z_0 越大。

（三）LC 并联回路的选频特性

由式(6-19)总阻抗 Z 可以改写为

$$Z=\frac{\frac{L}{C}}{R+\mathrm{j}(\omega L-\frac{1}{\omega C})}=\frac{\frac{L}{RC}}{1+\mathrm{j}\frac{\omega L}{R}(1-\frac{1}{\omega^2LC})}$$

将 $Z_0=\frac{L}{RC}$，$Q=\frac{\omega_0L}{R}$，$\omega_0=\frac{1}{\sqrt{LC}}$代入上式，则

$$Z\approx\frac{Z_0}{1+\mathrm{j}Q\left(\frac{\omega}{\omega_0}-\frac{\omega_0}{\omega}\right)} \tag{6-22}$$

根据以上分析，可以画出不同 Q 值时，LC 并联回路的幅频特性和相频特性，如图 6-6 所示。

结合上述分析，根据图 6-6 所反映出来的频率特性，可以得出以下结论：

结论一：如果信号频率小于谐振频率，即 $f<f_0$，谐振回路呈电感性；如果信号频率大于谐振频率，即 $f>f_0$，谐振回路呈电容性。只有在原点 1 处，即谐振频率 f_0 处，电路呈纯阻性，此时等效总阻抗最大，随着频率的增大或者减小，等效总阻抗 Z 的值都将减少。

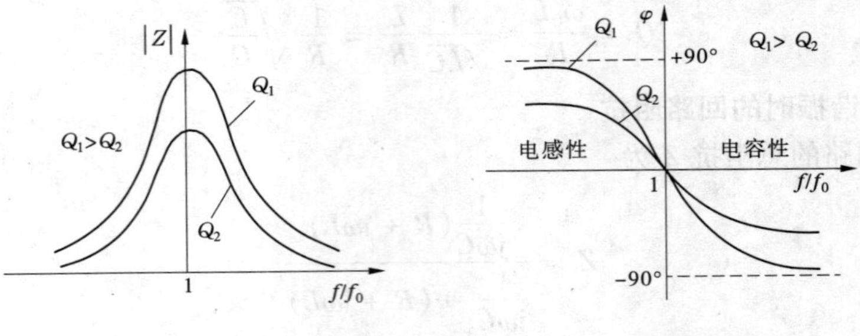

图 6-6　LC 并联回路的频率特性

结论二:LC 谐振频率与并联回路的参数有关,一般情况下取 $Q\gg 1$,此时 $f_0\approx\dfrac{1}{2\pi\sqrt{LC}}$。

结论三:并联谐振回路的品质因数 Q 值越大,谐振阻抗值 Z_0 数值也越大,幅频特性曲线越尖,相位随频率变化的程度也越急剧,说明选频网络选择谐振频率 f_0 的能力越强。

二、变压器反馈式 LC 振荡电路

(一)电路组成

变压器反馈式 LC 正弦波振荡电路原理图如图 6-7 所示,振荡电路由放大电路、选频网络和反馈网络等部分组成。

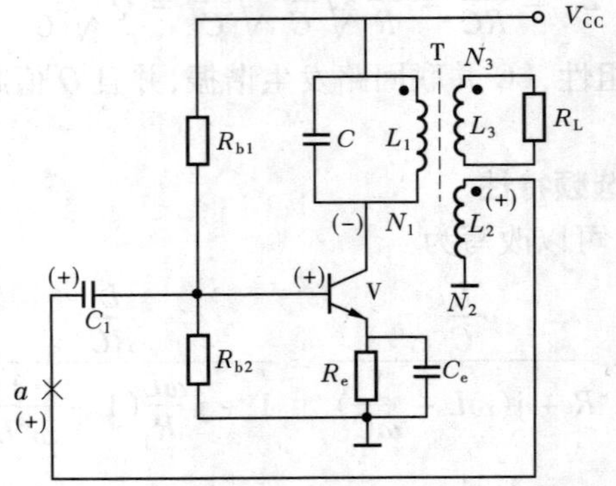

图 6-7　变压器反馈式 LC 正弦波振荡电路

放大电路由三极管 V、耦合电容 C_1、射极旁路电容 C_e 和直流偏置电阻 R_{b1}、R_{b2}、R_e 组成的共发射极分压式偏置电路构成。电容 C_1 和 C_e 的容值很大,在振荡频率上交流阻抗很小,近似认为短路。选频网络是由 L_1 和 C 组成的并联电路,同时选频网络也是放大电路集电极的负载。反馈网络由变压器实现,变压器 T 的二次侧绕组 N_2 将输出信号的一部分经过 C_1 反馈到振荡电路的输入端,因此该电路被称为变压器反馈式振荡电路。

(二)振荡频率和起振条件

1. 相位起振判断

如果反馈为正反馈,则能满足振荡的相位平衡条件,用瞬时极性法对振荡电路中的反馈类型作出判断。假设将放大电路的输入端在 a 点处断开，三极管基极输入信号瞬时极性为(+)，集电极极性为(-)，变压器一次绕组极性上正下负，按照图 6-7 所标注的同名端，二次侧绕组 N_2 极性为(+)，反馈至输入端的瞬时极性为(+)，由此可以判断出反馈为正反馈，满足相位平衡条件。

2. 振幅起振判断

满足振幅平衡的起振条件为

$$\beta > \frac{r_{be}R'C}{M} \tag{6-23}$$

其中，r_{be} 为三极管 V 基极与发射极之间的等效电阻，R' 为谐振回路的等效损耗电阻，M 为原绕组 N_1 与二次绕组 N_3 之间的互感。实际上，振幅平衡比较容易实现，放大电路的组态是共发射极，放大倍数比较大，实际应用时只要设置合适的静态工作点，通过调节线圈的匝数，就可以调整反馈系数，使反馈量合适，即可满足相位平衡条件，起振后利用三极管的非线性实现内稳幅。关键的问题是要保证变压器绕组的同名端接线正确，以满足相位平衡条件，否则电路不能起振。

3. 振荡频率

当频率等于谐振频率的时候，振荡电路满足相位平衡条件，电路起振，所以振荡电路的振荡频率就是 LC 并联电路的谐振频率，即

$$f_0 \approx \frac{1}{2\pi\sqrt{LC}} \tag{6-24}$$

(三)变压器反馈式振荡电路的特点

电路易起振，输出电压较大，由于采用变压器耦合，易满足阻抗匹配的要求。调频方便，一般在 LC 回路中采用接入可变电容器的方法来实现频率调节，调频范围较宽，工作频率通常在几兆赫左右。由于反馈电压取自电感两端，它对高次谐波的阻抗大，反馈也强，因此在输出波形中含有较多高次谐波成分，造成输出波形不理想。

三、电感三点式 LC 振荡电路

图 6-8 是电感三点式 LC 振荡电路，又称为哈莱特振荡器的原理图。由于电感 L_1、L_2 引出的三个端点 1、2 和 3 分别接三极管的三个电极，所以通常称为电感三点式振荡电路。

(一)电路组成

放大电路部分与变压器反馈式 LC 正弦波振荡电路的组成相同。选频网络是由 L_1、L_2 和 C 组成的并联电路。反馈网络由线圈构成，反馈信号 $\dot{U}_f$ 从线圈 L_2 上取得。

(二)振荡频率和起振条件

1. 相位起振判断

用瞬时极性法，对振荡电路中的反馈类型做出判断。假设将放大电路的输入端在 a 点处断开，三极管基极输入信号瞬时极性为(+)，集电极极性为(-)，1 端点处极性也为(-)，根据同名端的概念，3 端点处极性为(+)，反馈至输入端的瞬时极性为(+)，反馈为正反馈，满足相位平衡条件。

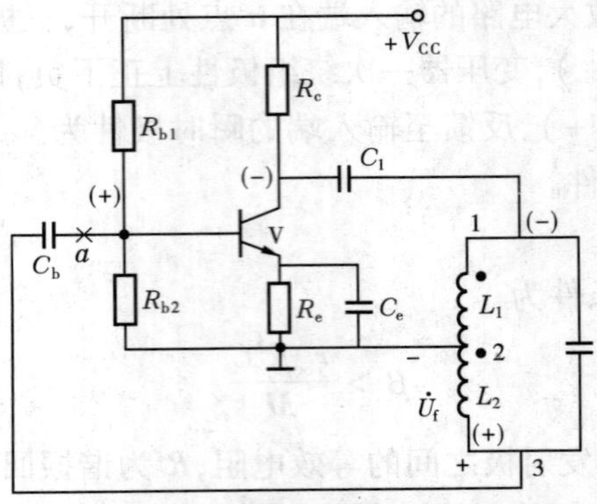

图 6-8　电感三点式振荡电路原理图

2. 振幅起振判断

满足振幅平衡的起振条件为

$$\beta > \frac{L_1 + M}{L_2 + M}\frac{r_{be}}{R'} \tag{6-25}$$

其中，r_{be}为三极管 V 基极与发射极之间的等效电阻，R'为折合到三极管集电极和发射极间的等效并联损耗电阻。

3. 振荡频率

当 LC 并联回路发生谐振时，谐振频率即为振荡频率，即

$$f_0 \approx \frac{1}{2\pi\sqrt{(L_1 + L_2 + 2M)C}} \tag{6-26}$$

(三) 电感三点式振荡电路的特点

谐振回路中线圈 L_1 和 L_2 之间为紧耦合，所以电感三点式振荡电路很容易起振，而且通过改变电感抽头的位置，很容易实现 L_2 与 L_1 的线圈匝数比，可以得到振荡幅度较大的正弦波。改变振荡回路的电容 C，可以调节振荡频率，采用可变电容即可获得一个较宽的频率调节范围。但由于反馈信号取自线圈 L_2，对高次谐波呈现高阻抗，因此输出波形含有较大的高次谐波，输出波形较差，频率稳定度不高，一般用来产生几十兆赫兹以下的频率，如果要求产生更高频率的信号，可以采用下面介绍的电容三点式振荡电路。

四、电容三点式 LC 振荡电路

图 6-8 所示的电感三点式 LC 振荡电路中，电感线圈 L_1、L_2 对高次谐波呈现高阻性，用对高次谐波呈现低阻性的电容 C_1、C_2 来替换，同时将 LC 并联回路中的电容 C 用电感 L 来替换，电路如图 6-9 所示，是 LC 振荡电路的另外一种类型：电容三点式振荡电路。

(一) 电路组成

电容三点式振荡电路在结构组成上与电感三点式振荡电路基本一样，由于电容 C_1、C_2 引出的三个端点 1、2 和 3 分别接三极管的三个电极，所以通常被称为电容三点式振荡电路。放大电路与电感三点式正弦波振荡电路的构成基本相同，放大电路组态也一样。选频网络由电容 C_1 、C_2 和电感线圈 L 构成，反馈信号取自电容 C_2 的两端。

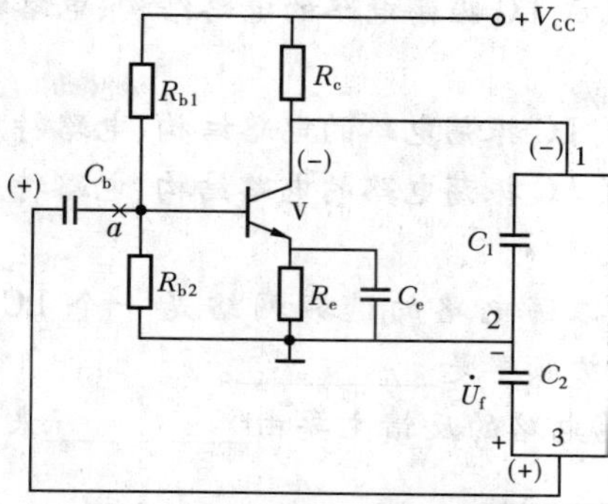

图 6-9 电容三点式振荡电路原理图

(二)振荡频率和起振条件

1. 相位起振判断

判断方法与电感三点式振荡电路相同。

2. 振幅起振判断

满足振幅平衡的起振条件为

$$\beta > \frac{C_1}{C_2}\frac{r_{be}}{R'} \tag{6-27}$$

其中,r_{be}为三极管 V 基极与发射极之间的等效电阻,R'为折合到三极管集电极和发射极间的等效并联损耗电阻。

3. 振荡频率

当 LC 并联回路发生谐振时,谐振频率即为振荡频率,即

$$f_0 = \frac{1}{2\pi\sqrt{LC}} = \frac{1}{2\pi\sqrt{L\dfrac{C_1C_2}{C_1+C_2}}} \tag{6-28}$$

(三)电容三点式振荡电路的特点

(1)相比较电感三点式振荡电路,反馈信号取自对高次谐波阻抗很小的电容,反馈信号中的谐波分量小,输出波形好。

(2)C_1、C_2 电容值可以选得较小,根据式(6-28)可知,振荡频率较高,一般可以达到 100 MHz 及以上。

(3)根据式(6-27)和式(6-28)可以看出,振荡频率较固定,如果改变电容 C_1、C_2 的容值,也会影响起振条件,这是电容三点式振荡电路的缺点。如果要改变频率,可以在 L 两端并联一个可变电容,但由于 C_1、C_2 值固定,频率的可调范围比较小。

课堂活动

1. 课堂提问和讨论

T6.3-1 说明 LC 振荡电路的结构和类型。

T6.3-2 说明 LC 并联回路的谐振频率及其特点。

T6.3-3 说明 LC 并联回路的选频特性及其特点。

T6.3-4 说明品质因数与选频特性之间的关系。

T6.3-5　说明变压器反馈式 LC 振荡电路的电路结构、电路特点。对变压器绕组的同名端接法有什么要求?

T6.3-6　说明电感三点式 LC 振荡电路的电路结构、电路特点。

T6.3-7　说明电容三点式 LC 振荡电路的电路结构、电路特点。

2.课堂练习

L6.3-1　变压器反馈式振荡电路的选频网络是一个 LC 并联回路,反馈主要由__________来实现,电路的谐振频率是__________。

L6.3-2　电感三点式振荡电路的反馈主要由__________来实现,电路的谐振频率是__________,起振条件是__________。

L6.3-3　电容三点式 LC 正弦波振荡电路的振荡频率是__________,起振条件是__________。

任务四　石英晶体振荡电路的应用与分析

由前面的分析知道,LC 谐振回路的品质因数 Q 值的大小影响振荡电路的性能,Q 值越大,LC 并联回路的选频特性越好。

$$Q = \frac{\omega_0 L}{R} = \frac{1}{R}\sqrt{\frac{L}{C}}$$

为了提高品质因数,应尽量减小回路的总损耗电阻,并增大 L/C 的值,但是总损耗电阻的减少量有一定的限度,L/C 值也不能无限制地增大。增大 L 值,电感的体积要增加,线圈的损耗电阻和分布电容要增大;减小 C 值,将影响到频率的稳定性。在 LC 振荡电路中,尽管采用了稳幅措施,但是振荡电路的稳定度一般很难突破 10^{-5} 数量级,在对频率要求高的场合,采用高 Q 值的石英晶体组成的回路代替 LC 谐振回路,构成石英晶体振荡电路。石英晶体有比较高的 Q 值,其频率稳定度可达 $10^{-6} \sim 10^{-8}$,将回路的频率稳定度提高几个数量级,所以石英晶体振荡电路得到了广泛的应用。

一、石英晶体的频率特性

天然石英晶体的化学成分是二氧化硅(SiO_2),目前大量采用人造石英晶体。从一块石英晶体上按一定的方位角切下的薄片称为晶片,这种晶片可以是正方形、矩形或圆形,然后在晶片的两个相对表面涂上敷银层作为极板,接出引线,加上金属壳封装成石英晶体。

(一)石英晶体结构

石英晶体的结构示意图如图 6-10 所示。

(二)石英晶体特性

在石英晶体的两个极板上施加电压,石英晶片会产生机械变形振动,在两个极板上产生数量相同、极性相反的电荷,形成一定的交变电场,这种现象称为压电效应。一般情况下,晶片机械振动和交变电场的振幅比较微弱,改变交变电压的频率,晶片的振动幅度和流过晶片回路的交变电流会随之增大。只有当外加交变电压的频率为某一特定值,即与

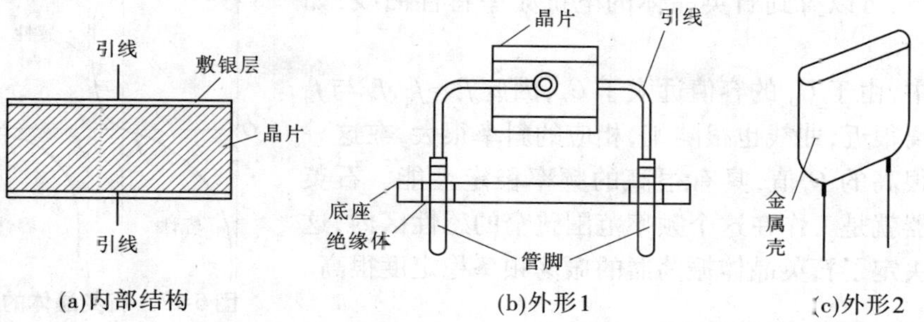

图 6-10　石英晶体结构示意图

晶片的固有振动频率(由晶片尺寸决定)相等时,晶片机械振动的幅度突然增大,振动最强,这种现象被称为压电谐振。石英晶体谐振器又称为石英谐振器。

(三)石英谐振器的符号与等效电路

石英谐振器的符号和等效电路如图 6-11 所示,C_0 表示静电电容,是石英晶体的静态电容和支架、引线等上面的分布电容之和,C_0 与晶片的几何尺寸和电容面积有关系,其值一般为几个皮法到几十皮法。L_q 是晶片振动时的等效动态电感,L_q 值很大,一般为几十毫亨。C_q 是晶片振动时的等效动态电容,其值一般很小(10^{-12}pF 以下)。r_q 表示晶片振动时的摩擦损耗,值一般很小。这些参数的取值特点决定了石英晶片的品质因数很高。另外,C_0 的容值远大于 C_q,因此对于晶体振荡电路,外电路对晶体的特性影响较小,可以获得很高的频率稳定性。

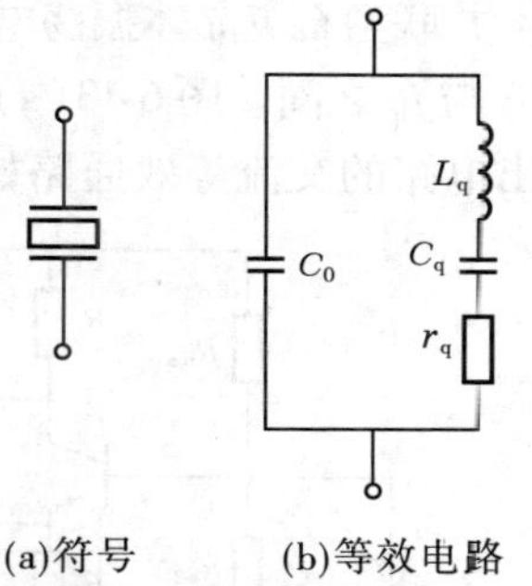

图 6-11　石英谐振器的符号和等效电路

从石英谐振器的等效电路可知,电路结构是两个支路的并联,存在两个谐振频率,即串联谐振和并联谐振。当加在回路两端的信号频率很低时,两个支路的容抗都很大,谐振回路的等效阻抗呈容性。随着频率的增大,容抗减小,感抗增大,当 C_q 的容抗与 L_q 的感抗相同时,C_q、L_q 与 r_q 组成的串联支路发生并联谐振,此时的频率称为晶片的串联谐振频率,用 f_s 来表示,其表达式为

$$f_s = \frac{1}{2\pi\sqrt{L_q C_q}} \tag{6-29}$$

上式中,因等效电阻 r_q 的值很小,可以近似忽略。

随着频率的继续升高,C_q、L_q 与 r_q 组成的串联支路呈感性,当串联支路的总感抗和 C_0 的容抗刚好相等时,谐振回路发生并联谐振,此时的频率称为并联谐振频率,用 f_q 表示,其表达式为

$$f_q = \frac{1}{2\pi\sqrt{L_q \dfrac{C_0 C_q}{C_0 + C_q}}} = f_s\sqrt{1 + \frac{C_q}{C_0}} \tag{6-30}$$

频率继续升高,C_0 支路的容抗减小,对回路有分流作用,回路的等效电阻呈容性。根

据上述分析，可以得到石英晶体的电抗频率特性曲线，如图 6-12 所示。

实际中，由于 C_0 的容值远大于 C_q，因此 $f_s \approx f_q$，f_s 与 f_q 之间的距离很近，曲线也很陡峭，相应的斜率很大，在这一区间内有很高的 Q 值，具有很高的频率稳定性能。石英晶体振荡器就是工作在这个频率范围狭窄的感性区内，这个特性就决定了石英晶体振荡器的振荡频率稳定度很高。

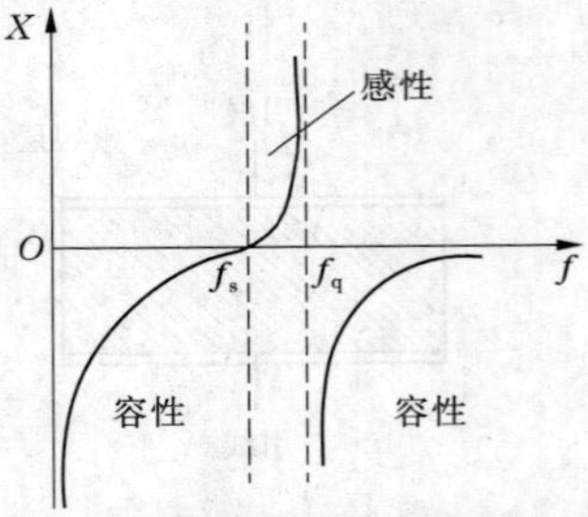

图 6-12　石英晶体的电抗频率特性曲线

二、石英晶体振荡电路

石英晶体振荡电路的形式有多种，根据电路的结构和石英晶体在振荡器中的应用，可以分为两大类：并联型和串联型石英晶体振荡电路。

（一）并联型石英晶体振荡电路

并联型石英晶体振荡电路利用石英晶体作为一个电感来组成选频网络，晶体工作频率在 f_s 与 f_q 之间。图 6-13（a）所示为石英晶体振荡电路的原理图，等效电阻 $R_b = R_{b1} /\!/ R_{b2}$，画出电路的交流等效通路如图 6-13（b）所示。

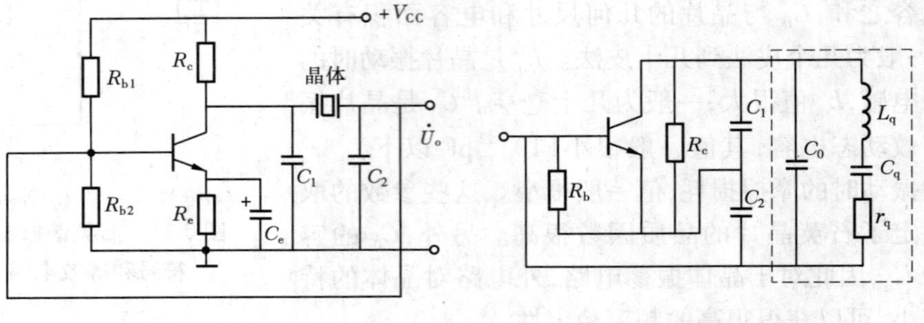

图 6-13　并联型石英晶体振荡电路

结合图 6-9 和图 6-13（b）来看，电路实质是一个改进型的电容三点式振荡电路。因等效电阻 r_q 的值很小，可以近似忽略，电路的振荡频率可以表示为

$$f_0 = \frac{1}{2\pi\sqrt{L_q \dfrac{C_q(C_0 + C')}{C_q + C_0 + C'}}} \tag{6-31}$$

其中，C' 由 C_1、C_2 串联构成，$C' = \dfrac{C_1 C_2}{C_1 + C_2}$，将 $f_s = \dfrac{1}{2\pi\sqrt{L_q C_q}}$ 代入上式，可以得到

$$f_0 = f_s \frac{1}{\sqrt{\dfrac{C_0 + C'}{C_q + C_0 + C'}}} = f_s\sqrt{\frac{C_q + C_0 + C'}{C_0 + C'}} = f_s\sqrt{1 + \frac{C_q}{C_0 + C'}} \tag{6-32}$$

分析上式，可得出结论，晶体的振荡频率基本上取决于晶体的串联谐振频率 f_s，与外接电容的关系很小，因此并联型石英晶体振荡器的频率稳定度很高。

(二)串联型石英晶体振荡电路

图6-14所示为由两级放大器组成的串联型石英晶体振荡电路原理图。三极管 V_1 和 V_2 组成两级阻容耦合共发射极放大器，该电路的输入和输出电压同相，石英晶体接在 V_1 和 V_2 之间，和可变电阻 R_p 构成了两级放大电路之间的正反馈。

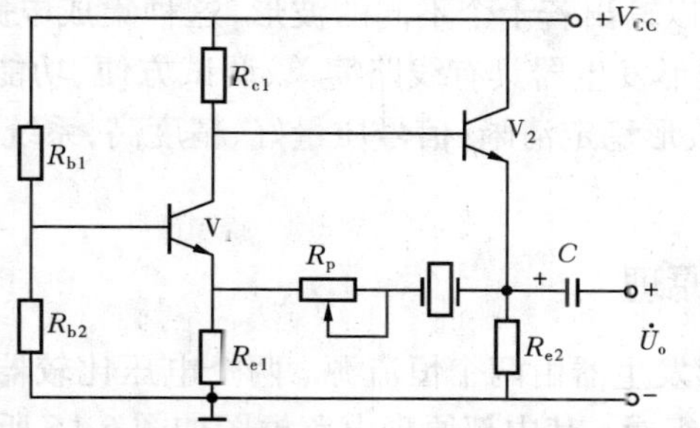

图6-14　串联型石英晶体振荡电路原理图

串联型石英晶体振荡电路利用石英晶体串联谐振时阻抗最小的特性组成振荡电路，石英晶体工作在 f_s 处。当振荡频率等于晶体的串联谐振频率 f_s 时，晶体的阻抗最小，而且为纯阻性，此时正反馈最强，电路满足自激振荡条件。而对于 f_s 以外的频率，晶体的阻抗增大，不满足自激振荡条件，不能振荡，所以电路的振荡频率等于 f_s。

可变电阻 R_p 的作用是改变正反馈的强弱，在输出端获得良好的正弦波。R_p 太大或者太小都会影响电路：如果 R_p 值太大，则正反馈太弱，电路不能满足振荡的幅度平衡条件，不能自激振荡；如果 R_p 值太小，则正反馈太强，输出波形将产生非线性失真。

对于石英晶体振荡器来说，振荡器的稳定特性还与石英晶体固有的频率和温度有关，因此石英晶体振荡器只有在较窄的温度范围内工作才有很高的频率稳定度。实际应用中，如果对稳定度的要求很高，而工作环境的温度变化范围很宽，要选择高精度和高稳定度的晶体，并把晶体放在恒温槽中。

课堂活动

1. 课堂提问和讨论

T6.4-1　说明石英晶体的结构、符号与等效电路。

T6.4-2　说明石英晶体的电抗特性。

T6.4-3　说明石英晶体振荡电路的分类。

T6.4-4　分析并联型石英晶体振荡电路的结构特点及特性。

T6.4-5　分析串联型石英晶体振荡电路的结构特点及特性。

2. 课堂练习

L6.4-1　石英晶体振荡电路的串联谐振频率是＿＿＿＿＿＿。

L6.4-2　石英晶体振荡电路的并联谐振频率是＿＿＿＿＿＿。

L6.4-3　如果我们需要高稳定度的振荡信号，常选用＿＿＿＿＿＿振荡器。

任务五　8038 集成函数波形发生器的原理与应用

随着大规模集成电路技术的迅速发展，将波形发生电路和波形变换电路集成在同一硅片上，封装成组件，可以输出若干个不同的波形，这种集成电路被称为集成函数波形发生器。8038 集成函数波形发生器具有线路简单、调试方便、功能完备的特点，可输出正弦波、方波、三角波，输出波形稳定清晰，信号质量好、精度高，系统输出频率范围较宽且经济实用。

一、8038 的工作原理

8038 集成函数波形发生器由两个恒流源、两个电压比较器和触发器、波形发生电路和三角波变正弦波电路组成。其内部原理电路框图如图 6-15 所示。

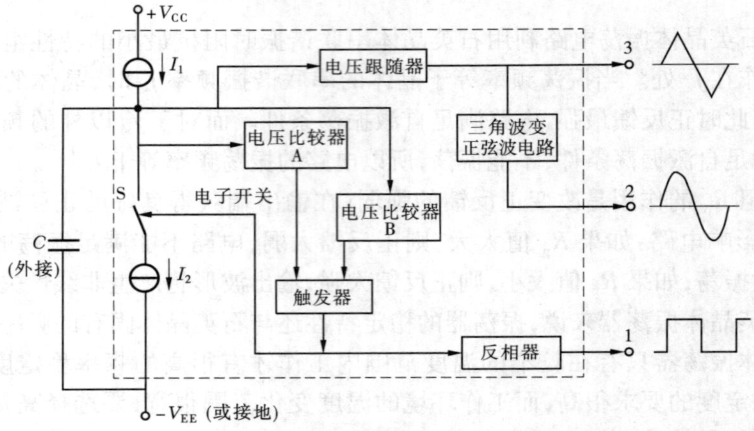

图 6-15　8038 的内部原理电路框图

在图 6-15 中，电压比较器 A 的门限电压为两个电源电压($V_{CC}+V_{EE}$)的 2/3，电压比较器 B 的门限电压为两个电源电压($V_{CC}+V_{EE}$)的 1/3，两个电流源 I_1 和 I_2 的大小可以通过外接电阻来调节，其中 I_2 必须大于 I_1。当触发器输出 Q 为低电平时，触发器控制开关 S 使电流源 I_2 断开，此时电流源向外接电容 C 充电，电容器 C 两端电压 u_c 随充电时间线性上升。当 u_c 值达到($V_{CC}+V_{EE}$)的 2/3 时，电压比较器 A 的输出电压发生跳变，使触发器的输出 Q 变为高电平，控制开关 S 使电流源 I_1 断开，接通 I_2。由于 I_2 大于 I_1，外接电容器 C 开始放电，两端电压 u_c 随放电时间线性下降，当 u_c 下降到两个电源电压($V_{CC}+V_{EE}$)的 1/3 时，电压比较器 B 的输出电压发生跳变，使触发器的输出 Q 由高电平变为低电平，电流源 I_2 断开，I_1 再次给电容器 C 充电，两端电压再次线性上升。如此周而复始循环下去，产生振荡。

8038 集成函数波形发生器可以输出三角波、正弦波和方波，输出的波形主要由 I_1 和 I_2 值的大小来决定。如果 $I_2=2I_1$，则触发器输出为方波，经过反相器由 1 端点处输出；如果电容器 C 两端的电压 u_c 上升与下降的时间相等，则输出为三角波，由 3 端点输出；同时通过三角波变正弦波电路得到正弦波，从 2 端点输出。当 $I_2<2I_1$ 时，电压 u_c 上升与下降

的时间不相等,3 端点输出锯齿波。因此,8038 集成函数波形发生器可以输出矩形波、三角波、正弦波和锯齿波等四种不同的波形。

二、8038 的管脚排列

8038 为塑封双列直插式集成电路,共有 14 个管脚,管脚排列如图 6-16 所示。

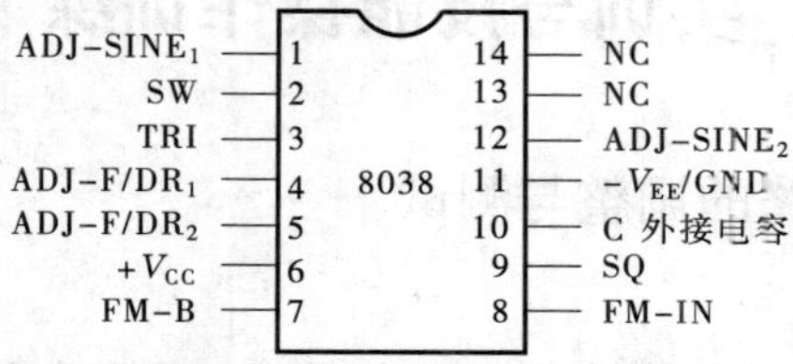

图 6-16 8038 管脚排列示意图

14 个管脚的功能如下:

1 管脚正弦波线性调节,2 管脚正弦波输出,3 管脚三角波输出,4、5 管脚接电阻以调节恒流源,6 管脚正电源,7 管脚调频偏置电压输出,8 管脚调频偏置电压输入,9 管脚方波输出(集电极开路输出),10 管脚外接电容,11 管脚负电源或接地,12 管脚正弦波线性调节,13、14 管脚悬空。

三、8038 的典型应用

利用 8038 构成的频率和正弦波失真度小的函数发生器如图 6-17 所示,该电路是一个频率可调的函数信号发生器,其最高频率和最低频率之比可以达到 100:1。调整电位器 R_{p2}、R_{p3} 和 R_{p4} ,可以减小正弦波的失真度,能够将失真度减小到 0.5% 以下。该函数发生器的频率由电位器 R_{p1} 、电容 C 和电阻 R_A、R_B 决定,调节电位器 R_{p1} ,$+V_{CC}$ 与管脚 8 之间的调频偏置电压变化,振荡频率随之变化。C_1 为调频旁路电容,能够消除 8 管脚的寄生交流电压。R_{p2} 为方波占空比和正弦波失真度调节电位器,当电阻 $R_A = R_B$ 且 R_{p2} 位于中间时,可以产生占空比为 50% 的方波、对称的三角波和正弦波。

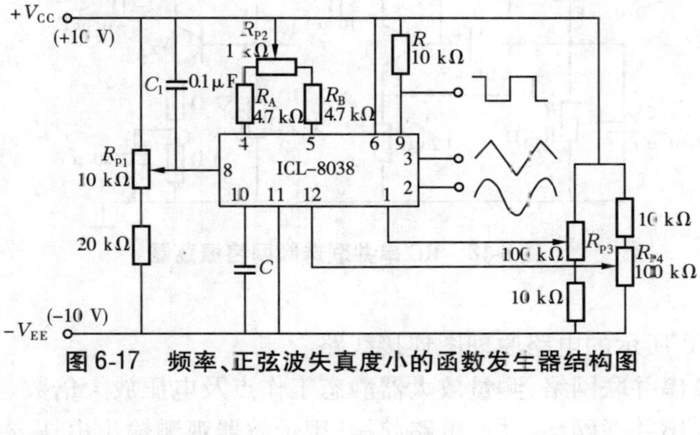

图 6-17 频率、正弦波失真度小的函数发生器结构图

课堂活动

课堂提问和讨论

T6.5-1 说明 8038 集成函数波形发生器的组成及结构。

T6.5-2　说明 8038 集成函数波形发生器能输出哪些波形。

T6.5-3　说明 8038 集成函数波形发生器的工作原理。

T6.5-4　说明 8038 集成函数波形发生器的管脚排列及功能。

T6.5-5　说明 8038 集成函数波形发生器的应用。

实训与技能操作训练

S6.1　RC 桥式振荡电路的调整与测试

1. 实训目的

(1)学习 RC 正弦波振荡器的组成,掌握振荡器的振荡条件。

(2)验证 RC 选频网络的选频特性。

(3)理解 RC 正弦波振荡器的工作原理和条件。

(4)掌握调试、测量正弦波振荡器的方法。

2. 实训设备与器材

(1) +12 V 直流电源;

(2)双踪示波器;

(3)交流毫伏表;

(4)稳压管、电阻、电容若干;

(5)RC 串并联选频网络振荡器。

3. 实训原理图

RC 串并联选频网络振荡器的原理图如图 6-18 所示。

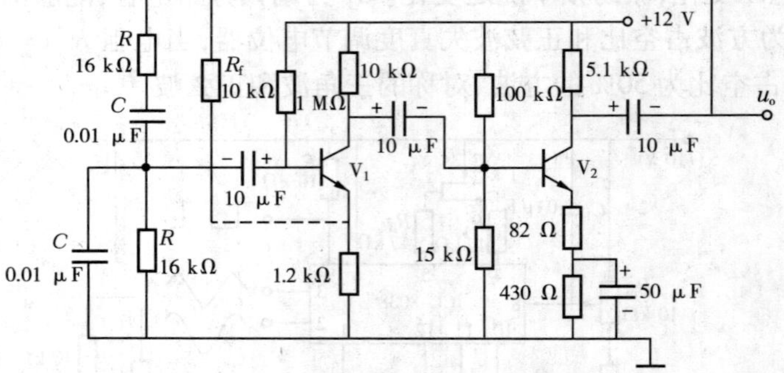

图 6-18　RC 串并联选频网络振荡器

4. 实训内容

(1)按图 6-18 所示的电路原理图连接线路。

(2)断开 RC 串并联网络,测量放大器静态工作点及电压放大倍数。

(3)接通 RC 串并联网络,并使电路起振,用示波器观测输出电压 u_o 波形,调节 R_f 使获得满意的正弦信号,记录波形及其参数。

(4)测量振荡频率,并与计算值进行比较。

(5) 改变 R 或 C 值,观察振荡频率变化情况。

(6) 观察 RC 串并联网络的幅频特性。

将 RC 串并联网络与放大器断开,用函数信号发生器的正弦信号注入 RC 串并联网络,保持输入信号的幅度不变(约 3 V),频率由低到高变化,RC 串并联网络输出幅值将随之变化。当信号源达某一频率时,RC 串并联网络的输出将达最大值(约 1 V),且输入、输出同相位,此时信号源频率为

$$f = f_0 = \frac{1}{2\pi RC}$$

5. 思考题

(1) 自激振荡的原理是什么?

(2) 为什么振荡电路中要引入正反馈?

6. 数据处理

整理数据,比较理论值与测量值,写出实训报告。

S6.2　LC 正弦波振荡电路的调整与测试

1. 实训目的

(1) 学习 LC 正弦波振荡器的组成,掌握振荡条件对振荡的影响。

(2) 验证 LC 选频网络的选频特性。

(3) 掌握变压器反馈式 LC 正弦波振荡器的调整和测试方法。

(4) 研究电路参数对 LC 振荡器起振条件及输出波形的影响。

2. 实训设备与器材

(1) +12 V 直流电源;

(2) 双踪示波器;

(3) 交流毫伏表;

(4) 直流电压表;

(5) 振荡线圈;

(6) 晶体管、电阻器、电容器若干。

3. 实训原理

LC 正弦波振荡电路原理图如图 6-19 所示。

LC 正弦波振荡电路的选频网络是由 L、C 元件组成的,一般用来产生 1 MHz 以上的高频正弦信号。根据 LC 选频回路的不同连接方式,LC 正弦波振荡器又可分为变压器反馈式(或称互感耦合式)、电感三点式和电容三点式三种。图 6-19 为变压器反馈式 LC 正弦波振荡器的实验电路原理图,其中晶体三极管 V_1 组成共射放大电路,变压器 Tr 的原绕组 L_1(振荡线圈)与电容 C 组成选频网络,起到选频的作用,同时也作为放大器的负载,副绕组 L_2 为反馈线圈,L_3 为输出线圈。

该电路靠变压器原、副绕组同名端的正确连接(见图 6-19),来满足自激振荡的相位条件,即电路引入正反馈。在实际调试中,可以通过把振荡线圈 L_1 或反馈线圈 L_2 的首、末端对调来改变反馈的极性。而振幅条件的满足,一是靠合理选择电路参数,使放大器建

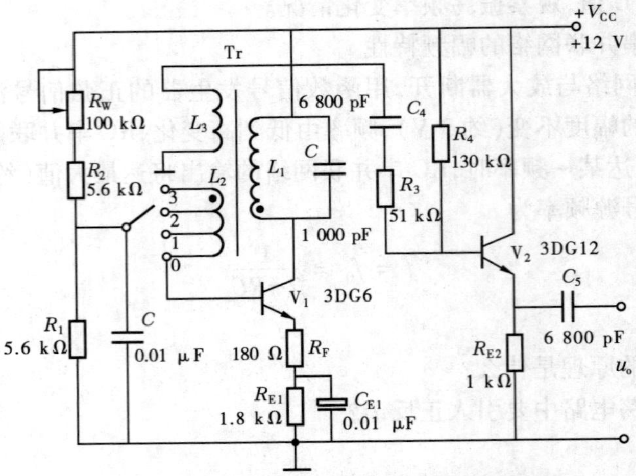

图 6-19 LC 正弦波振荡电路原理图

立合适的静态工作点；二是改变线圈 L_2 的匝数，或它与 L_1 之间的耦合程度，以得到足够强的反馈量。稳幅作用是利用晶体管的非线性来实现的。由于 LC 并联谐振回路具有良好的选频作用，因此输出电压波形一般失真不大。

振荡器的振荡频率由谐振回路的电感和电容决定：

$$f_0 = \frac{1}{2\pi\sqrt{LC}}$$

式中，L 为并联谐振回路的等效电感。振荡器的输出端增加一级射极跟随器，用以提高电路的带负载能力。

4. 实训内容

按图 6-19 连接实训电路，电位器 R_W 置最大位置，振荡电路的输出端接示波器。

1）静态工作点的调整

（1）接通 $V_{CC}=+12$ V 电源，调节电位器 R_W，使输出端得到不失真的正弦波形，如不起振，可改变 L_2 的首、末端位置，使之起振。

（2）测量两管的静态工作点及正弦波的有效值 U_o 并记录数据。

（3）把 R_W 调小，观察输出波形的变化，测量有关数据并记录波形。

（4）调大 R_W，在振荡波形刚刚消失时，测量有关数据并记录。

根据以上三组数据，分析静态工作点对电路起振、输出波形幅度和失真的影响。

2）观察反馈量大小对输出波形的影响

置反馈线圈 L_2 于位置“0”（无反馈）、“1”（反馈量不足）、“2”（反馈量合适）、“3”（反馈量过强），测量相应的输出电压波形。

3）验证相位条件

改变线圈 L_2 的首、末端位置，观察停振现象；恢复 L_2 的正反馈接法，改变 L_1 的首、末端位置，观察停振现象。

4）测量振荡频率

调节 R_W 使电路正常起振，同时用示波器和频率计测量以下两种情况：$C=1\ 000$ pF

和 $C=100$ pF 时的振荡频率 f_0，并记录数据。

5）观察谐振回路 Q 值对电路的影响

谐振回路两端并入 $R=5.1$ kΩ 的电阻，观察 R 并入前后振荡波形的变化情况。

5. 思考题

(1) LC 正弦波振荡器的相位和幅度平衡条件是什么?

(2) 电路参数对 LC 振荡器起振条件及输出波形有什么影响?

6. 数据处理

整理数据，比较理论值与测量值，写出实训报告。

S6.3　8038 集成函数波形发生器的组装与调试

1. 实训目的

(1) 学习 8038 集成函数波形发生器的组成。

(2) 了解 8038 集成函数波形发生器的功能及特点。

(3) 掌握波形参数的测试方法。

2. 实训设备与器材

(1) +12 V 直流电源；

(2) 双踪示波器

(3) 交流毫伏表；

(4) 直流电压表；

(5) ICL－8038 集成块；

(6) 三极管、电位器、电阻器、电容器等。

3. 实训原理

8038 集成函数波形发生器的实训电路如图 6-20 所示。

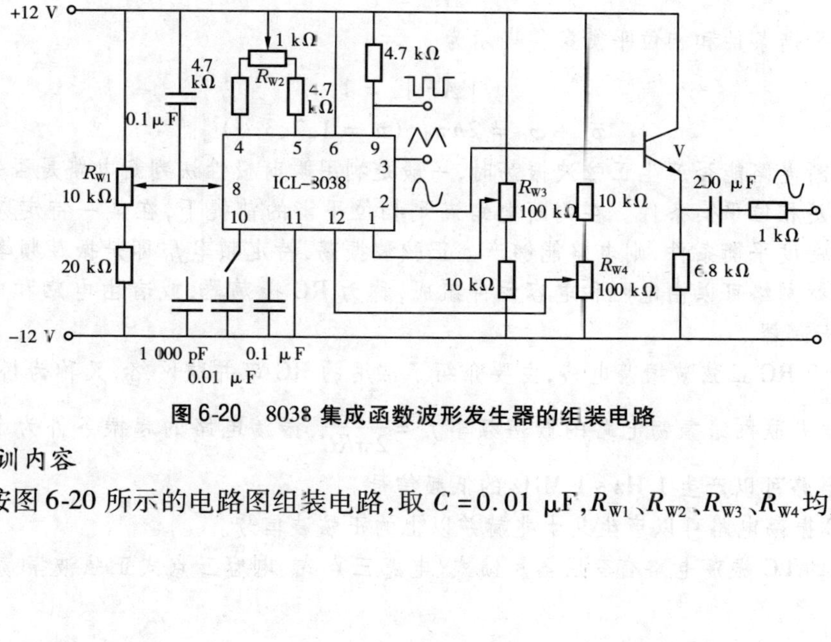

图 6-20　8038 集成函数波形发生器的组装电路

4. 实训内容

(1) 按图 6-20 所示的电路图组装电路，取 $C=0.01$ μF，R_{W1}、R_{W2}、R_{W3}、R_{W4} 均置中间位置。

(2)调整电路使其振荡,产生方波,通过调整电位器 R_{W2},使方波的占空比达到50%。

(3)保持方波的占空比为50%不变,用示波器观测8038 正弦波输出端的波形,反复调整 R_{W3}、R_{W4},使正弦波不产生明显的失真。

(4)调节电位器 R_{W1},使输出信号从小到大变化,记录管脚8 的电位,测量输出正弦波的频率,列表记录。

(5)改变外接电容 C 的值(取 C = 0.1 μF 和1 000 pF),观测三种输出波形,并与 C = 0.01 μF 时测得的波形作比较。

(6)改变电位器 R_{W2} 的值,观测三种输出波形。

(7)如有失真度测试仪,则测出 C 分别为0.1 μF、0.01 μF 和1 000 pF 时的正弦波失真系数 r 值(一般要求该值小于3%)。

5. 实训总结

(1)分别画出 C = 0.1 μF、0.01 μF、1 000 pF 时所观测到的方波、三角波和正弦波的波形图。

(2)列表整理 C 取不同值时三种波形的频率和幅值。

(3)写出实训报告,总结组装、调整函数波形发生器的心得体会。

项目小结

本项目主要介绍了正弦波振荡电路。

1. 正弦波振荡电路又称为振荡器,从结构来说一般包括四个组成部分:放大电路、反馈网络、选频网络和稳幅环节。正弦波振荡电路根据选频网络的不同组成,可以分为 LC 振荡器和 RC 振荡器两大类。改变选频网络的参数,可以改变振荡电路的振荡频率。

2. 电路接成正反馈,产生正弦波振荡的条件为

$$\dot{A}\dot{F} = 1$$

幅度平衡条件和相位平衡条件表示为

$$|\dot{A}\dot{F}| = 1$$

$$\varphi_a + \varphi_f = 2n\pi \quad (n = 1,2,3\cdots)$$

在判断电路能否产生正弦波振荡时,一般是利用瞬时极性法判断电路是否是正反馈,即是否满足相位平衡条件。在判断电路满足相位平衡的前提下,在某一特定频率 f_0 下,能够满足幅度平衡条件,则电路能够产生正弦波振荡,特定频率 f_0 即是振荡频率。

3. 选频网络可以由电阻和电容元件组成,称为 RC 振荡器,或者由电感和电容组成,称为 LC 振荡器。

4. 对于 RC 正弦波振荡电路,主要介绍了常用的 RC 串并联网络,又称为桥式振荡电路。RC 串并联网络振荡电路的振荡频率 $f_0 = \dfrac{1}{2\pi RC}$,振荡电路的起振条件为 $|\dot{A}| > 3$。RC 振荡电路可以产生1 Hz ~ 1 MHz 的低频信号。

5. LC 振荡电路可以产生几十兆赫兹以上的正弦波信号。

常用的 LC 振荡电路有变压器反馈式、电感三点式、电容三点式正弦波振荡电路。当

LC 回路的品质因数 $Q\gg1$ 时,LC 振荡电路的振荡频率 $f_0\approx\frac{1}{2\pi\sqrt{LC}}$,式中的 L 和 C 分别表示谐振回路中总的电感和总的电容。根据具体的电路组成,选频网络的组成也不同。

6. 石英晶体振荡电路的特点是稳定度高,实质上相当于一个高 Q 值的 LC 电路。石英晶体振荡电路是利用石英谐振器的压电效应来选频的,振荡频率取决于石英晶体的固有频率或者谐振频率,频率稳定度可以达到 $10^{-6}\sim10^{-8}$,主要用于频率稳定度高的场合。

7. 8038 集成函数波形发生器,具有线路简单、调试方便、功能完备的特点,可输出正弦波、方波、三角波,输出波形稳定清晰,信号质量好、精度高,系统输出频率范围较宽且经济实用。

思考与习题

6-1 标出如图 6-21 所示电路变压器的同名端,使电路能够满足相位起振条件,能够正常起振。

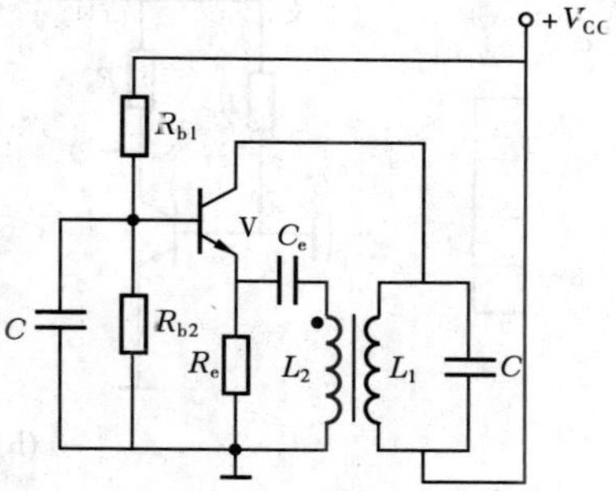

图 6-21

6-2 利用瞬时极性法,判断图 6-22 所示电路能否产生振荡。

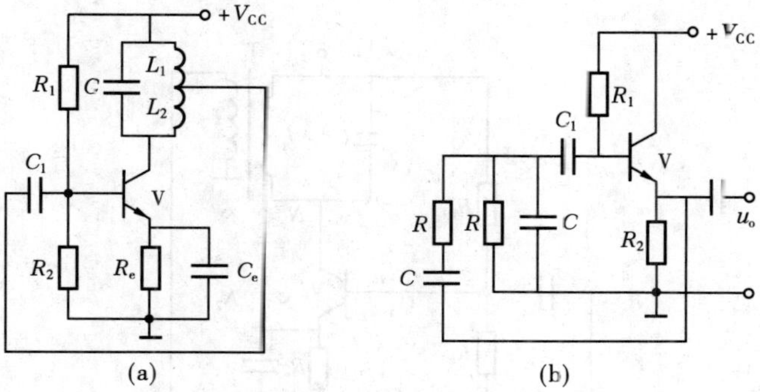

图 6-22

6-3 RC 桥式正弦波振荡电路如图 6-23 所示,电路中参数设置如下:$R=10\ \text{k}\Omega$,$R_1=10\ \text{k}\Omega$,$R_p=50\ \text{k}\Omega$,$C=0.01\ \mu\text{F}$,A 为理想集成运放。

(1)标出运放 A 的输入端符号;

(2)估算振荡频率 f_0;

(3) 分析晶体管 VD_1、VD_2 的作用。

6-4　超外差式收音机本机振荡电路如图 6-24 所示。

(1) 标出线圈绕组的同名端；

(2) 说明 C_1、C_2 的作用，若去掉 C_1，电路能否维持振荡？为什么？

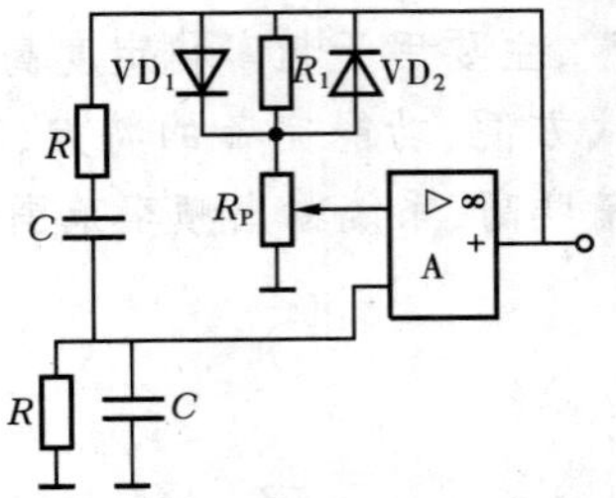

图 6-23　RC 桥式正弦波振荡电路

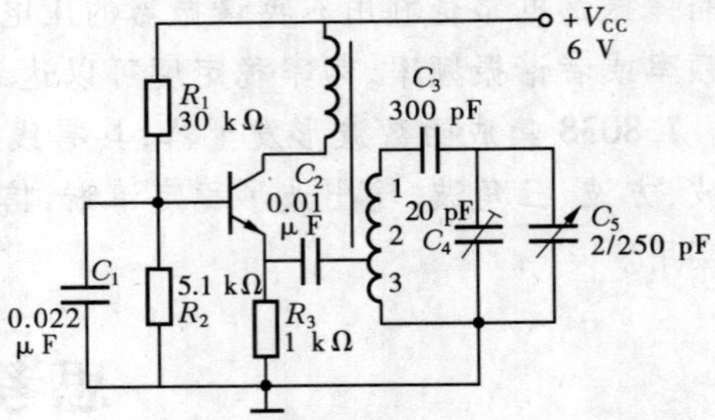

图 6-24

6-5　如图 6-25 所示电路，如何连线才能使电路产生振荡？

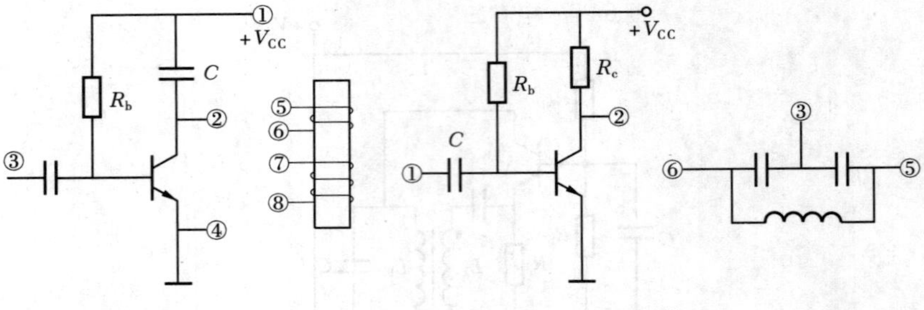

(a)　　(b)

图 6-25

6-6　如图 6-26 所示为一 LC 正弦波振荡电路图，在调试电路的过程中发现如下现象，请解释其原因。

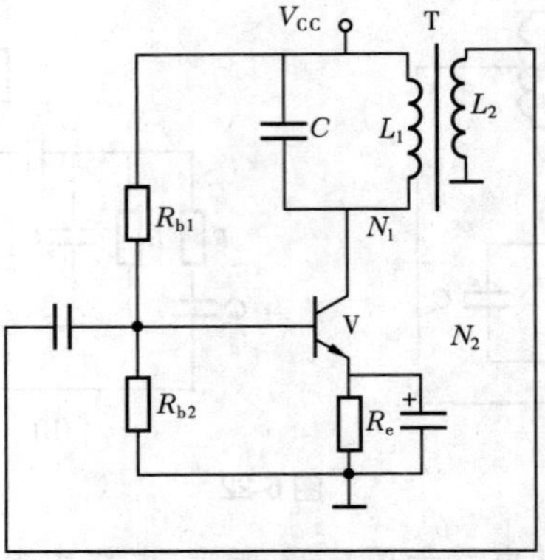

图 6-26　LC 正弦波振荡电路

(1) 将反馈线圈的两个线头反接后电路才能起振；

(2) 调整 R_{b1}、R_{b2} 和 R_e 的电阻值，电路才能起振；

(3) 改用 β 较大的晶体管后电路才能正常起振；

(4) 适当增加反馈线圈的圈数电路才能正常起振；

(5) 适当增加 L 或者 C 的值，电路才能正常起振；

(6) 波形严重失真；

(7) 负载太重，电路不能起振。

6-7　图 6-27 所示电容三点式振荡电路，图中 $C_1=C_2=1\,000$ pF，$L=60$ μH，C_3 为 68～125 pF 的可变电容器，回路 Q 值很高，试求 f_0 变化范围。

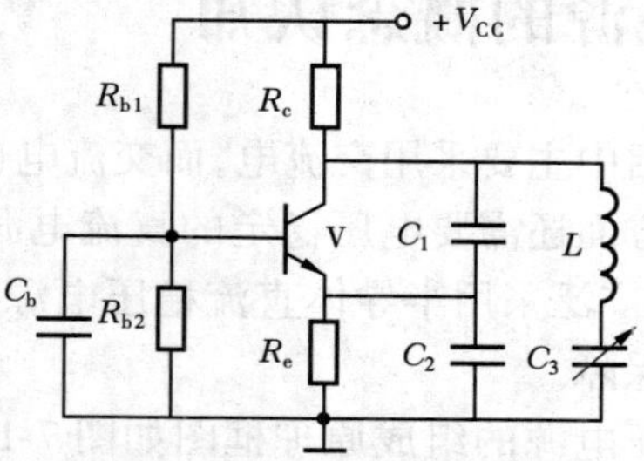

图 6-27　电容三点式振荡电路

6-8　若石英晶体的参数设置如下：$L_q=4$ H，$C_q=6.3\times10^{-3}$ pF，$C_0=2$ pF，$r_q=100$ Ω。试求：

(1) 串联谐振频率 f_s；

(2) 并联谐振频率 f_q。

项目七　直流稳压电源

任务一　直流电源的概念认知

在工农业生产和日常生活中主要采用交流电，而交流电也是最容易获得的，但在电子线路和自动控制装置等许多方面还需要电压稳定的直流电源供电。为了获得直流电，除用电池和直流发电机外，目前广泛采用半导体直流稳压电源。直流稳压电源是电子电路能够正常稳定工作的前提和保障。

最简单的小功率直流稳压电源的组成原理框图如图 7-1 所示，它表示把交流电转换成直流电的过程。

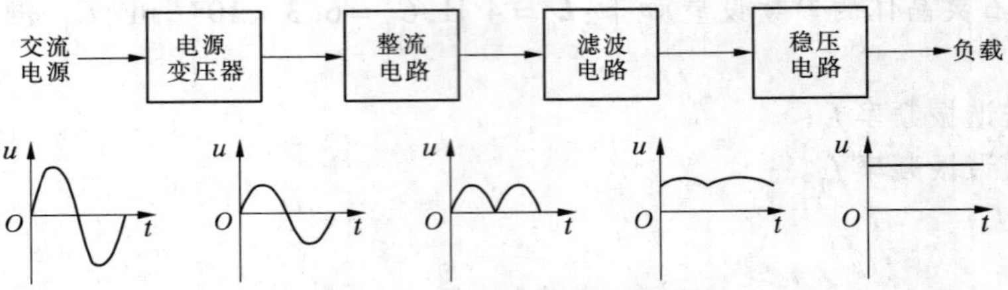

图 7-1　直流稳压电源原理框图

整流电路的作用是将工频交流电转换为具有直流成分的脉动直流电。

滤波电路的作用是将脉动直流中的交流成分滤除，减少交流成分，增加直流成分。

稳压电路的作用是对整流后的直流电压采用负反馈技术进一步稳定。在对直流电压的稳定程度要求较低的电路中，稳压环节也可以不要。

直流稳压电源工作过程为：首先由电源变压器将 220 V 的交流电压变换为所需要的交流电压值；然后利用整流元件（二极管、晶闸管）的单向导电性将交流电压整流为单向脉动的直流电压，再通过电容或电感储能元件组成的滤波电路减小其脉动成分，从而得到比较平滑的直流电压；经过整流、滤波后得到的直流电压易受电网波动（一般有 ±10% 左右的波动）及负载变化的影响，因而在整流、滤波电路之后，还需稳压电路，当电网电压波动、负载和温度变化时，维持输出直流电压的稳定。

课堂活动

课堂提问和讨论

T7.1-1　直流稳压电源的主要结构是什么？

T7.1-2　直流稳压电源各部分的作用是什么？

T7.1-3　直流稳压电源是如何工作的？

任务二 二极管整流电路的设计应用与检测

整流电路的任务是将交流电变换成直流电。完成这一任务主要靠二极管的单向导电作用,因此二极管是构成整流电路的关键元件(常称之为整流管)。常见的整流电路有单相半波整流电路和桥式整流电路。

一、单相半波整流电路

图 7-2 表示一个最简单的单相半波整流电路。图中 T 为电源变压器,它将 220 V 的电网电压变换为合适的交流电压,VD 为整流二极管,电阻 R_L 代表需要用直流电源的负载。

(一)工作原理

u_2 为变压器副边电压有效值,设 $u_2 = \sqrt{2}U_2\sin\omega t$ V。在 $0\sim\pi$ 时间内,即在变压器副边电压 u_2 的正半周内,其极性是上端为正、下端为负,二极管 VD 承受正向电压而导通,此时有电流流过负载,并且与二极管上流过的电流相等,即 $i_o = i_{VD}$。忽略二极管上的压降,负载上输出电压 $u_o = u_2$,输出波形与 u_2 相同。

在 $\pi\sim2\pi$ 时间内,即在 u_2 负半周时,变压器副边电压上端为负,下端为正,二极管 VD 承受反向电压,此时二极管截止,负载上无电流流过,输出电压 $u_o = 0$,此时 u_2 电压全部加在二极管 VD 上。其电路波形如图 7-3 所示。

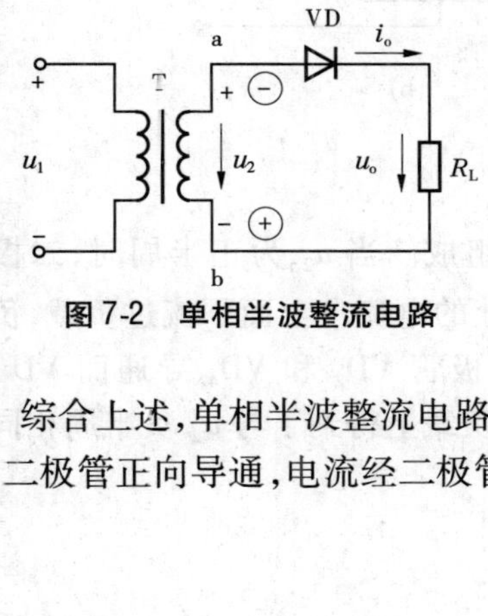

图 7-2 单相半波整流电路

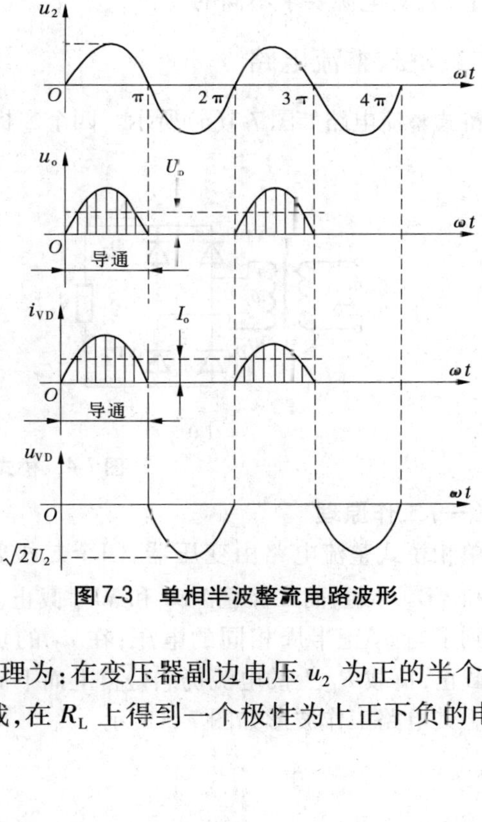

图 7-3 单相半波整流电路波形

综合上述,单相半波整流电路的工作原理为:在变压器副边电压 u_2 为正的半个周期内,二极管正向导通,电流经二极管流向负载,在 R_L 上得到一个极性为上正下负的电压;

而在 u_2 为负半周时，二极管反向截止，电流等于零。所以，在负载电阻 R_L 两端得到的电压 u_o 的极性是单方向的，达到了整流的目的。从上述分析可知，此电路只有半个周期有波形，另外半个周期无波形，因此称其为半波整流电路。

（二）单相半波整流电路的指标

单相半波整流电路不断重复上述过程，则整流输出电压有

$$u_o = \begin{cases} \sqrt{2}U_2\sin\omega t & 0 \leqslant \omega t \leqslant \pi \\ 0 & \pi \leqslant \omega t \leqslant 2\pi \end{cases}$$

负载上输出平均电压（u_o）即单相半波整流电压的平均值为

$$U_o = \frac{1}{2\pi}\int_0^{2\pi} u_o \mathrm{d}(\omega t) = \frac{1}{2\pi}\int_0^{2\pi}\sqrt{2}U_2\sin\omega t\mathrm{d}(\omega t) = \frac{\sqrt{2}}{\pi}U_2 = 0.45U_2 \tag{7-1}$$

为了选用合适的二极管，还须计算出流过二极管的正向平均电流 I_{VD} 和二极管承受的最高反向电压 U_{RM}。

流经二极管的电流等于负载电流

$$I_{VD} = I_o = \frac{U_o}{R_L} = 0.45\frac{U_2}{R_L} \tag{7-2}$$

二极管承受的最大反向电压为变压器副边电压的峰值，即

$$U_{RM} = \sqrt{2}U_2 \tag{7-3}$$

单相半波整流电路比较简单，使用的整流元件少；但由于只利用了交流电压的半个周期，因此变压器利用率和整流效率低，输出电压脉动大，仅适用于负载电流较小（几十毫安以下）且对电源要求不高的场合。

二、桥式整流电路

桥式整流电路如图 7-4（a）所示。四个二极管组成一个桥，这个桥也可以简画成图 7-4（b）。

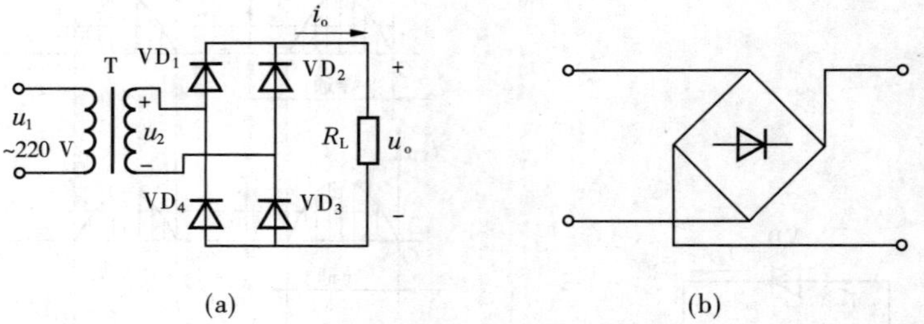

图 7-4　桥式整流电路

（一）工作原理

单相桥式整流电路由变压器、四个二极管和负载组成。当 u_2 为正半周时，二极管 VD_1 和 VD_3 导通，而二极管 VD_2 和 VD_4 截止，负载 R_L 上的电流自上而下流过负载，负载上得到了与 u_2 正半周相同的电压；在 u_2 的负半周，二极管 VD_2 和 VD_4 导通而 VD_1 和 VD_3 截止，负载 R_L 上的电流仍然是自上而下流过负载，负载上得到了与 u_2 负半周相同的电压。其电路工作波形如图 7-5 所示。

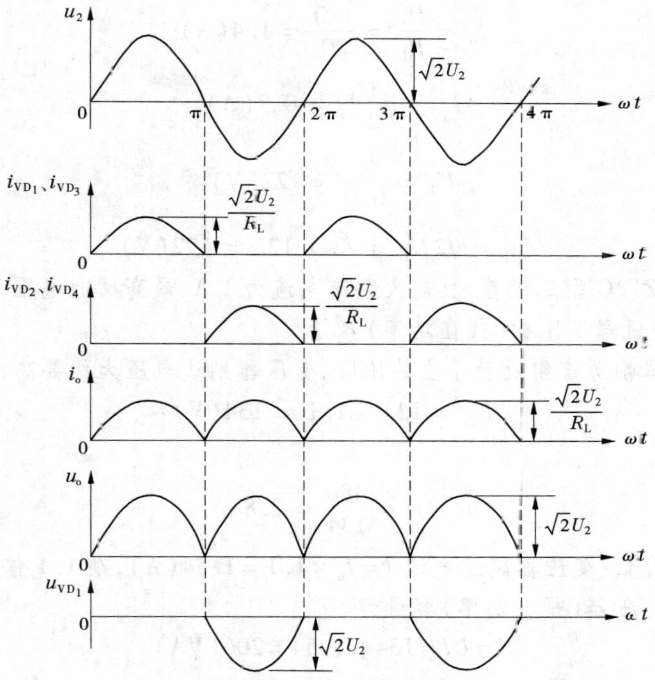

图 7-5　桥式整流电路波形

(二) 单相桥式整流电路的指标

1. 输出电压、电流的平均值

$$U_o = 0.9U_2 \tag{7-4}$$

$$I_o = 0.9U_2/R_L \tag{7-5}$$

2. 整流二极管的平均电流

$$I_{VD} = \frac{1}{2}I_o = 0.45\frac{U_2}{R_L} \tag{7-6}$$

这个数值与单相半波整流相同，虽然是全波整流，但由于是两组二极管轮流导通，对于单个二极管仍然是半个周期导通，半个周期截止，所以在一个周期内流过每个二极管的平均电流只有负载电流的一半。

3. 整流二极管承受的最大反向电压

$$U_{RM} = \sqrt{2}U_2 \tag{7-7}$$

综上所述，单相桥式整流电路比单相半波整流电路只是增加了整流二极管的个数，结果使负载上的电压与电流都比单相半波整流提高一倍，而其他参数没有变化。因此，单相桥式整流电路得到了广泛应用。

【例 7.2-1】　有一单相桥式整流电路要求输出电压 $U_o = 110$ V，$R_L = 80\ \Omega$，交流电压为 380 V。

(1) 如何选用合适的二极管？

(2) 求整流变压器变比和（视在功率）容量。

解：(1) 由式(7-4) ~ 式(7-7)得

$$I_o = \frac{U_o}{R_L} = \frac{110}{80} = 1.4(\text{A})$$

$$I_{VD} = \frac{1}{2}I_o = 0.7(\text{A})$$

$$U_2 = \frac{U_o}{0.9} = 122(\text{V})$$

$$U_{RM} = \sqrt{2}U_2 = \sqrt{2} \times 122 = 172(\text{V})$$

由此可选 2CZ12C 型二极管,其最大整流电流为 1 A,最高反向电压为 300 V。

(2)求整流变压器变比和(视在功率)容量

考虑到变压器副边绕组及管子上的压降,变压器副边电压大约要高出 10%,即

$$U_2 = 122 \times 1.1 = 134(\text{V})$$

则变压器变比

$$n = \frac{380}{134} = 2.8$$

再求变压器容量:变压器副边电流 $I = I_o \times 1.1 = 1.54(\text{A})$,乘 1.1 倍主要是考虑变压器损耗。故整流变压器(视在功率)容量为

$$S = UI = 134 \times 1.54 = 206(\text{VA})$$

课堂活动

课堂提问和讨论

T7.2-1 单相半波整流电路有什么特点?

T7.2-2 桥式整流电路有什么优点?

T7.2-3 整流二极管的选择依据是什么?

任务三 滤波电路的分析与设计

经过整流后,输出电压在方向上没有变化,但起伏较大,这样的直流电源如作为电子设备的电源大都会产生不良的影响,甚至不能正常工作。为了改善输出电压的脉动性,必须采用滤波电路。常用的滤波电路有电容滤波、电感滤波、复式滤波等。

一、电容滤波

最简单的电容滤波电路是在整流电路的负载 R_L 两端并联一只较大容量的电解电容器,如图 7-6(a)所示。

当负载开路时,设电容无能量储存,输出电压从零开始增大,电容器开始充电,充电时间常数 $\tau = R_{in}C$(其中 R_{in} 为变压器副边绕组和二极管的正向电阻)。由于变压器副边绕组和二极管的正向电阻小,电容器充电很快达到 u_2 的最大值,即 $u_C = \sqrt{2}U_2$,此后 u_2 下降,由于 $u_2 < u_C$,四只二极管处于反向偏置而截止,电容无放电回路,所以 u_2 从最大值下降时,电容可通过负载 R_L 放电,放电时间常数为 $\tau = R_LC$。在 R_L 较大时,放电时间常数比充

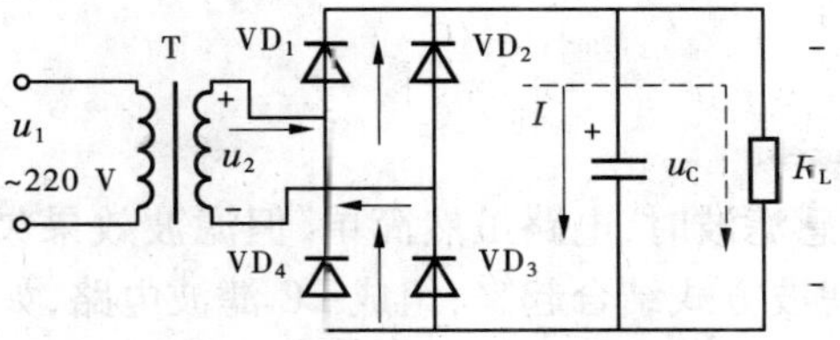

(a)

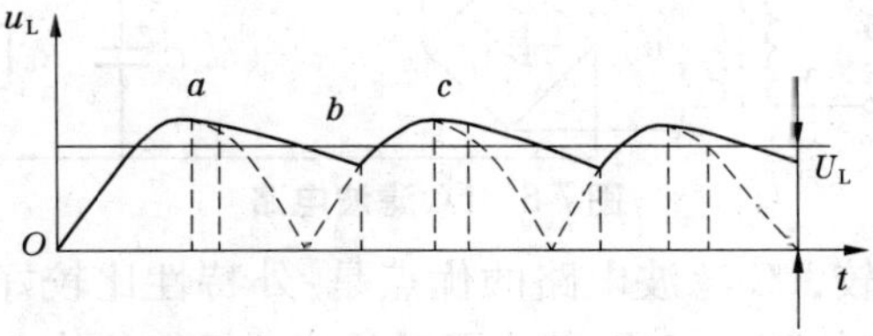

(b)

图 7-6　桥式整流电容滤波电路和工作波形

电时间常数大，u_2 按指数规律下降。u_2 的值再增大后，电容再继续充电，同时向负载提供电流，电容上的电压仍然很快地上升，达到 u_2 的最大值后，电容又通过负载 R_L 放电，这样不断地进行充电放电，在负载上得到比较平滑的电流电压波形，如图 7-5(b)所示。

在实际应用中，为了保证输出电压的平滑，使脉动减小，电容器 C 的容量选择应满足 $R_LC \geqslant (3 \sim 5)T/2$，其中 T 为交流电的周期。单相桥式整流电容滤波的直流电压一般为

$$U_o \approx 1.2U_2 \tag{7-8}$$

电容滤波电路简单，但负载电流不能过大，否则会影响滤波效果，所以电容滤波适用于负载变动不大、电流较小的场合。

二、电感滤波

在整流电路和负载之间，串联一个电感量较大的铁芯线圈就构成了一个简单的电感滤波电路，如图 7-7 所示。

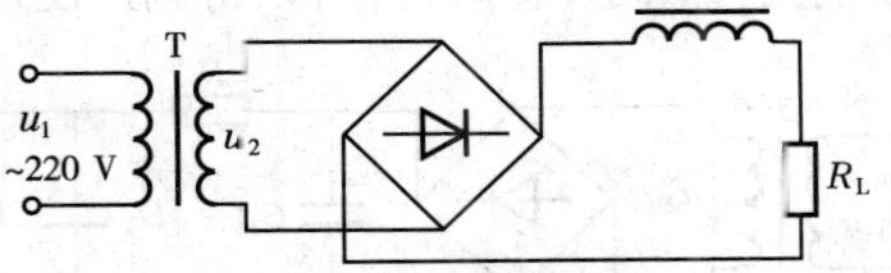

图 7-7　电感滤波电路

根据电感的特点，流过线圈的电流发生变化时，线圈中产生的自感电动势的方向与电流方向相反，自感电动势阻碍电流的增加，同时将能量储存起来，使电流增加缓慢；反之，当电流减小时，自感电流减小缓慢，因而使负载电流和负载电压脉动大为减小。

电感滤波电路外特性较好，带负载能力较强，但是体积大，比较笨重，电阻也较大，因而其上有一定的直流压降，造成输出电压的降低。单相桥式整流电感滤波的直流电压一般为

$$U_o \approx 0.9U_2 \tag{7-9}$$

三、复式滤波

(一) LC 滤波电路

采用单一的电容或电感滤波时，电路虽然简单，但滤波效果欠佳，大多数场合要求滤波效果更好，则可把两种滤波方式结合起来，组成 LC 滤波电路，如图 7-8 所示。

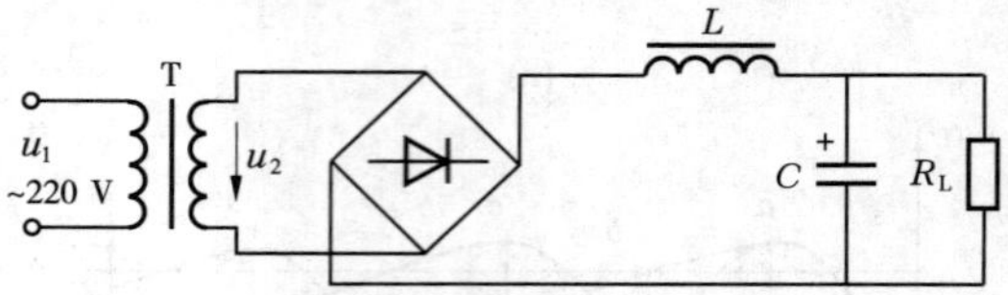

图 7-8　LC 滤波电路

与电容滤波电路比较，LC 滤波电路的优点是：外特性比较好，负载对输出电压影响小，电感元件限制了电流的脉动峰值，减小了对整流二极管的冲击。它主要适用于电流较大，要求电压脉动较小的场合。LC 滤波电路的直流输出电压平均值和电感滤波电路一样，为

$$U_o \approx 0.9U_2 \tag{7-10}$$

(二) π 型滤波电路

为了进一步减小输出的脉动成分，可在 LC 滤波电路的输入端再增加一个滤波电容，就组成了 LC－π 型滤波电路，如图 7-9 所示。这种滤波电路的输出电流波形更加平滑，适当选择电路参数，输出电压同样可以达到 $U_o \approx 1.2U_2$。

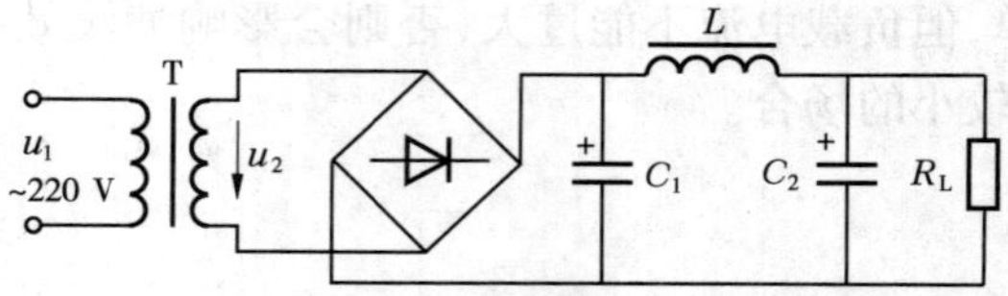

图 7-9　LC－π 型滤波电路

当负载电阻 R_L 较大，负载电流较小时，可用电阻代替电感，组成 RC－π 型滤波电路，如图 7-10 所示。这种滤波电路体积小，质量轻，所以得到广泛应用。

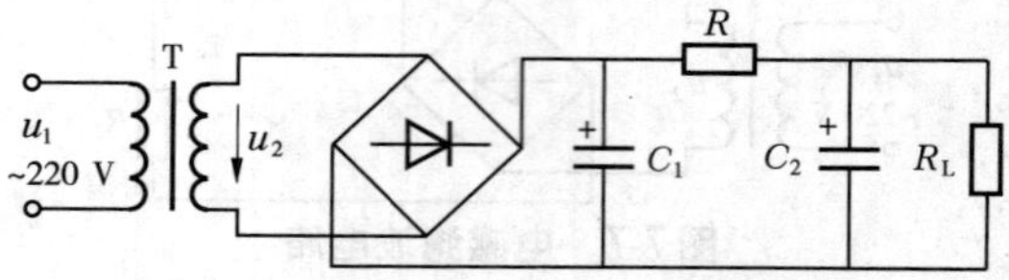

图 7-10　RC－π 型滤波电路

课堂活动

课堂提问和讨论

T7.3-1　常用的滤波方式有哪些？

T7.3-2　对比分析各种滤波方式的优缺点。

任务四　简单稳压电路的分析与设计

整流、滤波后得到的直流输出电压往往会随交流电压的波动和负载的变化而变化。造成这种直流输出电压不稳定的因素有两个：一是当负载改变时，负载电流将随着改变，由于电源变压器和整流二极管、滤波电容都有一定的等效电阻，因此当负载电流变化时，等效电阻上的压降也变化，即使交流电网电压不变，直流输出电压也会改变；二是电网电压常有一些变化，在正常情况下变化 ±10% 是常见的，当电网电压变化时，即使负载未变，直流输出电压也会改变。

当用一个不稳定的电压对负载进行供电时，会引起负载工作的不稳定，甚至不能工作。特别是一些精密仪器、计算机、自动控制设备等都要求有很稳定的直流电源。因此，在整流滤波电路后面需要再加一级稳压电路，以获得稳定的直流输出电压。

一、简单稳压电路的工作原理

利用一个硅稳压管 VZ 和一个限流电阻 R 即可组成一简单稳压电路，如图 7-11 所示。图中稳压管 VZ 与负载电阻 R_L 并联，在并联后与整流滤波电路连接时，要串上一个限流电阻 R，由于 VZ 与 R_L 并联，所以也称并联型稳压电路。

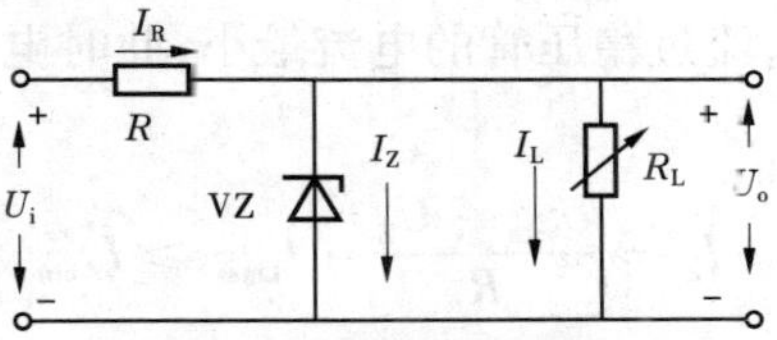

图 7-11　硅稳压管稳压电路

注意：硅稳压管的极性不可接反，一定要使它处于反向工作状态，如果接错，硅稳压管正向导通而造成短路，输出电压 U_o 也将趋近于零。

下面来讨论稳压电路工作原理：

（1）如果输入电压 U_i 不变而负载电阻 R_L 减小，这时负载上电流 I_L 要增加，电阻 R 上的电流 $I_R=I_L+I_Z$ 也有增大的趋势，则 $U_R=I_RR$ 也趋于增大，这将引起输出电压 $U_o=U_Z$ 的下降。稳压管的反向伏安特性已经表明，如果 I_R 基本不变，输出电压 $U_o=U_i-I_RR$ 也就基本稳定下来。当负载电阻 R_L 增大时，I_L 减小，I_Z 增加，保证了 I_R 基本不变，同样稳定了输出电压 U_o。稳压过程可表示如下：

$$R_L\downarrow\rightarrow I_L\uparrow\rightarrow I_R\uparrow\rightarrow U_R\uparrow\rightarrow U_o(U_Z)\downarrow\rightarrow I_Z\downarrow\rightarrow I_R\downarrow\rightarrow U_R\downarrow\rightarrow U_o\uparrow$$

或

$$R_L\uparrow\rightarrow I_L\downarrow\rightarrow I_R\downarrow\rightarrow U_R\downarrow\rightarrow U_o\uparrow\rightarrow I_Z\uparrow\rightarrow I_R\uparrow\rightarrow U_R\uparrow\rightarrow U_o\downarrow$$

（2）如果负载电阻 R_L 保持不变，而电网电压的波动引起输入电压 U_i 升高，电路的传输作用使输出电压也就是稳压管两端电压趋于上升。由稳压管反向伏安特性可知，稳压管电流 I_Z 将显著增加，于是电流 $I_R=I_L+I_Z$ 加大，所以电压 $U_R=I_RR$ 升高，即输入电压的增加量基本降落在电阻 R 上，从而使输出电压 U_o 基本上没有变化，达到了稳定输出电压的目的。同理，电压 U_i 降低时，也通过类似过程来稳定输出电压 U_o。稳定过程可表示如下：

$$U_i\uparrow\to U_Z\uparrow\to I_Z\uparrow\to I_R\uparrow\to U_R\uparrow\to U_o\downarrow$$

或

$$U_i\downarrow\to U_Z\downarrow\to I_Z\downarrow\to I_R\downarrow\to U_R\downarrow\to U_o\uparrow$$

由此可见，稳压管稳压电路是依靠稳压管的反向特性，即反向击穿电压有微小的变化引起电流较大的变化，通过限流电阻的电压调整，来达到稳压的目的。

二、硅稳压管稳压电路参数的选择

（一）硅稳压管的选择条件

硅稳压管的选择条件为

$$U_Z=U_o$$

$$I_{Zmax}\geqslant(2\sim3)I_{Lmax}$$

当 U_i 增加时，会使硅稳压管的 I_Z 增加，所以电流选择应适当大一些。

（二）输入电压 U_i 的确定

U_i 高，R 大，稳定性能好，但损耗大。一般 $U_i=(2\sim3)U_o$。

（三）限流电阻 R 的选择

限流电阻 R 的选择，主要是确定其阻值和功率。

1. 阻值的确定

在 U_i 最小和 I_L 最大时，流过稳压管的电流最小，此时电流不能低于稳压管最小稳定电流。

$$I_Z=\frac{U_{min}-U_Z}{R}-I_{Lmax}\geqslant I_{Zmin}$$

即

$$R\leqslant\frac{U_{imin}-U_Z}{I_{Zmin}+I_{Lmax}}\qquad(7\text{-}11)$$

在 U_i 最高和 I_L 最小时，流过稳压管的电流最大，此时应保证电流 I_Z 不大于稳压管最大稳定电流值。

$$I_Z=\frac{U_{imax}-U_Z}{R}-I_{Lmin}\leqslant I_{Zmax}$$

即

$$R\geqslant\frac{U_{imax}-U_Z}{I_{Zmax}+I_{Lmin}}\qquad(7\text{-}12)$$

限流电阻 R 的阻值应同时满足以上两式。

2. 功率的确定

功率按下式确定

$$P_R=(2\sim3)\frac{U_{RM}^2}{R}=(2\sim3)\frac{(U_{imax}-U_Z)^2}{R}\qquad(7\text{-}13)$$

P_R 应适当选择大一些。

【例 7.4-1】 选择图 7-11 所示稳压电路元件参数。要求：$U_o=10\ \text{V}$，$I_L=0\sim10\ \text{mA}$，

U_i 波动范围为 ±10%。

解:(1)选择稳压管

$$U_Z = U_o = 10\ \text{V}$$

$$I_Z = 2I_{Lmax} = 2 \times 10 \times 10^{-3} = 20(\text{mA})$$

查手册得2CW7管参数为

$$U_Z = 9 \sim 10.5\ \text{V},\quad I_{Zmax} = 23\ \text{mA},\quad I_{Zmin} = 5\ \text{mA},\quad P_{RM} = 0.25\ \text{W}$$

符合要求,故选2CW7。

(2)确定 U_i

$$U_i = (2 \sim 3)U_o = 2.5 \times 10 = 25(\text{V})$$

(3)选择 R

$$U_{imax} = 1.1U_i = 27.5\ \text{V}$$

$$U_{imin} = 0.9U_i = 22.5\ \text{V}$$

$$\frac{U_{imax} - U_Z}{I_{Zmax} + I_{Lmin}} \leqslant R \leqslant \frac{U_{imin} - U_Z}{I_{Zmin} + I_{Lmax}}$$

$$\frac{(27.5 - 10)\ \text{V}}{(23 + 0)\ \text{mA}} \leqslant R \leqslant \frac{(22.5 - 10)\ \text{V}}{(5 + 10)\ \text{mA}}$$

$$761\ \Omega \leqslant R \leqslant 833\ \Omega$$

取 $R = 820\ \Omega$。

电阻功率

$$P_R = 2.5 \times \frac{(U_{imax} - U_Z)^2}{R} = 2.5 \times \frac{(27.5 - 10)^2}{820} = 0.93(\text{W})$$

取 $P_R = 1$ W。

课堂活动

课堂提问和讨论

T7.4-1　稳压电路有什么作用?

T7.4-2　硅稳压管稳压电路的工作原理是什么?

T7.4-3　硅稳压管稳压电路的参数选择依据是什么?

任务五　串联型稳压电路的应用与分析

简单稳压电路的稳压效果不够理想,输出电压不能调节,并且只能用于负载电流较小的场合。为了克服这些缺点,可采用串联稳压电路。

一、串联型三极管稳压电路

(一)电路组成

如图7-12所示,稳压管接在三极管V的基极,即将基极电位 U_B 固定,由于调整元件(三极管)与负载串联,故称为串联型稳压电路。

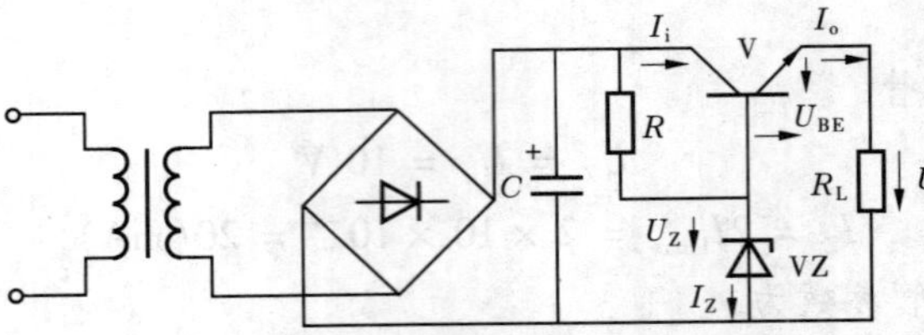

图 7-12　串联型稳压电路

(二)稳压过程

(1)当负载不变,输入电压 U_i 增加时,输出电压 U_o 有增加的趋势,由于三极管 V 基极电位被稳压管 VZ 固定,故 U_o 的增加将使三极管 V 发射结上正向偏压降低,基极电流减小,从而使三极管 V 的集电极、发射极间的等效电阻增大,U_{CE}增加,于是抵消了 U_i 的增加,使 U_o 基本保持不变。上述过程可表示如下:

$$U_i\uparrow \rightarrow U_o\uparrow \rightarrow U_{BE}\downarrow \rightarrow I_B\downarrow \rightarrow I_C\downarrow \rightarrow U_{CE}\uparrow \rightarrow U_o\downarrow$$

(2)当输入电压 U_i 不变,而负载电流变化时,其稳压过程如下:

$$I_o\uparrow \rightarrow U_o\uparrow \rightarrow U_{BE}\downarrow \rightarrow I_B\downarrow \rightarrow I_C\downarrow \rightarrow U_{CE}\uparrow \rightarrow U_o\downarrow$$

从而使输出电压 U_o 基本保持不变。

二、串联型可调稳压电路

串联型三极管稳压电路虽然对输出电压有稳定作用,但电路控制灵敏度不高,稳压性能不理想。如果在原电路加一放大环节,构成串联型可调稳压电路,可使输出电压更加稳定。

(一)电路组成

图 7-13 所示为串联型可调稳压电路框图,图 7-14 所示为串联型可调稳压电路。它由调整部分(调整管 V_1)、取样环节(R_1、R_P、R_2 组成的分压器)、基准环节(稳压管 VZ 和 R_Z 组成的稳压电路)、比较放大级(放大管 V_2)等四个部分组成。

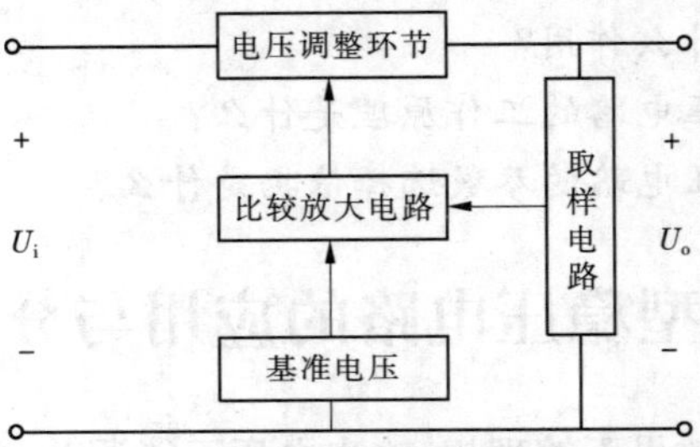

图 7-13　串联型可调稳压电路框图

调整管 V_1 是稳压电路的关键元件,利用其集电极、发射极之间的电压 U_{CE}受基极电流控制的原理,与负载 R_L 串联,用于调整输出电压。

当 U_i 或 I_o 的变化引起 U_o 变化时,由 R_1、R_P、R_2 组成的输出电压 U_o 的取样电路,变化量的一部分送入比较放大级 V_2 的基极与基准电压 U_Z 相比较,其差值信号经放大管 V_2 放大后去控制调整管 V_1 的基极电流 I_{B1},从而调整调整管 V_1 的集电极、发射极之间电压 U_{CE1},补偿输出电压 U_o 的变化,使之保持稳定,达到稳定电压的作用。其调整过程如下:

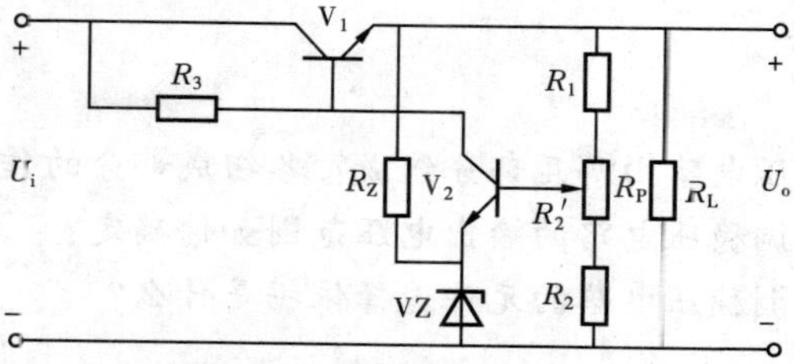

图 7-14 串联型可调稳压电路

$$U_i \uparrow (I_o \uparrow) \rightarrow U_o \uparrow \rightarrow U_{BE2} \uparrow \rightarrow I_{B2} \uparrow \rightarrow I_{C2} \uparrow \rightarrow U_{C2} \downarrow \rightarrow U_{BE1} \downarrow \rightarrow$$
$$I_{B1} \downarrow \rightarrow I_{C1} \downarrow \rightarrow U_{CE1} \uparrow \rightarrow U_o \downarrow$$

当输出电压下降或负载增大时，调整过程与上述过程相反。不难看出，上述稳压电路实际上是一个闭环的反馈控制系统。

(二)输出电压

在忽略放大管 V_2 的基极电流的情况下，按分压关系有

$$U_{B2} = U_{BE2} + U_Z = \frac{R_2 + R_2'}{R_1 + R_2 + R_P} U_o \tag{7-14}$$

若 $U_Z \gg U_{BE2}$，则有

$$U_o = (R_1 + R_2 + R_P) \frac{U_Z}{R_2 + R_2'} \tag{7-15}$$

当电位器 R_P 的滑动端移到最下端时

$$U_o = (R_1 + R_2 + R_P) \frac{U_Z}{R_2} \tag{7-16}$$

当电位器 R_P 的滑动端移到最上端时

$$U_o = (R_1 + R_2 + R_P) \frac{U_Z}{R_2 + R_F} \tag{7-17}$$

则

$$(R_1 + R_2 + R_P) \frac{U_Z}{R_2 + R_P} \leqslant U_o \leqslant (R_1 + R_2 + R_P) \frac{U_Z}{R_2} \tag{7-18}$$

因此，调节电位器 R_P 即可改变输出电压 U_o 的大小。

值得注意的是：要使输出电压可调，一般要求输入电压大于输出电压 2 V 以上，即保证调整管工作在放大状态。

(三)电路元件的选择

(1)取样电路。取样电路的分压比越稳定，则稳压性能越好。为此，取样电阻 R_1、R_2 和 R_P 应采用金属膜电阻。

(2)基准环节。U_Z 越稳定，则输出电压 U_o 也越稳定。为此，稳压管应选用动态电阻小、电压温度系数小的硅稳压管。

(3)放大环节。放大级的电压放大倍数越大，则稳压性能越好，调压越灵敏，所以应使比较放大级有较高的增益和较高的稳定性。

(4)调整环节。输出功率较大的稳压电源，应选用大功率三极管作调整管。

课堂活动

课堂提问和讨论

T7.5-1 串联型稳压电路由哪几部分组成？各组成部分的作用如何？

T7.5-2 串联型可调稳压电路的输出电压范围如何确定？

T7.5-3 串联型可调稳压电路的元件选择依据是什么？

任务六 线性集成稳压电路的应用与分析

随着集成工艺的发展，稳压电路也制成了集成器件。它将调节管、比较放大单元、启动单元和保护环节等都集成在一块芯片上，具有体积小、质量轻、使用调整方便、运行可靠和价格低等一系列优点，因而得到广泛的应用。集成稳压器的规格种类繁多，具体电路结构也有差异。按内部工作方式分为串联型（调整电路与负载相串联）、并联型（调整电路与负载相并联）和开关型（调整电路工作在开关状态）。按引出端子分类，有三端固定式、三端可调式和多端可调式稳压器等。实际应用中最简便的是三端集成稳压器，只有三个引线端：不稳定电压输入端（一般与整流滤波电路输出相连）、稳定电压输出端（与负载相连）和公共接地端。

一、固定式三端集成稳压器

（一）正电压输出稳压器

常用的三端固定正电压稳压器有78××系列，型号中的××两位数表示输出电压的稳定值，分别为5、6、9、12、15、18、24 V。例如，7812的输出电压为12 V，7805的输出电压是5 V。

按输出电流大小不同，又分为：CW78××系列，最大输出电流为1～1.5 A；CW78M××系列，最大输出电流为0.5 A；CW78L××系列，最大输出电流为100 mA左右。

78××系列三端稳压器的外部管脚如图7-15(a)所示，1脚为输入端，2脚为输出端，3脚为公共接地端。

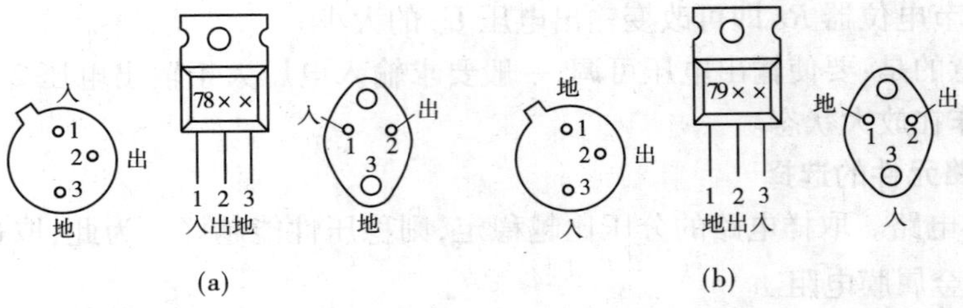

图7-15 三端集成稳压器外形和引线端排列

（二）负电压输出稳压器

常用的三端固定负电压稳压器有79××系列，型号中的××两位数表示输出电压的稳定值，和78××系列相对应，分别为－5、－6、－9、－12、－15、－18、－24 V。

按输出电流大小不同，和 78××系列一样，也分为：CW79××系列、CW79M××系列和 CW79L××系列。管脚如图 7-15(b)所示，1 脚为公共接地端，2 脚为输出端，3 脚为输入端。

(三)固定式三端集成稳压器应用举例

图 7-16 是应用 78L××输出固定电压 U_o 的典型电路图。正常工作时，输入、输出电压差应大于 2～3 V。电路中接入电容 C_1、C_2 是用来实现频率补偿的，可防止稳压器产生高频自激振荡并抑制电路引入的高频干扰。C_3 是电解电容，以减小稳压电源输出端由输入电源引入的低频干扰。VD 是保护二极管，当输入端意外短路时，给输出电容器 C_3 一个放电通路，防止 C_3 两端电压作用于调整管的 b、e 结，造成调整管 b、e 结击穿而损坏。

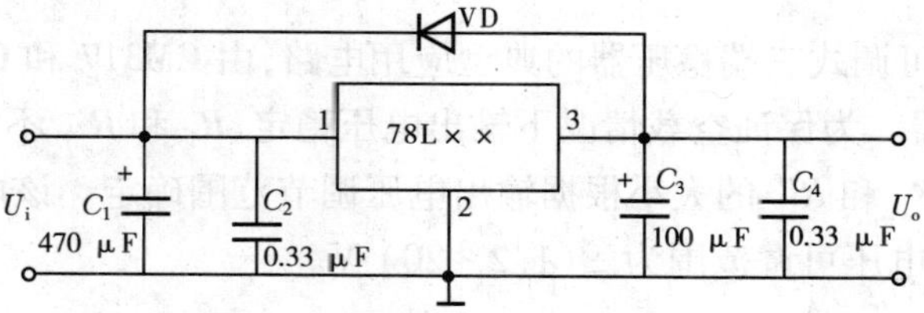

图 7-16　应用 78L××输出固定电压 U_o 的典型电路图

图 7-17 是扩大 78L××输出电流的电路，并具有过流保护功能。电路中加入了功率三极管 V_1，向输出端提供额外的电流 I_{o1}，使输出电流 I_o 增加为 $I_o = I_{o1} + I_{o2}$。其工作原理为：正常工作时，V_2、V_3 截止，电阻 R_1 上的电流产生压降使 V_1 导通，使输出电流增加。若 I_o 过流(超过某个限额)，则 I_{o1} 也增加，电流检测电阻 R_3 上压降增大，使 V_3 上压降增大而导通，导致 V_2 趋于饱和，使 V_1 管基极、发射极间电压 U_{BE1} 降低，限制了功率管 V_1 的电流 I_{C1}，保护功率管不致因过流而损坏。

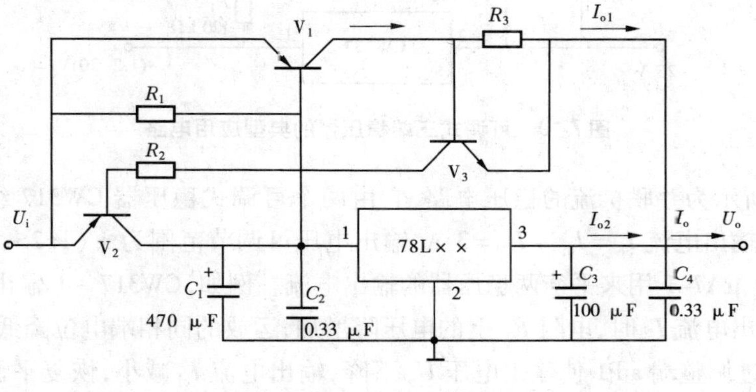

图 7-17　扩大 78L××输出电流的电路

二、可调式三端集成稳压器

可调式三端集成稳压器的调压范围为 1.25～37 V，输出电流可达 1.5 A。常用的有

CW117、CW217、CW317、CW337 和 CW337L 系列。图 7-18(a)所示为正可调输出稳压器,图 7-18(b)所示为负可调输出稳压器。

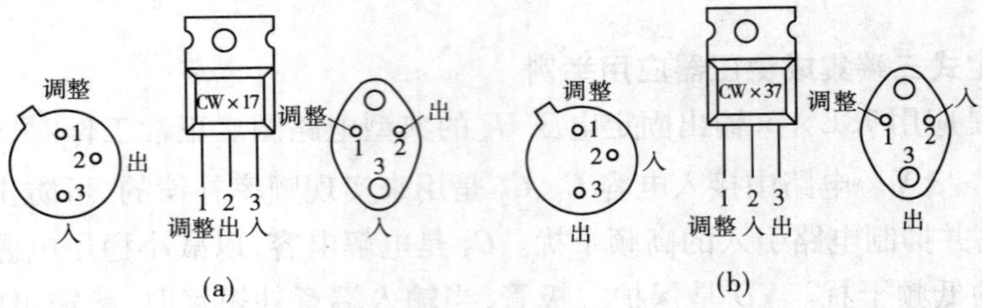

图 7-18　可调式三端集成稳压器外形及引线端排列

图 7-19 所示为可调式三端稳压器的典型应用电路,由 CM317 和 CM337 组成正、负输出电压可调的稳压器。为保证空载情况下输出电压稳定,R_1 和 R'_1 不宜高于 240 Ω,典型值为 120 ~ 240 Ω。R_2 和 R'_2 的大小根据输出电压调节范围确定。该电路输入电压 U_i 分别为 ±25 V,则输出电压可调范围为 ±(1.2 ~ 20) V。

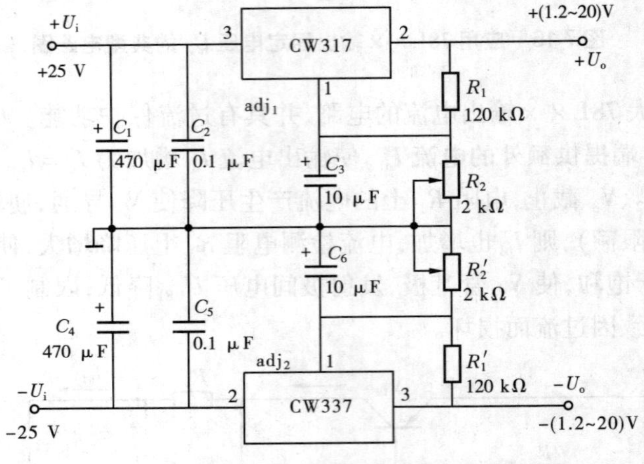

图 7-19　可调式三端稳压器的典型应用电路

图 7-20 所示为并联扩流的稳压电路,它由两个可调式稳压器 CW317 组成。输入电压 U_i = 25 V,输出电流 $I_o = I_{o1} + I_{o2}$ = 3 A,输出电压可调节范围为 ±(1.2 ~ 22) V。电路中的集成运放 μA741 用来平衡两稳压器的输出电流。例如,CW317 - 1 输出电流 I_{o1} 大于 CW317 - 2 输出电流 I_{o2} 时,电阻 R_1 上的电压降增加,运放的同相端电位降低,运放输出端电压降低,通过调整端 adj1 使输出电压 U_o 下降,输出电流 I_{o1} 减小,恢复平衡;反之亦然。改变电阻 R_4 可调节输出电压的数值。

注意:这类稳压器是依靠外接电阻来调节输出电压的,为保证输出电压的精度和稳定性,要选择精度高的电阻,同时电阻要紧靠稳压器,防止输出电流在连线电阻上产生误差电压。

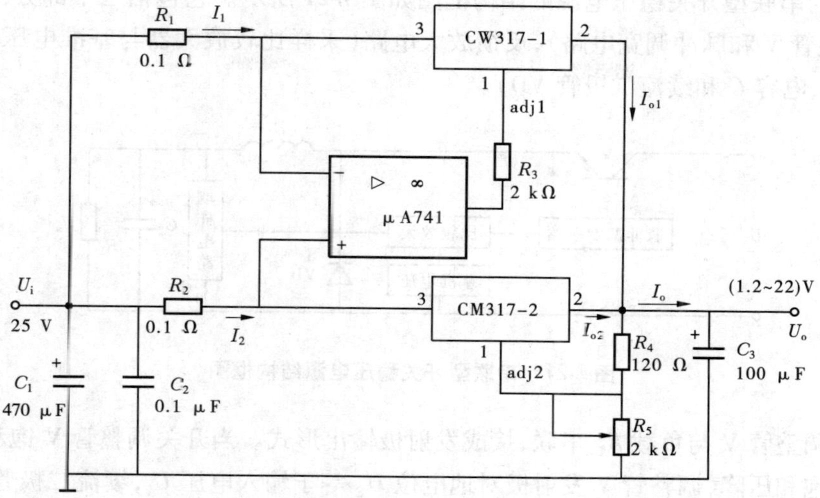

图 7-20　并联扩流的稳压电路

课堂活动

课堂提问和讨论

T7.6-1　常用的三端固定稳压器 78××、79××系列的命名规则是什么？

T7.6-2　试分析图 7-20 并联扩流稳压电路的工作原理。

任务七　开关型稳压电源的应用与分析

上述各种稳压电源具有结构简单、调整方便、输出电压稳定、纹波小等优点，但它的主要缺点是效率低。由于调整管工作时始终处于线性放大状态，尤其当负载电流较大而输出电压较低时，调整管本身的功率损耗很大，这一类稳压电源称为线性稳压电源。线性稳压电源的效率仅为 40% ~60%，而且为了解决功率管散热所加的散热器，必然增加整个电源设备的体积、质量和成本。

为了克服线性稳压电源的缺点，开关型稳压电源应运而生，它可以根据电网电压和负载电流的大小，通过控制调整管的通、断时间来稳定输出电压。由于调整管工作在截止与饱和交替的开关状态，稳压电路的功率损耗主要产生于开关状态转换的过程中，因而使其效率大大提高，达到 70% ~95%。调整管的功率损耗较小，导致散热器随之减小，滤波电感、电容的参数和体积也较小，因此具有效率高、体积小、质量轻和允许环境温度高等优点，已广泛用于空间技术、计算机、通信、家用电器和许多仪器设备中。

开关型稳压电源可以采用各种不同形式的电路，但常用的类型有 5 种：①串联型开关稳压电源；②并联型开关稳压电源；③晶体管直流变换器开关稳压电源；④组合式开关稳压电源；⑤集成化开关稳压电源。

典型的串联型开关稳压电源的结构框图如图 7-21 所示。它包括三个部分：开关电路（开关调整管 V 和脉冲调宽电路），反馈放大电路（采样比较放大器与基准电压）、滤波电路（电感 L、电容 C 和续流二极管 VD）。

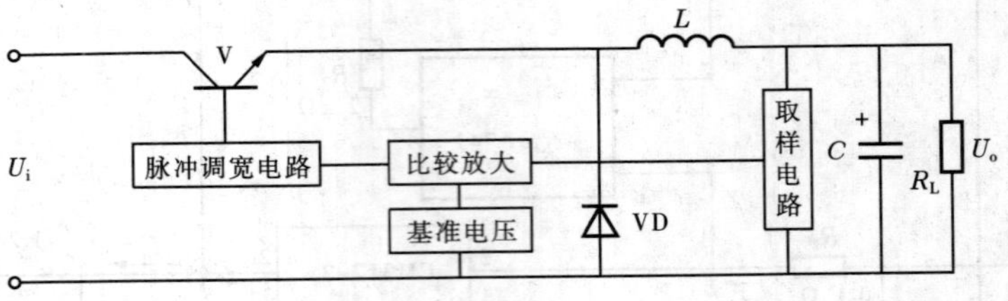

图 7-21　串联型开关稳压电源结构框图

开关调整管 V 与负载 R_L 串联，接成发射极输出形式。当开关调整管 V 饱和导通时，若忽略其饱和压降，调整管 V 发射极对地电位 U_E 等于输入电压 U_i，续流二极管 VD 由于反偏而截止；当开关调整管 V 因控制信号作用而截止时，若忽略 VD 的导通电压，则 $U_E \approx 0$，但电感 L 所储存的能量通过 VD 对负载释放，同时滤波电容 C 储存的能量也对负载补充放电，使负载电流 I_o 几乎维持不变。

课堂活动

课堂提问和讨论

T7.7-1　开关型稳压电源有哪些主要优点？

T7.7-2　为什么开关型稳压电源的效率比线性稳压电源高？

T7.7-3　开关型稳压电源主要由哪几部分组成？各组成部分的作用是什么？

实训与技能操作训练

1. 实训目的

(1) 研究集成稳压器的特点和性能指标的测试方法。

(2) 了解集成稳压器扩展性能的方法。

2. 实训仪器及器材

(1) 可调工频电源；

(2) 双踪示波器；

(3) 交流毫伏表；

(4) 直流电压表；

(5) 直流毫安表；

(6) 三端稳压器 CW7812、CW7815、CW7915；

(7) 桥堆 2W06（或 KBP306）；

(8) 电阻器、电容器若干。

3. 实训内容及步骤

1）整流滤波电路测试

按图 7-22 连接实训电路，取可调工频电源 14 V 电压作为整流电路输入电压 u_2。接通工频电源，测量输出端直流电压及纹波电压，用示波器观察 u_2、u_L 的波形，把数据及波形记入自拟表格中。

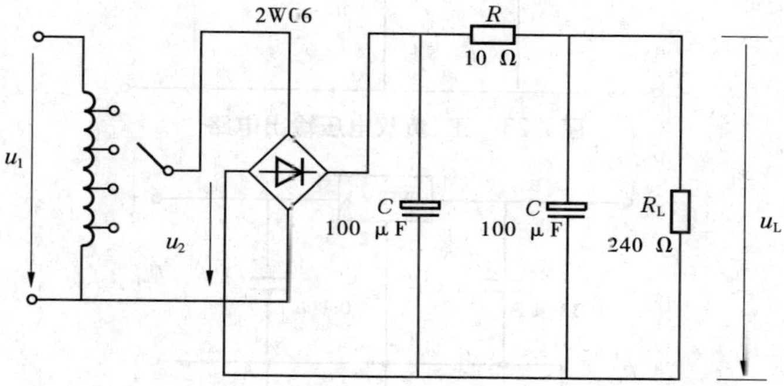

图 7-22　整流滤波电路

2）集成稳压器性能测试

断开工频电源，按图 7-22 改接实训电路，取负载电阻 $R_L = 120\ \Omega$。

（1）初测。

接通工频 14 V 电源，测量 U_2 值；测量滤波电路输出电压 U_i（稳压器输入电压），集成稳压器输出电压 U_o，它们的数值应与理论值大致符合，否则说明电路出了故障。设法查找故障并加以排除。

电路经初测进入正常工作状态后，才能进行各项指标的测试。

（2）各项性能指标测试。

①输出电压 U_o 和最大输出电流 I_{omax} 的测量 。

在输出端接负载电阻 $R_L = 120\ \Omega$，由于 CW7812 输出电压 $U_o = 12$ V，因此流过 R_L 的电流 $I_{omax} = \frac{12}{120} = 100(\text{mA})$。这时 U_o 应基本保持不变，若变化较大则说明集成块性能不良。

②稳压系数 S 的测量。

③输出电阻 R_o 的测量。

④输出纹波电压的测量。

把测量结果记入自拟表格中。

（3）集成稳压器性能扩展。

根据实训器材，选取图 7-23、图 7-24 以及图 7-25 中各元器件，并自拟测试方法与表格，记录试验结果。

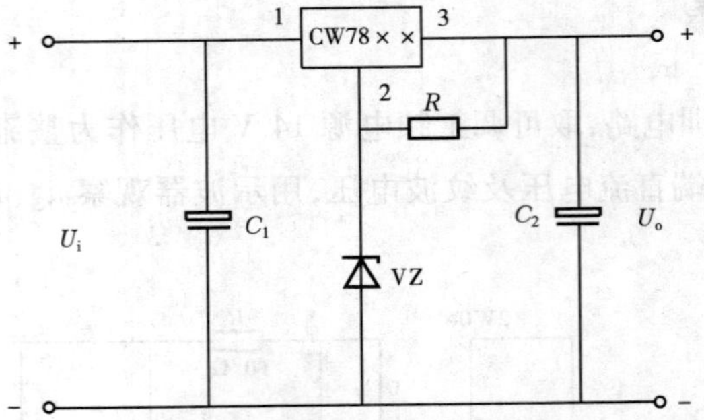

图 7-23　正、负双电压输出电路

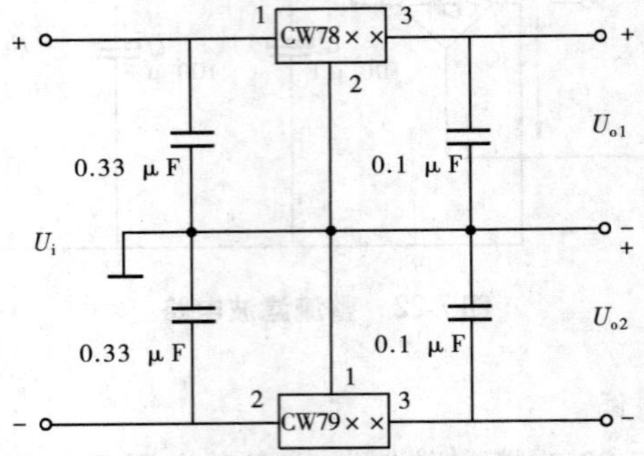

图 7-24　输出电压扩展电路

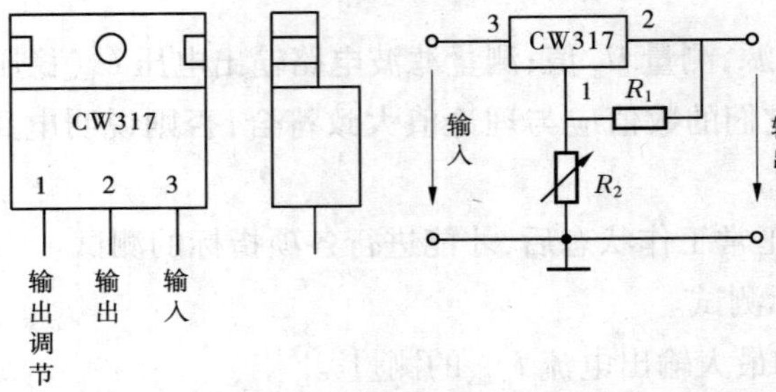

图 7-25　CW317 外形及接线图

项目小结

1. 直流稳压电源是电子设备中的重要组成部分，用来将交流电网电压变为稳定的直流电压，一般小功率直流电源由电源变压器、整流滤波电路和稳压电路等部分组成。对直流稳压电源的主要要求是：输入电压变化以及负载变化时，输出电压应保持稳定，即直流电源的电压调整及输出电阻越小越好。此外，还要求纹波电压及温度系数要小。

2. 整流电路的作用是利用二极管的单向导电性，将交流电压变为单方向的脉动直流电压，目前广泛采用整流桥构成桥式整流电路。为了消除脉动电压的纹波电压，需要采用滤波电路，单相小功率电源常采用电容滤波。

3. 稳压电路用来在交流电源电压波动或负载变化时，稳定直流输出电压，目前广泛采用集成稳压器。在小功率供电系统中，多采用线性集成稳压器，而中大功率稳压电源一般采用开关型稳压器。

4. 线性集成稳压器中调整管与负载相串联，且工作在线性放大状态，它由调整管、基准电压、取样电路、比较放大电路以及保护电路等组成。开关型稳压器中调整管工作在开关状态，其效率比线性稳压器高得多，而且这一效率几乎不受输入电压大小的影响。

思考与习题

7-1 桥式整流电路为何能将交流电变为直流电？这种直流电能否直接用来作为晶闸管放大器的整流电源？

7-2 桥式整流电路接入电容滤波后，输出直流电压为什么会升高？

7-3 什么叫滤波器？书中介绍的几种滤波器如何起滤波作用？

7-4 整流电路工作原理如何？

7-5 为什么未经稳压的电源在实际中应用得较少？

7-6 稳压管稳压电路中限流电阻应根据什么来选择？

7-7 集成稳压器有什么优点？

7-8 开关型稳压电源是怎样实现稳压的？

7-9 判断下列说法是否正确，用"√"或"×"表示判断结果，填入括号内。

(1)整流电路可将正弦电压变为脉动的直流电压。(　　)

(2)电容滤波电路适用于小负载电流，而电感滤波电路适用于大负载电流。(　　)

(3)在单相桥式整流电容滤波电路中，若有一只整流管断开，输出电压平均值变为原来的一半。(　　)

(4)对于理想的稳压电路，$\Delta U_o/U_i=0, R_0=0$。(　　)

(5)线性直流电源中的调整管工作在放大状态，开关型直流电源中的调整管工作在开关状态。(　　)

(6)因为串联型稳压电路中引入了深度负反馈，因此也可能产生自激振荡。(　　)

7-10 选择合适答案填入空格内。

(1)整流的目的是__________。

A. 将交流变为直流　　B. 将高频变为低频　　C. 将正弦波变为方波

(2)在单相桥式整流电路中，若有一只整流管接反，则__________。

A. 输出电压约为 $0.9U_2$　　B. 变为半波整流 $0.45U_2$

C. 整流管将因过流而烧坏

(3)直流稳压电源中滤波电路的作用是__________。

A. 将交流变为直流　　B. 将高频变为低频

C. 将交、直流混合量中的交流成分滤掉

(4)若要组成输出电压可调、最大输出电流为 3 A 的直流稳压电源，则应采用__________。

A. 电容滤波稳压管稳压电路　B. 电感滤波稳压管稳压电路

C. 电容滤波串联型稳压电路　D. 电感滤波串联型稳压电路

(5) 串联型稳压电路中的放大环节所放大的对象是__________。

A. 基准电压　　　　　　　　B. 采样电压

C. 基准电压与采样电压之差

(6) 开关型直流电源比线性直流电源效率高的原因是__________。

A. 调整管工作在开关状态　　B. 输出端有 LC 滤波电路

C. 可以不用电源变压器

7-11　电路如图 7-26 所示，变压器副边电压有效值为 $2U_2$。

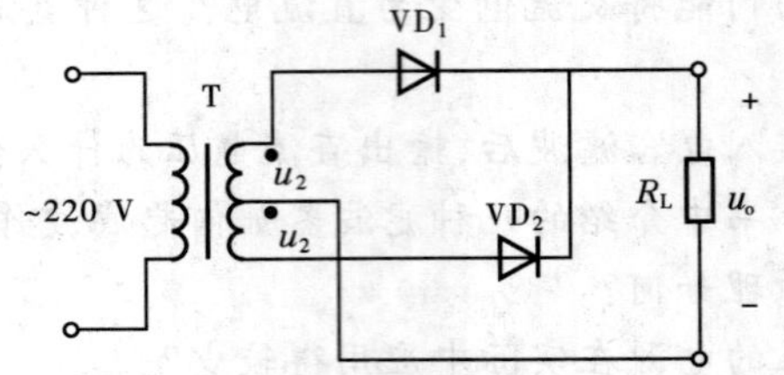

图 7-26

(1) 画出 u_2、u_{VD1} 和 u_o 的波形。

(2) 求出输出电压平均值 U_o 和输出电流平均值 I_L 的表达式。

(3) 二极管的平均电流 I_{VD} 和所承受的最大反向电压 U_{Rmax} 的表达式。

7-12　分别判断图 7-27 所示各电路能否作为滤波电路，简述理由。

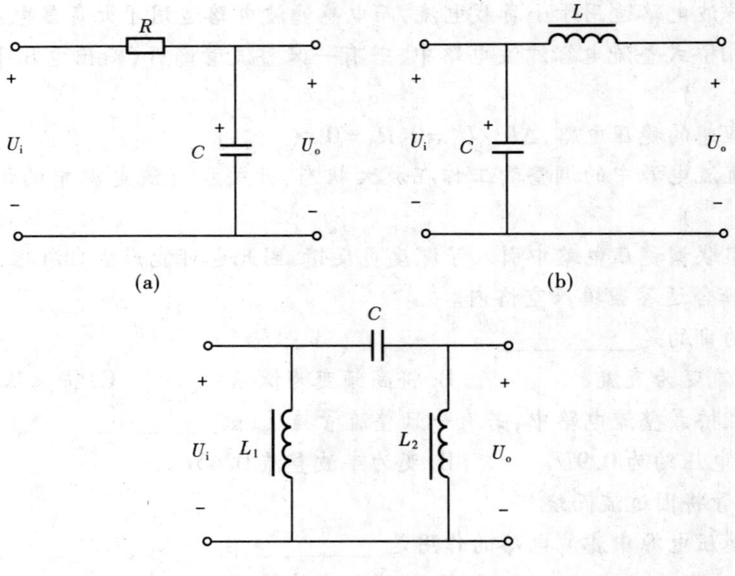

图 7-27

7-13　桥式整流电路中，变压器副绕组电压 $U_2 = 15$ V，负载 $R_L = 1$ kΩ，应选用反向工作电压为多大的二极管？

7-14　如果题7-13中有一二极管开路，则输出直流电压和电流分别为多大？

7-15　在输出电压 $U_o=9$ V，负载电流 $I_L=20$ mA 时，桥式整流电容滤波电路的输入电压（变压器副边电压）应为多大？若电网频率为50 Hz，则滤波电容应选多大？

7-16　有一桥式整流电容滤波电路，已知交流电压源电压为220 V，$R_L=50\ \Omega$，若要求输出直流电压为12 V。

(1)求每只二极管的电流和最大反向工作电压；

(2)选择滤波电容的容量和耐压值。

7-17　有一硅二极管稳压器，要求稳压输出12 V，最小工作电流为5 mA，负载电流在0至6 mA之间变化，电网电压变化±10%。试画出电路图和选择元件参数。

7-18　电路如图7-28所示。合理连线，构成5 V的直流电源。

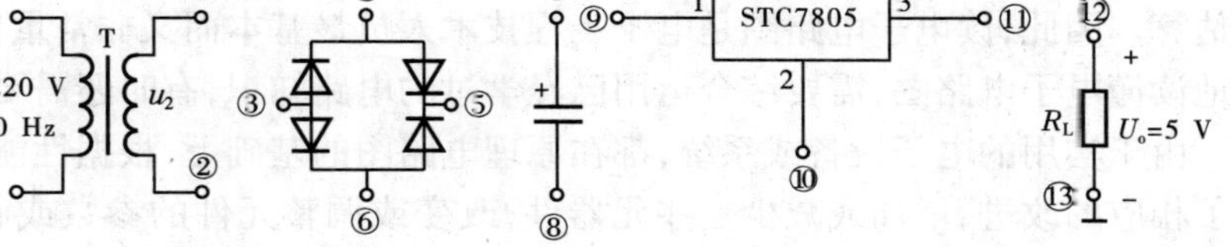

图7-28

7-19　在图7-29所示电路中，调整管为________，采样电路由________组成，基准电压电路由________组成，比较放大电路由________组成，保护电路由________组成；输出电压最小值的表达式为________，最大值的表达式为________。

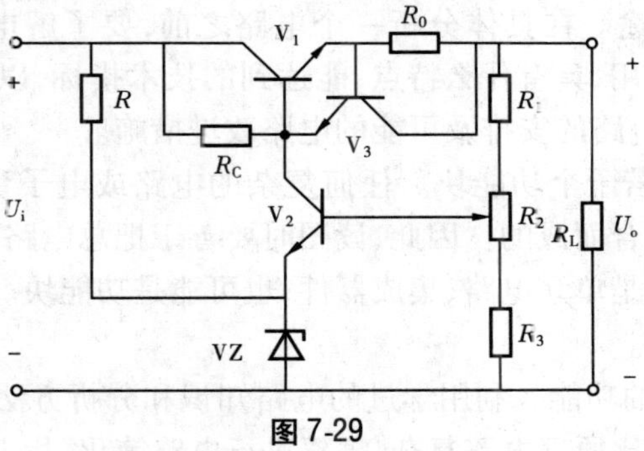

图7-29

项目八 模拟电子电路读图

任务一 电路识图的思路与步骤

实际工作中,要对电子设备和系统进行分析研究、维护使用或修理改进,首先需要看懂它的电路图,剖析电路组成,了解它的工作原理和主要功能,有时还要对其性能指标作出粗略的估算。因此,读电子电路图是电子工程技术人员最基本而又非常重要的工作。

熟练地读懂电子电路图,需要综合运用已经学过的电路知识,有时还需要一定的实际工作经验。由于实用的电子设备或系统,都在原理电路图的基础上,根据性能要求和实现的条件作了相应的改进,增加或减少一些元器件,改变或调整元件的参数或布局,所以初学者看实际的电路图往往感到错综复杂,不知如何入手。

但是无论多么复杂的电路都是由简单电路组合而成的。只要具有一定的电路知识,掌握读图的基本方法,按照一般的读图步骤,是能逐步熟悉读图规律的。经反复练习和实际经验的积累,必然会迅速提高电路图的识图能力。下面是读图的基本步骤:

(1)了解电路的用途。在具体分析一个电路之前,要了解电路或系统的主要用途。弄清楚电路的功能和作用,具有什么特点,能达到的技术指标,以便从总体上掌握电路的设计思想,了解各部分电路的安排及可能的电路改进措施。

(2)将电路划分为若干个功能块。任何复杂的电路或电子设备,都是由若干简单的基本单元或功能电路组合而成的。因此,读图时要善于把总电路图化整为零,分成若干基本单元。每个单元可能是单元电路、集成器件,也可能是功能块。最好用方框图表示它们各自的作用和相互联系。

(3)分析基本单元的功能。利用学过的电路知识和分析方法定性分析每个基本单元的功能。由于实际电路比原理电路复杂,需要进行电路简化,找出信号通路和影响电路功能的主要元器件,查清所用集成器件的功能和主要引出端的作用,掌握该基本单元的工作原理。

(4)分析各基本单元之间的联系。将各个基本单元的功能进行综合,找出它们之间的分工和联系,画出总体方框图。分析输入信号经过各功能块的变化,对总体电路的功能形成完整认识。

(5)进行工程计算。有时为了作出定量的分析,需要对主要单元电路进行工程估算。运用学过的定量估算方法,着重计算影响电路性能的主要环节,定量求出相应的技术指标,了解电路的性能和质量。

当然,对于不同的电路设备,看图分析的方法也有所不同,因此分析步骤应根据具体电路的不同灵活运用。另外,不同的识图水平和分析要求,所采用的读图步骤也不一样,千万不要生搬硬套，拘泥于上述方法。

课堂活动

课堂提问和讨论

T8.1-1　读图的基本步骤是什么？

T8.1-2　读图的一般方法是什么？

任务二　典型电路的读图训练

一、低频功率放大电路

（一）了解用途

图 8-1 所示为实用低频功率放大电路。图中运算放大器 A 的型号为 LM356N，V_1 和 V_3 的型号为 2SC1815，V_4 的型号为 2SD525，V_2 和 V_5 的型号为 2SA1015，V_6 的型号为 2SB595。V_4 和 V_6 需安装散热器。负载电阻 R_L 的阻值为 10 Ω。

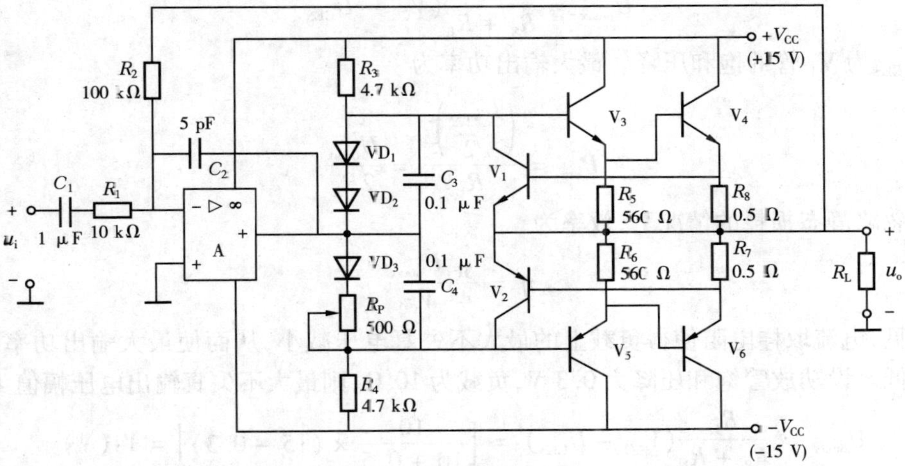

图 8-1　实用低频功率放大电路

（二）找出通路

输入电压 u_i 经电容 C_1、电阻 R_1 耦合送到运放 A 的反相输入端，经运放 A 放大后输出至 V_3 和 V_5 管的基极。因此，集成运放 A 构成前置放大电路。

从图 8-1 中可以看出 V_3 和 V_4、V_5 和 V_6 分别组成复合管，前者等效为 NPN 型管，后者等效为 PNP 型管，故 V_3、V_4、V_5、V_6 和电阻 R_5、R_6、R_7、R_8 构成了互补功率放大电路，而且两个复合管的发射极作为输出端，故第二级为功率放大电路。因此，可以判断出电路是两级放大电路，先进行电压放大，然后进行功率放大。因为信号不可能作用于 V_1、V_2 的基极和发射极，因而它们不是放大管，由于它们的基极和发射极分别接 R_8 和 R_7 的两端，而 R_3 和 R_7 上的电流等于输出电流 I_o，故可推测，当 I_o 增大到一定数值时，V_1、V_2 才导通，可以为功放管分流，所以 V_1、V_2、R_7 和 R_8 构成过流保护电路。R_2 将电路的输出端与 A 的反相输入端连接起来,因而电路引入了反馈。

(三)沿着通路,画出框图

根据信号的传递方向,画出电路框图,如图 8-2 所示。

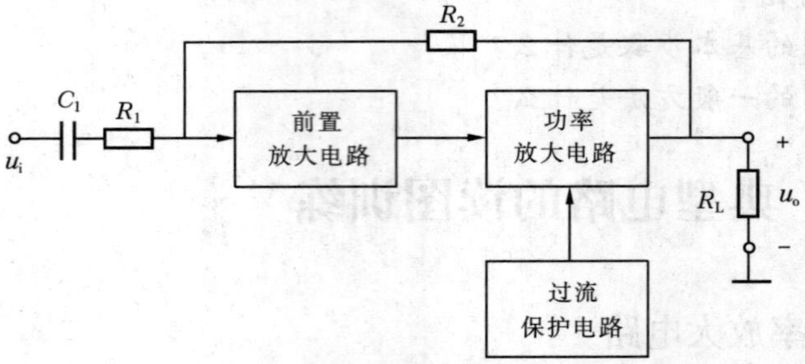

图 8-2　电路框图

(四)分析功能,估算指标

(1)对于功率放大电路,一般应分析其最大输出功率和效率。在图 8-1 所示电路中,由于电流取样电阻 R_7 和 R_8 的存在,负载上能获得的最大输出电压幅值为

$$U_{omax}=\frac{R_L}{R_8+R_L}(V_{CC}-U_{CES})$$

式中,U_{CES}为 V_4 管的饱和压降。最大输出功率为

$$P_{om}=\frac{\left(\frac{U_{omax}}{\sqrt{2}}\right)^2}{R_L}=\frac{U_{omax}^2}{2R_L}$$

在忽略静态损耗的情况下,效率为

$$\eta=\frac{\pi}{4}\frac{U_{omax}}{V_{CC}}$$

可见,电流取样电阻使得负载上的最大不失真电压减小,从而使最大输出功率减小,效率降低。设功放管饱和压降为 0.3 V,负载为 10 Ω,则最大不失真输出电压幅值为

$$U_{omax}=\frac{R_L}{R_8+R_L}(V_{CC}-U_{CES})=\left[\frac{10}{10+0.5}\times(15-0.3)\right]=14(\mathrm{V})$$

最大输出功率为

$$P_{om}=\frac{\left(\frac{U_{omax}}{\sqrt{2}}\right)^2}{R_L}=\frac{U_{omax}^2}{2R_L}\approx\frac{14^2}{2\times10}=9.8(\mathrm{W})$$

效率为

$$\eta=\frac{\pi}{4}\frac{U_{omax}}{V_{CC}}\approx73.3\%$$

(2)根据瞬时极性法可判断出该电路中引入了电压并联负反馈。为了研究反馈,可将电路简化为图 8-3 所示电路。

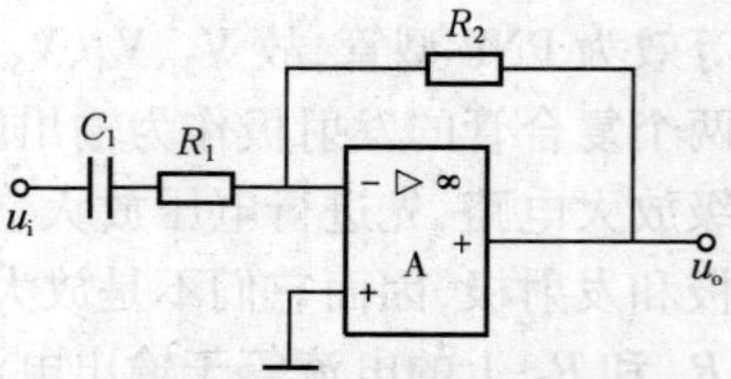

图 8-3　图 8-1 所示电路的简化电路

根据简化电路,可以求得深度负反馈条件下电

路的电压放大倍数为

$$A_{uf} = -\frac{R_2}{R_1} \approx -10$$

从而获得在输出功率最大时所需要的输入电压有效值为

$$U_i = \left|\frac{U_{omax}}{\sqrt{2}A_{uf}}\right| = 0.99(\text{V})$$

(3)其他器件作用如下：

①C_2 为相位补偿电容，它改变了频率响应，可以消除自激振荡。

②R_3、VD_1、VD_2、VD_3、R_P 和 R_4 构成了偏置电路，使输出级消除交越失真。

③C_3 和 C_4 为旁路电容，使 V_3 和 V_5 的基极动态电位相等，以减少有用信号的损失。

④R_5 和 R_6 为泄漏电阻，用以减小 V_4 和 V_6 的穿透电流。其值不可过小，否则将使有用信号损失过大。

二、函数发生器

函数发生器电路如图 8-4 所示。

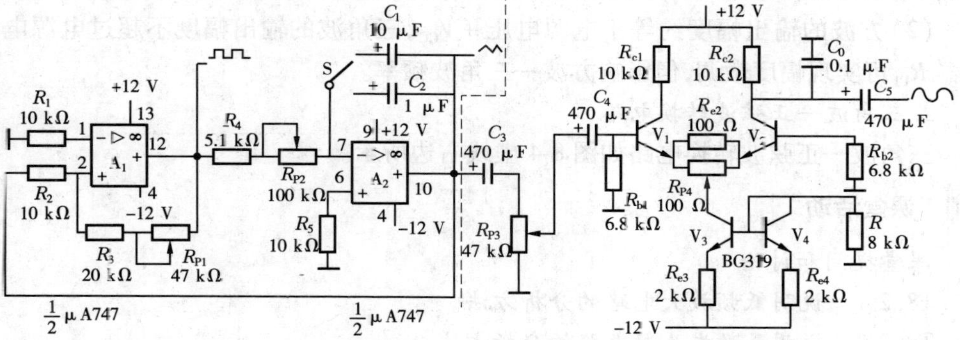

图 8-4　方波—三角波—正弦波函数发生器电路

(一)了解用途

该电路是一个方波—三角波—正弦波函数发生器，频率范围有 1 ~ 10 Hz 和 10 ~ 100 Hz 两挡，输出电压：方波 $U_{pp} \leqslant 24$ V，三角波 $U_{pp} \leqslant 8$ V，正弦波 $U_{pp} \leqslant 1$ V。电路的构成思路是由方波转换成三角波，由三角波再转换成正弦波。

(二)找出通路

以有源器件为核心，沿着通路可知：

(1)A_1、R_1、R_2、R_3 和 R_{P1} 组成具有正反馈的过零电压比较器，A_2、R_4、R_{P1}、C_1、C_2 和 R_5 组成积分器，两者构成方波—三角波发生电路。

(2)由 V_1、V_2、V_3、V_4 为中心构成差动放大电路，将三角波转化为正弦波。

(三)沿着通路，画出框图

图 8-4 所示电路的方框图，如图 8-5 所示。

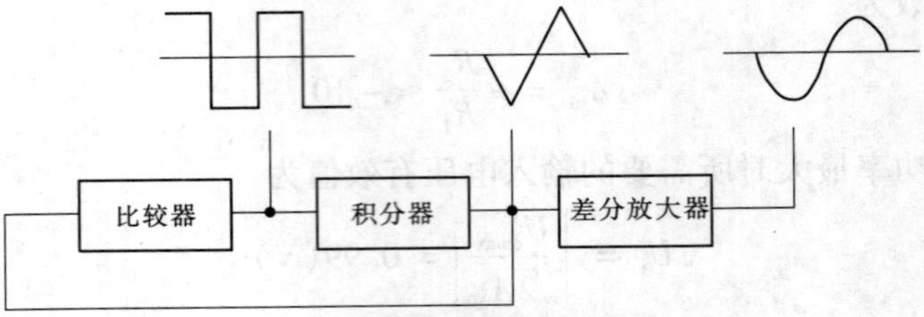

图 8-5　函数发生器组成框图

(四)分析功能,估算指标

1. 方波—三角波产生电路

(1)振荡频率

$$f = \frac{R_3 + R_{P1}}{4R_2(R_4 + R_{P2})C}$$

当 S 接入 C_1 时,$C = C_1 = 10\ \mu F$,$R_2 = 10\ k\Omega$, $R_3 = 20\ k\Omega$,$R_4 = 5.1\ k\Omega$,$R_{P2} = 100\ k\Omega$,$R_{P1} = 47\ k\Omega$,$f = 10$ Hz。改变 R_{P2}可实现 1 ~ 10 Hz 频率波段的调节。

当 S 接入 C_2 时,$C = C_2 = 1\ \mu F$,实现 10 ~ 100 Hz 的频率波段调节,电位器 R_{P2} 在调整方波—三角波的输出频率时,不会影响输出波形的幅度,R_{P1} 实现频率的微调。

(2)方波的输出幅度约等于电源电压 $+V_{CC}$,三角波的输出幅度不超过电源电压,电位器 R_{P1} 可实现幅度微调,但影响方波—三角波频率。

2. 三角波—正弦波转换电路

三角波—正弦波转换电路如图 8-4 虚线右边所示。

课堂活动

课堂提问和讨论

T8.2-1　说明低频放大电路的分析方法。

T8.2-2　说明函数发生器电路的分析方法。

项目小结

1. 了解电路的用途:在具体分析一个电路之前,要了解电路或系统的主要用途,弄清楚电路的功能和作用及特点,能达到的技术指标,以便从总体上掌握电路的设计思想,了解各部分电路的安排以及可能的电路改进措施。

2. 将电路划分为若干个功能块:任何复杂的电路或电子设备,都是由若干简单的基本单元或功能电路组合而成的。读图时要善于把总电路图化整为零,分成若干基本单元。每个单元可能是单元电路、集成器件,也可能是功能块。用方框图表示它们各自的作用和相互联系。

3. 分析基本单元的功能:利用学过的电路知识和分析方法定性分析每个基本单元的功能。由于实际电路比原理电路复杂,需要进行电路简化,找出信号通路和影响电路功能的主要元器件,查清所用集成器件的功能和主要引出端的作用,掌握该基本单元的工作原理。

4. 分析各基本单元之间的联系：将各个基本单元的功能进行综合，找出它们之间的分工和联系，画出总体方框图。分析输入信号经过各功能块的变化，对总体电路的功能形成完整认识。

5. 进行工程计算：运用学过的定量估算方法，着重计算影响电路性能的主要环节，定量求出相应的技术指标，了解电路的性能和质量。

思考与习题

8-1　电路如图 8-6 所示，其功能是实现模拟计算。

(1) 求出微分方程；

(2) 简述电路原理。

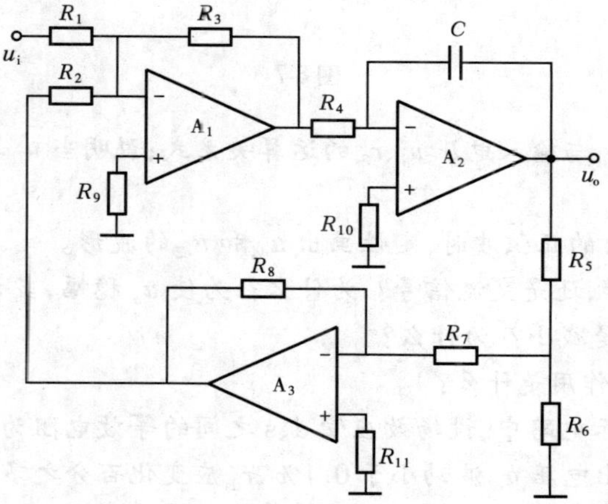

图 8-6

8-2　图 8-7 所示为反馈式稳幅电路，其功能是：当输入电压变化时，输出电压基本不变。主要技术指标为：

(1) 输入电压波动 20% 时，输出电压波动小于 0.1%；

(2) 输入信号频率从 50 Hz 到 2 000 Hz 变化时，输出电压波动小于 0.1%；

(3) 负载电阻从 10 kΩ 变为 5 kΩ 时，输出电压波动小于 0.1%。

要求：

(1) 以每个集成运放为核心器件，说明各部分电路的功能；

(2) 用方框图表明各部分电路之间的相互关系；

(3) 简述电路的工作原理。

提示：场效应管工作在可变电阻区，电路通过集成运放 A_3 的输出控制场效应管的工作电流，来达到调整输出电压的目的。

8-3　在图 8-7 所示电路中，参数如图中所标注。设场效应管 d、s 之间的等效电阻为 r_{ds}。

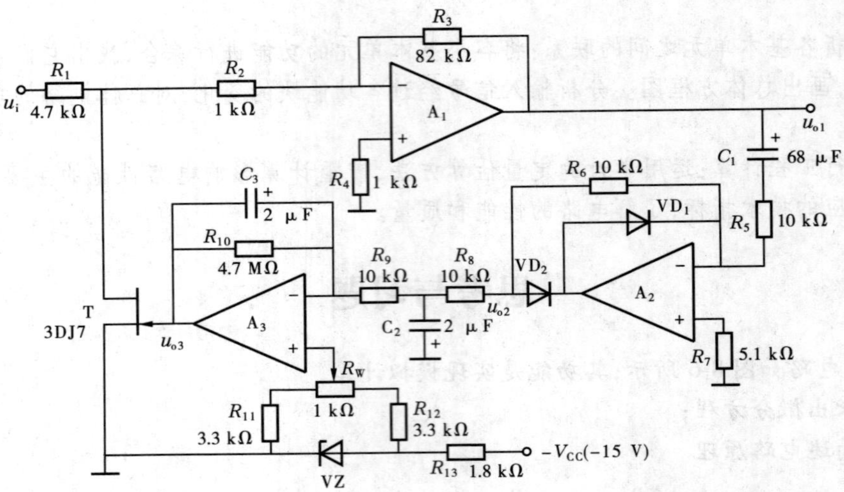

图 8-7

(1) 求输出电压 u_{o1} 与输入电压 u_i、r_{ds} 的运算关系式；说明当 u_i 增大时，r_{ds} 应如何变化才能使 u_{o1} 稳幅。

(2) 当 u_i 为 1 kHz 的正弦波时，定性画出 u_{o1} 和 u_{o2} 的波形。

(3) u_{o3} 是直流信号，还是交流信号？为什么？为使 u_o 稳幅，当 u_i 因某种原因增大时，u_{o3} 的幅值应当增大还是减小？为什么？

(4) 电位器 R_W 的作用是什么？

8-4 在图 8-7 所示电路中，设场效应管 d、s 之间的等效电阻为 r_{ds}。为了使得输入电压 u_i 波动 20% 时，输出电压 u_o 波动小于 0.1%，r_{ds} 应变化百分之多少？

8-5 五量程电容测量电路如图 8-8 所示，C_x 为被测电容，输出电压 u_o 是一定频率的正弦波，u_o 经 AC/DC 转换和 A/D 转换，送入数字显示器，即可达到测量结果。

(1) 以每个集成运放为核心器件，说明各部分电路的功能；

(2) 用方框图表明各部分电路之间的相互关系；

(3) 简述电路的工作原理。

8-6 电路如图 8-8 所示，试求解：

(1) u_{o1} 的频率；

(2) u_{o2} 与 u_{o1} 的运算关系式；

(3) 在五个量程中，u_{o3} 与 u_{o2} 的各运算关系式；

(4) A_4 及其有关元件所组成的电路的中心频率为多少？

8-7 电路如图 8-8 所示。回答下列问题：

(1) 在不同量程下，u_{o3} 与 u_{o2} 转换系数的最大值为多少？简述理由。

(2) 为什么 u_{o1} 的频率和由 A_4 及有关元件所组成的电路的中心频率相同？简述理由。

(3) 二极管 $VD_1 \sim VD_4$ 的作用是什么？

8-8 直流稳压电源如图 8-9 所示。

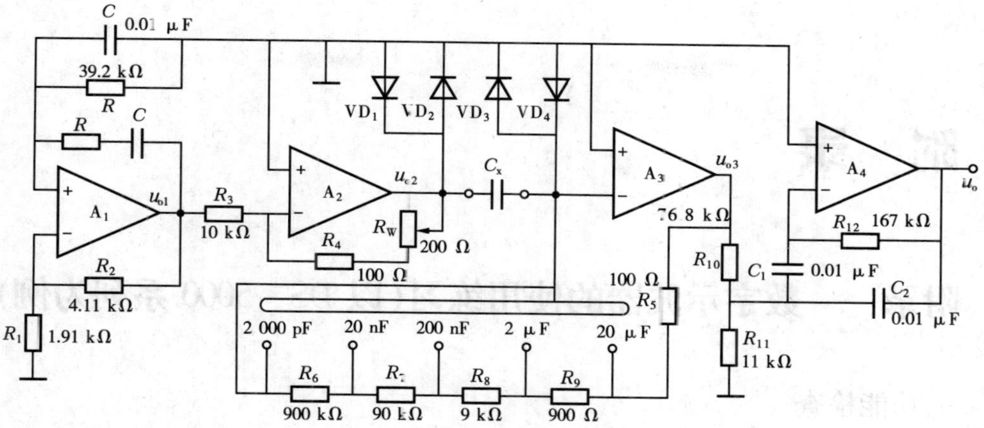

图 8-8

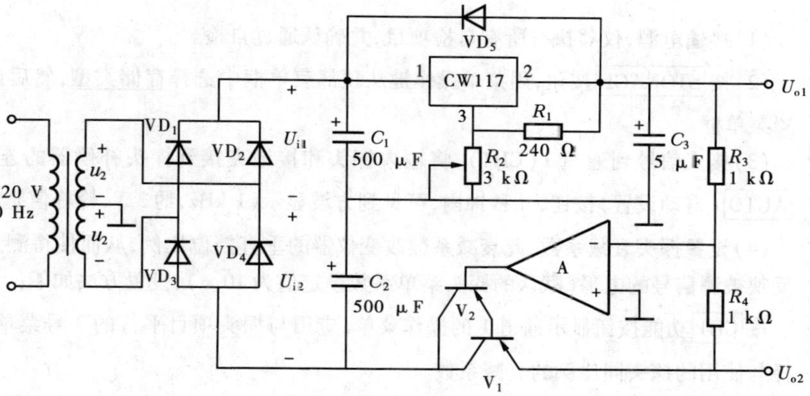

图 8-9

(1) 用方框图描述电路各部分的功能及相互之间的关系；

(2) 已知 CW117 的输出端和调整端之间的电压为 1.25 V，3 端电流可忽略不计，求解输出电压 U_{o1} 和 U_{o2} 的调节范围，并说明为什么称该电源为“跟踪电源”。

8-9 电路如图 8-9 所示。已知 CW117 的输出端和调整端之间的电压为 1.25 V，3 端电流可忽略不计，输出电流的最小值为 5 mA；1 和 2 端之间电压大于 3 V 才能正常工作，小于 40 V 才不至于损坏；晶体管 V_1 饱和管压降的数值为 3 V；电网电压波动范围为 ±10%。

(1) 求解输出电压 U_{o1} 和 U_{o2} 的调节范围；

(2) 为使电路正常工作，在电网电压为 220 V 时，U_i 的取值范围为多少？

(3) 若在电网电压为 220 V 时，$U_i = 32$ V，则变压器副边电压有效值 U_2 约为多少伏？

8-10 电路如图 8-9 所示，回答下列问题：

(1) 电路中各电容的作用；

(2) 二极管 VD_5 的作用；

(3) 调整管为什么采用复合管？

附　录

附录一　数字示波器的使用练习(以 DS－5000 系列为例)

一、功能检查

目的	作一次快速功能检查,以核实本仪器运行是否正常
练习步骤	(1)接通电源,仪器执行所有自检项目,并确认通过自检。 (2)按 STORAGE 按钮,用菜单操作键从顶部菜单框中选择存储类型,然后调出出厂设置菜单框。 (3)接入信号到通道 1(CH1),将输入探头和接地夹接到探头补偿器的连接器上,按 AUTO(自动设置)按钮,几秒钟内,可见到方波显示(1 kHz,约 3 V,峰峰值)。 (4)设置探头衰减系数,此衰减系数改变仪器的垂直挡位比例,从而使得测量结果正确反映被测信号的电平(默认的探头菜单系数设定值为 10×),设置方法如下: 按 CH1 功能按钮显示通道 1 的操作菜单,应用与探头项目平行的 3 号菜单操作键,选择与使用的探头同比例的衰减系数。 (5)以同样的方法检查通道 2(CH2)。按 OFF 功能按钮以关闭 CH1,按 CH2 功能按钮以打开通道 2,重复步骤(3)和(4)
提示	示波器一开机,调出出厂设置,可以恢复正常运行,实验室使用开路电缆,探头衰减系数应设为 1×

二、波形显示的自动设置

目的	学习、掌握使用自动设置的方法
练习步骤	(1)将被测信号(自身校正信号)连接到信号输入通道; (2)按下 AUTO 按钮; (3)示波器将自动设置垂直、水平和触发控制
提示	应用自动设置要求被测信号的频率大于或等于 50 Hz,占空比大于 1%

三、垂直系统的练习

目的	利用示波器自带校正信号，了解垂直控制区（VERTICAL）的按键旋钮对信号的作用
练习步骤	（1）将“CH1”或“CH2”的输入连线接到探头补偿器的连接器上； （2）按下 AUTO 按钮，波形清晰显示于屏幕上； （3）转动垂直 POSITION 旋钮，只是通道的标识跟随波形而上下移动； （4）转动垂直 SCALE 旋钮，改变“Volt/div”垂直挡位，可以发现状态栏对应通道的挡位显示发生了相应的变化，按下垂直 SCALE 旋钮，可设置输入通道的粗调/细调状态； （5）按 CH1 、CH2 、MATH 、REF 按钮，屏幕显示对应通道的操作菜单、标志、波形和挡位状态信息，按 OFF 按键，关闭当前选择的通道
提示	OFF 按键具备关闭菜单的功能，当菜单未隐藏时，按 OFF 按键可快速关闭菜单，如果在按 CH1 或 CH2 后立即按 OFF，则同时关闭菜单和相应的通道

四、CH1、CH2 通道设置

目的	学习、掌握示波器的通道设置方法，搞清通道耦合对信号显示的影响
练习步骤	（1）在 CH1 接入一含有直流偏置的正弦信号，关闭 CH2 通道； （2）按 CH1 功能键，系统显示 CH1 通道的操作菜单； （3）按耦合→交流，设置为交流耦合方式，被测信号含有的直流分量被阻隔，波形显示在屏幕中央，波形以零线标记上下对称，屏幕左下方出现“CH1 ~”交流耦合状态标志； （4）按耦合→直流，设置为直流耦合方式，被测信号含有的直流分量和交流分量都可以通过，波形显示偏离屏幕中央，波形不以零线为标记上下对称，屏幕左下方出现直流耦合状态标志“CH1—”； （5）按耦合→接地，设置为接地方式，被测信号都被阻隔，波形显示为一直线，左下方出现接地耦合状态标志“CH1 ⏚”
提示	每次按 AUTO 按钮，系统默认交流耦合方式，CH2 的设置同样如此。 交流耦合方式方便用更高的灵敏度显示信号的交流分量，常用于观测模拟电路信号。 直流耦合方式可以通过观察波形与信号地之间的差距来快速测量信号的直流分量，常用于观察数字电路波形

五、通道带宽限制的设置方法

目的	学习、掌握通道带宽限制的设置方法
练习步骤	(1)在 CH1 接入正弦信号,$f=1$ kHz,幅度为几毫伏; (2)按[CH1]→带宽限制→关闭,设置带宽限制为关闭状态,被测信号含有的高频干扰信号可以通过,波形显示不清晰,比较粗; (3)按[CH1]→带宽限制→打开,设置带宽限制为打开状态,被测信号含有的大于 20 MHz 的高频信号被阻隔,波形显示变得相对清晰,屏幕左下方出现带宽限制标记"B"
提示	带宽限制→打开相当于输入通道接入一 20 MHz 的低通滤波器,对高频干扰起到阻隔作用,在观察小信号或含有高频振荡的信号时常用到

六、探头衰减系数的设置

目的	学习、掌握探头衰减系数的设置
练习步骤	(1)在 CH1 通道接入校正信号; (2)改变探头衰减系数分别为 1×、10×、100×、1 000×,观察波形幅度的变化
提示	探头衰减系数的变化,带来屏幕左下方垂直挡位的变化,100×表示观察的信号扩大了 100 倍,依此类推。这一项设置与电缆探头的衰减比例设定要求一致,如探头衰减比例为 10:1,则这里应设成 10×,以避免显示的挡位信息和测量的数据发生错误,示波器用开路电缆接入信号,则设为 1×

七、挡位调节的设置方法

目的	学习、掌握挡位调节的设置方法
练习步骤	(1)在 CH1 接入校正信号; (2)改变挡位调节为粗调; (3)调节垂直[SCALE]旋钮,观察波形变化情况,粗调是以 1—2—5 方式步进确定垂直挡位灵敏度; (4)改变挡位调节为细调; (5)调节垂直[SCALE]旋钮,观察波形变化情况。 细调是指在当前垂直挡位范围内进一步调整。如果输入的波形幅度在当前挡位略大于满刻度,而应用下一挡位波形显示幅度又稍低,可以应用细调改善波形显示幅度,以利于信号细节的观察
提示	切换细调/粗调,不但可以通过此菜单操作,更可以通过按下垂直[SCALE]旋钮,作为设置输入通道的粗调/细调状态的快捷键

八、波形反相的设置方法

目的	学习、掌握波形反相的设置方法
练习步骤	(1)CH1、CH2 通道都接入校正信号,并稳定显示于屏幕中; (2)按 CH1 、CH2 反相→关闭(默认值),比较两波形,应为同相; (3)按 CH1 、CH2 中的一个,反相→打开,比较两波形,相位应相差 180°
提示	波形反相是指显示的信号相对地电位翻转 180°,其实质未变,在观察两个信号的相位关系时,要注意这个设置,两通道应选择一致

九、水平系统的使用

目的	学习、掌握水平控制区(HORIZIONTAL)按键、旋钮的使用方法
练习步骤	(1)在 CH1 接入校正信号; (2)旋转水平 SCALE 旋钮,改变挡位设置,观察屏幕右下方"Time"的信息变化; (3)使用水平 POSITION 旋钮,调整信号在波形窗口的水平位置; (4)按 MENU 按钮,显示TIME 菜单,在此菜单下,可以开启/关闭延迟扫描或切换 Y—T、X—T 显示模式,还可以设置水平 POSITION 旋钮的触发位移或触发释抑模式
提示	转动水平 SCALE 旋钮,改变"s/div"水平挡位,可以发现状态栏对应通道的挡位显示发生了相应的变化,水平扫描速度以 1—2—5 的方式步进。 水平 POSITION 旋钮控制信号的触发位移,转动水平 POSITION 旋钮时,可以观察到波形随旋钮而水平移动,实际上水平移动了触发点。 触发释抑:指重新启动触发电路的时间间隔。转动水平 POSITION 旋钮,可以设置触发释抑时间

十、触发系统的使用

目的	学习、掌握触发控制区一个旋钮、三个按键的功能
练习步骤	(1)在 CH1 接入校正信号。 (2)使用 LEVEL 旋钮改变触发电平设置： 使用 LEVEL 旋钮，屏幕上出现一条黑色的触发线以及触发标志，随旋钮转动而上下移动，停止转动旋钮，此触发线和触发标志会在几秒后消失，在移动触发线的同时可观察到屏幕上触发电平的数值或百分比显示发生了变化，要波形稳定显示一定要使触发线在信号波形范围内。 (3)使用 MENU 跳出触发操作菜单，改变触发的设置，一般使用如下设置： “触发类型”为边沿触发； “信源选择”为CH1； “边沿类型”为上升沿； “触发方式”为自动； “耦合”为直流。 (4)按 FORCE 按钮，强制产生一触发信号，主要应用于触发方式中的“普通”和“单次模式”。 (5)按 50% 按钮，设定触发电平在触发信号幅值的垂直中点
提示	改变“触发类型”“信源选择”“边沿类型”的设置，会导致屏幕右上角状态栏的变化。 触发可从多种信源得到：输入通道（CH1、CH2）、外部触发（EXT、EXT/5、EXT(50)）、ACline（市电）。最常用的触发信源是输入通道，当 CH1、CH2 都有信号输入时，被选中作为触发信源的通道无论其输入是否被显示都能正常工作。但当只有一路输入时，则要选择有信号输入的那一路，否则波形难以稳定。 外部触发可用于在两个通道上采集数据的同时，在 EXT TRIG 通道上外接触发信号。 ACline 可用于显示信号与动力电之间的关系。示波器采用交流电源(50 Hz)作为触发源，触发电平设定为 0 V 时，不可调节

十一、“触发方式”的功能

目的	学习触发菜单中“触发方式”的三种功能
练习步骤	(1)在 CH1 接入校正信号。 (2)设置“触发方式”为自动。这种触发方式使得示波器即使在没有检测到触发条件的情况下也能采样波形,示波器强制触发显示有波形,但可能不稳定。 (3)设置“触发方式”为普通。在普通触发方式下,只有当触发条件满足时,才能采样到波形;当没有触发时,示波器将显示原有波形而等待触发。 (4)设置“触发方式”为单次。在单次触发方式下,按一次 RUN/STOP 按钮,示波器等待触发,当示波器检测到一次触发时,采样并显示一个波形,采样停止,随后的信号变化就不能实时反映
提示	在自动触发状态下,当强制进行无效触发时,示波器虽然显示波形,但不能使波形同步,显示的波形将不稳定;当有效触发发生时,显示器上的波形才稳定

十二、采样系统的设置

目的	学习和掌握采样系统的正确使用
练习步骤	(1)在 CH1 接入几毫伏的正弦信号; (2)在MENU 控制区,按采样设置按钮 ACQUIRE ; (3)在弹出的菜单中,选“获取方式”为普通,则观察到的波形显示含噪声; (4)选“获取方式”为平均,并加大平均次数,若为 64 次平均,则波形去除噪声影响,明显清晰; (5)选“获取方式”为模拟,则波形显示接近模拟示波器的效果; (6)选“获取方式”为峰值检测,则采集采样间隔信号的最大值和最小值,获取此信号好的包络或可能丢失的窄脉冲,包络之间的密集信号用斜线表示
提示	观察单次信号选用实时采样方式;观察高频周期信号选用等效采样方式;希望观察信号的包络选用峰值检测方式;期望减少所显示信号的随机噪声,选用平均采样方式;观察低频信号,选择滚动模式方式;希望避免波形混淆,打开混淆抑制

十三、显示系统的设置

目的	学习、掌握数字式示波器显示系统的设置方法
练习步骤	(1)在MENU控制区,按显示系统设置按钮 DISPLAY ; (2)通过菜单控制调整显示方式; (3)显示类型为矢量,则采样点之间通过连线的方式显示,一般都采用这种方式; (4)显示类型为点,则直接显示采样点; (5)屏幕网格的选择可用以改变屏幕背景的显示; (6)屏幕对比度的调节改变显示的清晰度

十四、辅助系统功能的设置

目的	学习、掌握数字式示波器辅助功能的设置方法
练习步骤	(1)在MENU控制区,按辅助系统设置按钮 UTILITY ; (2)通过菜单控制调整接口设置、声音、语言等; (3)进行自校正、自测试、波形录制等

十五、迅速显示一未知信号

目的	学习、掌握数字式示波器的基本操作
练习步骤	(1)将探头菜单衰减系数设定为10×; (2)将CH1的探头连接到电路被测点; (3)按下 AUTO (自动设置)按钮; (4)按 CH2 → OFF , MATH → OFF , REF → OFF ; (5)示波器将自动设置,使波形显示达到最佳。 在此基础上,可以进一步调节垂直、水平挡位,直至波形显示符合要求
提示	被测信号连接到某一路进行显示,其他应关闭;否则,有一些不相关的信号出现

十六、观察幅度较小的正弦信号

目的	学习、掌握数字式示波器观察小信号的方法
练习步骤	(1)将探头菜单衰减系数设定为10×； (2)将CH1的探头连接到正弦信号发生器(峰峰值为几毫伏，频率为几千赫)； (3)按下[AUTO](自动设置)按钮； (4)按[CH2]→[OFF]，[MATH]→[OFF]，[REF]→[OFF]； (5)按下[信源选择]选相应的信源CH1； (6)打开带宽限制为20 M； (7)采样选平均采样； (8)触发菜单中的耦合选高频抑制。 在此基础上，可以进一步调节垂直、水平挡位，直至波形显示符合要求
提示	观察小信号时，带宽限制为20 MHz、高频抑制都是为了减小高频干扰；平均采样取的是多次采样的平均值，次数越多越清楚，但实时性较差

十七、自动测量信号的电压参数

目的	学习、掌握信号的电压参数的测量方法
练习步骤	(1)在CH1接入校正信号； (2)按下[MEASURE]按钮，以显示自动测量菜单； (3)按下[信源选择]选相应的信源CH1； (4)按下[电压测量]选择测量类型。 在电压测量类型下，可以进行峰峰值、最大值、最小值、平均值、幅度、顶端值、底端值、均方根值、过冲值、预冲值的自动测量
提示	电压测量分三页，屏幕下方最多可同时显示三个数据，当显示已满时，新的测量结果会导致原显示左移，从而将原屏幕最左边的数据挤出屏幕。按下相应的测量参数，在屏幕的下方就会有显示。 信源选择指设置被测信号的输入通道

十八、自动测量信号的时间参数

目的	学习、掌握示波器的时间参数测量方法
练习步骤	(1)在 CH1 接入校正信号； (2)按下 MEASURE 按钮，以显示自动测量菜单； (3)按下 信源选择 选相应的信源CH1； (4)按下 时间测量 选择测量类型。 在时间测量类型下，可以进行频率、时间、上升时间、下降时间、正脉宽、负脉宽、正占空比、负占空比、延迟 1－2 上升沿、延迟 1－2 下降沿的测量
提示	时间测量分三页，按下相应的测量参数，在屏幕的下方就会有该显示，延迟 1－2 上升沿是指测量信号在上升沿处的延迟时间，同样，延迟 1－2 下降沿是指测量信号在下降沿处的延迟时间。若显示的数据为“＊＊＊＊＊”，表明在当前的设置下此参数不可测，或显示的信号超出屏幕，需手动调整垂直或水平挡位，直到波形显示符合要求

十九、获得全部测量数值

目的	学习、掌握用示波器获得全部测量数值的方法
练习步骤	(1)在 CH1 接入校正信号； (2)按下 MEASURE 按钮，以显示自动测量菜单； (3)按 全部测量 操作键，设置全部测量状态为“打开”，18 种测量参数值显示于屏幕中央
提示	测量结果在屏幕上的显示会因为被测信号的变化而改变。有些型号的示波器不具备此功能

二十、观察两个不同频率的信号

目的	学习、掌握示波器双踪显示的方法
练习步骤	(1)设置探头和示波器通道的探头衰减系数相同； (2)将示波器通道 CH1、CH2 分别与两信号相连； (3)按下 AUTO 按钮； (4)调整水平、垂直挡位直至波形显示满足测试要求； (5)按 CH1 按钮，选通道 1，旋转垂直(VERTICAL)区域的垂直 POSITION 旋钮，调整通道 1 波形的垂直位置； (6)按 CH2 按钮，选通道 2，调整通道 2 波形的垂直位置，使通道 1、2 的波形既不重叠在一起，又利于观察比较
提示	双踪显示时，可采用单次触发，得到稳定的波形，触发源选择长周期信号，或是幅度稍大、信号稳定的那一路

二十一、用光标手动测量信号的电压参数

目的	学习、掌握用光标测量信号垂直方向参数的方法
练习步骤	(1)接入被测信号，并稳定显示； (2)按 CURSOR 选光标模式为手动； (3)根据被测信号接入的通道选择相应的信源； (4)选择光标类型为电压； (5)移动光标可以调整光标间的增量； (6)屏幕显示光标 A、B 的电位值及光标 A、B 间的电压值
提示	电压光标是指定位在待测电压参数波形某一位置的两条水平光线，用来测量垂直方向上的参数，示波器显示每一光标相对于接地的数据，以及两光标间的电压值。 旋转垂直 POSITION 旋钮，使光标 A 上下移动； 旋转水平 POSITION 旋钮，使光标 B 上下移动

二十二、用光标手动测量信号的时间参数

目的	学习、掌握用光标测量信号水平方向参数的方法
练习步骤	(1)接入被测信号并稳定显示； (2)按 CURSOR 选光标模式为手动； (3)根据被测信号接入的通道选择相应的信源； (4)选择光标类型为时间； (5)移动光标可以改变光标间的增量； (6)屏幕显示一组光标 A、B 的时间值及光标 A、B 间的时间值
提示	时间光标是指定位在待测时间参数波形某一位置的两条垂直光线，用来测量水平方向上的参数，示波器根据屏幕水平中心点和这两条直线之间的时间值来显示每个光标的值，以秒为单位。 旋转垂直 POSITION 旋钮，使光标 A 左右移动； 旋转水平 POSITION 旋钮，使光标 B 左右移动

二十三、用光标追踪测量信号的参数

目的	学习、掌握光标追踪测量方式的作用
练习步骤	(1)接入被测信号并稳定显示； (2)按 CURSOR 选光标模式为追踪； (3)根据被测信号接入的通道选择相应的信源； (4)移动光标可以改变十字光线的水平位置； (5)屏幕上显示定位点的水平、垂直光标和两光标间水平、垂直的增量
提示	光标追踪测量方式是在被测信号波形上显示十字光标，通过移动光标自动在波形上定位，并显示相应的坐标值。水平坐标以时间值显示，垂直坐标以电压值显示，电压以通道接地点为基准，时间以屏幕水平中心位置为基准。 旋转垂直 POSITION 旋钮，使光标 A 在波形上水平移动； 旋转水平 POSITION 旋钮，使光标 B 在波形上水平移动

附录二　交流毫伏表的使用方法

常用的单通道晶体管毫伏表,具有测量交流电压、测试电平、监视输出等三大功能。交流测量范围是100 mV~300 V、5 Hz~2 MHz,分为1、3、10、30、100、300 mV,1、3、10、30、100、300 V,共12挡。现将其基本使用方法介绍如下。

一、开机前的准备工作

(1)将通道输入端测试探头上的红、黑鳄鱼夹短接。

(2)将量程开关置于最高量程(300 V)。

二、操作步骤

(1)接通220 V电源,按下电源开关,电源指示灯亮,仪器立刻工作。为了保证仪器稳定性,需预热10 s后使用,开机后10 s内指针无规则摆动属正常。

(2)将测试探头上的红、黑鳄鱼夹断开后与被测电路并联(红鳄鱼夹接被测电路的正端,黑鳄鱼夹接地端),观察表头指针在刻度盘上所指的位置。若指针在起始点位置基本没动,说明被测电路中的电压甚小,且毫伏表量程选得过高,此时用递减法由高量程向低量程变换,直到表头指针指到满刻度的2/3左右即可。

(3)准确读数。表头刻度盘上共刻有四条刻度。第一条刻度和第二条刻度为测量交流电压有效值的专用刻度,第三条和第四条为测量分贝值的刻度。当量程开关分别选1 mV、10 mV、100 mV、1 V、10 V、100 V挡时,就从第一条刻度读数;当量程开关分别选3 mV、30 mV、300 mV、3 V、30 V、300 V挡时,应从第二条刻度读数(逢1就从第一条刻度读数,逢3就从第二条刻度读数)。例如:将量程开关置"1 V"挡,就从第一条刻度读数,若指针指的数字是在第一条刻度的0.7处,其实际测量值为0.7 V;若量程开关置"3 V"挡,就从第二条刻度读数,若指针指在第二条刻度的"2"处,其实际测量值为2 V。以上举例说明,量程开关选在某个挡位,比如1 V挡位,此时毫伏表可以测量外电路中电压的范围是0~1 V,满刻度的最大值也就是1 V。当用该仪表去测量外电路中的电平值时,就从第三、四条刻度读数,读数方法是,量程数加上指针指示值,等于实际测量值。

三、注意事项

(1)仪器在通电之前,一定要将输入电缆的红、黑鳄鱼夹相互短接。防止仪器在通电时因外界干扰信号通过输入电缆进入电路放大后,再进入表头将表针打弯。

(2)当不知被测电路中电压值大小时,必须首先将毫伏表的量程开关置最高量程,然后根据表针所指的范围,采用递减法合理选挡。

(3)若要测量高电压,输入端黑色鳄鱼夹必须接在地端。

(4)测量前应短路调零。打开电源开关,将测试线(也称开路电缆)的红黑夹子夹在一起,将量程旋钮旋到1 mV量程,指针应指在零位(有的毫伏表可通过面板上的调零电位器进行调零,凡面板上无调零电位器的,内部设置的调零电位器已调好)。若指针不指在零位，应检查测试线是否断路或接触不良，若是，则应更换测试线。

(5)交流毫伏表灵敏度较高，打开电源后，在较低量程时由于干扰信号(感应信号)的作用，指针会发生偏转，称为自起现象。所以，在不测试信号时应将量程旋钮旋到较高量程挡，以防打弯指针。

(6)交流毫伏表接入被测电路时，其地端(黑夹子)应始终接在电路的地上(成为公共接地)，以防干扰。

(7)交流毫伏表表盘刻度分为0～1和0～3两种刻度，量程旋钮切换量程分为逢1量程(1 mV、10 mV、0.1 V……)和逢3量程(3 mV、30 mV、0.3 V……)，凡逢1的量程直接在0～1刻度线上读取数据，凡逢3的量程直接在0～3刻度线上读取数据，单位为该量程的单位，无需换算。

(8)使用前应先检查量程旋钮与量程标记是否一致，若错位会产生读数错误。

(9)交流毫伏表只能用来测量正弦交流信号的有效值，若测量非正弦交流信号要经过换算。

(10)注意不可用万用表的交流电压挡代替交流毫伏表测量交流电压(万用表内阻较低，用于测量50 Hz左右的工频电压)。

四、常见问题总结

(一)如何读数(假设指针指向上圈0.5的位置，量程选在10 V)?

利用测量换算公式：测量值=(指针读数/满量程读数)×选择的量程。指针读数为0.5，满量程读数取1.0(采用上圈刻度满量程读数取1.0，采用下圈刻度满量程读数取3.0)，选择的量程为10 V，代入公式，得测量信号有效值为5 V。

(二)如何选择刻度?

刻度的选择取决于所选的量程。选择的量程是10的倍数(如1 V、10 V、100 V等)的，读数的时候看上圈的刻度；选择的量程是3的倍数(如3 V、30 V、300 V等)的，读数的时候看下圈的刻度。这样做的目的是在利用测量换算公式的时候能够计算方便，减小误差。

(三)如何测量信号的有效值?

将毫伏表量程打在30 V上，将信号接入，观察指针位置，使指针基本在刻度盘的中间位置，否则减小量程再观察。根据指针读数换算测量值。

(四)如何利用交流毫伏表测量正弦波、方波、三角波有效值?

对正弦波而言，测量值就是其有效值。对方波、三角波，利用交流毫伏表得到的测量值并不是其有效值，但是可以根据该值换算得到其有效值。有效值换算公式为：有效值=测量值×0.9×波形系数。方波波形系数为1，三角波波形系数为1.15。

附录三 晶体管特性图示仪的使用

熟悉 XJ4810 型图示仪的面板装置及其操作方法;会测量二极管的正、反向特性,三极管的输入特性、输出特性及主要参数(不包括频率参数),场效应管的特性及其主要参数。

晶体管特性图示仪主要由阶梯波信号源、集电极扫描电压发生器、工作于 X－Y 方式的示波器、测试转换开关及一些附属电路组成。

晶体管特性图示仪根据器件特性测量的工作原理,将上述单元组合,实现各种测试电路。阶梯波信号源产生阶梯电压或阶梯电流,为被测晶体管提供偏置;集电极扫描电压发生器用以供给所需的集电极扫描电压,可根据不同的测试要求,改变扫描电压的极性和大小;示波器工作在 X－Y 状态,用于显示晶体管特性曲线;测试转换开关可根据不同晶体管不同特性曲线的测试要求改变测试电路。

一、小功率整流二极管的测试

测试时各旋钮设置如下,见附图 3-1:

"峰值电压范围":0～10 V(正向特性测量),0～200 V(反向特性测量);

"集电极电流极性":+(正向特性测量),－(反向特性测量);

Y—"电流/度":I_C;

X—"电压/度":U_{CE};

阶梯"重复—关":关。

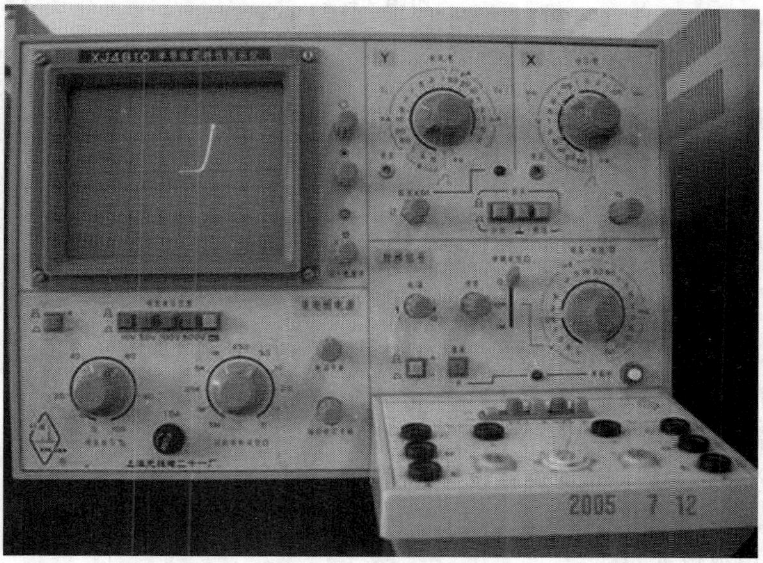

附图 3-1

二、稳压二极管的测试

测试时各旋钮设置如下,见附图 3-2:

“峰值电压范围”：AC 0 ~ 10 V；
“集电极电流极性”：+；
Y—“电流/度”：I_C；
X—“电压/度”：U_{CE}；
阶梯“重复—关”：关；
动态电阻 $R_Z = \Delta U_Z / \Delta I_Z$。

附图 3-2

三、NPN 型管的测量

（一）输出特性曲线测试时旋钮设置（见附图 3-3）

“峰值电压范围”：0 ~ 10 V；
“集电极电流极性”：+；
Y—“电流/度”：I_C；
X—“电压/度”：U_{CE}；
阶梯“重复—关”：重复，“极性”：+；
“电压—电流/级”：20 μA/度；
直流电流放大系数 $h_{FE} = I_C / I_B$（V_{CE} = 常数，I_C = 常数）；
交流电流放大系数 $\beta = \Delta i_C / \Delta i_B$（$U_{CE}$ = 常数）。

（二）输入特性曲线测试时旋钮设置（见附图 3-4）

“峰值电压范围”：0 ~ 10 V；
“集电极电流极性”：+；
Y—“电流/度”：阶梯信号；
X—“电压/度”：U_{BE}；
阶梯“重复—关”：重复，“极性”：+；
“电压—电流/级”：适当挡级。

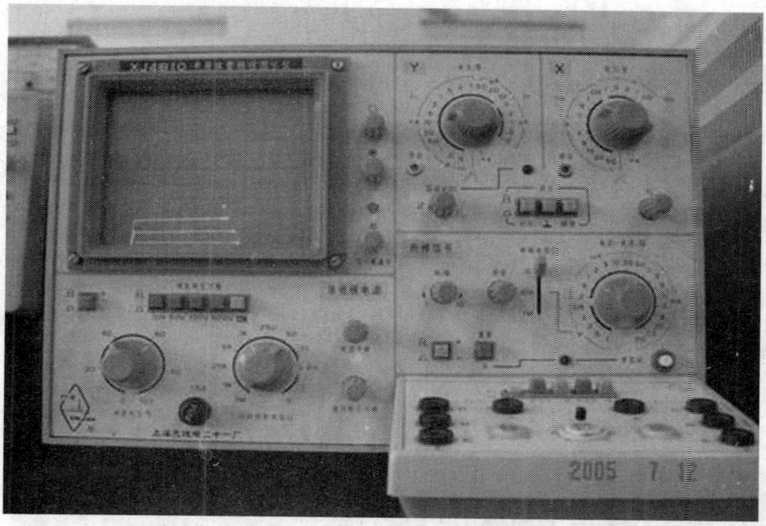

附图 3-3

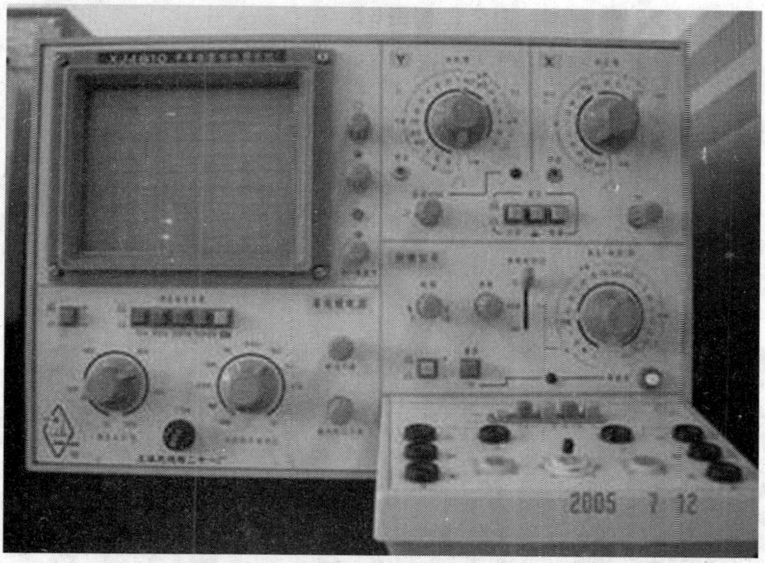

附图 3-4

(三)I_C—I_B 关系曲线测量时的旋钮设置(见附图 3-5)
"峰值电压范围":0~10 V;
"集电极电流极性":+;
Y—"电流/度":I_C;
X—"电压/度":阶梯信号;
阶梯"重复—关":重复,"极性":+;
"电压—电流/级":适当挡级;
直流电流放大系数 $h_{FE}=I_C/I_B$(U_{CE}=常数,I_C=常数)。

附图 3-5

四、PNP 型管的测量(方法与 NPN 型管的测量类似)

(一)输出特性曲线测试时旋钮设置(见附图 3-6)

"峰值电压范围": 0 ~ 10 V;
"集电极电流极性": - ;
Y—"电流/度": I_C;
X—"电压/度": U_{CE};
阶梯"重复—关":重复,"极性": - ;

附图 3-6

“电压—电流/级”:20 μA/度;

直流电流放大系数 $h_{FE}=I_C/I_B$(U_{CE}=常数,I_C=常数);

交流电流放大系数 $\beta=\Delta i_C/\Delta i_B$($U_{CE}$=常数)。

(二)输入特性曲线测试时旋钮设置(见附图 3-7)

“峰值电压范围”: 0 ~10 V;

“集电极电流极性”: - ;

Y—“电流/度”:阶梯信号;

X—“电压/度”:U_{BE};

阶梯“重复—关”:重复,“极性”: -;

“电压—电流/级”:适当挡级。

附图 3-7

(三)I_C—I_B 关系曲线的测量(见附图 3-8)

“峰值电压范围”: 0 ~10 V;

“集电极电流极性”: -;

Y—“电流/度”:I_C;

X—“电压/度”:阶梯信号;

阶梯“重复—关”:重复,“极性”: -;

“电压—电流/级”:适当挡级;

直流电流放大系数 $h_{FE}=I_C/I_B$(U_{CE}=常数,I_C=常数)。

五、场效应管输出特性(漏极特性)测量时旋钮设置(见附图 3-9)

“峰值电压范围”: 0 ~50 V;

“集电极电流极性”: +;

Y—“电流/度”:I_C;

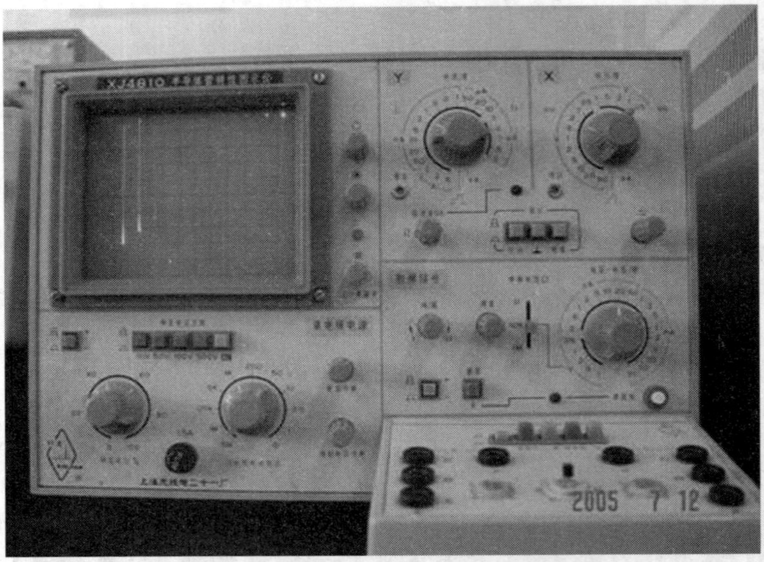

附图 3-8

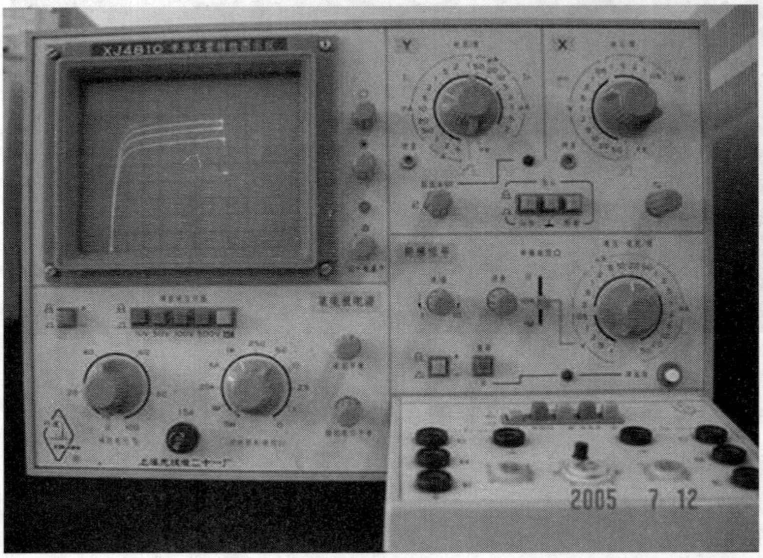

附图 3-9

X—“电压/度”：U_{CE}；

阶梯“重复—关”：重复，“极性”：-；

“电压—电流/级”：1 V/级；

饱和漏电流 I_{DSS}：在 $U_{GS}=0$ V 的那条曲线上，读测出 $U_{DS}=10$ V 所对应的 Y 轴电流；

跨导 $g_m=\Delta I_{DS}/\Delta U_{GS}$（$I_{DS}$ = 常数，U_{GS} = 常数）。

参考文献

[1] 童诗白,华成英. 模拟电子技术[M]. 4 版. 北京:高等教育出版社,2006.
[2] 康华光,陈大钦. 电子技术基础[M]. 4 版. 北京:高等教育出版社,1999.
[3] 谢嘉奎. 电子线路[M]. 4 版. 北京:高等教育出版社,1999.
[4] 冯民昌. 模拟集成电路系统[M]. 2 版. 北京:中国铁道出版社,1998.
[5] 汪惠,王志华. 电子电路的计算机辅助分析与设计方法[M]. 北京:清华大学出版社,1996.
[6] 吴运昌. 模拟集成电路原理与应用[M] 广州:华南理工大学出版社,1995.
[7] 王汝君,钱秀珍. 模拟集成电子电路(上、下)[M]. 南京:东南大学出版社,1993.
[8] 陈大钦,杨华. 模拟电子技术基础[M]. 北京:高等教育出版社,2000.
[9] 杨素行. 模拟电子电路[M]. 北京:中央广播电视大学出版社,1994.
[10] 华成英. 电子技术[M]. 北京:中央广播电视大学出版社,1996.